JIDI

BINGXUE

YAOGAN

极地冰雪遥感

王星东 上官东辉 | 著

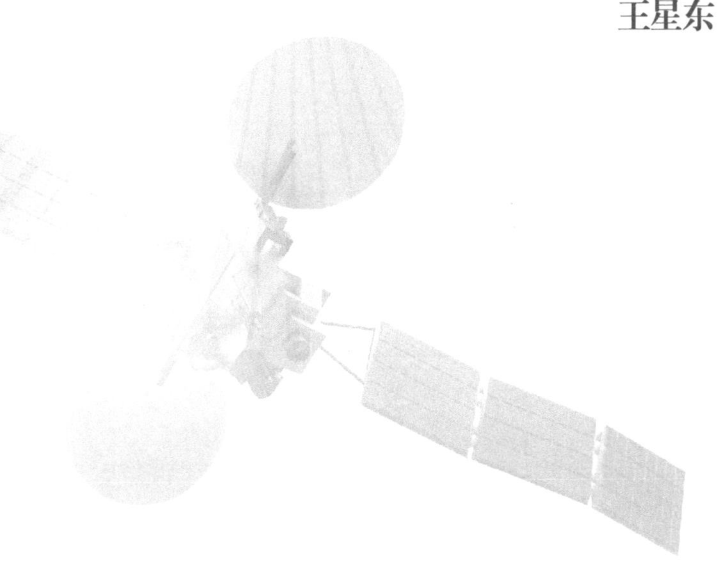

中南大學出版社
www.csupress.com.cn
·长 沙·

图书在版编目(CIP)数据

极地冰雪遥感 / 王星东, 上官东辉著. —长沙: 中南大学出版社, 2023.11

ISBN 978-7-5487-4902-8

Ⅰ. ①极… Ⅱ. ①王… ②上… Ⅲ. ①极地区—气象观测—大气遥感 Ⅳ. ①P412.3

中国版本图书馆 CIP 数据核字(2022)第 081588 号

极地冰雪遥感

JIDI BINGXUE YAOGAN

王星东　上官东辉　著

□**责任编辑**　韩　雪
□**责任印制**　唐　曦
□**出版发行**　中南大学出版社
社址: 长沙市麓山南路　　邮编: 410083
发行科电话: 0731-88876770　　传真: 0731-88710482
□**印　　装**　长沙创峰印务有限公司

□**开　　本**　787 mm×1092 mm 1/16　□**印张** 20.25　□**字数** 493 千字
□**版　　次**　2023 年 11 月第 1 版　□**印次** 2023 年 11 月第 1 次印刷
□**书　　号**　ISBN 978-7-5487-4902-8
□**定　　价**　68.00 元

前言

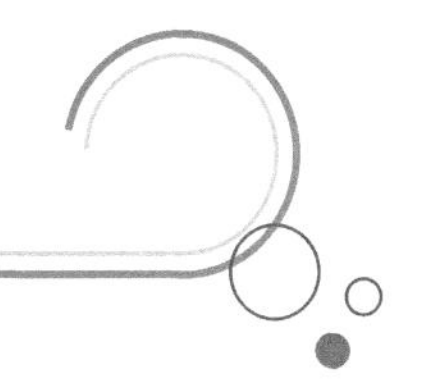

极区作为全球大气的主要冷源，在全球热量平衡中起着重要作用，控制着大气与地表的热量和水汽交换，直接影响着全球大气环流和气候的变化，是全球气候变化的关键因素。此外，极地气候变化的幅度是中低纬度地区的两倍，极区对全球气候变化有放大作用，是全球气候变化的敏感地区。极地特殊的地理位置及气候特征使其在全球气候变化研究中具有重要的意义和作用。

极地冰盖表面融雪探测研究对高纬度区域和山地区域的冻融-径流水文模拟及全球气候变化研究具有重要意义。由于极地地表起伏小，大气温度小幅度的变化将会引起大面积的雪表湿度变化，且融水会渗至冰层底部从而加速冰盖、冰架的运动和崩解，造成海平面上升。同时雪表湿度变化会改变辐射率，影响辐射平衡，导致全球大气和大洋环流的变化。因此，极地冰盖融化既是全球变暖的敏感因子，也是气候变化的贡献因子。

海冰能够隔绝大气和海洋，而且海冰的高反照率还能进一步阻碍大气和海洋的热量和水汽交换。因此，海冰的变化深刻影响着全球气候变化。海冰是极地地区的重要组成部分，同时也是反映极地地区气候变化的重要因素之一。海冰密集度和海冰分布又是反映海冰变化的重要参数。因此，开展海冰密集度、海冰分布反演方法研究和极地海冰时空变化分布特征以及发展趋势研究对研究全球气候变化具有重要意义。且近几十年由于全球变暖的影响，北极海冰逐年退缩，海冰厚度变薄，海冰范围的最小纪录不断被刷新，夏季出现北极航道通航等现象，使得连接亚洲、欧洲和北美洲的北极航线有望全线开通。北极航线作为北美洲、欧洲和东亚地区之间潜在的最快捷的海上通道，具有重要的航运价值和战略价值。北极航线可拉近中国同欧洲市场的距离，同时可规避苏伊士运河及马六甲海峡的拥堵和海盗问题，对中国具有重要的经济、军事和战略价值。同时，国家高度重视丝绸之路经济带和海上丝绸之路的建设与发展，北极航线作为国家新的海上战略通道，将有利于国家“一带一路”倡议的推进，具有极其重要的商业价值和战略意义。随着近几年全球经济的发展，“冰上丝绸之路”的共建刻不容缓，北极航道的商业化利用进入常态化。重视北极航道的航行安全，积极开展北极海冰的监测以及趋势分析工作，不断加强航运水文调查，可进一步提高北极航行安全和后勤保障能力。

由于极地远离人类集中居住区，自然条件严酷，现场观测数据稀缺，难以获取大范围的极地冰雪融化信息。而卫星遥感技术具有速度快、成本低和便于进行长期动态监测的优势，对于远离我国的极地地区而言，是深入了解极地自然环境状况的首选手段。

本书共分为三部分22章，第一部分冰盖、第二部分海冰和第三部分极地冰雪监测软件系统。其中第一部分冰盖包括第1章至第9章，内容为绪论、研究区域与数据源、雪的微波遥感、微波辐射计的冰盖冻融探测、微波散射计的冰盖冻融探测、辐射计和散射计协同的冰盖冻融探测、南极冰盖冻融的时空分析、格陵兰岛冰盖冻融时空变化分析和南北极冰盖每年融化区域的时空变化分析；第二部分海冰包括第10章至第20章，内容为绪论、研究区域与数据源、基于FY-3 MWRI数据海冰分布探测、基于FY-3 MWRI数据的北极海冰密集度反演、基于改进U形卷积神经网络的海冰分布探测研究、基于CGAN的改进ASI海冰密集度反演算法、北极海冰时空变化分析、南极海冰时空变化分析、南极海冰时空变化分析的新方法、南北极海冰变化对比分析和极地海冰变化整体分析；第三部分极地冰雪监测软件系统包括第21章至第22章，内容为极地遥感数据管理系统和极地冰雪遥感监测系统。其中，王星东负责编写第1章至第20章，上官东辉负责编写第21章至第22章。

在本书的撰写和研究过程中得到了作者所在单位河南工业大学信息科学与工程学院的领导和同事的帮助，作者在此表示感谢。非常感谢冰冻圈科学国家重点实验室的上官东辉研究员、中南大学的熊章强教授和汪长城教授、中国科学院空天信息创新研究院的王成研究员和李新武研究员等对本书内容提出了很多建设性的建议，作者在此表示感谢。另外，河南工业大学的吴展开硕士、张浩伟硕士、杨淑绘硕士、郭智硕士和赵悦硕士都付出了辛勤的汗水，在此一并感谢。

本书的出版得到了冰冻圈科学国家重点实验室开放基金“基于FY-3卫星MWRI数据的北极海冰密集度反演研究”(SKLCS-OP-2020-6)和遥感科学国家重点实验室开放基金“基于FY-3卫星的北极海冰分布及密集度反演研究”(OFSLRSS201810)的支持。

本书内容仅反映了作者的部分研究成果和思想，加之编写时间仓促，疏漏和错误之处在所难免，望广大读者批评指正。

编　者

2023年3月

目 录

第一部分 冰盖

第二部分 海冰

第三部分　极地冰雪监测软件系统

第一部分

冰盖

第1章

绪论

1.1 研究背景与意义

近年来，随着工业化、城市化进程的加快以及人类对水土资源的不合理利用，人类生存环境的恶化达到了前所未有的程度。大范围水、土、气的污染，水资源的严重短缺，土地退化与沙漠化以及生物多样性减少等都成了人类社会可持续发展的障碍。全球气候变化的日益加剧，已危及人类的生存，气候问题越来越受到国际社会的关注。

极区作为全球大气的主要冷源，对全球热量平衡起着重要作用，控制着大气与地表的热量、水汽和动量交换，直接影响着全球大气环流和气候的变化，是引起全球气候变化的关键因素。此外，历史数据和预测结果表明，极地气候变化的幅度是中低纬度地区的两倍，极区对全球气候变化有放大作用，是全球气候变化的敏感地区。极地冰盖极其特殊的地理位置及气候特征使得它在全球气候变化的研究中具有重要的地位和作用。

首先，极地冰盖的冰量收支将会引起全球海平面的变化。每年降落在南极上的雪被折合成水量的话将会使海平面上升 5 mm，而如果南极冰盖全部融化，全球海平面将上升 60~70 m。

其次，极地冰盖与相邻地球圈层的相互作用和反馈对全球气候和环境都有巨大影响。例如，极地冰盖的融化，不但使海平面上升，而且使海水的成分和温度发生改变，进而影响洋流和海水蒸发；极地冰盖对海洋和气候的影响势必还会引起地球内部的一系列变化，可见，极地冰盖对全球气候和环境的变化的影响是显而易见的。

再次，极地冰盖中的冰芯是全球环境和气候变化的“最理想”记录，其蕴藏的物理参数在精确理解气候系统随时间演化的状况和机制方面具有非常重要的作用。极地冰盖是气候的产物，是全球气候变化信息的良好载体，记录的气候信息具有信息量大、时间长、保真性强等特点，这对研究其对于全球气候变化的响应具有重大意义。极地冰盖的冻融状态是其应对全球气候变化的重要指针，冰盖的消融将引起雪表湿度的变化，进而改变冰盖的运动和边缘冰架的崩塌。通过微波遥感手段有效检测极地冰盖冻融的分布，对全球气候变

化的研究具有重大价值。

冰盖冻融的探测和监测对于极区气候变化以及高纬度和山地区域的冻融—径流水文模拟研究非常重要。极区在控制地表—大气界面的热、湿度和动量的交换中扮演着重要的角色。对于可见光和红外谱段，湿雪具有相对低的反照率，和干雪相比可以多吸收将近45%的来自太阳的辐射。另外，由于极地地表起伏小，大气温度微小的变化就会引起大面积的雪表湿度变化，且融水会渗至冰层底部而加速冰盖运动和冰架的崩解。因此，极地冰盖的融化既是全球变暖的敏感因子，同时，也是气候变化的贡献因子。在高纬度和山地区域，积雪和冰川的融化对于年度总的径流体积是一个显著的贡献者。准确且具有高时间分辨率的有关季节性积雪和冰川的融化开始时间和范围的测量数据是对水量释放、可获得的水资源和春夏可能发生的洪水进行模拟和预测的关键输入参数。

微波辐射亮温和后向散射系数对于冰盖表层的物理特性变化(如降雪、融化、密实化等)具有高度敏感性，使得微波遥感技术在探测冰盖表面冻融方面发挥着非常重要的作用。基于大尺度长时间序列的微波辐射计[如SSM/I(special sensor microwave imager)，SMMR(scanning multichannel microwave radiometer)和AMSR－E(advanced microwave scanning radiometer for the earth observing system)等]和散射计(如QuickSCAT等)数据，科学家们已开展了较多的冰盖表面冻融探测方法和应用研究，取得了较好的成果。但是，仍然有以下一些关键问题没有解决，这些问题包括：①大多数冰盖表面冻融探测算法都是基于实测数据发展的，因此在应用上具有较大的地域限制(如只能用于南极、北极或欧亚大陆等)；②长时间序列(1978年—至今)的微波辐射计数据对于在全球气候变暖背景下的极区冰盖表面冻融的时空变化特征还需要进一步深入研究；③如何切实有效地从方法上协同利用微波辐射计和散射计数据来进行冰盖表面冻融探测目前基本没有进展。

基于以上问题，本书以极地冰盖作为主要的探测和监测对象，开展主、被动微波遥感极地冰盖表面冻融探测新方法的应用研究，为极地地区冰盖表面冻融探测的业务化运行系统提供方法学支持，为气候模式系统提供高精度的初始场输入参数，为分析和回放极地冰盖的表面物理变化过程，探明全球气候变暖背景下极地冰盖的变化特征提供科学依据，提高主、被动微波遥感的定量化研究水平，为微波遥感技术在我国国民经济建设和国防科技应用方面提供理论和方法支撑，从而满足国家经济、社会发展和国家安全的重大需求。

1.2　国内外研究现状及发展动态

微波遥感具有全天时、全天候对地观测能力，已成为国际对地观测领域最重要的前沿技术之一。对于微波辐射计，现有的SMMR、SSM/I和AMSR-E大都具有多频双极化地表辐射测量能力，并且，都具有高时间分辨率的数据采集能力，已获取大量的长时间序列数据。对于微波散射计，SAAS、ESCAT、NSCAT和QuickSCAT等也都具有高时间分辨率的数据采集能力。因此，基于近30年大尺度星载微波散射计和辐射计数据，对于研究全球变暖背景下极地冰盖的冻融变化至关重要。

1.2.1 微波辐射计冰盖冻融探测研究

在过去的几十年间，国际上已有多家科研机构开展了关于极地冰盖冰架变化探测方面的研究，利用多波段被动微波数据进行极地冰盖冻融探测的方法有多种，一类是基于阈值，认为亮温或亮温的组合达到某个特定的值时将会有融化发生；另一类则是基于边缘监测算法，认为亮温变化最快时将发生融化。

1993年，Mote等利用SSM/I单波段数据探测格陵兰岛的融化区域，研究中采用19 GHz垂直极化的亮温数据，利用每日亮温与冬季亮温均值之差的变化来探测格陵兰岛的冰盖融化，以瑞士联邦理工学院的台站(ETH)和Crawford站的观测数据确定融化的阈值，对格陵兰岛地区1979年至1991年夏季的融化状况进行了研究，得出格陵兰岛冰架融化加剧的结果。1994年，Zwally和Fiegles用一个类似的方法对南极地区的冰盖进行了探测，研究中采用19 GHz水平极化的亮温数据，计算每日亮温与年平均亮温之差，差值超过阈值(30K)时即认为有融化事件发生。

1993年，Steffen等利用归一化的融化变化比率(gradient ratio，GR)算法探测冰盖表面融化现象，对水平极化方式的19 GHz与37 GHz波段数据进行比率计算，将格陵兰岛冰盖长时间序列的GR值与实测气温数据对比得到阈值；研究发现，GR的快速上升或下降与气温上升或下降到0 ℃的趋势一致，此外，当GR≈0.025时，湿雪可从干雪中分离出来。

1995年，Abdalati和Steffen用37 GHz垂直极化波段替代了GR中的37 GHz水平极化波段，提出了一种新的融化探测模型——交叉极化变化比率(cross-polarized gradient ratio，XPGR)算法；研究发现，当雪水含量达到0.5%时，冰雪达到融化状态，相应地，XPGR快速增大，与实测数据比较，发现SSM/I交叉比率的阈值为-0.025。1997年，Abdalati和Steffen对该阈值进行了修正，当雪水含量为0.5%时，XPGR的阈值已足够来区分SSM/I数据的融化区域，但SMMR阈值对应的信噪比太低，不宜对融化区分类；将雪水含量1%作为融化与否的标志，与实测数据对比，发现SSM/I交叉比率值的阈值为-0.0158，而SMMR为-0.0265。交叉极化比率对冰雪融化产生的信号变化很敏感，然而对于融化冰雪表面的重新结冻却不够敏感。

1997年，Anderson在PR、GR及XPGR的基础上提出水平差值(HR)算法，该算法利用19 GHz与37 GHz水平极化波段的差值探测海冰的融化，研究表明，当差值小于2 K时将有融化事件发生。该算法对于北极海冰的融化探测卓有成效。

2001年，Joshi等利用基于高斯导数的边缘检测算法来探测融雪的发生，该模型对19 GHz水平极化波段亮温的时间序列曲线进行多种过滤处理，在SAR镶嵌图像显示干湿雪的基础上，通过反复的试验得到了包括平滑和边缘处理的高斯导数边缘检测数据和阈值；亮温曲线在高斯导数过滤之后，与阈值相对，即可得到融化的起始和结束时间。利用此模型，Joshi等对格陵兰岛地区1979—1997年的冰盖冻融状况进行了大尺度的时空分析。此外，他们利用一个验错程序得到区分冻融事件发生的明显边缘阈值，但是该方法不可避免地存在主观性和随意性。

2005年，Liu等人提出一种新的冻融探测方法——基于小波算法的冰盖冻融探测模型，该模型可对亮温的时间序列变化曲线进行多时间尺度分析，分析中采用双高斯曲线拟合得到优化的边缘阈值；此外，模型中还通过领域操作优化阈值，使得边缘探测的准确性得以提高。Liu 利用该算法对 1978—2004 年的南极地区进行冰雪融化探测，研究表明，每年有 9%~12%的南极表面经历融化过程，并在 1 月初达到最大。

2006 年，Ashcraft 和 Long 利用一个简单的冰雪辐射物理模型进行冰雪冻融探测，该模型可同时用于主动和被动微波传感器中，可有效改观亮温与标准雷达后向散射系数的连续性。将该模型数据与六种不同的冻融探测算法结果进行了比较，并对 2000 年夏季格陵兰地区冰架进行了融化探测分析。

2006 年，Picard 和 Fily 利用四种微波辐射计数据对南极地区进行了 26 年的冰盖冻融探测研究，结果表明，南极冰盖的融化时长和范围与探测时间息息相关，此外，东南极的融化结果与夏季温度非常一致，夏季平均气温越高，融化越剧烈。

总体而言，基于阈值的极地冰盖冻融探测模型方法在往多波段多极化的方向发展，这类方法的优点是：操作简单，多波段多极化的数据体现了冰盖不同层面的属性特征，缺点是：阈值取决于有限的观测数据，有一定局限性。基于边缘检测算法的方法目前还处于发展阶段，其优点是：融化的判断无须依赖于实测数据，可实现融化探测的自动化，缺点是：对于融化信息的锐化不够。从以上分析可见，利用微波辐射计进行冰盖表面冻融探测还存在较多的问题需要进一步完善。

1.2.2 微波散射计冰盖冻融探测研究

应用微波散射计数据进行冰盖表面冻融探测研究，与微波辐射计的方法相比，方法种类稍少，大体思路一样，主要有以下几类方法：

(1)基于阈值的微波散射计冰盖表面冻融探测方法。该类方法主要是 2001 年 Nghiem 等提出的，基于一天当中后向散射系数的变化来进行冰盖冻融探测，如早 6：00 和晚 6：00。这个方法只适用于 QuickSCAT 散射计且当差值超过阈值(1.8 dB)时即认为有融化事件发生。该方法的优点：①独立于散射计长期的增益漂移；②独立于 QuickSCAT 与未来卫星散射计的交叉定标；③独立于绝对的后向散射；④独立于绝对的定标。该方法的缺点：①受外界突发气候变化的影响较大；②算法只适用于每天有昼夜交替的地区。

(2)模型基的微波散射计冰盖表面冻融探测方法。2006 年，Ashcraft 等利用一个简单的冰雪辐射和散射物理模型进行冰雪冻融探测，该模型可同时用于主动(包括基于 QuickSCAT 散射计的方法和基于 ERS 散射计的方法)和被动微波传感器中，可有效改观亮温与标准雷达后向散射系数的连续性。将该模型数据与六种不同的冻融探测算法结果进行了比较，并对 2000 年夏季格陵兰地区冰架进行了融化探测分析。

(3)基于前两类方法的改进方法。比较典型的方法有 2001 年 Kimball 等和 2008 年 Wang 等提出的基于前 5 天的后向散射系数平均值来进行冻融探测的方法；2006 年 Bartsch 等提出的基于一天后向散射变化的三步骤方法；2007 年 Nghiem 等提出的基于动态阈值的方法；2007 年 Wang 等提出的双阈值方法等。以上两类微波散射计冰盖冻融探测方法的优缺点与微波辐射计同类方法类似。由于微波散射计天线配置的多样化以及对地表形态和介电特性变化更为敏感，因此，微波散射计的数据预处理和冻融探测方法的实施与微波辐射计相比更为复杂一些，正因为这个原因，相对来说微波散射计探测冰盖冻融的方法不如微波辐射计探测方法成熟。基于以上分析可知，利用微波散射计进行冰盖表面冻融探测还存在较多的问题需要进一步解决。

1.2.3　辐射计和散射计结合的冰盖冻融探测研究

在将主、被动微波结合进行冰盖冻融探测的研究，已有一些学者如 Kunz、Aschraft 及 Rott 等做了一定的工作，但还存在一些问题：在方法学上没有将主动微波和被动微波有机结合起来，所有做法都是分别进行数据处理，得到各自的冻融分布图，然后对结果进行综合分析。从主被动微波的原理我们知道，微波散射计对于地表的变化较微波辐射计更为敏感，这样有助于探测到更准确的冰盖冻融开始和结束时间，从而得到更准确的冰盖冻融分布图，因此，将主被动微波探测方法相结合进行冰盖冻融的研究有必要进一步深入探讨。

从上面的分析可以看出，虽然国际上有研究者利用微波遥感数据做了极地某些地区某些特定时段的冻融探测方法和时间序列的分析研究，但是由于受到极区恶劣环境和卫星数据采集能力的限制，冰盖表面冻融探测还存在较多问题需要深入研究，这其中大尺度主、被动微波探测方法如何有效协同进行冰盖表面冻融探测以及全球气候变暖背景下长时间序列的冰盖冻融时空分布特征的研究等关键科学问题，都是当前亟须开展的重要研究课题。

第2章

研究区域与数据源

2.1 南极概况

南极洲位于地球最南端，由南极大陆、冰架和岛屿组成，总面积约 1424.5 万 km^2，约占地球陆地面积的 9.4%，其中大陆面积 1239.3 万 km^2，岛屿面积 7.6 万 km^2，陆缘冰面积 158.2 万 km^2，位于七大洲面积的第五位。南极大陆 98%的地域终年被冰雪所覆盖，平均厚度 2000~2500 m，最大厚度达 4200 m，它的淡水储量约占世界总淡水量的 90%，在世界总水量中约占 2%。如果南极冰盖全部融化，地球平均海平面将升高 60 m。南极洲大陆平均海拔 2350 m，是地球上平均海拔最高的大洲。

南极大陆以横断山脉为界通常划分为西南极和东南极两部分。西南极为一褶皱带，由山地、高原和盆地组成，东南极面积为西南极的两倍，为一古老的地盾和准平原。横断山脉长约 2500 km，宽约 200 km，海拔大都超过 3000 m，最高峰海拔超过 4000 m，是隔离东、西南极的天然屏障。

南极冰架分布图如图 2-1 所示。南极的气候特点是酷寒、烈风和干燥。全洲年平均气温为-25℃，内陆高原年平均气温为-56℃左右，极端最低气温达-89.8℃，为世界最冷的陆地。导致南极气候寒冷的原因主要有：①南极处于高纬度地区，日照相对较少；②覆盖南极大部分地区的冰体，具有高反射的特点，使得吸收的太阳辐射进一步减小；③南极的海拔较高。南极是暴风雪的故乡，平均风速约 17.8 m/s，沿岸地面风速达 45 m/s，最大风速可达 75 m/s 以上，是世界上风力最强和风最多的地区。南极四面环海，由于受环绕在海洋上空的低压气流的影响，水蒸气从大陆边缘以顺时针的长弧形方式进入大陆，基本仅分布于沿海岸的 200~300 km 宽的狭长地带，以至于造成内陆降水减少。南极绝大部分地区的降水量不足 250 mm，仅大陆边缘地区可达 500 mm 左右。全洲年平均降水量约 55 mm，大陆内部的降水量仅 30 mm 左右，南极点附近几乎无降水，空气非常干燥，有“白色荒漠”之称。

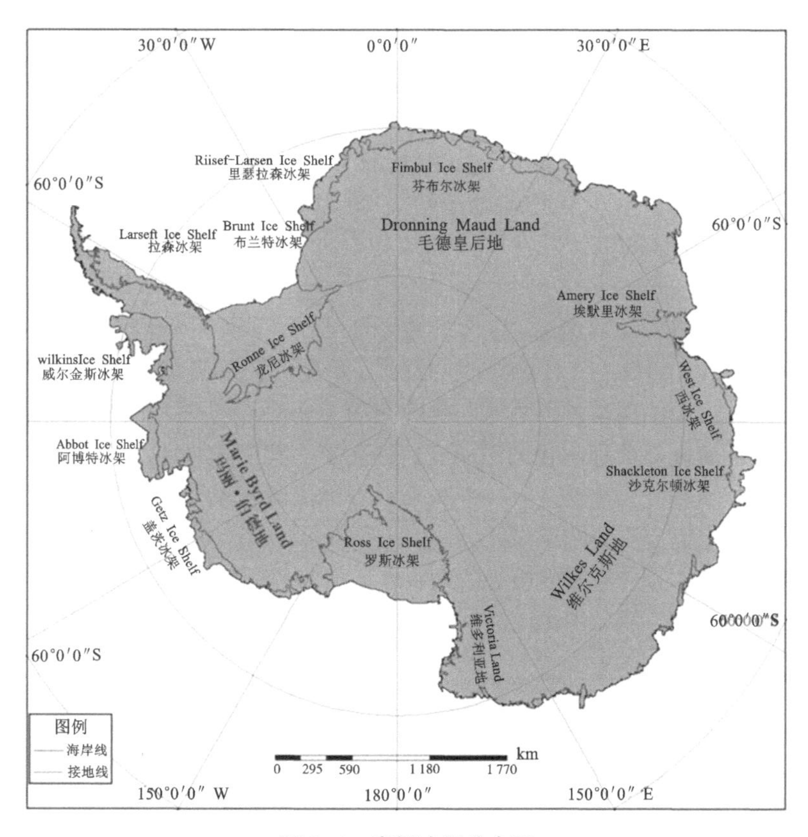

图 2-1　南极冰架分布图

南极 98%的面积常年被冰雪所覆盖，这个巨大的冰帽被称为南极冰盖，南极部分冰盖延伸到海洋，形成冰架。南极有几十个冰架，其中最具代表性的有三个，它们是罗尼冰架(Ronne Ice Shelf)、罗斯冰架(Ross Ice Shelf)和埃默里冰架(Amery Ice Shelf)，其中罗斯冰架的面积最大，约 50 万 km^2。

在最近几十年，随着全球气候逐渐变暖，冰架前缘的崩裂正导致冰架的形态发生剧烈的变化。卫星观测结果显示，在过去的 20 多年里，南极半岛冰架前缘的突然崩裂已造成其面积减少了 12500 km^2 以上。

2.2　格陵兰岛概况

格陵兰岛位于北美洲的东北部，在北冰洋和大西洋之间，全岛面积为 216.6 万 km^2，海岸线全长 3.5 万 km 左右，是世界上最大的岛屿，也是大部分面积(约 83.7%)被冰雪覆盖的岛屿。格陵兰岛的大陆冰川(或称冰盖)的面积达 183.39 万 km^2，其冰层平均厚度达到 2300 m。格陵兰岛的冰雪总量为 300 万 km^3，占全球淡水总量的 5.4%。如果格陵兰岛

的冰雪全部消融，全球海平面将上升 7.5m。格陵兰在地理纬度上属于高纬度，它最北端莫里斯·杰塞普角位于 83°39′N，而最南端的法韦尔角则位于 59°46′N，南北长度约为 2600 km，相当于欧洲大陆北端至中欧的距离。最东端的东北角位于 11°39′W，而西端亚历山大角则位于 73°08′W。气候严寒，冰雪茫茫。

格陵兰岛无冰地区的面积为 441.7 km^2，但其中北海岸和东海岸的大部分地区，几乎是人迹罕至的严寒荒原。有人居住的区域约为 20 万 km^2，主要分布在西海岸南部地区。该岛南北纵深辽阔，地区间气候存在重大差异，位于北极圈内的格陵兰岛出现极地特有的极昼和极夜现象。

格陵兰岛是一个由高耸的山脉、庞大的蓝绿色冰山、壮丽的峡湾和贫瘠裸露的岩石组成的地区。从空中看，它像一片辽阔空旷的荒野，那里参差不齐的黑色山峰偶尔穿透白色炫目并无限延伸的冰原。但从地面看去，格陵兰岛是一个差异很大的岛屿：夏天，海岸附近的草甸盛开紫色的虎耳草和黄色的罂粟花，还有灌木状的山地木岑和桦树。但是，格陵兰岛中部仍然被封闭在巨大冰盖上，在方圆几百公里内既找不到一块草地，也找不到一朵花。格陵兰岛是一个无比美丽并存在巨大地理差异的岛屿。东部海岸多年来堵满了难以逾越的冰块，因为那里的自然条件极为恶劣，交通也很困难，所以人迹罕至。这就使这一辽阔的区域成为北极的一些濒危植物、鸟类和兽类的天然避难所。矿产以冰晶石最负盛名。水产丰富，有鲸、海豹等。

2.3 主被动微波遥感

2.3.1 微波遥感

微波是指频率在 0.3~300 GHz（波长 1 mm~1 m）的电磁波。微波遥感是指传感器的工作波长在微波波谱区的遥感技术，是利用某种传感器接收地表各种地物发射或者反射的微波信号，借以识别、分析地物，提取所需地物的信息。20 世纪 50 年代，微波遥感逐渐发展起来。与可见光遥感和红外遥感相比，微波遥感起步较晚、数据获取较难、实际应用也不如可见光遥感和红外遥感普遍。然而，微波遥感具有全天候工作能力，不受云、雨、雾的影响，可在夜间工作，因其具有较强的穿透性和对地物几何形状、地表粗糙度、介电性质的敏感性、多波段多极化的辐射和散射特征等独特优势，已成为遥感技术研究的热点，并成为对地观测手段中十分重要的工具。微波遥感不受云层和极夜的影响，可全天候获取南极冰盖的影像且不受云、雨、雾的影响；微波遥感可透过冰雪、植被等，获得近地表以下目标的信息；微波遥感对地物的变化信息（如雪水含量）非常敏感，可用于海水的动态监测等。表 2-1 为微波的常用波段。

表2-1 微波的常用波段

波段	波长 λ/cm	频率 f/GHz
P	30~100	0.3~1.0
L	15~30	1.0~2.0
S	7.5~15	2.0~4.0
C	3.8~7.5	4.0~8.0
X	2.4~3.8	8.0~12.5
Ku	1.7~2.4	12.5~18
K	1.1~1.7	18.0~26.5
Ka	0.8~1.1	26.5~40.0

微波遥感根据工作方式可分为主动微波遥感和被动微波遥感，主动微波遥感是由传感器发射微波波束并接收经过地面物体反射或散射回来的回波(后向散射)进行遥感监测，主要有侧视雷达、合成孔径雷达(SAR)、雷达高度计、微波散射计等。被动微波遥感则是传感器自身不发射微波波束，只是接收地面物体发射或散射的微波进行遥感监测，主要有微波辐射计等。

2.3.2 主动微波遥感

微波散射计是一种有源微波遥感器，是主动、非成像雷达系统，专门用来测量各种地物的散射特性。它是通过向测量地物发射微波脉冲信号并接收其后向散射回波信号来探测有关目标的信息，回波信号的强弱取决于目标物表面的粗糙程度以及物质本身的介电特性，这两者都可以描述海冰和植被等覆盖物的特征。

星载散射计的空间分辨率低，但时间分辨率高，一般被用于大尺度地表的后向散射特性的研究，其设计的最初目的是测量全球海面的风矢量场，后来也被用于冰盖、陆地和海冰等的研究。

微波散射计 Sea Winds/QSCAT 在 1999 年随 Quik SCAT 卫星发射上天，其工作频率为 13.4 GHz(Ku 波段)，使用圆锥扫描式笔形天线进行水平极化(HH)和垂直极化(VV)方式测量。Sea Winds/QSCAT 有两个固定入射角 47°和 55°，分别与内外波束对应且内外波束分别对应 HH 和 VV 极化方式。

低空间分辨率和高时间分辨率的散射计数据适用于进行大尺度的海洋研究，然而在海冰和陆地研究方面，低空间分辨率在很大程度上降低了数据的可用性。为解决此问题，2001 年 EarlyDS 等提出了散射计图像滤波重建算法 SIRF(scatterometer image reconstruction with filter)，该算法通过将卫星连续几天内的多次和多角度测量的数据结合起来而达到提高其空间分辨率的目的。

SIRF 可简单地定义为：在限定的入射角[20°, 55°]内，散射计的后向散射系数 σ^0(单位：dB)可被近似为入射角 θ 的线性函数：

$$\sigma^0=A+B(\theta-\theta_0) \tag{2-1}$$

式中：A 和 B 是极化方式、方位角和地表特征的函数。A 是扫描带宽即入射角为 θ_0 时的后向散射系数 σ^0 值，被称为归一化雷达散射截面 NRCS(normalized radar cross section)，θ_0 通常取 40°；B 是在一定的入射角范围内后向散射系数 σ^0 的变化梯度，反映了后向散射系数 σ^0 与入射角 θ 之间的关系。使用 SIRF 算法可以从间隔数天的后向散射系数 σ^0 测量的数据中同时产生 A 图和 B 图，文件的扩展名为. sir。

"SIR"格式文件由头文件和数据主体组成，整个文件的大小为 512 个字节的整数倍(未够的部分用 0 补齐)，其中头文件的大小为 512 个字节，包括数据主体的信息和投影信息。像素值通常用高阶字节优先的双字节整型存贮(大端方式)。头文件中的"scale factors"值为比例因子，用于将存贮的整数值转变为真实值(浮点值)。例如比例因子为 1000，则某像素值为-17600 代表的实际值为-17.6。这样存储的目的是在保证数据精度的前提下缩小文件的大小以便节省存储空间。

特别值得注意的是 SIR 格式图像的左下角作为像素的起算点，这与大多数的图像处理软件的规定不同。标准的 SIR 格式支持矩形阵列无投影、矩阵式经纬网、可分别用于非极地和极地投影的 Lambert 等面积投影、极方位立体投影、EASE 网格多分辨率极投影和 EASE 多分辨率全球投影等投影方式。

本书主要使用空间分辨率为 4.45 km×4.45 km 的 SIR 格式的数据和空间分辨率为 22.5 km×22.5 km 的 GRD 格式的数据。

2.3.3 被动微波遥感

被动微波传感器主要是指微波辐射计，它被动地接收地面在微波波段的热辐射亮度。除微波传感器常见的优点之外，微波辐射计还有重访周期短、数据累计时间长等特点，对于长时间的大尺度趋势变化分析非常有利。目前广泛使用的被动微波传感器主要有 SMMR、SSM/I、SSMIS、AMSR-E、AMSR2 数据 5 种。

SMMR 于 1978 年搭载美国雨云卫星 Nimbus-7 发射上天，幅宽为 780 km，空间分辨率为 150 km；时间分辨率为 1 天，每 5~6 天重访一次；其最低频率为 6.6 GHz，是一个 5 频率 10 通道的双极化微波辐射计。Nimbus-7 卫星是太阳同步极轨卫星，其轨道面倾角为 99°，轨道周期为 104.16 min，是一个较早的被动微波传感器，很多传感器都是在它的基础上进行设计和制造的。

美国的国防气象卫星上搭载了 F8、F11 和 F13 携带的多波段微波辐射扫描仪(special sensor microwave imager，SSM/I)，以及 F17 搭载的多波段微波辐射成像探测器(special sensor microwave imager sounder，SSMIS)。SSM/I 以及 SSMIS 均是每天产生一次数据。各个传感器的运行服役时间见表 2-2 所示。其中 F17 卫星平台能够以 24 h 为一个周期覆盖全球。该数据集提供了来自无源微波传感器的每日网格亮温(bright temperature)TB，分布在极赤平投影中。用于计算 TB 的 SSM/I 和 SSMIS 信道包括 19.3GHz 垂直和水平、22.2 GHz 垂直、37.0 GHz 垂直和水平、85.5 GHz 垂直和水平(在 SSM/I 上)以及 91.7 GHz 垂直和水平信道(在 SSMIS 上)。85.5 GHz 和 91.7 GHz 的数据以 12.5 km 的分辨率进行网格化，而所有其他频率以 25 km 的分辨率进行网格化。使用简单的求和平均法将每个 24 h 周期的轨道数据映射到各自的网格单元。数据均可通过 https://search.earthdata.nasa.gov 获取。

表 2-2　SSM/I、SSMR、SSMIS 运行时间

卫星	传感器	运行时间
Nimbus-7	SSMR	1978 年—1987 年
DMSP F8	SSM/I	1987 年 7 月 9 日—1991 年 12 月 2 日
DMSP F11	SSM/I	1991 年 12 月 3 日—1995 年 9 月 30 日
DMSP F13	SSM/I	1995 年 10 月 1 日—2007 年 12 月 31 日
DMSP F17	SSMIS	2008 年 1 月 1 日至今

AMSR 于 2001 年搭载在日本对地观测卫星 ADEOS-Ⅱ发射升空。AMSR-E 是在 AMSR 传感器的基础上进行改进设计的，于 2002 年搭载 NASA 对地观测卫星 Aqua 发射升空。AMSR 和 AMSR-E 是多频率双极化的被动微波辐射计，在 6.9~89 GHz 内有 6 个频率 12 个通道，两种传感器的传输方式基本相同，参数也基本一致，两者最大的区别是 AMSR 在上午 10：30 左右穿过赤道而 AMSR-E 则是在 13：30 左右穿过赤道。

高级被动微波辐射计(the advanced microwave scanning radiometer 2，AMSR2)(基本参数如表 2-3 所示)搭载在 GCOM-W1 卫星上，该传感器被用来检测地表和大气微波辐射。AMSR2 传感器会从地球上空约 700 km 处的卫星轨道上，为用户提供高精度的微波发射和微波散射的强度测量。AMSR2 的天线旋转很快，它每次旋转都能获得超过 1450 km 幅长的对地观测数据。AMSR2 传感器作为一种锥形扫描的全能量被动微波辐射计，它可以在保证时间连续性的同时探测到各种地物微弱的微波辐射，并预测地物的变化情况，该传感器共有 6 个观测频段，任何一个频段都包含水平和垂直两种通道。传感器的锥状扫描机制使得它能够每 2 天获取一组覆盖地表 99%以上的日间和夜间观测数据。传感器的平均空间分辨率从 6.9 GHz 的 56 km 到 89GHz 的 5.4 km 不等。AMSR2 传感器可以提供多种地物的多种类型的探测参数。数据可以通过网站 https://search.earthdata.nasa.gov 获取。

表 2-3　AMSR2 的基本参数

中心频率/GHz	6.925	10.65	18.7	23.8	36.5	89.0
带宽/MHz	350	100	200	400	1000	3000
平均空间分辨率/km	56	38	21	24	12	5.4
瞬间视场角/(km×km)	74×43	51×30	27×16	31×18	14×8	6×4
采样率/(km×km)	10×10	10×10	10×10	10×10	10×10	5×5
主波束效率 MSEC	2.6	2.6	2.6	2.6	2.6	1.3
波束宽度/%	95.3	95.0	96.3	96.4	95.3	96.0
传感器系数 *K*	0.3	0.6	0.6	0.6	0.6	1.1

SSM/I 是一个 4 频率 7 通道的微波辐射计，其中频率为 19.35 GHz、37.05 GHz 和 85.50 GHz 的波段均有水平和垂直极化两种极化方式，频率为 22.24 GHz 波段是垂直

极化方式。从 1987 年升空到此后的 10 年里，SSM/I 一直是空间分辨率最高的星载被动微波遥感探测仪器。SSM/I 可同时测量来自地球和大气系统的微波辐射，主要用于环境参数的检测，如海面风速、海冰分布、冰架融化、大气水蒸气的含量、陆地及海洋温度反演等。

SMMR 与 SSM/I 数据均不能对全球所有区域覆盖，SMR 可覆盖南北纬 84°之间的区域，SSM/I 则可覆盖南北纬 87°之间的区域。两种数据的空间分辨率都相对较低，无法在小尺度上对地物信息进行监测。

AMSR 于 2001 年搭载日本对地观测卫星 ADEOS－Ⅱ发射升空。AMSR－E 是在 AMSR 传感器的基础上进行改进设计的，于 2002 年搭载 NASA 对地观测卫星 Aqua 发射升空。AMSR 和 AMSR－E 是多频率双极化的被动微波辐射计，在 6.9～89 GHz 内有 6 个频率 12 个通道，两种传感器的传输方式基本相同，参数也基本一致，两者最大的区别是 AMSR 在上午 10：30 左右穿过赤道而 AMSR－E 则是在下午 1：30 左右穿过赤道。

2.4 自动气象站数据

南极地区的近地面气象观测站大都位于沿海地区，内陆地区仅有 2 个，即南极点站和东方站，这给分析和研究南极内陆地区冰雪与大气的相互作用带来了一定的困难。自动气象站（automatic weather stations，AWS）的出现实现了偏远地区和天气条件恶劣区域的长期无人监测。在过去的 20 年里，约有 100 个自动气象站设立在南极大陆上的几个不同区域，用于研究南极大陆近地层天气、气候状况和微气象物理过程，并获得了大量的南极内陆气候资料。截至 2020 年，AWS 已基本遍布南极大陆的各个角落。

自动气象站提供了大量南极、格陵兰岛和秘鲁的气象数据，该数据通过卫星传送到威斯康星—麦迪逊大学的数据处理小组，其最初的目的是推进全球气候的理解。自动气象站的数据形式有间隔 10 min 的数据、间隔 3 h 的数据、近地面的温度数据、威德尔海的水文数据以及南极的一些人工站点数据。

温度数据常用的为间隔 10 min 的和间隔 3 h 的数据，可通过网站 http：//amrc. ssec. wisc. edu/获取。间隔 10 min 的温度数据包括原始数据和平均数据两种，从 1984 年至今均有记录，但每年存有数据记录的站点不尽相同，受仪器和天气的影响严重，是未经校准的。间隔 3 h 的温度数据从 1980 年至今均有记录，这些数据已剔除一些错误数据并经过人工校准，但同样也受天气和使用仪器的影响，没有完整的站点数据。

2.5 辅助数据

除了微波辐射计数据、微波散射计数据和自动气象站的站点数据外，在结果分析和显示中还用到的辅助数据有分辨率为 1 km 的 DEM 数据、海岸线数据、接地线数据以及全南极地物覆盖数据。

DEM 数据来自美国冰雪数据中心（NSIDC），是 Radarsat 南极制图项目（RAMP）中第二版本的数字高程数据。它在原始版本的基础上加入了新的拓扑数据，并进行了错误纠正以及覆盖范围等修正，用户可通过注册登录的方式获取相关信息，数据说明以及下载登录 http：//nsidc. org/data/nsidc-0082. html 网站。为保持空间分辨率的一致，本书将 1 km 的 DEM 数据重采样成 25 km 的数据，以此作为南极冰盖冻融时空分析的参考数据。

本书采用的海岸线数据由 Liu 等通过正射校正的 Radarsat SAR 影像获得，其平面位置的精度大于 130 m，对于南极海岸线的几何形状和冰川特性有准确的描述。为了直观地展示本研究的相关成果，书中有关图表中的海岸线均采用了此数据。

研究采用的接地线数据由 Scambos 等通过基于 MODIS 的南极镶嵌图所得，数据说明及下载登录 http：//nsidc. org/data/moa/。在精度允许的范围内，一般而言，海岸线与接地线之间的范围即可认为是冰架的分布范围，因此，书中同时采用这两种数据以便更好地显示南极冰盖冻融结果与冰架分布的关系。

本书采用的全南极地物覆盖数据由北京师范大学全球变化与地球系统科学研究院极地遥感小组提供，该数据在全南极 ETM+影像镶嵌图的基础上通过人机交互的方式得到，是国内第一次成功绘制的南极地物覆盖类型图。

第3章

雪的微波遥感

3.1 雪的介电特性

地物的几何构造、形态和介电特性，决定与其相互作用的微波辐射响应——地物中电磁波的传输、散射和吸收等，并最终决定微波遥感获得来自地物的热辐射和散射信息。因此，在讨论雪的微波辐射特性和散射特性前，先简要介绍雪的微波介电特性。根据雪中是否含有自由（液态）水，通常把雪分为干雪和湿雪两种类型：干雪只是冰和空气的混合体，不含任何液态水；而湿雪含有液态水水分，它的介电常数与液态水含量相关。

3.1.1 干雪的介电特性

1986年以来，雪的介电常数得到了详尽的研究，Ulaby和Fung等对雪的介电常数做了系统地研究总结。干雪的相对介电常数跟雪的密度以及空气和冰的相对介电常数有关。近年来，Mätzler根据新的观测资料——包括对新雪、被风压实的雪、深霜层和再冻结雪的观测，给出了干雪的介电常数实部更加精确的表达式，其标准偏差仅有0.0066。这一公式与Polder和van Santen发展的介电常数混合理论的物理模型的计算结果吻合得非常好。目前，在积雪遥感的文献中通常使用这一公式。

Mätzler认为，干雪介电常数的实部ε'_{ds}在1 MHz到至少10 GHz内与频率无关，它只是雪密度ρ_0（或冰的容积率v_i）的函数。

$$\varepsilon'_{ds}=1.0+1.4667v_i+1.435v_i^3 \qquad (0<v_i<0.5) \tag{3-1}$$

根据冰的容积率与雪密度的换算关系$v_i=\rho_s/0.917$，可得到

$$\varepsilon'_{ds}=1.0+1.5995\rho_s+1.861\rho_s^3 \tag{3-2}$$

假设雪中的冰颗粒都为球体，则可以根据Polder和van Santen的介电常数混合公式，得到干雪介电常数虚部ε''_{ds}的表达式

$$\varepsilon''_{ds}=3v_i\varepsilon''_i\frac{{\varepsilon'_{ds}}^2(2\varepsilon'_{ds}+1)}{(\varepsilon'_i+2\varepsilon'_{ds})(\varepsilon'_i+2{\varepsilon'_{ds}}^2)} \tag{3-3}$$

式中：ε_i'和 ε_i''分别为纯冰介电常数的实部和虚部。ε_i'是一个常数，$\varepsilon_i'=3.15$；ε_i''不但随频率变化，还与温度相关。Mätzler 和 Wegmüller 在 1986 年对 Hufford 的经验公式修改为如下形式：

$$\varepsilon_i''=\frac{a}{f}+bf^c \tag{3-4}$$

式中：f 为频率(GHz)；c 与 1 非常接近(随温度变化的参数)；a 和 b 同样也是与温度相关的参数。Mätzler 在 2006 年对 a 和 b 采用了如下的经验模型：

$$a=(0.00504+0.0062\,\theta)\exp(-22.1\theta) \tag{3-5}$$

$$\theta=T_0/(T-1)\quad(T_0=300\ \mathrm{K}) \tag{3-6}$$

$$b_M=\frac{b_1}{T}\frac{\exp(d/T)}{[\exp(d/T)-1]^2}+b_2f^2 \tag{3-7}$$

式中：$b_1=0.0207\ \mathrm{K/GHz}$；$d=335\ \mathrm{K}$；$b_2=1.16\times10^{-11}/\mathrm{GHz}^3$。

设无液态水干雪的微波介电常数的实部与虚部分别为 ε_{ds}' 和 ε_{ds}''，它们均由 ε_i'、ε_i''及密度 ρ_s 决定。1982 年，Stiles 等提出以下经验公式：

$$\varepsilon_{ds}'=(1+0.508\,\rho_s)^3 \tag{3-8}$$

$$\varepsilon_{ds}''=\frac{0.379}{(1-0.45\,\rho_s)^2}\varepsilon_i'' \tag{3-9}$$

纯冰介电常数的实部 ε_i'基本不随温度与频率的变化而变化，而虚部 ε_i''随温度与频率的变化必将影响 ε_{ds}''。

3.1.2　湿雪的介电特性

湿雪是干雪和液态水的混合体，因此它的介电常数依赖于冰和液态水的介电特性以及它们的容积率。雪的液态水含量(或称为雪湿度 m_v)是指液态水的体积比，由于水介电常数的实部和虚部都远大于冰，因此 m_v 是决定湿雪介电常数的最主要因素，雪的介电常数会随 m_v 的增加而增大；此外，由于水的介电常数随频率而变，因此频率对湿雪的介电常数影响也很大。

在频率 3~37 GHz，雪密度为 0.09~0.38 g/cm^3，雪湿度 m_v 为 1%~2%，湿雪的介电常数的实部和虚部可分别表示为：

$$\varepsilon_{ws}'=A+\frac{Bm_v^x}{1+(f/f_0)^2} \tag{3-10}$$

$$\varepsilon_{ws}''=\frac{C(f/f_0)m_v^x}{1+(f/f_0)^2} \tag{3-11}$$

式中：f 为频率(GHz)；f_0 为湿雪的有效弛豫频率且 $f_0=9.07$ GHz，它略高于水在 0℃的弛豫频率 $f_{0w}=8.8$ GHz，系数 A、B、C 和 x 分别表示为：

$$\begin{cases}A=1.0+1.83\,\rho_s+0.02\,m_v^{1.015}\\B=0.073\\C=0.073\\x=1.31\end{cases} \tag{3-12}$$

在较低的频率范围内，式(3-12)通常会低估 ε'_{ws}[5, 7]，当雪湿度较大时更为明显。研究者们根据对大量观测数据的拟合，得到了以下简单易用而又有很高精度的 Mätzler 和 Denoth 的经验公式，它把 ε'_{ws}表示为 ε'_{ds}和雪湿度 m_v 的函数之和

$$\begin{cases} \varepsilon'_{ws}=\varepsilon'_{ds}+0.206\,m_v+0.0046\,m_v^2 & (0.01\ \text{GHz}\leqslant f\leqslant 1\ \text{GHz}) \\ \varepsilon'_{ws}=\varepsilon'_{ds}+0.02\,m_v+[0.06-3.1\times10^{-4}(f-4)^2]\,m_v^{1.5} & 4\ (\text{GHz}\leqslant f\leqslant 12\ \text{GHz}) \end{cases} \tag{3-13}$$

图 3-1 显示了冰和水的复介电常数与频率的关系图，ε'_i、ε''_i、ε'_w和 ε''_w分别为冰介电常数的实部与虚部以及水介电常数的实部和虚部。如图 3-1 所示，水的介电常数远大于冰，水的介电常数的实部 ε'_w随着频率的增大而逐渐降低，在频率低于 10 GHz 时，它比冰介电常数的实部 ε'_i大 10 倍以上；而水的介电常数的虚部 ε''_w与冰的介电常数的虚部 ε''_i相比要超出两个数量级。由此可知，雪湿度 m_v 是决定湿雪介电常数最关键的因素，随着 m_v 的增大，湿雪的介电常数呈增大的趋势。此外，水的介电常数随频率的不同而呈现不同的变化趋势，频率因此成为决定湿雪介电常数的又一重要因素。

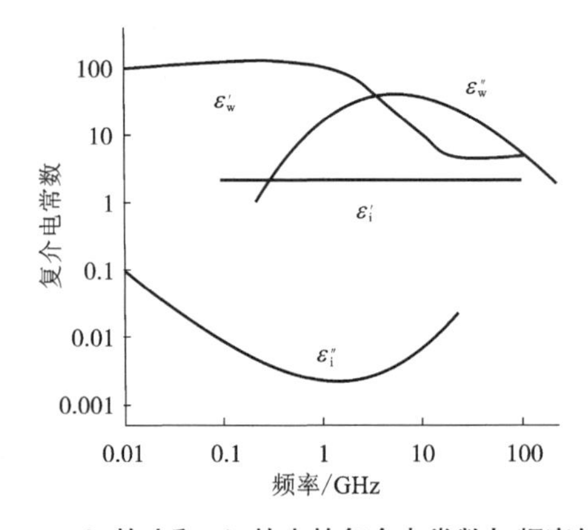

图 3-1　-1℃的冰和 0℃的水的复介电常数与频率的关系

与干雪介电常数相比，湿雪介电常数同样受频率的影响，不同的是，湿雪中液态水含量的变化给湿雪介电常数带来了显著的变化。

3.2　雪的主动微波遥感

在地球资源与环境遥感技术应用中，人们识别各类地物及其特征的关键信息源，正是电磁波与地物相互作用的响应特性。它犹如每个人都有自己的特征指纹，只需先认识并储存其指纹特征，此后即可确定其人。因此，研究和积累与遥感技术直接相关的电磁波与地物相互作用的散射特性，是遥感应用极其重要的基础工作之一。它与地物空间特性等信息结合，成为确保遥感任务有效实施的关键，因而牢固掌握主要地物——冰、雪和冻土与电磁波相互作用的散射特性，才能保证冰冻圈遥感技术充分有效的应用。

3.2.1　微波散射特性

微波散射计发射极化能量脉冲至地表，脉冲到达地面后，部分入射波脉冲经散射返回至散射计，散射回来的回波的比例跟所照亮的地表特性有关，故微波散射计能够提供被天线照射表面的后向散射截面信息。

空气-雪分界面的透射系数由入射角、极化状态和雪的相对介电常数决定。在很宽的入射角范围内，垂直极化和水平极化均能产生显著的透射现象。

Ku 波段(12~18 GHz)微波在干雪层中的穿透深度通常可达米级，雪层中的表面散射较弱，体散射较强，后向散射以体散射为主。但是由于融化导致雪层中液态水含量增大，这时情况将发生变化，微波的穿透深度仅为毫米级，此时的后向散射将主要由表面散射决定。

干雪的表面粗糙度对后向散射的影响可以忽略；而湿雪的表面粗糙度对后向散射的影响却很明显。

由 Shi 等和程晓的研究可知，雪的归一化后向散射系数 σ^0 随着雪湿度的增加而降低。

研究表明，无论湿雪的断面如何分布，后向散射系数 σ^0 的降低与雪里总的自由水含量相关，故可以通过后向散射系数的变化来监测南极冰盖冰架融化的相对时空变化。

3.2.2　雪的后向散射系数模型

积雪的后向散射一般包括以下分量：

(1)空气-雪界面的后向散射；

(2)雪的体散射；

(3)下覆界面的散射；

(4)上下两个界面之间的多次散射。

干雪和湿雪的散射特性是非常不同的。分别分析积雪的总后向散射系数中，以上 4 项的贡献：

对于空气-雪界面的后向散射，由于干雪与空气介电常数相近，雪面透射率高而反射率低，因此(1)项对于总散射的贡献很小。此外，由于积雪表面通常较为光滑，所以总的后向散射对表面粗糙度也不敏感。但对于湿雪，则主要的贡献来自表面散射，特别是当水分含量大于 5%时，表面散射项会主导总的散射贡献；而且总的后向散射系数对粗糙度非常敏感。

当频率较高时，干雪的体散射对总的散射起着主要的贡献，特别是当雪的厚度较大时，电磁波难以穿透积雪层，体散射会完成“覆盖”下覆介质的散射；当频率较低时，雪的消光系数很低，雪层几乎是透明的。对于湿雪，体散射项贡献相对较小。

当频率较高时，下覆界面的散射贡献很小，总的散射系数对下覆界面的粗糙度也不敏感。当频率较低，或者雪的消光系数很小(雪层浅、密度低、颗粒小)时，下覆界面的散射会成为主导项。

上下两个界面之间的多次散射总体上而言影响较小，许多 0 级模型中忽略了这一项，但当雪层的反照率较大时，则必须考虑多次散射的贡献。

计算雪的后向散射系数的模型在理论上都是相似的，它们多是辐射传输方程的 0 级或者 1 级近似。

3.3 雪的被动微波遥感

3.3.1 微波辐射原理

温度大于绝对温度 0 K(−273.15 ℃)的任何物体都具有发射电磁波的能力。自然物体的热辐射主要发生在远红外区并一直贯穿到亚毫米和微波区；在亚毫米和微波区，物体的发射率可由普朗克定律的 Rayleigh−Jealls 近似给出：

$$S(\lambda)=\frac{2\pi ckT}{\lambda^4} \tag{3-14}$$

式中：$S(\lambda)$为分子的光谱辐射通量密度(单位：$W\cdot m^{-2}$)；k 为玻尔兹曼常数($k=1.3806\times10^{-23}$ J/K)；λ 为波长；c 为光速($c=2.998\times10^8$ m/s)；T 为黑体的绝对温度(单位：K)。在微波辐射测量中，$S(\lambda)$与单位频率的能量的关系，可表示为：

$$S(v)=\frac{\lambda^2}{c}S(\lambda)=\frac{2\pi kT}{\lambda^2}=\frac{2\pi kT}{c^2}v^2 \tag{3-15}$$

表面辐射率或亮度 $B(\theta,\ v)$与单位频率内的能量 $S(v)$的关系为：

$$S(v)=\int_{\Omega}B(\theta,\ v)\cos\theta\mathrm{d}\Omega'=\int_0^{2\pi}\int_0^{\frac{\pi}{2}}B(\theta,\ v)\cos\theta\sin\theta\mathrm{d}\theta\mathrm{d}\varphi \tag{3-16}$$

对于亮度不依赖于 θ 的朗伯面有 $S(v)=\pi B(v)$，于是表面亮度为：

$$B(v)=\frac{2kT}{\lambda^2}=\frac{2kT}{c^2}v^2 \tag{3-17}$$

式(3−17)表明黑体的微波辐射亮度 $B(v)$与绝对温度 T 成正比。

在实际应用中，接收机的有效温度等于物体的表面温度乘以一个跟物体的表面的角发射率和接收天线辐射方向都有关的因子。

自然物体表面的等效微波温度可表示成：

$$T_i(\theta)=\rho_i(\theta)T_s+\varepsilon_i(\theta)T_g \tag{3-18}$$

式中：T_s 为天空温度，随 θ 而变化；T_g 为背景温度；i 为极化(H 和 V 分别表示水平和垂直极化)。

物体表面发射的辐射功率是表面温度 T 和表面发射率 ε 的函数，而发射率 ε 是物体表面成分和粗糙度的函数。由于物体表面温度的异动引起的亮温变化范围有限，而物体表面特征的改变或粗糙度不同而引起的变化却要大得多。

3.3.2 亮度温度

温度在绝对温度以上的所有物体都会向外界辐射能量，这种因热运动而导致的电磁辐射通常称为热辐射。对于黑体，它完全吸收并发射所接收的能量，能量与波长的关系遵循普朗克辐射定律：

$$B(\lambda, T)=\frac{2\pi hc^{2}\lambda^{-5}}{\exp[hc/(k\lambda T)]-1} \tag{3-19}$$

式中：$B(\lambda, T)$为黑体辐射（单位：$W \cdot m^{-2} \cdot sr^{-1} \mu m^{-1}$）；$\lambda$ 为波长（单位：μm）；T 为物体的温度（单位：K）；h 为普朗克常数（$h=6.626\times10^{-34} J \cdot s$）；$k$ 为玻尔兹曼常数（$k=1.3806\times10^{-23} J \cdot K^{-1}$）；$c$ 为光速（$c=2.998\times10^{8} m \cdot s^{-1}$）。

当波长很长和 T 足够大，使得 $hc/\lambda kT \ll 1$ 时，得到瑞利－金斯（Rayleigh-Jeans）公式 $B(\lambda, T)=\frac{2\pi c}{\lambda^{4}}kT$。在微波遥感中，波长相对较长，在很大范围内满足上述条件，因此可认为辐射亮度与绝对温度成正比，绝对温度可作为物体热辐射能力的度量。

对于一般物体的辐射能量，可用相同温度下的黑体辐射来表示，基尔霍夫定律给出了这两者之间的关系：

$$M_{e}=\alpha M_{b} \tag{3-20}$$

式中：M_{e} 为物体在所有波长下总的辐射通量密度；α 为其吸收率；M_{b} 为相同温度下黑体的辐射通量密度。将式（3-20）可改写成以下形式：

$$\alpha=\frac{M_{e}}{M_{b}} \tag{3-21}$$

式中：α 为物体的发射率，也称辐射比率。

在被动微波遥感中，微波辐射计主要用于获取地表的亮度温度。而亮度温度（简称亮温）指的是：若实际物体在某一波长下的辐射亮度与绝对黑体一致，黑体的温度即为实际物体在该波长下的亮度温度。因此，微波辐射计记录的并非地物的真实温度，而是衡量地物辐射能量或温度的一个指标。它与地物有效温度之间的关系如下：

$$T_{b}(\lambda)=\varepsilon T_{p} \tag{3-22}$$

式中：T_{b} 为亮度温度；T_{p} 为有效物理温度；ε 为微波发射率。T_{b} 和 ε 随频率和极化方式的变化而变化。发射率 $\varepsilon(0<\varepsilon<1)$ 随物体的介电常数、表面粗糙度等物理性质，以及频率、极化方式、入射角等参数的变化而变化，因而亮度温度也随着这些性质和条件的变化而变化。由雪的介电特性可知，干雪与湿雪的介电特性有较大的差异，而这种差异必然也会引起干、湿雪亮度温度的不同。

当液态水含量由 0 增长到一个非常小的百分比时，积雪的微波辐射特性将发生剧烈变化。液态水含量的微小增长将使得湿雪的微波特性趋近于黑体，从而辐射更多能量，最终导致亮度温度的急剧增长。随着液态水含量进一步地增长，深层积雪中冰粒子的辐射能量将因散射辐射而减小，积雪的微波辐射能量开始减小。研究表明，大于 10 GHz 波段的亮度温度在积雪融化开始时将急剧增大，而在重新冻融时将急剧减小。因此，利用亮温的变化信息对极地冰盖进行冻融探测从原理上是可行的。

如图 3-2 所示，在频率、入射角和极化状态相同的情况下，亮度温度随雪湿度的增大而增大，且在雪湿度从 0 增大到 1%的过程中，亮度温度呈陡然升高的趋势。此外，当液态水含量达 0.5%时，即认为积雪达到融化状态。研究表明，对于长时间序列的亮度温度，其变化率最大的边缘一般意味着冰雪冻融事件的发生。

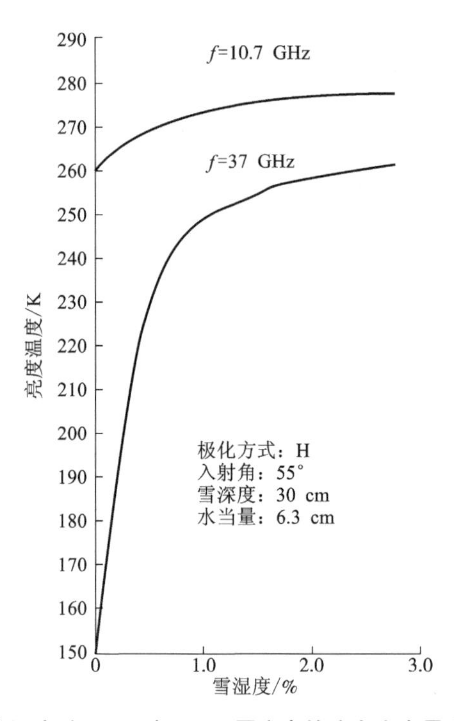

图 3-2　亮度温度随积雪顶部 5 cm 厚度内的液态水含量变化的关系图

研究选取了 2004 年 7 月 1 日—2005 年 6 月 30 日的 SSM/I 水平极化的 19 GHz 波段数据，如图 3-3 所示，显示了南极干雪与湿雪的亮度温度变化特征。其中干雪点位于南极内陆地区，经度为 80. 07°E，纬度为 45. 00°S；湿雪点位于南极半岛的 Larsen 冰架，经度为 68. 00°W，纬度为 61. 18°S。

由图 3-3 可知，干雪的亮度温度曲线保持平滑稳定，随季节变化很小，仅在夏季有小幅度的上升。而湿雪的亮度温度曲线极不稳定，明显地展示了雪面在夏季经历融化的过程。12 月下旬，即南极的初夏时节，湿雪的亮度温度从一个较低值快速增大到了 240K 以上，并在 2 月下旬，即夏末时节，降回到了夏季之前的水平。结合前面所述可知，湿雪亮度温度的变化主要由雪中的液态水含量决定，该地区在夏季时雪面液态水含量增大，表明冰盖经历融化。

因此，湿雪的亮度温度的变化幅度较大是它与干雪的最大区别，并且亮度温度变化最大的时间与融化的起始和结束时间一一对应。

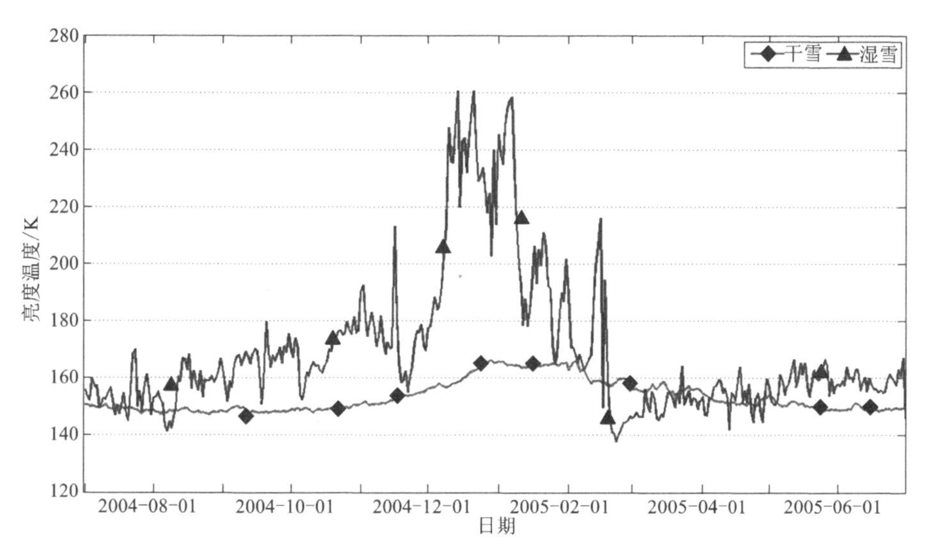

图 3-3　南极干雪与湿雪亮度温度变化曲线

3.3.3　波段特性

微波对雪的穿透能力很强，尤其是干雪，其穿透深度相当于波长的数百倍。此外，波长越长，穿透深度越深。

如图 3-4 所示，当液态水含量为 0 时，即对应于干雪，4 GHz 波段电磁波的穿透深度达 30 m，是其波长的数百倍，而随着频率的升高，波长的减小，穿透深度明显减小。对于 20 GHz 的微波，其穿透深度不足 1 m。而当雪湿度从 0 上升到 1%的过程中，各波段微波的穿透深度急剧减小。即便如此，4 GHz 波段仍保持较强的穿透力，10 GHz 和 20 GHz 波段在雪湿度达到 3%时穿透深度已非常小。所以，为监测冰盖表面的湿雪变化，频率在 10 GHz 以上微波获取的亮度温度数据更适合作为研究对象。

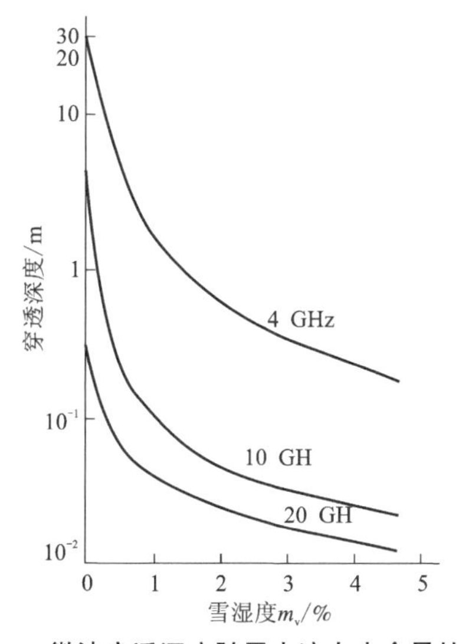

图 3-4　微波穿透深度随雪中液态水含量的变化

图 3-5 给出了不同波段的海冰亮度温度随冰厚的变化趋势曲线，可以看出，高频波段的亮度温度高于低频波段，且接近冰的物理温度。10 GHz 波段的亮温比冰的物理温度大约低 100 K，而 35 GHz 和 20 GHz 波段的亮温则是随着冰厚度的加深而增大，并分别在冰厚度大约为 0.25 m 和 1.25 m 时达到最大并基本保持不变。这一特性保证了微波传感器在极地冰盖冻融探测过程中，获取的亮温不会因冰盖厚度的改变而发生变化。

此外，22 GHz 是水汽的强吸收波段，85 GHz 波段则由于频率太高而存在噪声大、不稳定等缺点，而且容易受云层和水汽的干扰。所以，根据以上分析，结合微波辐射计波段特性，在极地冰盖融化探测研究中，摒弃了 6.6 GHz 和 22 GHz 等波段的资料，最终将波段的选择限定在 18.0 GHz、19.3 GHz 和 37.0 GHz 这三个波段之中。

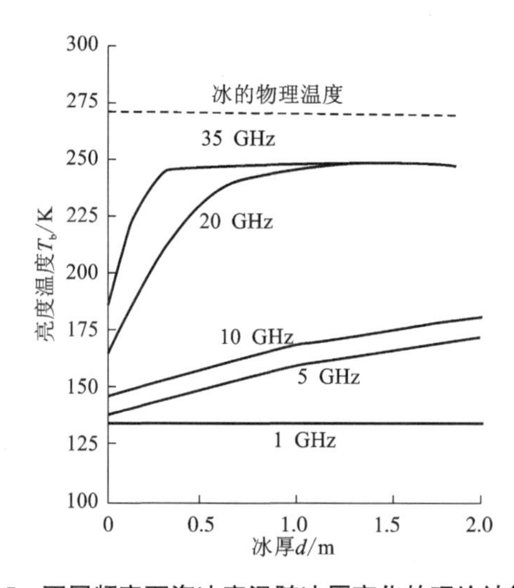

图 3-5　不同频率下海冰亮温随冰厚变化的理论计算结果

3.3.4　极化方式

极化是指电磁波的电场振动方向的变化趋势。线极化是指电场矢量方向不随时间变化，分为水平极化(H)和垂直极化(V)两种。水平极化是指电场矢量方向与入射面垂直，而垂直极化则是指电场矢量方向与入射面平行。SMMR 和 SSM/I 的极化方式均为线极化。

不同的极化方式会获取到不同的发射率信息，从而产生不同的亮度温度数据。当冰雪消融时，表面亮度温度上升，不同极化方式的亮温数据的上升幅度不同。图 3-6 为波长为 5 mm 的微波辐射计测量的两种极化方式雪层亮度温度随冰雪消融时间变化的情况。可以看出，短短 3 小时内，亮度温度迅速升高约 70 K。两种极化方式曲线的变化点和变化趋势大致相同，但水平极化的变化幅度更大，对表面融化变化更为敏感。为此，选取水平极化方式的波段对于探测南极冰盖冻融信息将更加敏感。

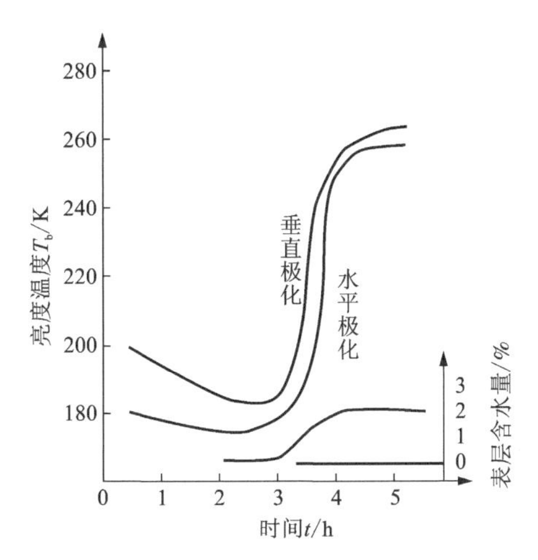

图 3-6　5 mm 波段不同极化方式融雪亮温随时间变化情况

第4章

微波辐射计的冰盖冻融探测

微波辐射计能全天候、全天时工作且时间分辨率高。典型的被动微波辐射计冰盖冻融探测算法主要分为以下几类：

（1）单通道和多通道亮温冻融探测算法。该算法的优点是简单易于操作，阈值的划分高度依赖于湿雪与干雪的物理性质差别；缺点是该类冻融探测方法依赖于绝对的亮度温度，因此冻融的时间估计不太准确，且需用野外实地观测值来确定阈值，由于野外观测的地域局限性，因此会引入较大的偏差，并且野外数据的采集花费高，再加上有些地区环境比较恶劣，数据不可获得。

（2）基于边缘检测的冰盖冻融探测方法。如 Liu 等利用小波变换边缘检测的方法来估计冻融的开始、结束和持续时间。该类方法的优点是不依赖于实地测量值，只依赖于相对的亮度温度值；缺点是有时边缘的突变不是很理想，而且用于双高斯模型拟合的典型样本选取较费时。

（3）物理模型基的冰盖冻融探测算法。这类方法主要是 1999 年 Wiesmann 和 Mätzler 发展的基于物理模型的冰盖冻融探测算法。这类方法的优点是具有较强的物理背景，因而可以得到更准确的结果；缺点是需要更多的实地观测数据和参数输入，不易于操作。

（4）基于图像处理的冰盖冻融探测方法。该类方法主要利用目前比较流行的图像处理算法如自组织图神经网络，前向反馈神经网络等来进行冰盖冻融探测。优点是易于实施；缺点是物理背景不强且为了对样本进行训练，必须野外测量获得雪水当量（SWE），其中的一些算法只适用于格陵兰岛和芬兰实验区。

从以上分析可知，利用微波辐射计进行冰盖表面冻融探测还存在较多的问题，需要进一步改进完善。

4.1 物理模型结合小波变换的冰盖冻融探测

基于阈值冻融探测的简单物理模型($T_b-\alpha$)算法虽然操作简单，但主要适用于格陵兰岛和芬兰地区且干、湿雪分类的阈值是在知道实际融化情况的前提下才能确定。由以上分析可知，简单物理模型算法用于冰盖冻融探测还存在较多的问题，特别是要实现南极冰盖冻融监测系统的自动化运行，还有许多问题须解决。通过观察冰盖冻融时的 $T_b-\alpha$ 算法所得值的变化特征，提出了将简单物理模型算法和小波变换算法结合起来进行冰盖冻融探测的算法。该算法不但不依赖于实际冰雪的融化情况，而且能够自动确定其融化开始、持续和结束时间，为南极冰盖冻融探测业务的自动化运行提供了新的解决方案。

4.1.1 物理模型

介电常数对冰雪中的液态水含量非常敏感，随着液态水含量的增加，介电常数的虚部有一个明显的增加，基于此文献[16]提出了一个冰雪融化的简单物理模型，如图 4-1 所示。在这个模型中，假定融化时，深度为 d 的湿雪层通过空气/湿雪界面和湿雪/干雪界面产生的辐射亮温为：

$$T_b(0)=T_b(d)e^{-\tau(0,d)}+\int_0^d[k_a(z)T_{wet}(z)+k_s(z)T_{sc}(z)]e^{-\tau(0,z)}\sec\theta(z)dz \tag{4-1}$$

式中：k_a 为吸收系数；k_s 为散射系数；$k_e=k_a+k_s$ 为消光系数；T_{wet} 为湿雪的物理温度；T_{sc} 为散射温度；$\tau(z_1,z_2)=\int_{z_1}^{z_2}k_e(z)\sec(\theta(z)dz)$ 为光学长度；$\theta(z)$ 为在深度 z 时的传输角。

假定湿雪层是均匀的，式(4-1)能被重写为：

$$T_b(0)=T_b(d)e^{-k_a^{wet}d\sec\theta_{ws}}+\frac{k_a^{wet}}{k_e^{wet}}(1-e^{-k_e^{wet}d\sec\theta_{ws}})T_{wet}+\int_0^d k_s(z)T_{sc}(z)e^{-\tau(0,z)}\sec\theta(z)dr \tag{4-2}$$

式中：$\theta(z)$ 为湿雪层的传输角。在湿雪层，吸收远远超过散射，因此 $k_a^{wet}\gg k_s^{wet}$，即 $k_e^{wet}\approx k_a^{wet}$，假定多重散射($T_{sc}$)可以忽略，式(4-2)变为：

$$T_b(0)=\alpha T_b^{dry}+(1-\alpha)T_{wet} \tag{4-3}$$

式中：$\alpha=e^{-k_a^{wet}d\sec\theta_{ws}}$，主要由湿雪层的厚度确定。在这个模型中，随着湿雪层厚度的增加，T_b 逐渐地接近 T_{wet}。

在图 4-1 中，亮温 T_b 是湿雪的发射和干雪经过湿雪层衰减后的发射之和。选择垂直极化是为了使界面的影响最小化。由于发射角接近于布鲁斯特角(Brewster angle)，SSM/I 的空气/湿雪界面和湿雪/干雪界面的反射可以忽略。

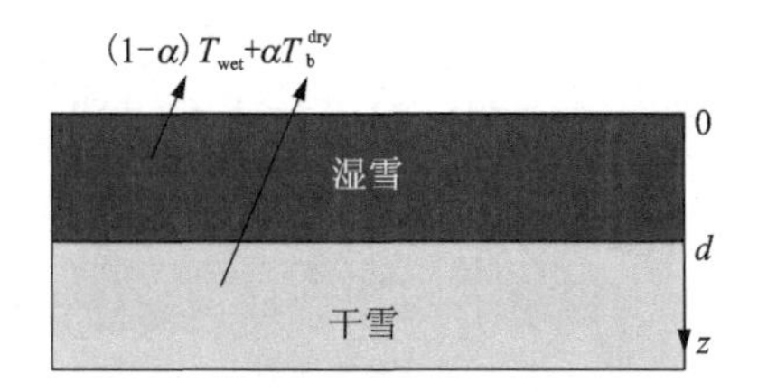

图 4-1　融化表面简单的物理模型

令 $q(t)=1-\alpha$，式(4-3)可写为：

$$q(t)=\frac{T_b(t)-T_b^{dry}}{T_{wet}-T_b^{dry}} \tag{4-4}$$

由式(4-4)知，进行冰盖冻融探测时需要知道 T_{wet} 和 T_b^{dry} 的大小，假定雪融时湿雪层的近似温度 $T_{wet}\approx 273$ K。T_b^{dry} 的精确估计很难获得，为简化目的，T_b^{dry} 通过各个点冬天的平均值来估计。然后通过已知融化信息的干湿雪的 $q(t)$ 的直方图统计数据确定阈值，当 $q(t)$ 大于阈值时，认为冰雪融化，否则认为冰雪没有融化。

4.1.2　基于小波的边缘检测

边缘是信号最主要的特征，是信号的剧变点，具有奇异性。因此，可以通过检测小波模极大值的方法来检测信号的边缘。当小波函数尺度较小时，抑制噪声的能力弱，提取信号细节的能力强；当小波函数尺度较大时，抑制噪声的能力强，而提取信号细节的能力弱，这样就可以较好地解决提取信号边缘细节和抑制噪声两者之间的矛盾。

由于众多信号的边缘是不可导，甚至是不连续的，因此大多数的多尺度边缘检测方法是在不同的尺度上先光滑原始信号，然后由光滑后的信号的一阶导数或二阶导数检测出信号的剧变点，即信号的边缘。

设 $\theta(x)$ 为磨光函数，满足 $\theta(x)=O(1/(1+x^2))$ 且 $\int_{-\infty}^{+\infty}\theta(t)\ \mathrm{d}t\neq 0$。令 $\theta_s(x)=(1/s)\theta(x/s)$ 为在尺度 s 下被 $\theta_s(x)$ 光滑的函数 $f(x)$ 的剧变点。

令 $\psi^1(x)$ 和 $\psi^2(x)$ 为由以下两式分别定义的小波

$$\psi^1(x)=\frac{\mathrm{d}\theta(x)}{\mathrm{d}x} \tag{4-5}$$

和

$$\psi^2(x)=\frac{\mathrm{d}^2\theta(x)}{\mathrm{d}x^2} \tag{4-6}$$

则相应的小波变换定义为：

$W^1f(\mu,s)=f(x)\cdot\psi^1(x)$ 和 $W^2f(\mu,s)=f(x)\cdot\psi^2(x)$，即

$$W^2f(\mu,s)=f\cdot\left(s^2\frac{\mathrm{d}^2\theta_s}{\mathrm{d}x^2}\right)(x)=s^2\frac{\mathrm{d}^2}{\mathrm{d}x^2}(f\cdot\theta_s)(x) \tag{4-7}$$

$$W^1f(\mu, s)=f\cdot(s\frac{d\theta_s}{dx})(x)=s\frac{d}{dx}(f\cdot\theta_s)(x) \tag{4-8}$$

设 $\psi(x)$ 为小波，则函数 $f(x)$ 的小波变换表示为：

$$Wf(u, s)=f(x)\cdot\psi(x) \tag{4-9}$$

由式(4-7)~式(4-9)可以看出，$f(x)$ 关于 $\psi^1(x)$ 和 $\psi^2(x)$ 的小波变换，变成了与光滑函数 $\theta_s(x)$ 的卷积和关于 x 的一阶和二阶导数乘以 s 与 s^2。由以上分析可知，$W^1f(\mu, s)$ 的局部极值对应 $W^2f(\mu, s)$ 的零点和拐点。

检测零点或局部极值点所用的方法是类似的，但求局部极值点却有更多的优点。$f\cdot\theta_s$ 的拐点是其一阶导数的极大值点和极小值点，$f\cdot\theta_s$ 的一阶导数的绝对值的极大值点是其剧变点，而 $f\cdot\theta_s$ 的一阶导数的绝对值的最小值点是其缓变点。用二阶导数的零点来区别剧变点和缓变点是困难的。但用一阶导数，很容易通过检测 $W^1f(\mu, s)$ 的绝对值的局部最大值求出剧变点及其在该点的值，并通过筛选这些局部最大值的方法对信号起到很好的去噪效果。

由小波多尺度分解可知，相比小尺度分解而言，大尺度分解不但能保留剧烈变化边缘的信息，而且有一定的去噪效果。

由小波模极大值的定义可知，检测 $W^1f(\mu, s)$ 的绝对值的局部极大值，就是检测 $W^1f(\mu, s)$ 的小波模极大值。从而通过探测 $W^1f(\mu, s)$ 的小波模极大值点，就能找到 $f\cdot\theta_s$ 的剧变点，即信号的边缘。

在进行小波变换时，可根据实际图像的情况来选择像素点灰度值的时间序列被分解的尺度，这里我们采用 MALLAT 算法对小波级数系数进行计算：

设小波 $\psi(t)$ 相对应的尺度函数为 $\varphi(t)$，则

$$\varphi(t)=\sqrt{2}\sum_{n\in\mathbf{Z}}h_n\varphi(2t-n),\ h_n=\langle\varphi(t),\ \varphi(2t-n)\rangle \tag{4-10}$$

$$\psi(t)=\sqrt{2}\sum_{n\in\mathbf{Z}}g_n\varphi(2t-n),\ g_n=\langle\psi(t),\ \varphi(2t-n)\rangle \tag{4-11}$$

从而

$$\begin{aligned}\varphi_{j,k}(t)&=2^{-j/2}\varphi(2^{-j}t-k)\\&=2^{-(j-1)/2}\sum_{n\in\mathbf{Z}}h_n\varphi[2(2^{-j}t-k)-n]=\sum_{n\in\mathbf{Z}}h_n\varphi_{j-1,2k+n}(t)\end{aligned} \tag{4-12}$$

$$\begin{aligned}\psi_{j,k}(t)&=2^{-j/2}\psi(2^{-j}t-k)\\&=2^{-(j-1)/2}\sum_{n\in\mathbf{Z}}g_n\varphi[2(2^{-j}t-k)-n]=\sum_{n\in\mathbf{Z}}g_n\varphi_{j-1,2k+n}(t)\end{aligned} \tag{4-13}$$

由式(4-12)和式(4-13)可知，函数 $f(x)$ 的小波系数 $c_{j,k}$ 和相应的尺度函数系数 $d_{j,k}$ 分别为：

$$c_{j,k}=\langle f(t),\psi_{j,k}(t)\rangle=\sum_{n\in\mathbf{Z}}\bar{g}_n\langle f,\ \varphi_{j-1,2k+n}\rangle=\sum_{n\in\mathbf{Z}}\bar{g}_{n-2k}\langle f,\ \varphi_{j-1,n}\rangle=\sum_{n\in\mathbf{Z}}\bar{g}_{n-2k}d_{j-1,n} \tag{4-14}$$

式中：$d_{j-1,n}=\langle f, \varphi_{j-1,n}\rangle$。

$$d_{j,k}=\langle f, \varphi_{j,k}\rangle=\sum_{n\in\mathbf{Z}} h_n\langle f, \varphi_{j-1,2k+n}\rangle=\sum_{n\in\mathbf{Z}} \bar{h}_{n-2k} d_{j-1,n} \tag{4-15}$$

通过在不同的尺度下跟踪模极大值的变化，我们就能确定长时间序列信号的曲线中的边缘结构及其相对应的模极大值。

我们的最终目的是对干湿雪进行分类，如果干雪和湿雪分类分得正确，同类样品的离差平方和（组内方差）应当较小，类与类之间的离差平方和（组间方差）应当较大。

设将 n 个雪样品划分为两类 C_1 和 C_2（分别对应于干雪和湿雪），用 x_{it} 表示 C_t 中的第 i 个样品，n_t 表示 C_t 中的样品个数，$\bar{x}_t$ 是 C_t 的数学期望，$t=1, 2$，则干雪和湿雪这两类的组内方差为：

$$VAR_{\text{within}}=\sum_i (x_{i1}-\bar{x}_1)^2+\sum_j (x_{j2}-\bar{x}_2)^2 \tag{4-16}$$

两类的组间方差为：

$$VAR_{\text{between}}=n_1(x\bar{x}_1-\bar{\bar{x}})^2+n_2(\bar{x}_2-\bar{\bar{x}})^2 \tag{4-17}$$

式中：$\bar{\bar{x}}=\dfrac{n_1\bar{x}_1+n_2\bar{x}_2}{n_1+n_2}$。

从而方差比 VR 为：

$$VR=\frac{VAR_{\text{between}}}{VAR_{\text{within}}} \tag{4-18}$$

如果对 n 个样本的某一分类使得式(4-18)取得最大值，则该分类称为最佳分类。

通过对长时间序列信号进行多尺度小波分解，我们可以得到相应尺度下的多个小波模极大值。由前面的分析可知，这些小波模极大值反映的是长时间序列信号曲线的拐点，即长时间序列信号曲线的边缘。而这些模极大值的大小反映的是长时间序列信号的变化程度，即长时间序列信号边缘的强度。因此我们可以通过选择某一小波模极大值来反映长时间序列信号的变化程度，则该小波模极大值成为干湿雪分类的临界值。

确定干湿雪分类临界值的方法如下：在某种合适的小波尺度下，对于任意一像素点灰度值的长时间序列的模极大值，首先我们先假定某一个模极大值作为干湿雪分类的临界值，然后将该尺度下的模极大值划分为小于选择的模极大值的部分 C_{low} 和大于等于选择的模极大值的部分 C_{high}。如果该划分使得方差比 VR 取最大值，则用该划分所选取的模极大值的大小来表示该像素点灰度值的长时间序列的变化程度，即干湿雪分类的临界值；否则，选取另一个模极大值，重复上述步骤，直到使 VR 取最大值。其中 VR 的求解见式(4-18)。

这里，VAR_{between} 是 C_{high} 和 C_{low} 的组间方差；VAR_{within} 是 C_{high} 和 C_{low} 之间的组内方差。

由以上处理方法，为图像中每个像素点确定了分类的临界值，并且所确定的临界值在理论上很好地反映了其灰度值随时间变化的剧烈程度。

4.1.3 物理模型结合小波变换的冻融探测

T_b-α 方法确定冰盖冻融阈值是在知道基本融化信息的前提下得到的，故该方法的使用受到一定的限制。研究表明，$q(t)$ 对冰雪中液态水含量的变化非常敏感。对于湿雪，当雪湿度达到 0.5%~1%时，$q(t)$突然增大。因此，由于湿度的影响，湿雪的 $q(t)$将呈现出更大的变化幅度。利用小波变换模型方法对 $q(t)$长时间序列进行处理，提取剧烈变化边缘的信息，并滤除部分噪声，最后得到南极冰盖的冻融信息。其中，每一年融化开始时间为 $q(t)$的长时间序列曲线的时间轴上第一个剧烈上升的边缘，结束时间为 $q(t)$的长时间序列曲线的时间轴上最后一个剧烈下降的边缘，而融化持续时间通过对这一年中每段融化持续时间进行求和得到。图 4-2 为 T_b-α 结合小波变换进行冰盖冻融探测的流程图。下面对双高斯模型的最优边缘阈值和空间邻域纠错进行介绍。

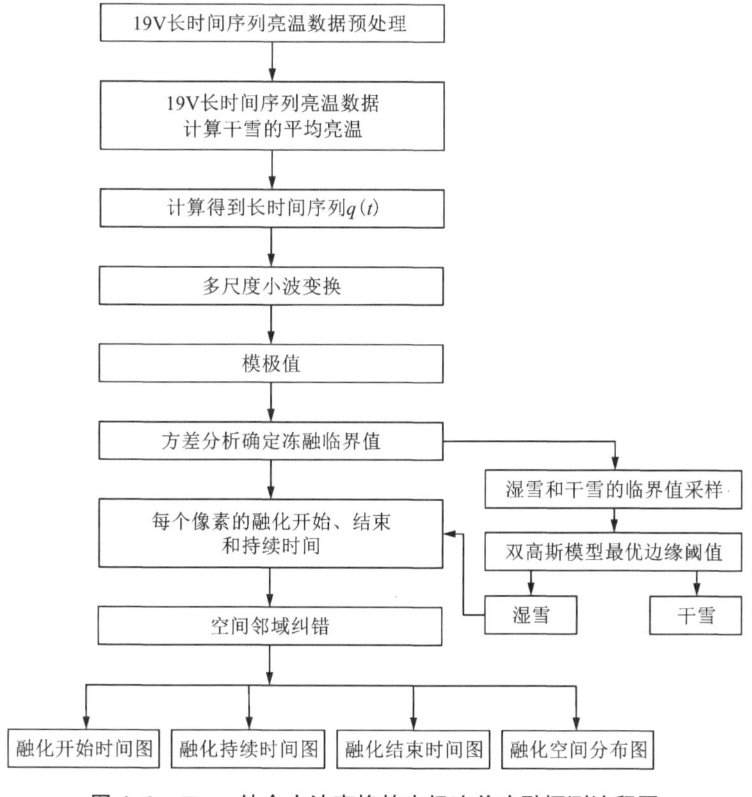

图 4-2　T_b-α 结合小波变换的南极冰盖冻融探测流程图

为了得到干湿雪分类的最优边缘阈值，对干湿雪的临界值进行采样，我们分析了干湿雪像元关键值的统计特性。图 4-3 出示了干湿雪临界值统计的直方图(为了更便于分析将关键值放大 50 倍)。这个直方图表现出了一个明显的双高斯形状，干湿雪之间有一个明显的分界线，这个干湿雪分类的最优边缘阈值对应于这个直方图拟合直线的最小值。由图 4-3 可知，干湿雪分类的最优边缘阈值为 12.4/50=0.248。

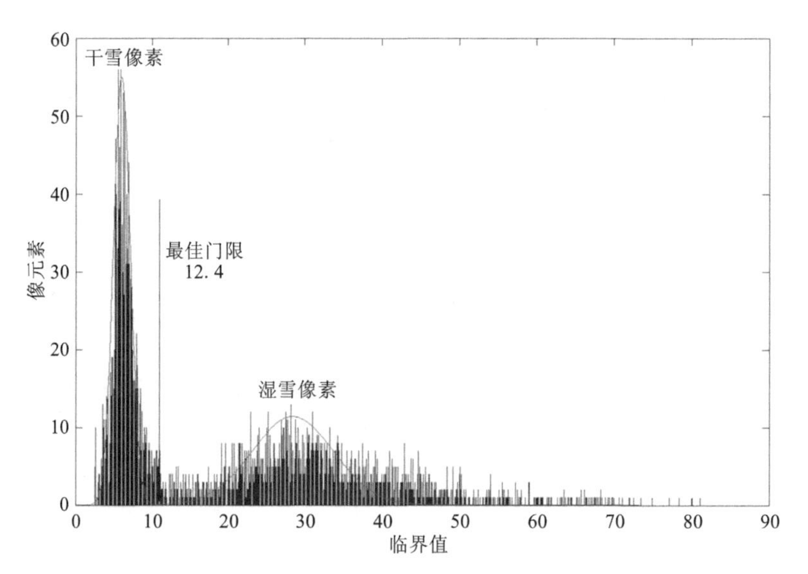

图 4-3　双高斯模型拟合最优分类阈值直方图

双高斯模型用两个标准的高斯模型分布函数表示。每一个高斯分布函数通过两个参数定义：平均值和标准差。这个有 5 个未知参数的概率密度函数 $p(x)$ 函数通过下式定义：

$$p(x)=\frac{p_1}{\sqrt{2\pi}\sigma_1}\exp\left[-\frac{(x-\mu_1)^2}{2\sigma_1^2}\right]+\frac{1-p_1}{\sqrt{2\pi}\sigma_2}\exp\left[-\frac{(x-\mu_2)^2}{2\sigma_2^2}\right] \tag{4-19}$$

式中：μ_1 和 μ_2 分别为干雪和湿雪标准分布的均值；σ_1 和 σ_2 分别为干雪和湿雪标准分布的方差；p_1 为这个采样中干雪的百分含量。用 Levenberg-Marquardt 方法反复地为非线性双高斯曲线调节这 5 个参数。在图 4-3 所示的双高斯模型曲线中，这 5 个适配参数最佳值是 $\mu_1=6.35$，$\mu_2=30.66$，$\sigma_1=1.26$，$\sigma_2=7.4$，$p_1=0.277$。显然，干雪的波动性较小有一个标准偏差 1.26，而湿雪的波动性较大有一个偏差 7.4。

基于这五个高斯参数，一个最优的干湿雪分类的阈值 T(直方图的谷点)能统计得到。低于这个最优的干湿雪分类的阈值的像元被考虑为干雪而高于这个最优阈值的像元被认为是湿雪。一个湿雪像元被错分为干雪的错误概率：

$$E_1(T)=\int_{-\infty}^{T}\frac{1}{\sqrt{2\pi}\sigma_2}\exp\left[-\frac{(x-\mu_2)^2}{2\sigma_2^2}\right]\mathrm{d}x \tag{4-20}$$

同理，一个干雪被判为湿雪的错误概率：

$$E_2(T)=\int_{-\infty}^{T}\frac{1}{\sqrt{2\pi}\sigma_1}\exp\left[-\frac{(x-\mu_1)^2}{2\sigma_1^2}\right]\mathrm{d}x \tag{4-21}$$

则总的错误分类的概率：

$$E(T)=(1-p_1)E_1(T)+p_2E_2(T) \tag{4-22}$$

通过 Liebnitz 规律最小化错误分类 $E(T)$ 的概率，我们能通过下式获得这个最佳门限(T)：

$$T=\frac{-B\pm\sqrt{B^2-4AC}}{2A} \tag{4-23}$$

式中：$A=\sigma_1^2-\sigma_2^2$；$B=2(\mu_1\sigma_2^2-\mu_1\sigma_1^2)$；$C=\sigma_1^2\mu_2^2-\sigma_2^2\mu_1^2+2\sigma_1^2\sigma_2^2\ln\frac{\sigma_2 p_1}{\sigma_1(1-p_1)}$。

基于以上双高斯模型统计求出的最优干湿雪分类的阈值可得到湿雪的融化开始时间、结束时间、持续时间和空间分布情况。但为了去除部分干扰和错误在此提出了基于邻域纠错的方法。

显然积雪融化和冻结现象具有很强的空间相关性，空间自相关的产生是由于决定冻融的基本因素具有一定的地理连续性。一般来说，近地面空气温度、雪盖的物理温度、表面地形和雪盖的介电性能及其他因素在空间上具有相关性，其变化幅度不大。因此，在地理位置上相邻的像元将有一个相似的融化开始、持续和结束时间。

长时间序列 $q(t)$ 可能在某些条件下被污染和干扰，如强噪声、传感器故障、厚的云层、定位误差、积水和某个数据强的衰减等。被污染和干扰的数据会导致基于小波变换的边缘检测得到的融化开始、结束和持续时间错误。此外，小波变换的图像边缘检测算法计算结果所得到的最优干湿雪分类的临界值可能是敏感的，即有轻微的高估或低估的干湿雪分类的最优阈值从而可能会导致不正确的信息输出。通过观察发现这些错误是空间随机的，如往往在周围都是湿雪点的地方孤立地出现一个干雪点，或者在周围都是干雪点的地方孤立地出现一个湿雪点，或者某个像元的融化开始时间、融化结束时间和融化持续时间跟周围其他像元差别较大。而由于被动微波遥感的空间分辨率低(25 km)，这样一个局部的椒盐噪声的融化错误不能通过一个经验的方式完全地被排除，但我们至少可以视其为一个标识，标记下一个可能的错误。

基于空间自相关原理，我们设计了一个中值差分算子来自动检查和标记潜在的错误。每个像元通过一个 3×3 的窗口被检查。计算被检查的像元的融化开始时间跟它周围的 8 个像元的融化开始时间的中位数的差值，同样地，融化开始时间和融化持续时间也用相似的方法进行计算。如果某个像元的这 3 个中位数中的一个大于指定的值，我们标记该像元存在一个潜在的错误。对于这个被标记为潜在错误的像元，我们每一次使它的临界值逐步地增加±0.5 重新计算它的融化开始时间、融化持续时间和融化结束时间。如果一个像元跟它周围像元的中位数相比有一个太早的融化开始时间，或者一个太晚的融化结束时间，或者一个太长的融化持续时间，我们将减小它的关键值。如果一个像元跟它周围像元的中位数相比有一个太晚的融化开始时间，或者一个太早的融化结束时间，或者一个太短的融化持续时间，我们将增加它的关键值。如果这个新的计算得到的融化开始时间、融化持续时间和融化结束时间在一个指定的范围内，它们将被视为正确的结果。如果新计算的结果仍然不在指定的范围内，我们通过与这个像元相邻的 8 个像元和它的地理位置重新确定融化开始时间、融化结束时间和融化持续时间。

图 4-4 说明了通过邻域操作纠正潜在错误的方法。原始的融化开始时间如图 4-4(a)所示，邻域操作检测到一个潜在的错误，因为这个中心像元的融化开始时间比与其相邻的周围 8 个像元的中位数早了 58 天。这个像元通过逐步增加关键值的方法，一个新的融化开始时间被重新计算。新的融化开始时间与邻近像素基本上是一致

的，见图 4-4(b)。通过空间上的邻域操作，我们能够检测和纠正潜在的错误，进而提高冰盖冻融的探测结果。

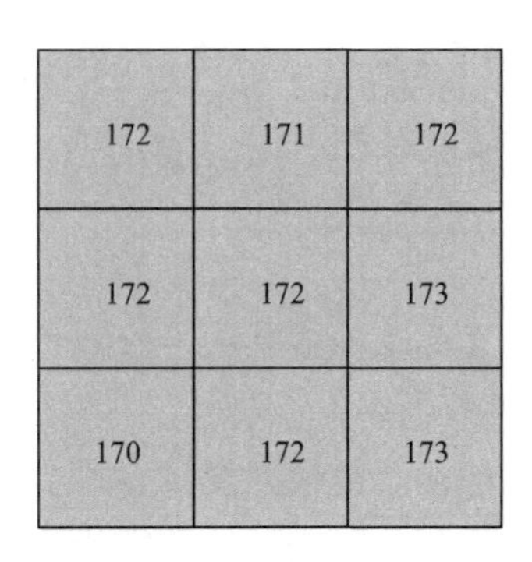

(a) 邻域纠错前融化开始时间　　(b) 邻域纠错后融化开始时间

图 4-4　基于邻域的错误纠正示意图

4.1.4　冻融探测结果与验证

通过对 1996 年 7 月 1 日—2008 年 6 月 30 日的南极地区的 SSM/I 数据的分析和比较，利用 T_b-α 方法和 T_b-α 结合小波变换方法得出南极冰盖冻融的探测结果。其中，T_b^{dry} 通过对所有年份的南极地区 6 月 1 日—8 月 31 日各个点的冬天的平均值估计得到。通过已知融化信息的干湿雪的直方图统计得到 T_b-α 方法的 $q(t)$ 的最优阈值为 0.248。

图 4-5 为 T_b-α 方法和 T_b-α 结合小波变换方法得到的 2007 年 12 月 31 日的南极融化区域分布图。由图 4-5 可知，两个结果显示的分布区域相差不多，图 4-5(a) 的融化面积是 722500 km^2，图 4-5(b) 的融化面积是 692500 km^2。但 T_b-α 方法的结果中，在纬度较高的南极内陆出现了融化，根据南极地区冻融分布特征的实际情况和前人的研究，在南极内陆地区出现融化区域是不可能的。由此可见，辐射计简单物理模型结合小波变换方法所得到的南极冰盖冻融探测结果具有较高的精度。

图 4-6 为 T_b-α 结合小波变换方法得到的 2000 年 7 月 1 日—2001 年 6 月 30 日的南极冰盖融化开始时间、持续时间和结束时间及融化区域分布图。

通过 10 个自动气象站点在 2000 年 7 月 1 日—2001 年 3 月 31 日的气温记录来验证算法所得的南极冰盖的融化结果，站点信息如表 4-1 所示，斯维新班克站、伊丽莎白站、哈利站、里莱站、赛普尔冰穹站和冰穹 C Ⅱ站位于纬度相对较高的南极内陆地区，是典型的干雪点；巴特勒岛站、波拿巴角站、拉森冰架站和丹尼森角站处于冰架边缘地区，是典型的湿雪点。

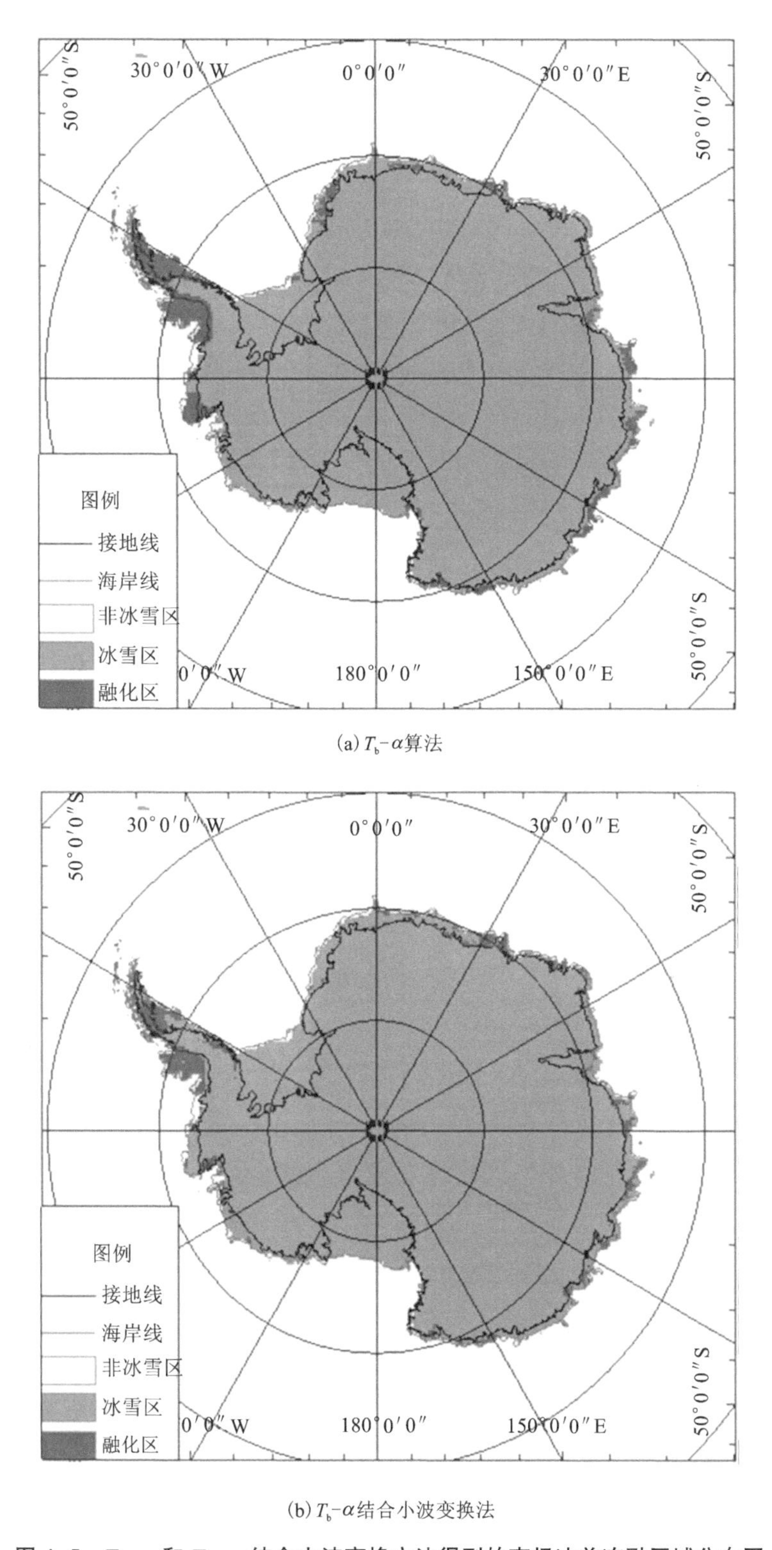

(a) T_b-α算法

(b) T_b-α结合小波变换法

图 4-5　T_b-α 和 T_b-α 结合小波变换方法得到的南极冰盖冻融区域分布图

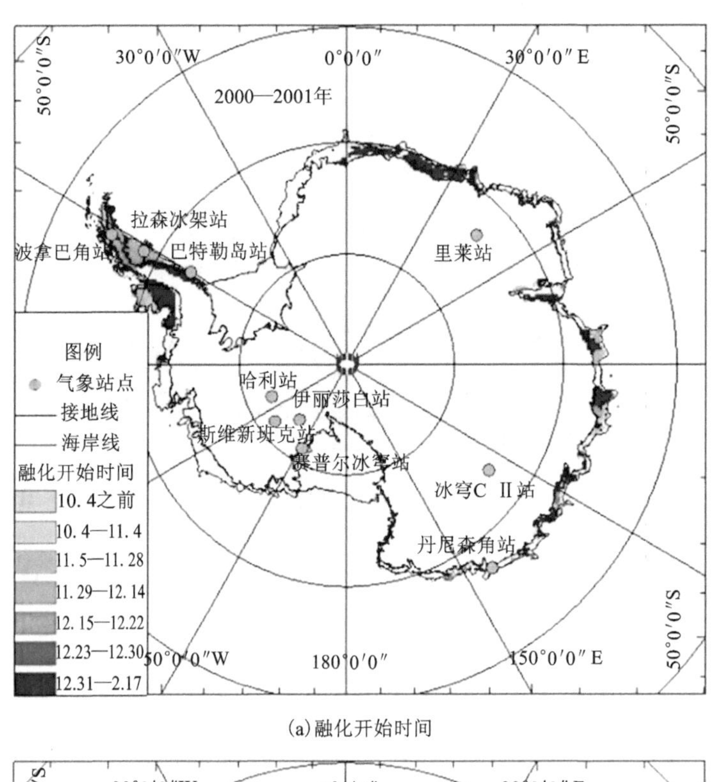

(a)融化开始时间

(b)融化持续时间

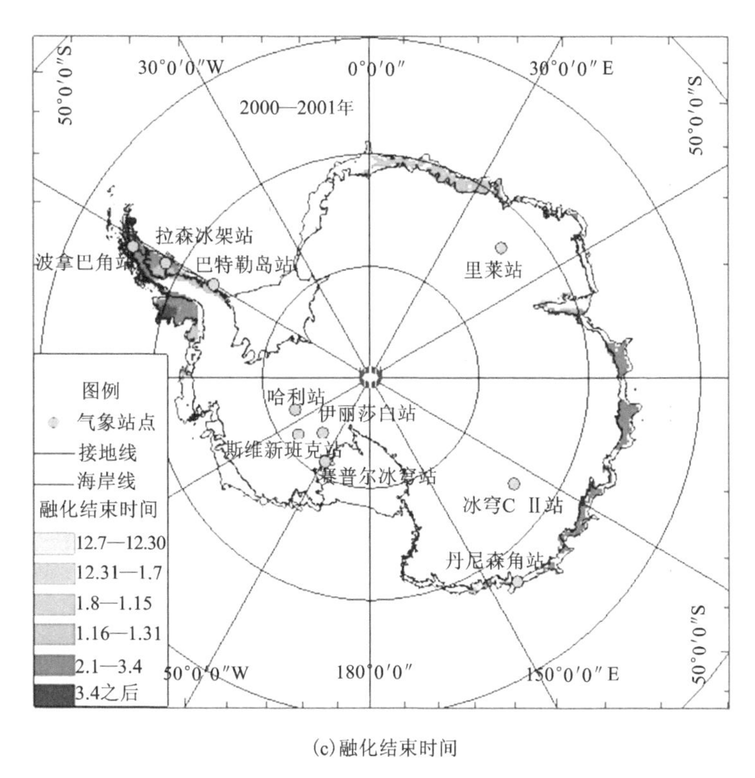

(c)融化结束时间

图 4-6　T_b-α 结合小波变换方法得到的南极冰盖冻融结果

表 4-1　地面验证站点的地理信息

站点类型	代号	名称	经度	纬度
干雪点	356	斯维新班克站(Swithinbank)	126.17°W	81.20°S
	361	伊丽莎白站(Elizabeth)	137.08°W	82.61°S
	900	哈利站(Harry)	121.39°W	83.00°S
	918	里莱站(Relay Station)	43.06°E	74.02°S
	938	赛普尔冰穹站(Siple Dome)	148.77°W	81.66°S
	989	冰穹 C Ⅱ站(Dome C Ⅱ)	123.37°E	75.12°S
湿雪点	902	巴特勒岛站(Butler Island)	60.16°W	72.21°S
	923	波拿巴角站(Bonaparte Point)	64.07°W	64.78°S
	926	拉森冰架站(Larsen Ice Shelf)	60.91°W	66.95°S
	988	丹尼森角站(Cape Denison)	142.66°E	67.01°S

由图 4-7 可知，所有干雪点站点的气温处于 0°以下，虽然该地区的气温有起伏变化，但最高仅-5℃左右。由常识可知，当近地面气温高于 0℃时，冰雪开始融化。图 4-6 中的南极冰盖冻融结果显示干雪点站点区域的冰雪均未发生融化，与干雪点气象站点的气温记录结果一致。

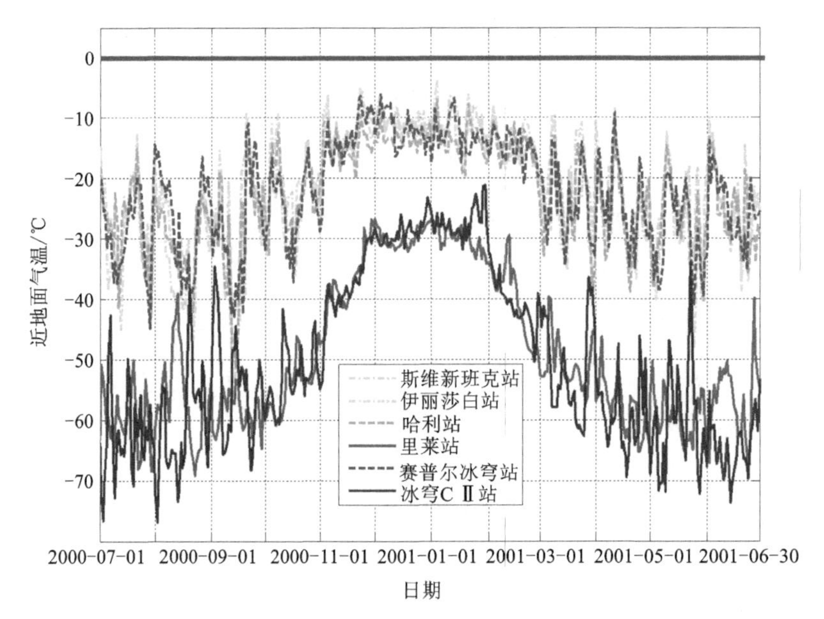

图 4-7　南极部分干雪点站点气温变化图

由图 4-8 可见，湿雪点站点的气温呈现出非常复杂的变化，巴特勒岛站、拉森冰架站和丹尼森角站的气温变化趋势比较一致，它们冬季(6—8 月)平均气温处于-20℃左右。从 11 月份起，气温开始升高，平均气温达到-10℃左右，12 月至次年 2 月份，平均气温有升高到 0℃的现象。波拿巴角站的近地面气温相对较高，11 月至次年 4 月连续保持 0℃及 0℃以上。

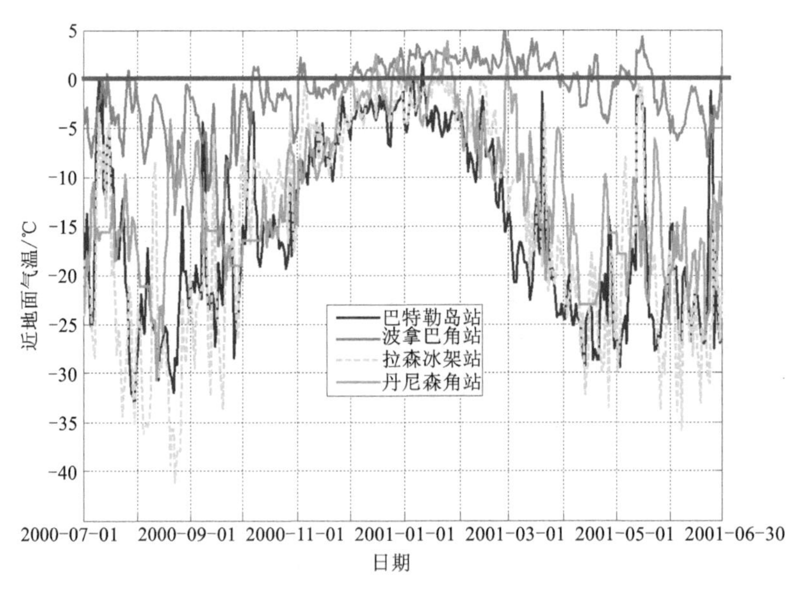

图 4-8　南极部分湿雪点站点气温变化图

研究表明，当近地面气温高于 0℃时，冰雪开始融化。据此，从巴特勒岛站点的气温曲线可知，该地仅在 1 月中上旬的数天内达到 0℃及 0℃以上，即处于融化状态，这一结果与图 4-6(a)(c)非常一致。丹尼森角站和拉森冰架站的气温在 12 月初开始达到 0℃以上，2 月份降低到 0℃以下，与图 4-6 的冰雪融化结果大体一致。此外，由图 4-6 所示的冰雪融化结果可知，波拿巴角站所在地区 11 月至次年 3 月处于明显的融化状态，这与自动气象站所记录的近地面气温在此期间处于 0℃以上的气象信息基本一致。

为了更直观地对试验结果进行验证，对湿雪点站点的近地面气温情况及其相应位置点的确切的融化信息进行了对比，如表 4-2 所示。由于算法主要是基于长期的融化探测，其中温度大于 0℃的突发事件(有不超过两天的温度大于 0℃，然后间隔很久温度都低于 0℃)不予考虑。

表 4-2　湿雪点站点温度和融化信息表

参数	巴特勒岛站	波拿巴角站	拉森冰架站	丹尼森角站
融化开始时间	12 月 24 日	10 月 8 日	11 月 7 日	11 月 30 日
融化持续时间/天	8	158	67	30
融化结束时间	1 月 16 日	5 月 21 日	2 月 18 日	1 月 31 日
温度大于 0℃开始时间	12 月 18 日	10 月 6 日	11 月 5 日	11 月 27 日
温度大于 0℃持续时间/天	11	167	45	41
温度大于 0℃结束时间	1 月 12 日	5 月 29 日	2 月 16 日	3 月 1 日

从表 4-2 可以看出，巴特勒岛站点所在位置的融化开始、持续和结束时间跟站点统计结果相差不多。由于波拿巴角站温度长期比较稳定，算法所得结果跟温度统计情况基本一致。拉森冰架站点所在位置的融化开始和结束时间和这个站点的温度统计情况差别不大，而融化持续时间却比站点的统计结果多了 23 天，是由于这个位置靠近海洋，冰盖的冻融除了受气温影响外还受到了大洋环流的影响。丹尼森角站点所在位置的融化开始时间与这个站点的温度记录结果相差不多，而融化结束时间差别较大，主要是因为这个站点近地面温度的突发天气情况比较明显，气温的快速升降引起冰盖的融化程度非常小以致探测不到。

通过对典型干湿雪区域的地面交叉验证和算法的对比验证可知，简单物理模型结合小波变换算法对南极冰盖的融化探测结果符合实际情况，冰盖融化结果分布图准确地反映了南极冰盖冻融的时空分布特点。

总之，简单物理模型结合小波变换算法充分利用了模型算法和小波变换模型算法的各自优点，较好地解决了简单物理模型算法需知道实际融化信息才能进行冻融探测的实用性和可操作性差的问题，在一定程度上实现了南极地区冰盖冻融的自动化监测。该算法还能自动确定融化开始、持续和结束时间及融化空间分布，为南极冰盖冻融探测的自动化运行提供了有力支持。并且 $T_b-\alpha$ 结合小波变换的算法能自动选择更多样本和滤除部分干扰，提高了冰盖冻融的探测精度，这对于系统的业务化运行是至关重要的。另外，此算法也可以应用到其他的冰盖地区，为全球冰盖冻融探测的自动化运行提供了方法学的支持和补充。

4.2 XPGR 结合小波变换的冰盖冻融探测

基于阈值的冰盖冻融探测的 XPGR 算法主要应用于格陵兰岛和芬兰地区，虽然算法操作简单，但是干湿雪分类的阈值需要得到长时间的实测数据后才能确定。由此可知，XPGR 算法应用于气候环境恶劣的南极还存在较多的问题，特别是要实现南极冰盖冻融的自动化监测面临的问题更多。通过观察和分析冰盖冻融时的 XPGR 值的变化特征，提出了将 XPGR 算法和小波变换算法结合进行冰盖冻融探测的方法。该方法不但不依赖于实地观测数据，而且能自动确定冰雪融化开始、持续和结束时间，为南极冰盖冻融探测的自动化运行提供了方法学补充。

4.2.1 XPGR 算法

XPGR 算法主要利用微波辐射计的 37 GHz 的垂直极化亮温和 19 GHz 的水平极化亮温的组合对干雪和湿雪响应的差别进行冰盖冻融探测。具体来说，是利用干湿雪在相互转化的过程中，37 GHz 的垂直极化亮温和 19 GHz 的水平极化亮温均发生急剧的变化，并且 19 GHz 的水平极化亮温与 37 GHz 的垂直极化亮温的差是 7 个通道中差值最大的，而 19 GHz 的水平极化亮温与 37 GHz 的垂直极化亮温的差的和是 7 个通道中和值最小的，因此利用这两个通道的数据可以得到更锐化的比值信息，更有利于冰盖冻融的探测。XPGR 的定义如下：

$$XPGR=\frac{T_{\mathrm{b19H}}-T_{\mathrm{b37V}}}{T_{\mathrm{b19H}}+T_{\mathrm{b37V}}} \tag{4-24}$$

通过拟合实地观测数据的方法确定干湿雪分类的阈值。如果某个像元点的 XPGR 值大于干湿雪分类的阈值，则冰盖表面发生了融化，否则冰盖处于冻结状态。XPGR 算法是基于干湿雪在不同的频率与极化方式下发射率的不同，其优点是不但模型稳定性好，而且能够准确地得到融化信息。

XPGR 算法进行冰盖冻融探测需要得到长时间的实测数据后才能得到干湿雪分类的阈值，而在实际的应用中并不是所有的研究区域都能得到长时间的实测数据。南极地区自然环境比较恶劣且有些地方很难或者不可到达，这给长时间的实测数据的获得带来了一定的困难，因此，XPGR 算法在南极的使用就受到一定的限制；另外，XPGR 方法主要应用于比较容易到达的地区和研究较多的北极格陵兰岛和芬兰地区。所以 XPGR 算法要用于南极冰盖冻融探测尚需进一步改进和发展。此外，XPGR 方法的抗干扰性弱且不能自动得到融化开始、持续和结束时间分布图。

4.2.2 XPGR 结合小波变换的冻融探测

研究发现，XPGR 值对冰雪中液态水含量的变化非常敏感，即 XPGR 值在冰雪融化的时候(雪湿度达到 0.5%~1%)有一个明显的上升突变和冻结的时候有一个明显的下降突变。利用 4.1 节介绍的基于小波的边缘检测方法对 XPGR 的长时间序列进行处理，提取剧烈变化边缘的信息，并滤除部分噪声，最后得到南极冰盖的冻融信息。其中，融化开始时间为每年的长时间序列 XPGR 数据曲线在时间轴上第一个剧烈上升的边缘，融化结束时间为每年的长时间序列 XPGR 数据曲线在时间轴上最后一个剧烈下降的边缘，而融化持续时间为这一年中所有融化持续时间求和获得。图 4-9 为 XPGR 结合小波变换进行冰盖冻融探测的基本流程图。基本步骤如下：

(1)对 19 GHz 的水平极化亮温与 37 GHz 的垂直极化亮温的数据进行预处理；

(2)将预处理后的数据代入公式(4-24)计算得到长时间序列的 XPGR 数据并做进一步处理；

(3)运用小波变换对长时间序列的 XPGR 数据进行多尺度分解，以便于在不同的尺度下对边缘信息进行分析；

(4)为从含有噪声的信号中更好地提取由融化、冻结所产生的边缘信息，基于方差分析和双高斯模型的方法得到干湿雪分类的最优边缘阈值；

(5)基于此最优边缘阈值从而得到冰盖融化开始时间、结束时间和持续时间图；

(6)为了得到更准确的融化结果，运用空间邻域纠错的方法来纠正由噪声引起的错误，从而得到南极冰盖融化的空间分布图及融化开始、结束和持续时间分布图。

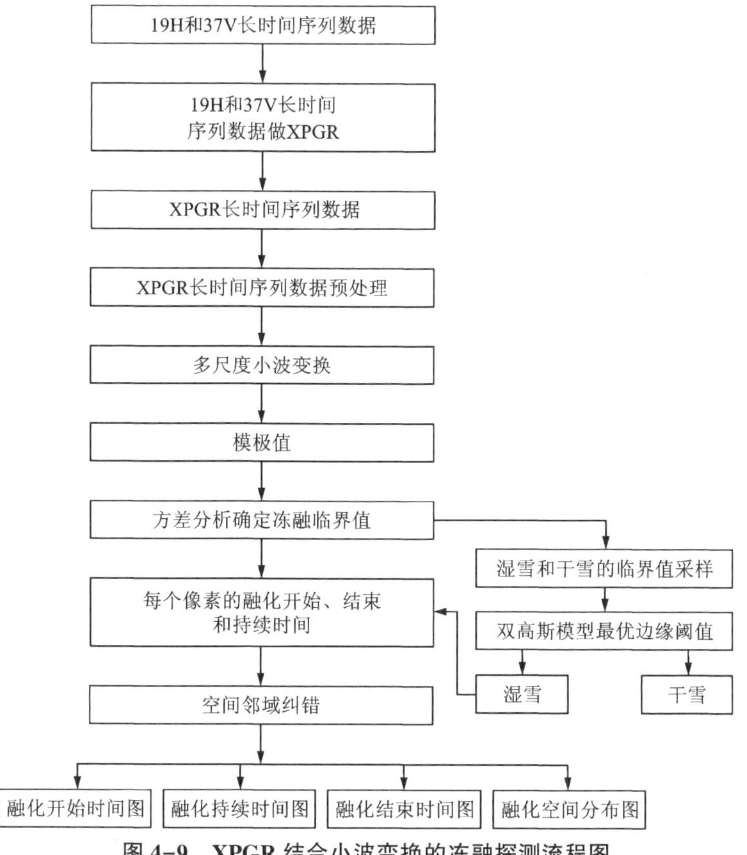

图 4-9　XPGR 结合小波变换的冻融探测流程图

4.2.3 冻融探测结果与验证

通过对1996年7月1日—2008年6月30日的南极地区的SSM/I数据进行分析，运用XPGR结合小波变换模型方法获得冰盖冻融探测结果。取文献[10]的XPGR值-0.025作为最优阈值。

图4-10分别为XPGR算法和XPGR结合小波变换算法得到的2001年1月15日南极融化区域分布图。可见，两个结果的分布区域范围相差不多。但XPGR算法的结果中，在南极内陆地区出现了如图4-10(a)圆圈所标示的4个融化区域，根据南极地区圆圈标示的1、2区域附近的Sabrina和Relay Station 2个气象站点的温度数据记录和3、4区域的再分析温度数据资料可知，这4个区域在2001年全年的温度均低于0 ℃，即不存在融化现象，故在南极内陆地区出现融化区域是不对的。可见XPGR结合小波变换算法在南极冰盖冻融探测方面具有更高的精度。

图4-11为XPGR算法结合小波变换模型得到的南极地区2000年7月1日—2001年6月30日冰雪融化开始时间、持续时间、结束时间分布图及地面气象验证站点的位置分布图。

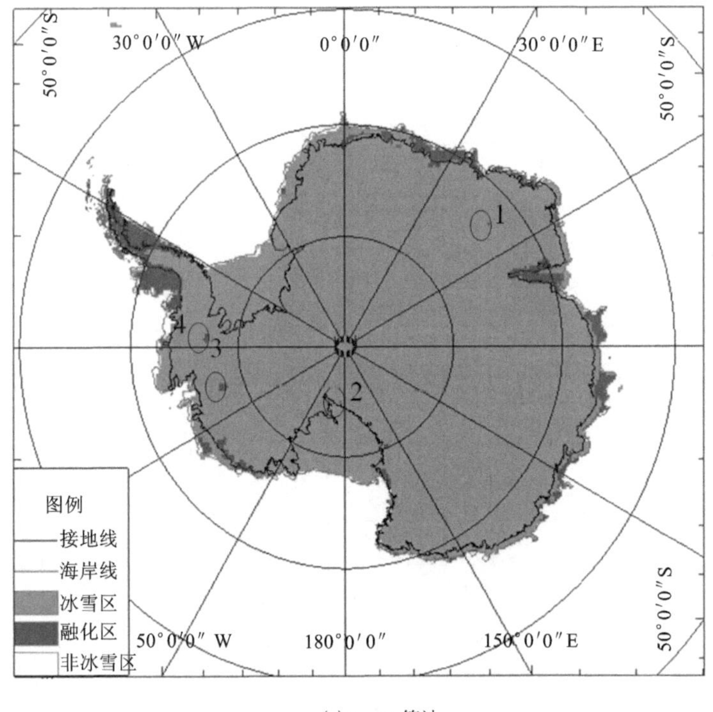

(a) XPGR算法

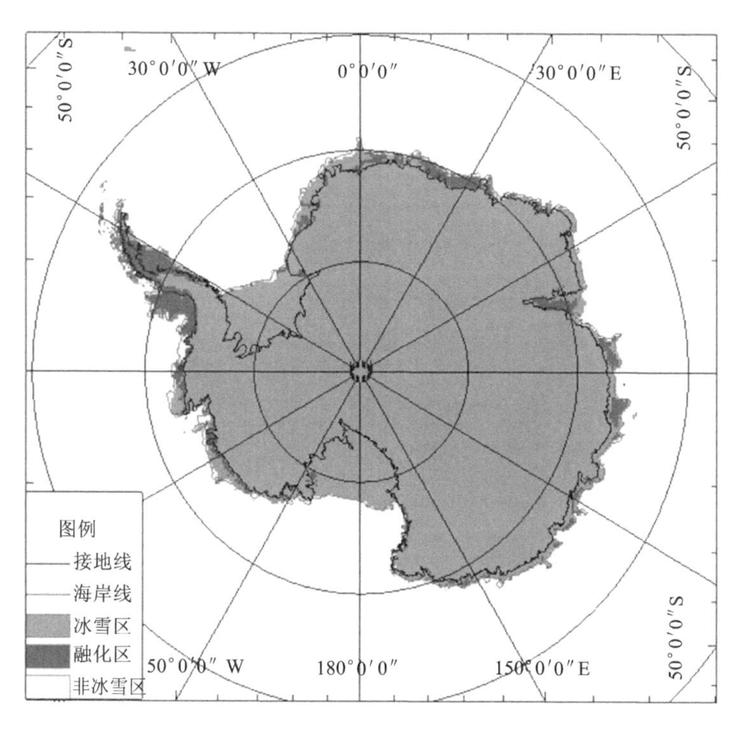

(b) XPGR结合小波变换算法

图 4-10　XPGR 和 XPGR 结合小波变换的南极冰盖冻融区域分布图

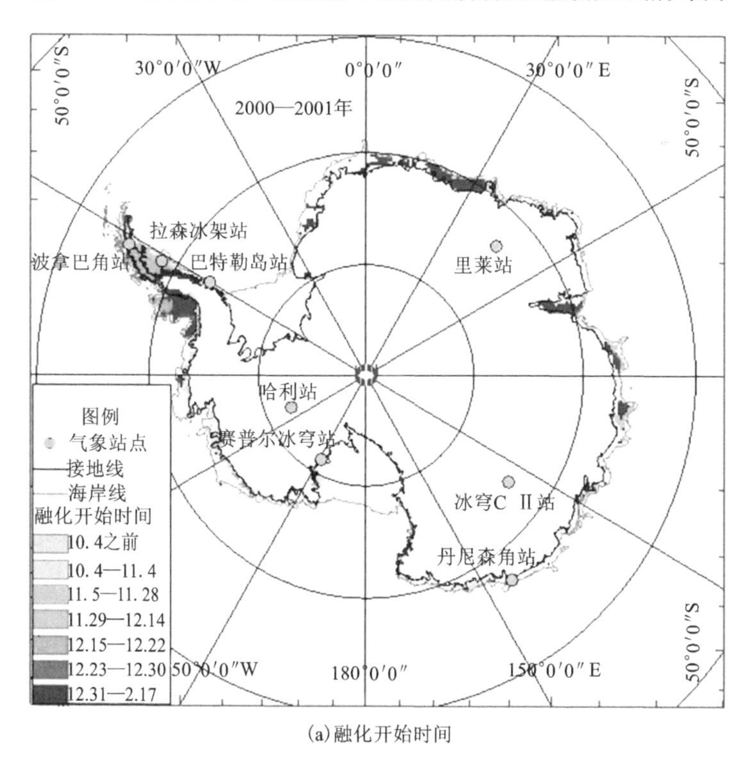

(a) 融化开始时间

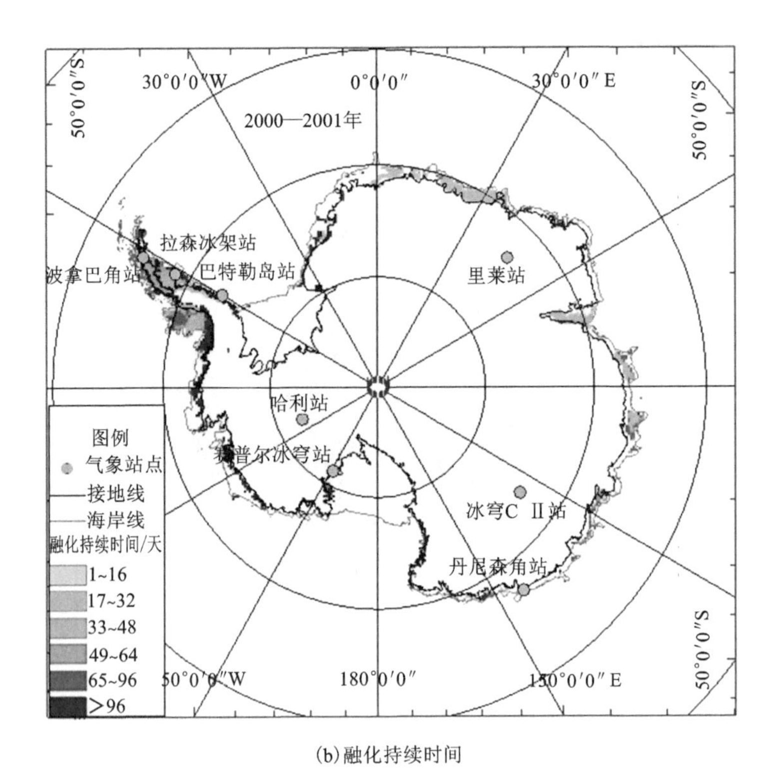

(b)融化持续时间

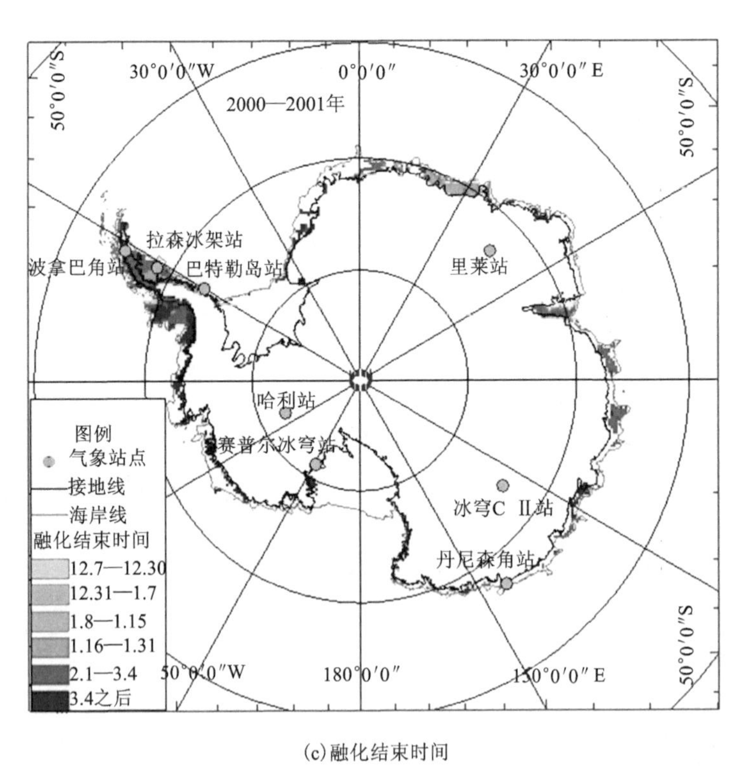

(c)融化结束时间

图 4-11　XPGR 结合小波变换的南极冰盖冻融结果图

利用8个自动气象站点2000年7月1日—2001年6月30日的气温数据来验证本节算法所得到的融化结果，站点的位置信息如图4-11所示。其中包括4个干雪点站点和4个湿雪点站点。

由图4-7可知，全年所有干雪点站点的气温都处于0°以下。图4-11所示的南极冰盖冻融结果图显示4个干雪点站点所在的位置均未发生融化，与干雪点气象站记录的气温结果一致。

由图4-8中巴特勒岛站点的气温曲线可知，该地仅在1月中上旬达到0℃及0℃以上，即处于融化状态，这一结果与图4-11的结果非常一致。丹尼森角站和拉森冰架站的气温均在12月初达到0℃以上，2月份降低到0℃以下，与图4-11的冰雪融化开始时间、结束时间和持续时间基本一致。波拿巴角站点冰雪在11月至次年3月处于融化状态，这与图4-8中自动气象站所记录的近地面气温在此期间处于0℃和0℃以上的天气情况基本一致。

通过对XPGR算法和XPGR结合小波变换两种算法的交叉验证和通过8个自动气象站点的对比验证可知：XPGR结合小波变换方法所得的南极冰盖融化结果不但符合实际情况而且精度较高，能够较准确地反映南极冰盖冻融的时空分布特征。

总之，本节提出的XPGR结合小波变换南极冰盖冻融探测方法跟XPGR算法相比，提高了其实用性和可操作性，为南极地区冰盖冻融的自动化监测提供了条件，而且该算法能够确定冰雪融化开始、持续和结束时间。通过将算法所得南极冻融结果与8个自动气象站点的温度数据对比验证表明：XPGR结合小波变换的冻融结果具有较高的精度。

4.3　改进的物理模型的冰盖冻融探测

微波辐射计的简单物理模型算法虽然操作简单，但干湿雪分类的阈值需要知道实际融化情况才能确定。可见，T_b-α算法在不知道南极实际融化信息的情况下进行冰盖冻融探测存在较多问题。通过大量的观察和分析冰盖冻融时的T_b-α值的变化特征，提出了将T_b-α算法和广义高斯模型结合起来进行冰盖冻融探测的方法。该方法不依赖于实际融化情况，为南极冰盖冻融探测业务的自动化运行提供了方法学补充。

4.3.1　物理模型

介电常数对冰雪中的液态水含量非常敏感，随着液态水含量的增加介电常数的虚部有一个明显的增加，基于此提出了一个冰雪融化的简单物理模型，如图4-1所示。在图4-1中，亮温T_b是湿雪的发射和干雪经过湿雪层衰减后的发射之和。选择垂直极化是为了最小化界面的影响。由式(4-4)知，进行冰盖冻融探测时需要知道T_b^{wet}和T_b^{dry}的大小，假定雪融化时的一个近似融化温度($T_b^{wet} \approx 273$ K)。T_b^{dry}的值很难精确估计，为简化起见，T_b^{dry}通过每个点冬天的气温平均值来估计。然后通过湿雪点和干雪点的$q(t)$的柱状图确定干湿雪分类的阈值，当$q(t)$大于阈值时，认为冰雪融化，否则认为冰雪没有融化。

T_b-α 方法确定冰盖冻融阈值是在事先知道冻融分布的前提下通过干雪和湿雪的归一化直方图的交点来确定的，而实际工作中并不是所有的研究区域都事先知道冰盖的冻融分布，故 T_b-α 方法进行冰盖冻融探测受到一定的限制。另外，T_b-α 方法主要用于北极芬兰和格陵兰岛地区冰盖冻融探测，学者对该区的研究较多且比较容易到达，而对于南极地区，通过实际冻融分布进行阈值确定则不方便，所以对南极地区进行冰盖冻融探测需要一种不依赖于实地探测数据的阈值确定方法。

4.3.2 改进的物理模型冻融探测

原 T_b-α 物理模型方法确定冰盖冻融阈值是在知道融化信息的前提下得到的，方法的使用受到一定的限制。研究表明，$q(t)$ 对于冰雪中液态水含量的变化非常敏感。对于湿雪，当雪湿度达到 0.5%~1%时，$q(t)$ 突然增大。除干雪 $q(t)$ 的年际变化之外，由于湿度的影响，$q(t)$ 将呈现出更大的变化幅度。利用广义高斯模型对 $q(t)$ 进行处理，得到南极冰盖的冻融信息。

通过观察和分析典型地区冰盖冻融时的 $q(t)$ 值的变化特征及广义高斯模型的性质特征，提出了基于广义高斯模型的自动阈值的确定方法。为了有效进行冰盖冻融探测，我们对 $q(t)$ 的数据做直方图统计，然后运用自动阈值的分割算法，计算出冰盖冻融即干雪与湿雪划分的最优阈值。

由于广义高斯模型引入了形状因子，故与双高斯模型相比可处理更多不同形状的曲线。广义高斯模型的基本原理如下：设 $h(X_l)(X_l=0, 1, \cdots, L-1)$ 为一幅灰度图像的直方图，其中 L 表示图像所有的灰度级数。为了通过广义高斯模型在所选定的样本内基于统计方法得到干湿雪分类的最优阈值 T^*，将图像二值化，此时 $h(X_l)$ 可以看作是灰度图像中干湿雪点的混合概率密度函数 $p(X_l)$。为了求出干雪与湿雪划分的最优分类阈值 T^*，在此引入 1986 年 Kittler 和 Illingworth 提出的基于最小错误率的贝叶斯理论方式的阈值选择方法。定义准则函数为 $J(T)$，它用来描述平均的正确分类性能：

$$
\begin{aligned}
J(T)= & \sum_{X_l=0}^{T} h(X_l)\left[b_1(T)\,|X_l-m_1(T)|\right]^{\beta_1(T)} \\
& +\sum_{X_l=T+1}^{L-1} h(X_l)\left[b_2(T)\,|X_l-m_2(T)|\right]^{\beta_2(T)} \\
& +H(\Omega, T)-\left[P_1(T)\ln a_1(T)+P_2(T)\ln a_2(T)\right]
\end{aligned}
\tag{4-25}
$$

式中：$P_1(T)=\sum_{X_l=0}^{T} h(X_l)$ 是干雪的先验概率；$P_2(T)=1-P_1(T)$ 是湿雪的先验概率；$m_1(T)=\frac{1}{P_1(T)}\sum_{X_l=0}^{T} X_l h(X_l)$ 是干雪的均值；$m_2(T)=\frac{1}{P_2(T)}\sum_{X_l=T+1}^{L-1} X_l h(X_l)$ 是湿雪的均值；$H(\Omega, T)=-2[P_1(T)\ln P_1(T)+P_2(T)\ln P_2(T)]$ 是类别 $\Omega=\{\omega_1, \omega_1\}$ 的熵；β_i 是 $p(X_l \mid \omega_i)=a_i e^{-[b_i|X_i-m_i|]^{\beta_i}}$ $(i=1, 2)$ 的形状参数，其中 a_i，b_i 为正常量。

干湿雪分类的最佳阈值的求解就是使图像的平均分类性能 $J(T)$ 达到最小值。即：

$$T^* = \underset{T=0,1,\cdots,L-1}{\operatorname{argmin}} J(T) \tag{4-26}$$

使 $J(T)$ 达到最小值的 T 值即为干湿雪划分的最佳阈值。

改进的 $T_b-\alpha$ 冰盖冻融探测方法与原 $T_b-\alpha$ 方法的不同在于：原方法是在事先知道确切的冻融分布的情况下确定干湿雪划分的阈值，实用性不强；改进的方法是基于冰盖冻融状态的 $q(t)$ 的分布特征，通过广义高斯模型的自动阈值分割的方法获得干湿雪分类的最优阈值，这对于系统的业务运行是至关重要的。图 4-12 为改进的 $T_b-\alpha$ 冰盖冻融探测方法的流程图。

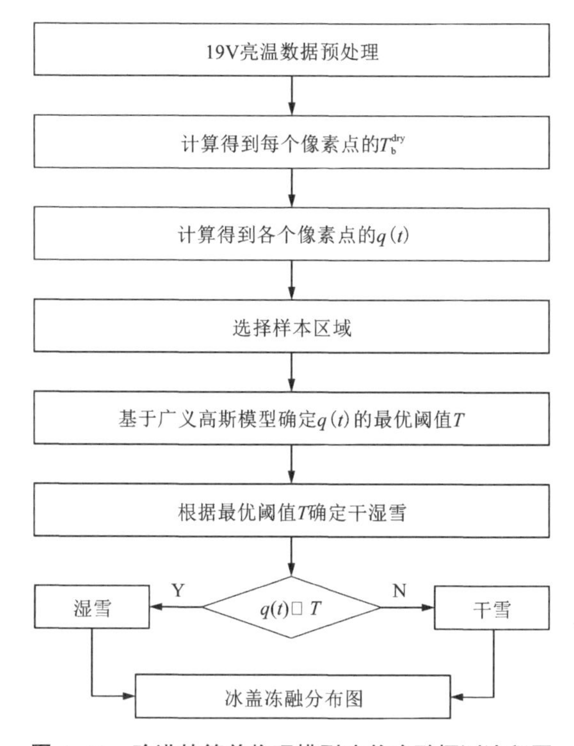

图 4-12　改进的简单物理模型冰盖冻融探测流程图

为了便于将改进的简单物理模型方法和原来的简单物理模型方法所得的干湿雪分类的阈值和融化探测结果进行比较和分析，我们使用了格陵兰岛同一个时期的微波辐射计数据。简单物理模型方法的干湿雪分类的阈值为 0.47，改进的简单物理模型方法的干湿雪分类的阈值为 0.49。图 4-13 为改进前后的简单物理模型方法得到的格陵兰岛地区 2001 年 7 月 16 日的冰盖冻融分布图。

图 4-13 中红色的区域表示融化的区域，灰色区域为未融化或裸露的岩石区域。比较两图可知，改进前后的结果相差很小。试验结果表明了改进的简单物理模型方法在冰盖冻融探测上的有效性。

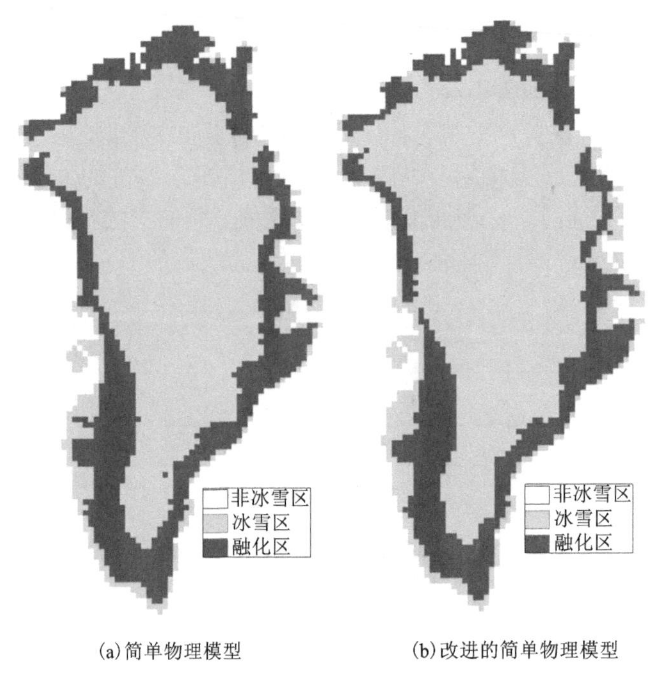

(a)简单物理模型　　(b)改进的简单物理模型

图 4-13　改进前后的简单物理模型冰盖冻融分布图

4.3.3　冻融探测结果与验证

选取南极 Wilkins 冰架地区 2001 年 7 月 1 日—2002 年 6 月 30 日的 SSM/I 数据作为冰盖冻融的样本点，基于广义高斯模型自动阈值分割的方法自动统计得到干湿雪分类的最优阈值为 0.405。以干湿雪分类的阈值为基础，得到南极地区 2002 年 1 月 15 日的冰盖冻融分布图[图 4-14(a)]。

为了验证改进的简单物理模型方法能够有效地应用于南极地区，将 Liu 等提出的基于小波边缘检测方法得到的 2002 年 1 月 15 日的南极冰盖冻融探测结果[图 4-14(b)]与该方法进行交叉对比验证，同时，还收集了南极地区 6 个自动气象站点在 2002 年 1 月 15 日的气温数据对冰盖冻融探测结果做进一步验证。

从图 4-14 可见，两个算法得到的南极冰盖冻融分布的范围相差不多，说明了改进的简单物理模型算法能有效地应用于南极地区。但改进的简单物理模型算法得到的南极冰盖冻融范围比小波算法得到的范围要小，主要原因为：改进的简单物理模型算法确定干湿雪分类阈值时取自少量样本点，不能代表整个南极的冰盖冻融状况；而小波边缘检测算法用于确定干湿雪分类阈值的样本数据取自大量样本点，基本上代表了整个南极的冰盖冻融状况，因此，阈值偏低，从而使得冰盖融化的范围偏大。为了进一步对改进算法所得结果进行验证，将所收集的南极地区的 6 个自动气象站点的近地面气温记录与干湿雪的融化状况进行对比，自动气象站点的信息和温度如表 4-3 所示，其中波拿巴角站、拉森冰架站和巴特勒岛站 3 个湿雪点站点处于冰架边缘地区；而冰穹 C Ⅱ站、哈利站和里莱站 3 个干雪点站点位于南极内陆地区。

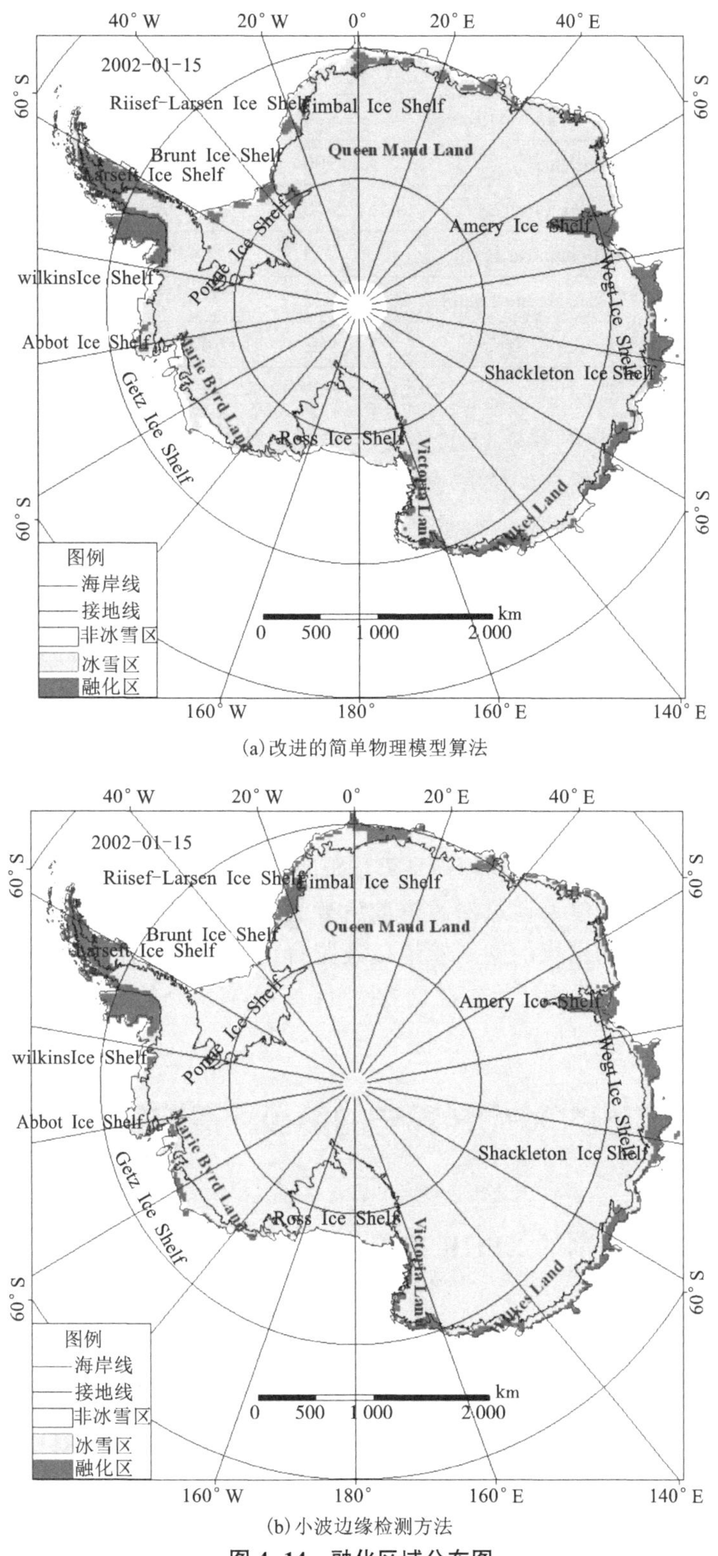

(a)改进的简单物理模型算法

(b)小波边缘检测方法

图 4-14　融化区域分布图

表 4-3 地面验证站点的地理信息

类型	站点名称	站点代号	经度	纬度	温度/℃
干雪点	冰穹 C Ⅱ站(Dome C Ⅱ)	989	123.37°E	75.12°S	-8.64
	哈利站(Harry)	900	121.39°W	83.00°S	-15.65
	里莱站(Relay Station)	918	43.06°E	74.02°S	-30.28
湿雪点	波拿巴角站(Bonaparte Point)	923	64.07°W	64.78°S	2.81
	拉森冰架站(Larsen Ice Shelf)	926	60.91°W	66.95°S	-0.81
	巴特勒岛站(Butler Island)	902	60.16°W	72.21°S	-4.35

由表 4-3 可知，2002 年 1 月 15 日冰穹 C Ⅱ站、哈利站和里莱站的气温均低于-5℃，因此这 3 个自动气象站点所在的位置不存在冰盖融化现象，与改进的方法所得的冰盖冻融结果一致，即均未处于融化状态。波拿巴角站的气温为 2.81℃，说明该点所在的位置应处于融化状态，从图 4-14(a)中可看出，在该站点区域显示为融化状态。拉森冰架站的气温为-0.81℃，图 4-14(a)显示该站点所在位置处于融化状态，可认为两个结果在误差允许的范围内是一致的。巴特勒岛站气象站的气温为-4.35℃，图 4-14(a)显示该站点区域为冻结状态，而小波边缘检测的方法显示为融化状态，基于此可知改进的方法的结果更为准确。

总之，改进的简单物理模型算法较好地解决了简单物理模型算法须依赖实测冻融分布数据来确定干湿雪分类阈值的实用性和可操作性差的问题，在一定程度上实现了南极冰盖冻融的自动化监测。改进的简单物理模型算法跟原算法相比选择了较多的样本，在一定程度上提高了冰盖冻融的精度。通过对改进前后算法所得格陵兰岛的冻融探测结果对比及不同算法所得的南极冻融结果的交叉验证以及跟自动气象站点记录的温度数据的比较表明：改进的简单物理模型算法对冰盖融化的探测结果具有较高的精度。

4.4 基于改进的 XPGR 算法的南极冰盖冻融探测

4.4.1 自动阈值分割的 XPGR 冰盖冻融探测

1. XPGR 冰盖冻融探测

XPGR 冰盖冻融探测方法主要利用了微波辐射计的 19 GHz 的水平极化波和 37 GHz 的垂直极化波对冰盖冻融具有不同响应的亮温特性进行冰盖冻融探测。具体来说，在干雪变为湿雪的过程中，19H 与 37V 之差在 4 种波段差值中最大，而之和在 4 种波段和值中最小，从而得到更锐化的比值信息，并通过拟合实地观测数据的方法来确定阈值进行冰盖冻融探测。XPGR 的计算公式如下：

$$XPGR=\frac{T_{\mathrm{b19H}}-T_{\mathrm{b37V}}}{T_{\mathrm{b19H}}+T_{\mathrm{b37V}}} \tag{4-27}$$

如果 XPGR 大于阈值则为融化，否则为冻结。该方法的优点是综合利用了不同的频率与极化方式的干湿雪发射率的区别，能够更加清晰地反映融化信息，而且模型稳定性好。

2. XPGR 冰盖冻融探测方法存在的问题

原 XPGR 方法确定冰盖冻融阈值是通过拟合实测数据获得，需要得到长时间的实测数据后才能进行阈值确定，而实际工作中并不是所有的研究区域都能得到其相应的实测数据，比如南极地区由于自然环境比较恶劣，原 XPGR 方法的使用就受到一定的限制。另外，原 XPGR 方法主要用于比较容易到达的北极格陵兰岛地区，而对于南极地区，因交通不便，通过获取实地观测数据进行阈值确定则困难得多，所以对南极地区进行冰盖冻融探测需要一种不依赖于实测数据的阈值确定方法。

3. 广义高斯模型的自动阈值确定

为了发展不依赖于实地观测数据的冰盖冻融探测方法，基于原 XPGR 方法在阈值确定方面存在的问题，我们通过观察和分析典型地区冰盖冻融时的 XPGR 值的变化特征，提出了基于广义高斯模型的自动阈值的确定方法。为了有效进行冰盖冻融探测，我们对 XPGR 的长时间序列数据做直方图统计，然后运用自动阈值分割算法，计算出冰盖冻融即干雪与湿雪划分的最优阈值。在这里引入基于广义高斯模型的自动阈值划分方法来进行干湿雪划分，下面将对广义高斯模型的自动阈值划分的基本原理进行介绍。

设 $h(X_l)(X_l=0,1,\cdots,L-1)$ 为一幅 XPGR 图像的直方图，L 表示图像可能的灰度级。如果将图像二值化，则直方图 $h(X_l)$ 可以看成是 XPGR 图像中干雪和湿雪的混合概率密度函数 $p(X_l)$。为了求出干湿雪划分的最优阈值 T^*，将 XPGR 图像二值化，引入广义高斯模型的 KI 判别准则方程：

$$\begin{aligned}J(T)=&\sum_{X_l=0}^{T}h(X_l)\left[b_1(T)\left|X_l-m_1(T)\right|\right]^{\beta_1(T)}+\sum_{X_l=T+1}^{L-1}h(X_l)\left[b_2(T)\left|X_l-m_2(T)\right|\right]^{\beta_2(T)}\\&+H(\Omega,T)-\left[P_1(T)\ln a_1(T)+P_2(T)\ln a_2(T)\right]\end{aligned} \tag{4-28}$$

式中：

$$\begin{cases}P_1(T)=\sum\limits_{X_l=0}^{T}h(X_l),\ m_1(T)=\dfrac{1}{P_1(T)}\sum\limits_{X_l=0}^{T}X_lh(X_l)\\P_2(T)=1-P_1(T),\ m_2(T)=\dfrac{1}{P_2(T)}\sum\limits_{X_l=T+1}^{L-1}X_lh(X_l)\end{cases}$$

$P_1(T)$ 和 $P_2(T)$ 分别为干雪和湿雪的 XPGR 值的先验概率；$m_1(T)$ 和 $m_2(T)$ 分别为干雪和湿雪的 XPGR 值的均值；$\sigma_1^2(T)$ 和 $\sigma_2^2(T)$ 分别为干雪和湿雪的 XPGR 值的方差；$H(\Omega,T)$ 为 $\Omega=\{\omega_1,\omega_1\}$ 的熵；β_i 为 $p(X_l|\omega_i)=a_i\mathrm{e}^{-\left[b_i|X_i-m_i|\right]^{\beta_i}}(i=1,2)$ 的形状参数，a_i，b_i

为正常量。a_i，b_i，β_i 的求解步骤见。为了得到最优化的自动划分阈值 T^*，对式(4-28)进行错误概率最小的优化，即

$$T^* = \underset{T=0,\,1,\,\cdots,\,L-1}{\operatorname{argmin}} J(T) \tag{4-29}$$

式(4-29)最小时的 T 值即为干湿雪划分的最优 XPGR 阈值。

4. 改进的 XPGR 冰盖冻融探测方法

改进的 XPGR 冰盖冻融探测方法与原 XPGR 方法不同在于：原方法是基于实地观测数据确定冻融划分的阈值，对于南极这种条件艰苦且人不易到达地区不太适用；改进的方法是基于冻融的 XPGR 的分布特征，利用广义高斯模型进行自动阈值分割，不需要实地观测数据来进行冻融探测，这对于系统的业务运行是至关重要的。图 4-15 为改进的 XPGR 冰盖冻融探测方法的流程图。

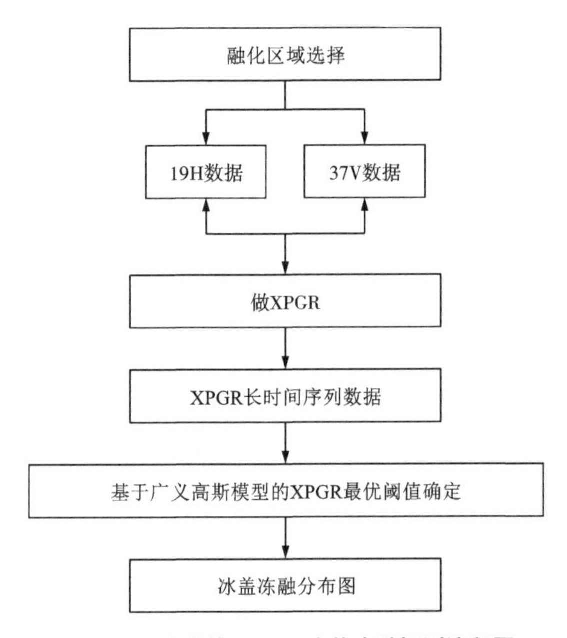

图 4-15　改进的 XPGR 冰盖冻融探测流程图

为了便于对 XPGR 算法的结果进行比较和分析，我们使用了同一个格陵兰岛实验区的 1988—1996 年的微波辐射计数据。最开始通过实地观测数据研究得到的 XPGR 阈值为 -0.0158，改进的 XPGR 阈值为-0.0152。从结果看，这两个阈值的差别很小。图 4-16 为改进前后的 XPGR 方法得到的格林兰地区 1993 年 8 月 7 日的冰盖冻融分布图。

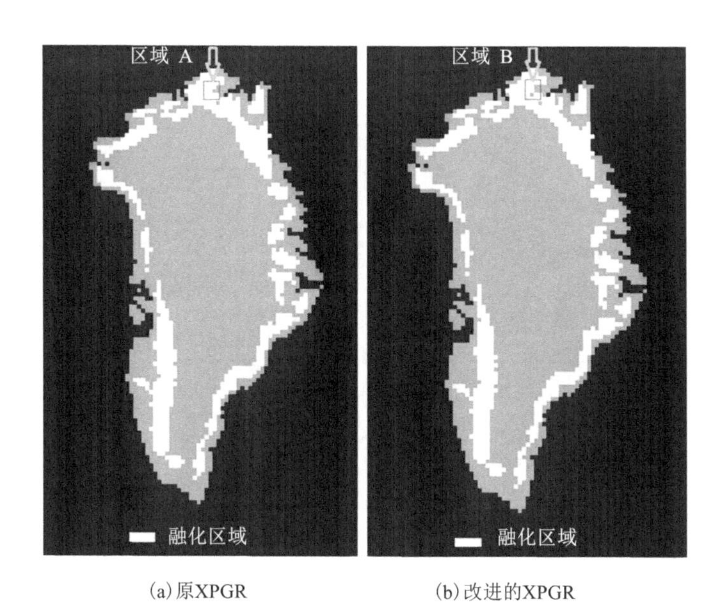

(a) 原XPGR　　(b) 改进的XPGR

图 4-16　改进前后的冰盖冻融分布图

图 4-16 中白色的区域表示融化的区域，灰色区域为未融化或裸露的岩石区域。对比两图可看出，改进前后的结果相差很小，只是图中所标区域 A 和 B 处有微小的差别。试验结果证明了改进的 XPGR 方法在探测冰盖冻融上的有效性。

4.4.2　改进的 XPGR 南极冰盖冻融探测结果与验证

选取南极 Wilkins 冰架地区 1996—2008 年的 SSM/I 数据作为冰盖冻融的样本点，基于错误概率最小化的准则，利用广义高斯模型自动阈值分割方法得到干湿雪划分的最优阈值为-0.0407。以此阈值为基础，得到 2001 年 1 月 15 日南极冰盖冻融分布图，如图 4-17(a)所示。

为了验证改进的 XPGR 冰盖冻融算法在南极地区应用的有效性和精度，将该结果与同一日的小波变换冰盖冻融探测结果[图 1-17(b)]进行交叉验证，同时，还收集了该区自动气象站的温度数据进行结果验证。

从图 4-17 可见，两个算法得到的 2001 年 1 月 15 日冰盖冻融分布的结果非常相似，说明了改进的 XPGR 方法在南极地区应用的有效性。但是，从图 4-17 也可见，改进的 XPGR 算法得到的南极冰盖冻融范围比小波算法得到的范围要小，主要原因为：改进的 XPGR 算法的阈值取自少量样本点，不能代表整个南极的冰盖冻融特性；而小波算法用于阈值确定的样本数据取自大量样本点，代表了整个南极冰盖冻融的特性，因此，阈值偏低，冰盖冻融范围偏大。为了进一步对试验结果进行验证，我们收集了南极地区的 6 个自动气象站 2001 年 1 月 15 的近地面气温记录来验证干湿雪的融化状况，站点的信息如表 4-3 所示，其中冰穹 C Ⅱ站、哈利站、里莱站处于南极内陆地区，是典型的干雪点；波拿巴角站、拉森冰架站、巴特勒岛站均位于冰架边缘地区，是典型的湿雪点。

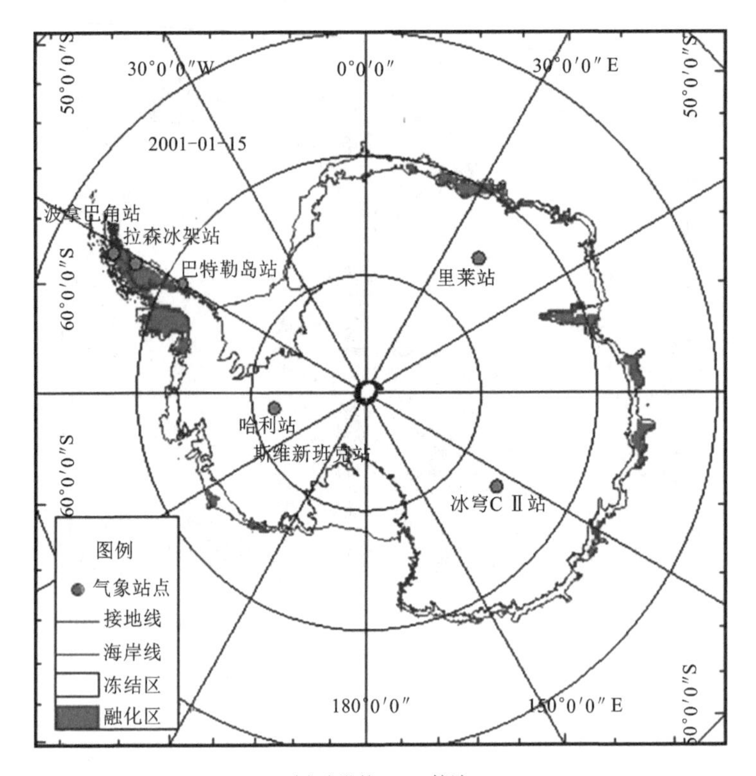

(a) 改进的XPGR算法

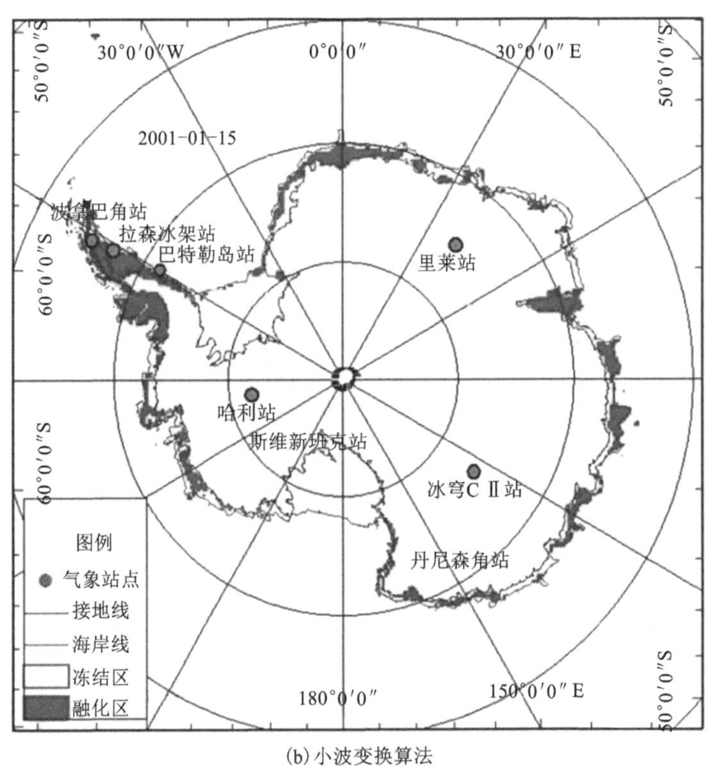

(b) 小波变换算法

图 4-17　融化区域和气象站点分布图

2001年1月15日冰穹CⅡ站、哈利站、里莱站3个气象站的气温均低于-5℃，因此这3个区域不存在冰盖融化现象，与改进的XPGR算法探测的结果一致，即属于非融化区。波拿巴角站气象站的气温为2.81℃，表明该点处于融化状态，图4-17(a)显示该区域为融化状态。拉森冰架站区域的气温为-0.81℃，图4-17(a)显示为融化区，在误差允许的范围内，两个结果基本上是一致的。巴特勒岛站区域的气温为-4.35℃，图4-17(a)显示该区域为冻结状态，而小波变换的算法结果图上显示该区域为融化状态，可知改进的算法结果更为准确。

从上面算法结果的交叉验证以及与6个自动气象站数据的比较分析可知，改进的XPGR南极冰盖冻融探测方法对南极地区冰盖冻融的探测是有效的和可靠的，探测结果具有较高的精度。

4.4.3 小结

本节提出的改进的XPGR算法较好地解决了原XPGR算法须通过拟合实测数据来确定阈值的实用性和可操作性差的问题，有利于实现南极地区冰盖冻融的自动化监测。通过对改进前后的格陵兰岛的冰盖冻融探测结果对比、不同算法结果的交叉验证以及与自动气象站点测量的温度数据的比较表明：改进的XPGR算法不但在冰盖冻融探测的实用性和可操作性方面有了较大提高，而且探测结果也具有较高的精度。另外，此算法也可以应用于其他地区的冰盖冻融探测，为全球冰盖冻融探测提供了方法学支持和补充。但本算法还有待改进之处：一方面，阈值的获取虽然不依赖于实地观测数据，却受时间和样本是否典型等因素的影响；另一方面，抗干扰性有待进一步提高。

4.5 基于改进的小波变换的南极冰盖冻融探测

4.5.1 改进的小波变换的冰盖冻融探测

1. 小波变换的冰盖冻融探测算法

小波变换模型的冰盖冻融探测算法的基本原理：长时间序列亮温数据的剧烈变化边缘反映了冰盖的融化或者冻结的开始，每一年融化开始时间为时间轴上第一个亮温数据剧烈上升的边缘，结束时间为时间轴上最后一个亮温数据剧烈下降的边缘，而融化持续时间为一年中每段融化持续时间的总和。基本步骤如下：①对长时间序列亮温数据进行预处理；②运用小波变换对预处理后的亮温数据进行多尺度分解；③为区分由噪声产生的边缘和由融化、冻结的产生的边缘，利用双高斯曲线拟合的方法得到干湿雪分类的最优边缘阈值；④利用最优边缘阈值得到冻融开始、结束和持续时间；⑤运用空间邻域纠错的方法来纠错由噪声引起的偏差，从而得到冻融的空间分布图及融化开始、结束和持续的时间分布图。

双高斯模型拟合干湿雪分类的最优边缘阈值方法的主要缺点如下：①有些剧烈变化点和非剧烈变化点的分布模型不一定满足双高斯模型。②对于拟合采用的 Levenberg-Marquardt 算法，输入的初始值不同，得到迭代的结果不同，结果的好坏与初始值的输入有关。③算法过程烦琐。

2. 广义高斯模型的自动阈值确定

广义高斯模型引入形状因子，可处理更多不同形状的曲线，与双高斯模型相比有较大的进步。该模型的原理如下：设 $h(X_l)(X_l=0, 1, \cdots, L-1)$ 为一幅灰度图像的直方图，L 表示图像可能的灰度级。为了在选定的样本内通过广义高斯模型得到干湿雪分类的最优阈值 T^*，将图像二值化，则 $h(X_l)$ 可以看成是灰度图像中干雪和湿雪点的混合概率密度函数 $p(X_l)$。为了求出干湿雪划分的最优阈值 T^*，在此引入 Kilter 和 Illingworth 1986 年提出的一种基于最小错误率的贝叶斯理论的阈值选择方法。定义准则函数 $J(T)$ 描述平均的正确分类性能：

$$\begin{aligned} J(T)= & \sum_{X_l=0}^{T} h(X_l)\left[b_1(T)\left|X_l-m_1(T)\right|\right]^{\beta_1(T)}+ \\ & \sum_{X_l=T+1}^{L-1} h(X_l)\left[b_2(T)\left|X_l-m_2(T)\right|\right]^{\beta_2(T)}+ \\ & H(\Omega, T)-\left[P_1(T)\ln a_1(T)+P_2(T)\ln a_2(T)\right] \end{aligned} \tag{4-30}$$

式中：

$P_1(T)=\sum_{X_l=0}^{T} h(X_l)$ 和 $P_2(T)=1-P_1(T)$ 分别为干雪和湿雪的先验概率；

$m_1(T)=\frac{1}{P_1(T)}\sum_{X_l=0}^{T} X_l h(X_l)$ 和 $m_2(T)=\frac{1}{P_2(T)}\sum_{X_l=T+1}^{L-1} X_l h(X_l)$ 分别为干雪和湿雪的均值；

$H(\Omega, T)=-2[P_1(T)\ln P_1(T)+P_2(T)\ln P_2(T)]$ 是类别 $\Omega=\{\omega_1, \omega_1\}$ 的熵；

β_i 为 $p(X_l|\omega_i)=a_i e^{-[b_i|X_l-m_i|]^{\beta_i}}(i=1, 2)$ 的形状参数，其中 a_i，b_i 为正常量。a_i，b_i，β_i 的求解步骤见参考文献[111]。

最佳阈值的选择就是要使图像的平均分类性能 $J(T)$ 达到最小值，见参考文献[110]：

$$T^*=\underset{T=0, 1, \cdots, L-1}{\operatorname{argmin}} J(T) \tag{4-31}$$

使得 $J(T)$ 达到最小值的 T 值即为干湿雪划分的最佳阈值。

3. 改进的小波变换的冰盖冻融探测方法

通过观察和分析冰盖冻融时的亮温变化特点及广义高斯模型的性质特征，提出了通过广义高斯模型自动确定干湿雪最优分类阈值的方法，即对亮温的长时间序列数据做直方图统计，通过自动阈值分割的方法得到干湿雪划分的最优阈值，通过此最优阈值得到南极融化区域及融化开始、持续和结束时间分布图。改进的算法除了能避免双高斯模型拟合干湿雪分类的最优阈值出现的问题外，还能自动得到一个唯一的干湿雪的最优分类阈值，可操作性强，较好地实现了南极地区冰盖冻融的自动化监测。图 4-18 为改进的小波变换的南极冰盖冻融探测的简单流程图。

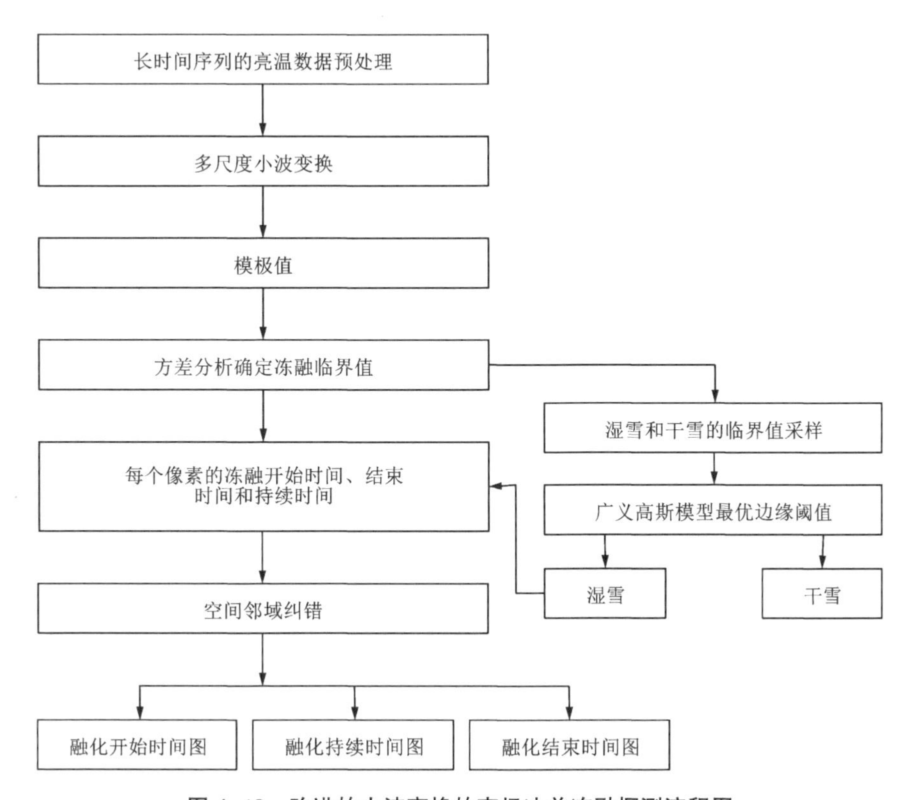

图 4-18　改进的小波变换的南极冰盖冻融探测流程图

4.5.2　改进的小波变换南极冰盖冻融探测结果与验证

图 4-19 为根据参考文献[106]选取南极的某些典型样本区后利用双高斯模型拟合得到干湿雪分类的最优阈值直方图，该值约为 10.2。由广义高斯模型的自动阈值划分方法得到的干湿雪分类的最优阈值为 10.4。

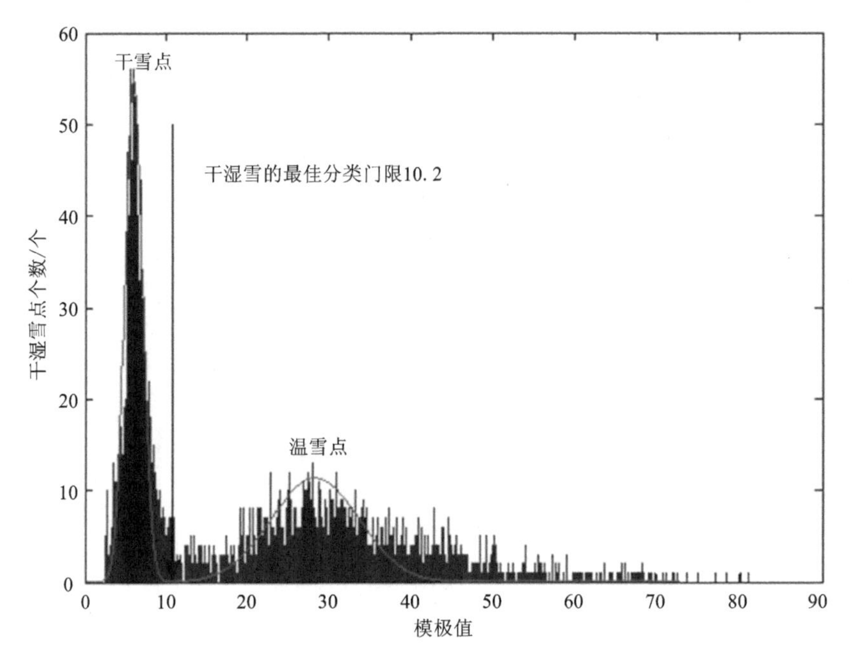

图 4-19　双高斯模型拟合得到的最优阈值直方图

图 4-20 为基于小波变换的 2000 年 7 月 1 日—2001 年 6 月 30 日总的南极融化区域分布图。从图 4-20 可见：两个结果相差不多，但原小波变换模型结果中，南极内陆地区出现了融化区域，根据南极地区冻融分布特征和南极地区的实际情况，在南极内陆地区出现融化区域是不可能的，可知原小波变换模型方法在南极冰盖冻融探测中存在一些问题。而改进的小波变换的算法所得的冻融结果在南极内陆地区没有出现融化区域。通过以上比较可知：改进的小波变换模型方法相对原小波变换模型方法在冰盖冻融探测方面具有较高的精度。且广义高斯模型算法不依赖于初始值的估计和设定，自动完成最优阈值的分割过程，提高了阈值计算的效率，为南极冰盖冻融监测业务化运行系统的简单化和方便性提供了保障。

图 4-21 为采用改进后的小波变换模型的冰盖冻融探测算法得到的南极地区 2000—2001 年(2000 年 7 月 1 日—2001 年 6 月 30 日)冰盖融化开始、结束和持续时间及地面验证站点的位置分布图。

利用 10 个站点的近地面气温记录来验证干湿雪的融化状况。图 4-22 和图 4-23 分别为干雪点站点和湿雪点站点 2000—2001 年的气温变化图。

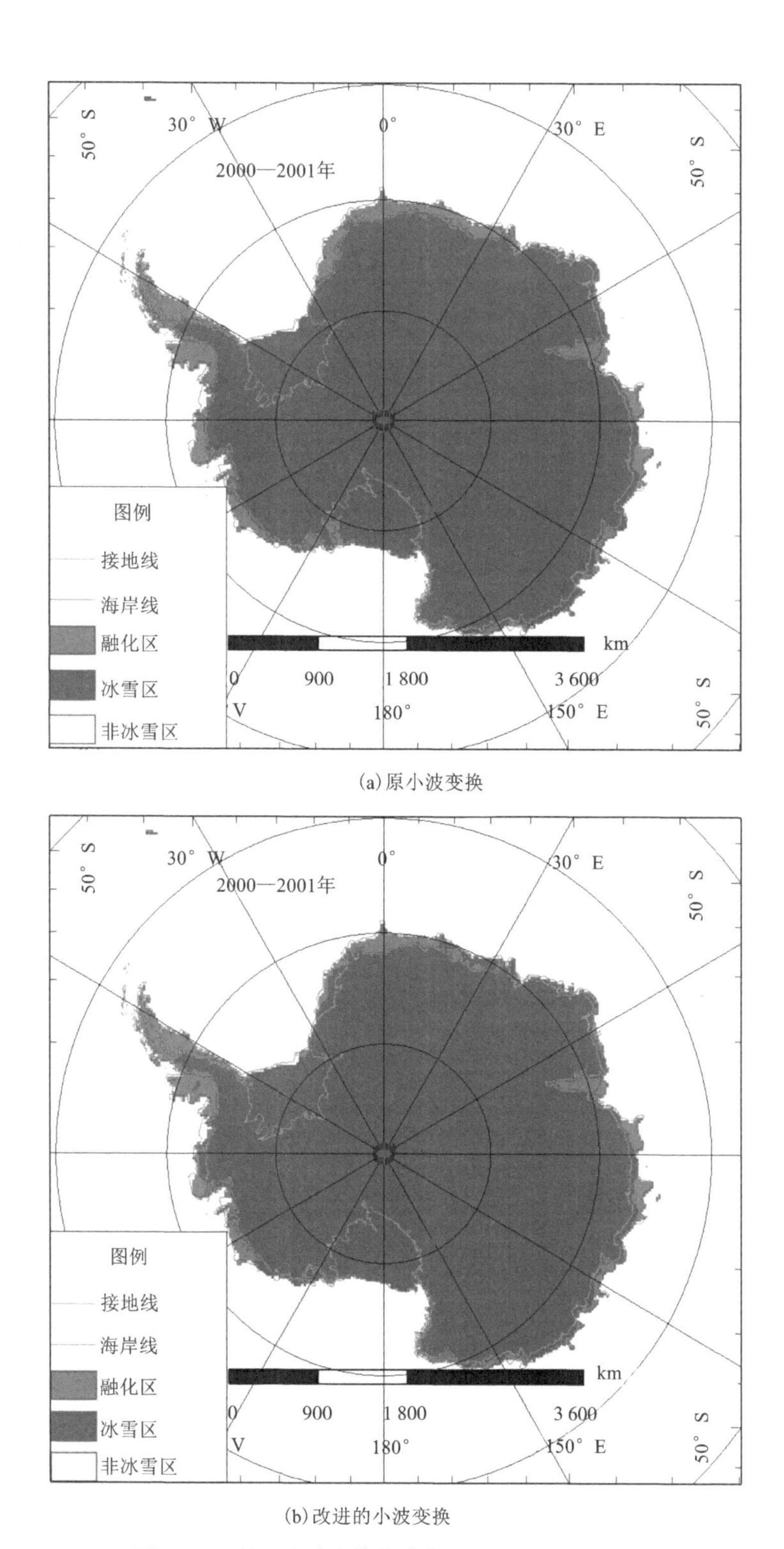

(a)原小波变换

(b)改进的小波变换

图 4-20　基于小波变换的南极冰盖冻融探测结果图

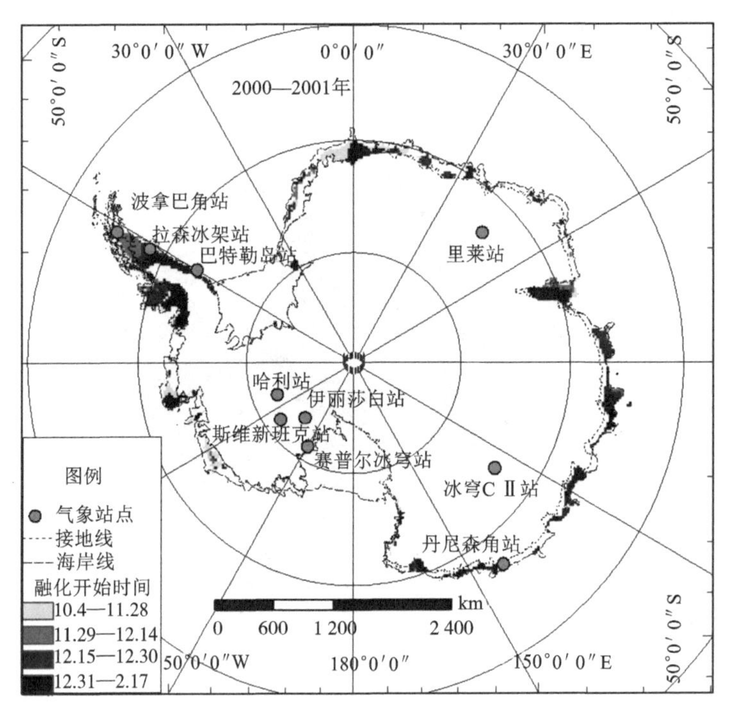

(a)融化开始时间

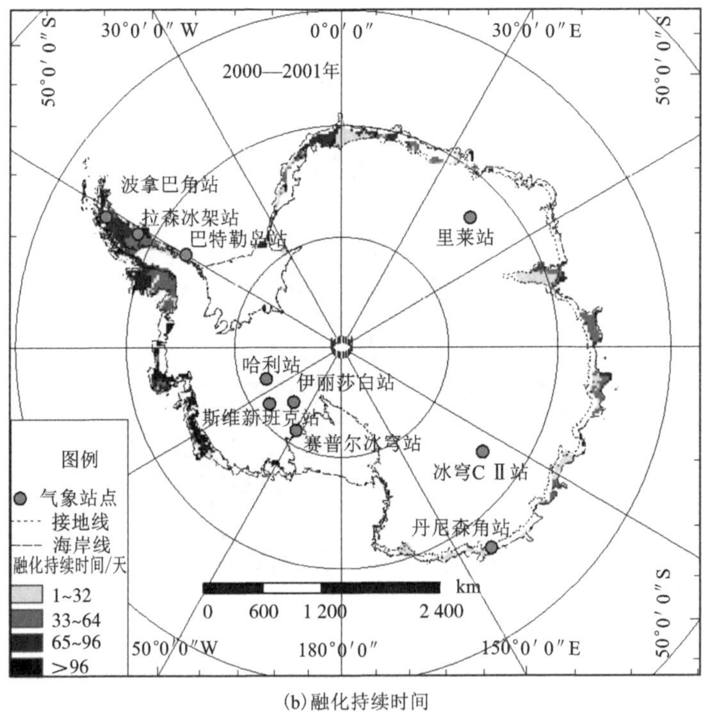

(b)融化持续时间

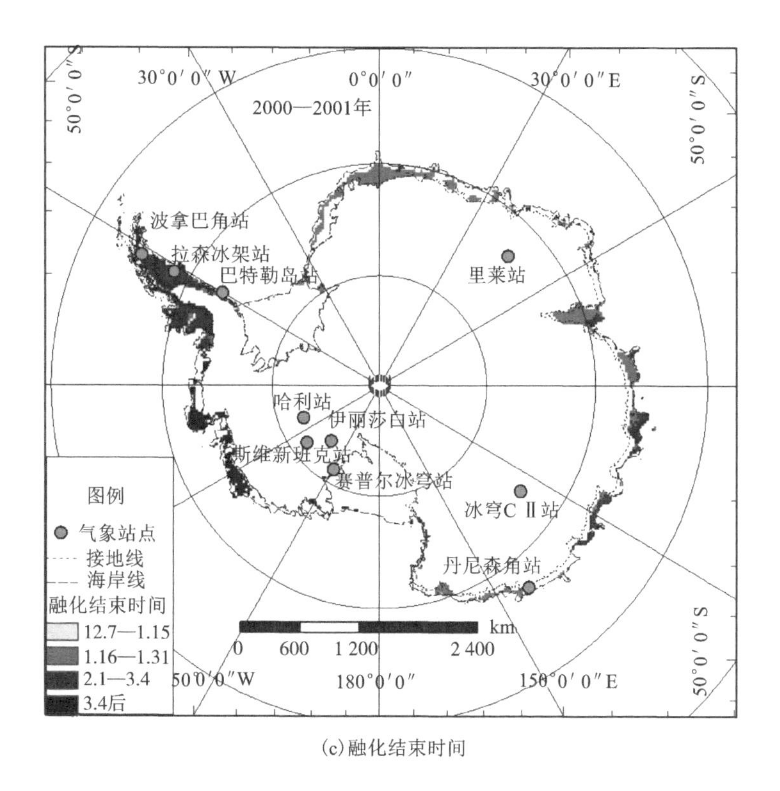

(c)融化结束时间

图 4-21　改进的小波变换的南极冰盖冻融探测结果图

由图 4-22 可知，干雪点站的气温虽然随着季节呈起伏变化，但最高仅-5℃左右，未达到融化条件。图 4-21 的结果显示：所选干雪点站区域均未发生融化，与站点数据显示的结果一致。从图 4-23 可以看出，巴特勒岛站、拉森冰架站和丹尼森角站的气温变化趋势一致，它们的冬季气温较低，从 11 月份起，气温开始升高，12 月至次年 2 月，温度基本上都是在 0℃以上。波拿巴角站的近地面气温相对较高，11 月至次年 4 月期间温度都在 0℃以上。当近地面气温高于 0℃时，冰雪融化。据此，从巴特勒岛站点的平均气温曲线可知，该地仅在 1 月中上旬的数天内达到 0℃，即处于融化状态，这一结果与图 4-21 所示的结果一致。拉森冰架站与丹尼森角站的近地面气温在 12 月中旬开始达到 0℃，2 月份开始降低到 0℃以下，与该地区的冰雪融化结果一致。此外，波拿巴角站所在地区的融化结果显示，它在 11 月至次年 3 月底处于明显的融化状态，与近地面气温在该期间处于 0℃的气象信息基本一致。

通过对典型干湿雪区域冻融探测结果的地面验证可知：改进的小波变换模型算法对南极冰盖的融化探测结果符合实际情况，反映了南极冰盖冻融的时空分布。

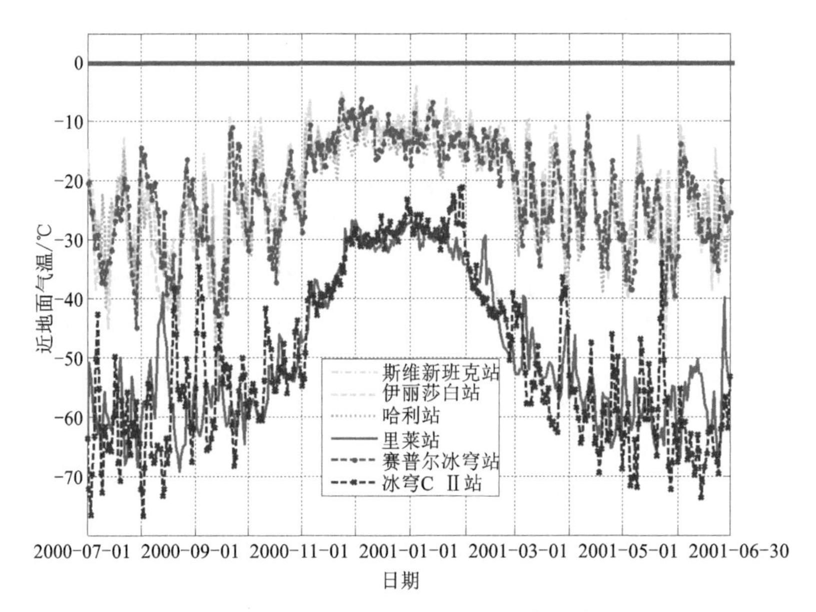

图 4-22　南极部分干雪点站近地面气温变化图

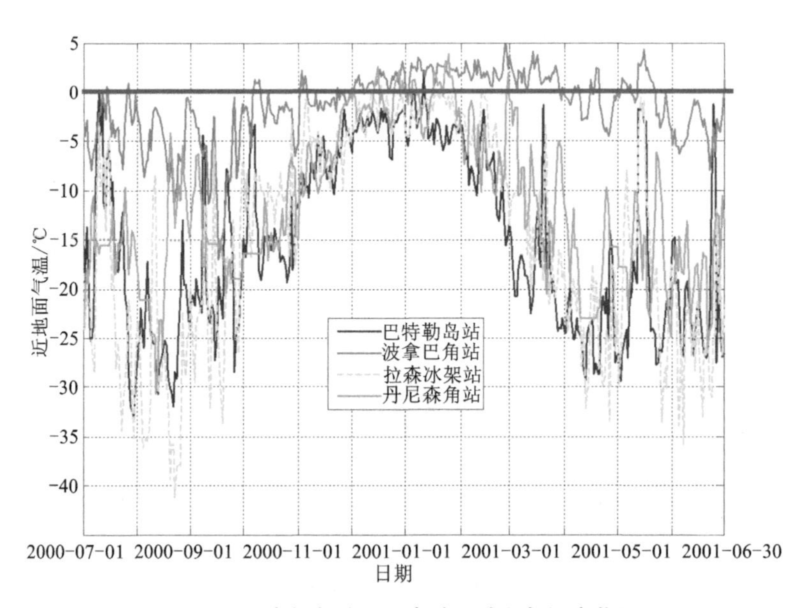

图 4-23　南极部分湿雪点站近地面气温变化图

4.5.3　小结

本节提出的改进的小波变换算法解决了原小波变换算法中通过双高斯模型拟合干湿雪分类的最优阈值的实用性和可操作性差的问题，实现了南极地区冰盖冻融的自动化监测。通过对改进前后的冰盖冻融探测结果的比较及自动气象站点的温度数据对结果的验证表明：改进的小波变换算法在冰盖冻融探测的实用性和可操作性方面有所提高，同时，改进的小波变换算法对南极冰盖的冻融探测是有效和可靠的，探测结果相对原算法而言具有较高的精度。而且此算法也可以应用到其他地区，为全球冰盖冻融探测提供了方法学的支持和补充。

4.6　基于 AMSR-2 89 GHz 数据的南极冰盖冻融探测

南极冰盖对全球海平面上升和气候环境变化具有重要影响，高空间分辨率的冰盖表面雪融信息对研究全球气候变化具有重要意义。目前基于微波辐射计低频数据的冰盖表面雪融探测结果空间分辨率低，无法获取精确的冻融变化，在这种情况下，空间分辨率至少是其他微波频段两倍的 AMSR-E 89 GHz 数据成为高空间分辨率微波遥感的主要数据来源。然而，89 GHz 数据容易受到大气水汽影响，因此，本书提出了一种基于 89 GHz 数据的南极冰盖表面雪融探测方法。首先，利用晴朗无云天气条件下 AMSR-2（advanced microwave scanning radiometer for EOS/2）89 GHz 数据和 36 GHz 数据极化比比值稳定的特性，筛选出受影响的 89 GHz 数据，然后，将从 5 年数据中选取出的样本数据拟合得到 36 GHz 数据与不受影响的 89 GHz 数据之间的函数关系并对受影响的 89 GHz 数据进行修正，最后将修正后的 89 GHz 数据应用于南极冰盖表面雪融探测。该方法在 6 个自动气象站点的平均探测精度为 91%，而 XPGR（cross-polarized gradient ratio，XPGR）算法的平均探测精度为 74%，实验结果表明，使用修正后的 89 GHz 数据进行南极冰盖表面雪融探测具有更高的精度。

4.6.1　89 GHz 数据的冰盖表面雪融探测

虽然 89 GHz 数据与其他较低频段数据相比具有更高的空间分辨率，但 89 GHz 数据易受大气水汽等外界环境的影响，大气中的水汽和云中液态水通过吸收和发射过程，使地表微波辐射有去极化的趋势。对于高频率数据来说，这种影响更大（Greenwald et al. 1997）。由于 89 GHz 数据受到的干扰主要来自大气水汽，因此，在利用其进行冰盖表面雪融探测之前，必须修正受到影响的像素。为此，本书采用 Iwamoto 等提出的方法筛选受到影响的像素点。然后针对受到影响的像素点进行修正。最后使用阈值法对修正后的 89 GHz 数据进行冰盖表面雪融探测。

1. 受影响数据的筛选

云和水汽等外界环境对 36 GHz 数据的影响不大，而对 89 GHz 数据有较大影响。在晴朗无云天气条件下，89 GHz 数据和 36 GHz 数据极化比的比值稳定（Iwamoto，2013），但当云和水汽等外界环境因素存在时，就会降低 89 GHz 数据和 36 GHz 数据的极化比的比值，降低程度与云和水汽等外界环境影响大小有关。基于此，本书提出了受影响的 89 GHz 数据的筛选方法。基本流程如图 4-24 所示。

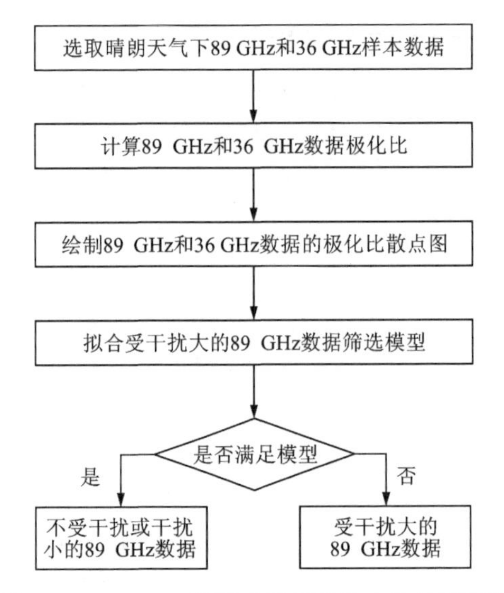

图 4-24　89 GHz 受影响数据筛选方法的流程图

由于在晴朗无云天气条件下可以排除云雾干扰，减小数据受到的影响，因此首先结合 MODIS 数据在 2015 年到 2019 年的数据中选取一组在晴朗无云天气条件下得到的 36 GHz 数据和 89 GHz 数据作为样本数据，然后分别计算极化比的比值，本书在此处使用 PR 进行受影响数据的筛选和修正的一个重要原因是：相比单波段数据，PR 可以更好地区分冰盖表面冻融状态，图 4-25 证明了这一点。最后，绘制晴朗无云天气下 89 GHz 和 36 GHz 样本数据的极化比散点图，如图 4-26 所示。其中极化比公式如下：

$$PR=\frac{T_{BV}-T_{BH}}{T_{BV}+T_{BH}} \tag{4-32}$$

式中：T_{BV}、T_{BH} 分别为 AMSR-2 数据的垂直极化和水平极化亮温。

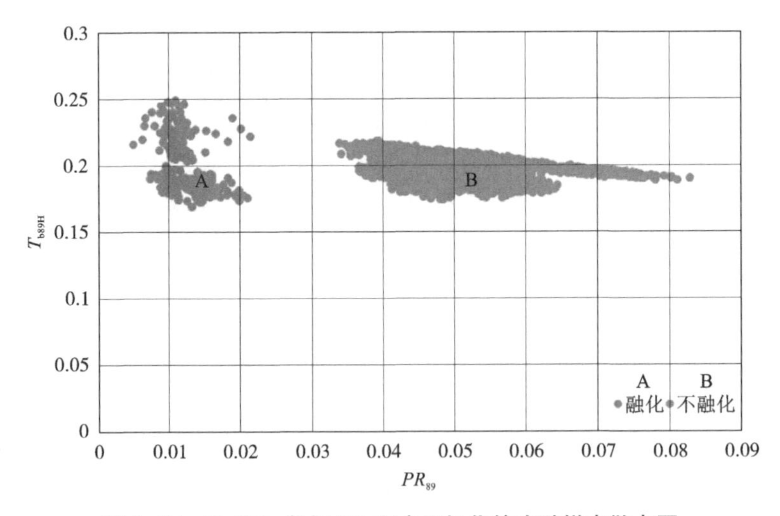

图 4-25　89 GHz 数据 PR 和水平极化的冻融样本散点图

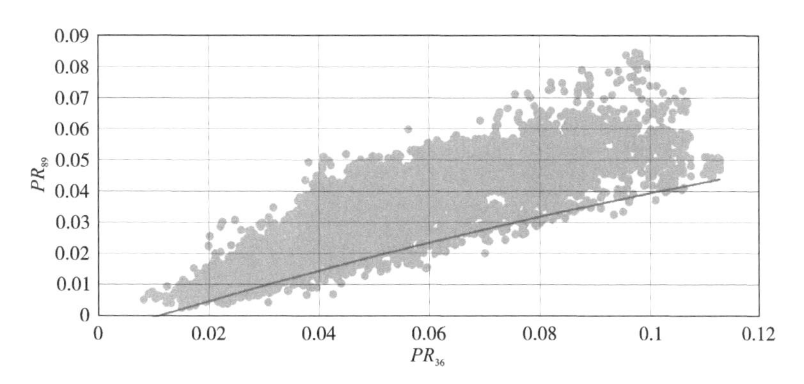

图 4-26　PR_{36} 和 PR_{89} 散点图，实心曲线被认为是受水汽等外界环境影响的边界，低于该曲线的数据点需要被修正

该散点图展示了 PR_{89} 和 PR_{36} 之间的关系，在此散点图的基础上，将横坐标 PR_{36} 等分成若干区间，并计算每个区间中纵坐标 PR_{89} 的平均值和标准差。然后用各区间的平均值减标准差的两倍绘制最小二乘最佳拟合曲线，该曲线近似于二次方程，可用公式表示为：

$$PR_{89}=a(PR_{36})^2+bPR_{36}+c \tag{4-33}$$

式中：PR_{89} 为 89 GHz 数据的极化比；PR_{36} 为 36 GHz 数据的极化比；a，b，c 分别为公式的 3 个参数，它们的值为-0.9095、0.5404、-0.0052。

将此关系曲线应用于 89 GHz 数据，逐像素筛选出受云和水汽等外界环境影响的 89 GHz 数据和其余不受影响的数据。

2. 受影响数据的修正

由于 36 GHz 数据较为稳定，受到云和水汽等外界环境影响弱，可以利用 36 GHz 数据对 89 GHz 数据进行云和水汽等外界环境影响的校正。通过选取大量晴朗无云天气条件下 PR_{89} 数据以及 PR_{36} 数据的样本点，然后利用样本点进行拟合计算，找出一个表示 89 GHz 数据与 36 GHz 数据的关系式。通过多次实验发现，一元四次方程模型可以达到较好的拟合效果，拟合出的修正模型如下：

$$P'=a_1P^4+a_2P^3+a_3P^2+a_4P+a_5 \tag{4-34}$$

式中：P 为重采样后的 PR_{36} 数据；P'是经过修正后的 PR_{89} 数据；a_1、a_2、a_3、a_4 和 a_5 是修正式的 5 个参数，它们分别为 65257、-6351.5、200.43、-1.6492 和 0.0068。

利用式(4-34)对筛选出的受云和水汽等外界环境影响的 89 GHz 数据进行修正。

3. 冰盖表面雪融探测方法

根据以往研究结果及经验认识，南极冰原大部分地区的地表温度全年都保持在零度以下，每年经历融化的区域基本集中在边缘地区。本书根据 Mote 1993 年提出的单通道阈值法，首先在修正后的 89 GHz 数据中选取特征点，由于研究的是表面融化，所以要选取的特征点地区基本为冰雪覆盖，没有或有极少裸岩，而且要求地形起伏不大，以减少误差。然后制作特征点的微波亮温时间序列。最后选取特征点微波亮温的冬季平均值与夏季平均值之差作为冰盖表面冻融阈值。本书选取的阈值为 0.00526。

4.6.2 结果与验证

1. 同 XPGR 算法结果对比分析

为了更直观地确认高频数据的地冻融探测精度，以 2017 年 1 月份数据为例，与 XPGR 算法的探测结果进行比较。XPGR 算法主要利用微波辐射计 37 GHz 的垂直极化亮度温度和 19 GHz 的水平极化亮度温度的组合对干雪和湿雪响应的差别进行冰盖冻融探测，这种算法综合利用了频率与极化方式在雪的发射率和雪中含水量的区别，能够更加清晰地反映融化信息，而且模型稳定性好。XPGR 的公式如下所示：

$$XPGR=\frac{T_{\mathrm{b19H}}-T_{\mathrm{b37V}}}{T_{\mathrm{b19H}}+T_{\mathrm{b37V}}} \tag{4-35}$$

式中：T_{b19H} 为 19 GHz 水平极化亮温；T_{b37V} 为 37 GHz 垂直极化亮温。

图 4-27、4-28 分别为基于 89 GHz 数据和 XPGR 算法所得的 1 月份 31 天总的融化时长探测结果图，由于 89 GHz 数据空间分辨率相对较高，因此和 XPGR 算法结果在持续时间上具有一定的空间差异，但总的来说，两者的融化趋势大体相同，但 89 GHz 数据的探测结果显得更加细碎，这表明 89 GHz 数据的探测结果更容易反映出冻融的微小变化。在局部区域方面，选取朗希尔德公主海岸分别用 89 GHz 数据和 XPGR 算法统计 31 天内的融化面积，如图 4-29 所示，通过对比发现两者冻融趋势基本一致。

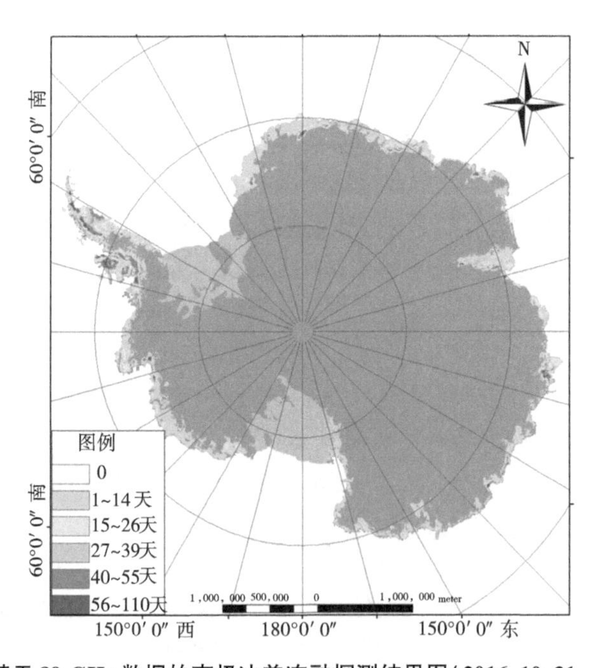

图 4-27 基于 89 GHz 数据的南极冰盖冻融探测结果图(2016.10.31—2017.2.28)

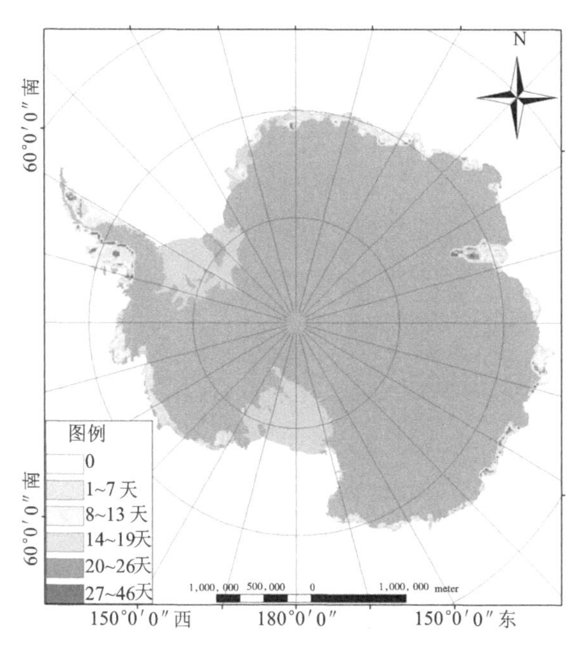

图 4-28　基于 XPGR 算法的南极冰盖冻融探测结果图(2016.10.31—2017.2.28)

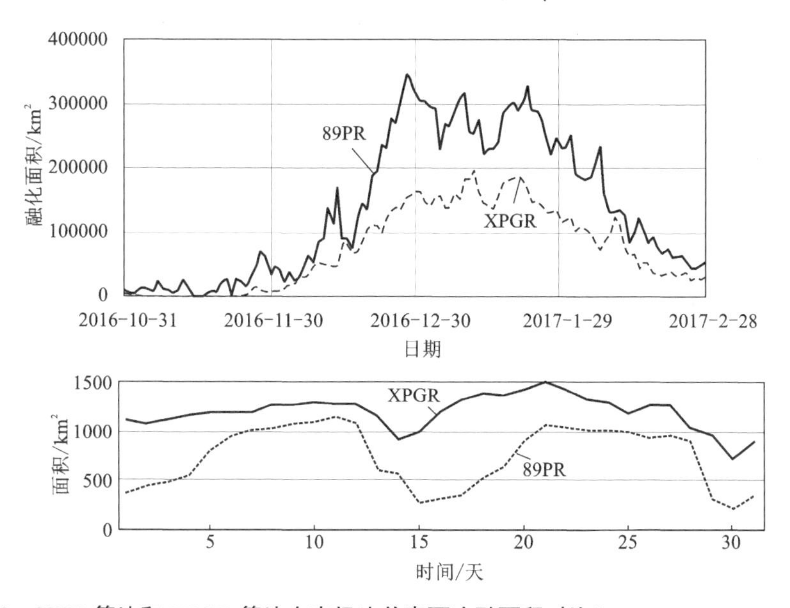

图 4-29　89PR 算法和 XPGR 算法在南极冰盖表面冻融面积对比(2016.10.31—2017.2.28)

2. 地面温度数据验证

为了进一步验证该方法的准确性，选取相同时期的南极自动气象站数据进行验证。所选自动气象站数据为每间隔 3 小时记录一次的近地面气温数据。研究认为只有当近地面温度高于 0℃时，才为融化状态。由于南极冰盖内部区域即使在夏天也保持常年低温，基本不会发生融化现象，故主要选择靠近南极海岸线的自动气象站点，所选站点位置分布如图 4-30 所示。

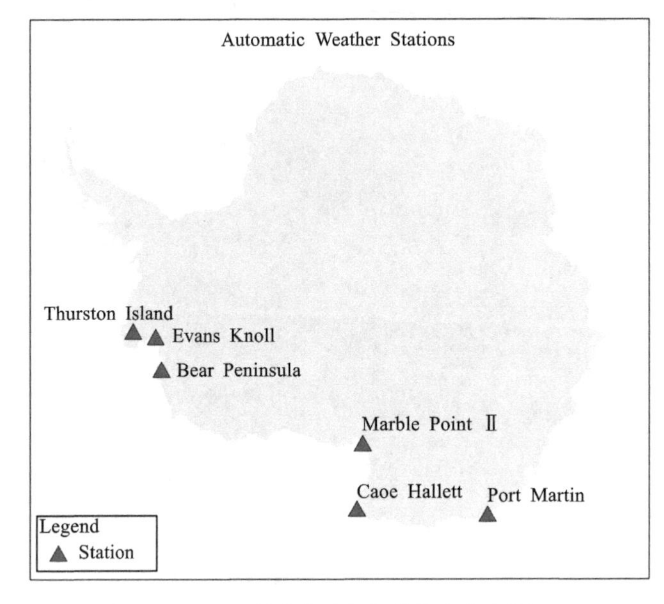

图 4-30　所选自动气象站站点分布图

将所选站点 1 月份 31 天的日平均温度(图 4-31)与上述两种算法得到的结果交叉验证，可以看出基于 89 GHz 数据的结果具有较高的准确率，在 6 个站点的平均准确率为 91%，而 XPGR 算法在 6 个站点的平均准确率为 74%。相关统计结果如表 4-5 所示。图 4-31，的曲线呈现了非常不稳定的状态，这主要是因为曲线是根据每 3 小时一次的温度数据计算得到的每日平均温度数据绘制，而 AMSR-2 数据每天只有两次，可能错过由于南极地区昼夜温差较大导致的冻融现象。

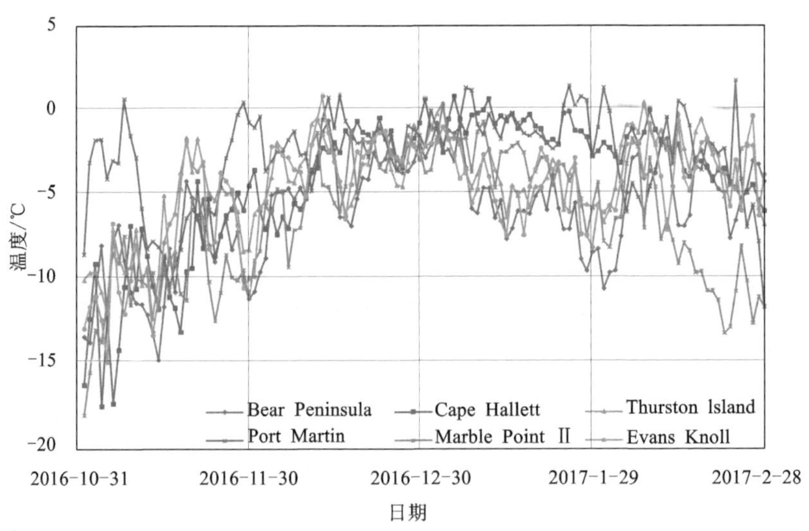

图 4-31　所选的自动气象站温度变化情况(2016.10.31—2017.2.28)

表 4-5　自动气象站验证冰盖表面雪融探测结果精度

站点名称	实际融化天数/天	XPGR 探测精度/%	89 GHz 数据的探测精度/%
Bear Peninsula	0	99	95
Cape Hallett	3	95	98
Thurston Island	2	97	95
Port Martin	15	90	88
Marble Point Ⅱ	4	99	97
Evans Knoll	1	100	99

通过上述验证可以看出，基于 89 GHz 数据的南极冰盖表面雪融探测方法是基本可行的，而且由于 89 GHz 数据具有较高的空间分辨率，因此相比其他频段的冰盖表面雪融探测算法具有更细致，更精确的结果。

3. 讨论

本节提出了一种基于 89 GHz 数据的南极冰盖表面雪融探测方法，该方法首先利用晴朗无云天气条件下 89 GHz 数据和 36 GHz 数据极化比比值稳定的特性，筛选出受影响的 89 GHz 数据，然后，将从 5 年数据中选取出的样本数据拟合得到 36 GHz 数据与不受影响的 89 GHz 数据之间的函数关系并对受影响的 89 GHz 数据进行修正，最后将修正后的 89 GHz 数据应用于南极冰盖表面雪融探测。方法的不确定性和局限性主要体现在以下两个方面：一是使用 MODIS 数据目视选取晴朗无云天气条件下的样本点，没有综合利用其他大气状况数据，对所选样本区域的大气状况把握不够客观。二是在精度验证方面仅使用自动气象站温度数据。一般来说，仅凭一个点的温度数据难以对一个面的积雪冻融状态进行验证，还应参考感热、潜热等其他数据。

各国研究人员利用微波数据在冰盖表面雪融探测领域已经做了相当多的研究(例如，Abdalati，Zheng，Alimasi，Torinesi)，然而这些研究大都是基于低频微波数据，虽然在大尺度冻融探测上具有较好的探测结果，但低频数据较低的空间分辨率难以观察到局部区域的微小变化。图 4-32 是 89 GHz 数据算法和 XPGR 算法在 Bear Peninsula、Evans Knoll 和 Thurston Island 站点的 31 天冰盖表面雪融探测结果图，图 4-32(a)、(c)、(e)分别是 89 GHz 数据算法这 3 个站点的探测结果图，图 4-32(b)、(d)、(f)分别是 XPGR 算法在这 3 个站点的探测结果，图中央的准星代表站点的所在位置，A 区域代表未融化，渐变区域代表融化时长。从图 4-31 可知 Bear Peninsula 站点在整个 1 月份并未融化，图 4-32(a)显示该区域未融化，但图 4-32(b)却显示融化了 9 天；Evans Knoll 站点实际也未融化，图 4-32(c)符合实际情况，但图 4-32(d)却显示融化了 7 天；Thurston Island 站点实际融化了 1 天，图 4-32(e)显示融化了 5 天，图 4-32(f)却显示融化了 22 天。相比之下，基于 89 GHz 数据的方法具有更好的冻融探测精度。此外，结合图 4-32 和上述对比可以看出，低频数据得到的冰盖表面雪融探测结果会由于分辨率低导致冻融混合像元的出现，而 89 GHz 数据则由于更高的分辨率可以反映更加细微的冻融变化，因此，这种情况在使用 89 GHz 数

据时可以得到改善。

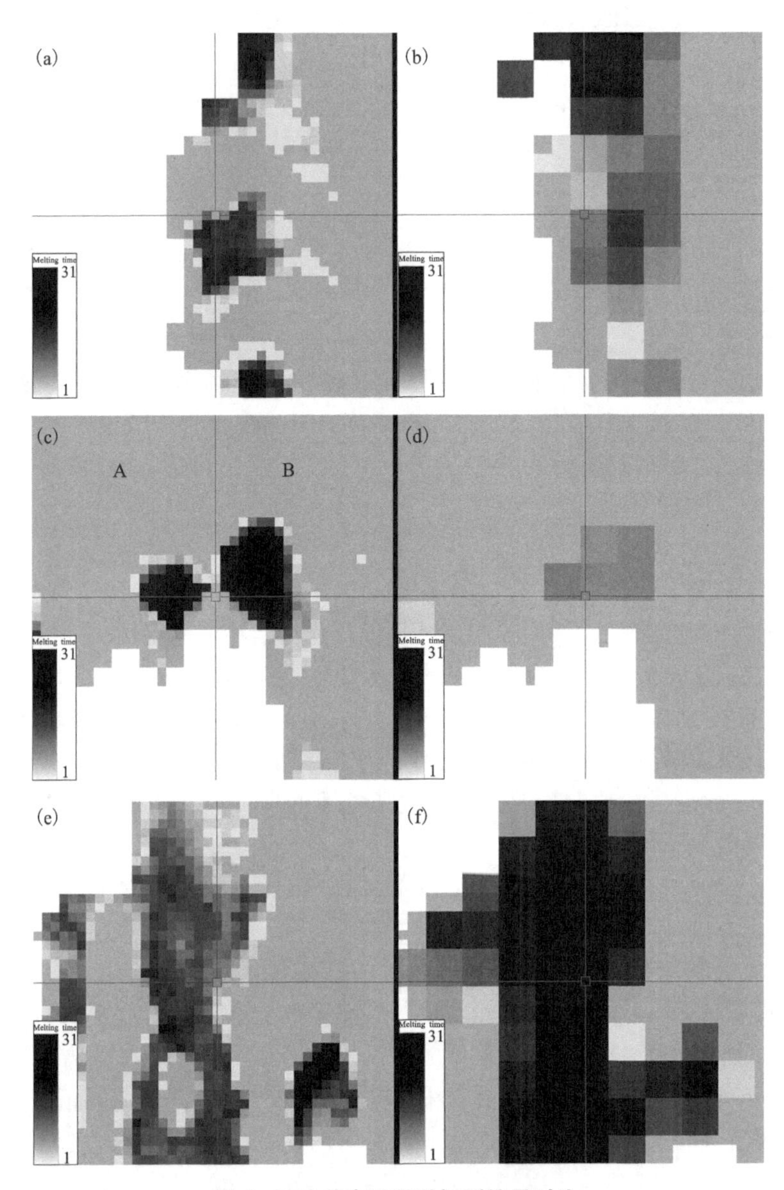

图 4-32 冰盖表面雪融探测结果对比

4.6.3 小结

本节提出了一种基于 89 GHz 数据的南极冰盖表面冻融探测方法。该方法通过研究晴朗无云天气条件下 36 GHz 和 89 GHz 数据极化比之间的关系，建立了南极地区受影响数据的筛选模型和校正模型，最后利用单通道阈值算法获取了 89 GHz 数据的南极冰盖表面冻融探测结果并进行了验证，结果表明，该方法具有更高的精度和空间分辨率。

4.7　基于 89 GHz 频段的格陵兰岛冰盖冻融探测

格陵兰岛的冰盖对研究全球气候变化有着极为重要的意义，冰盖表面的雪融情况可直观展示北极地区的气候变化状况。为了得到高空间分辨率和高精度的极地冰盖表面雪融探测结果，本节提出了一种基于 advanced microwave scanning radiometer-2(AMSR-2) 89 GHz 频段的格陵兰岛冰盖表面雪融探测方法。首先，利用晴朗无云天气条件下 89 GHz 数据和 36 GHz 数据极化比比值稳定的特性，筛选出不受影响的 89 GHz 数据；然后，使用单通道阈值法获取冻融分割阈值，得到不受影响数据的冰盖表面雪融探测结果，而受影响区域使用基于 19 GHz 和 37 GHz 水平极化数据的 GR 模型得到的冰盖表面雪融探测结果代替；最后得到格陵兰岛冰盖表面雪融探测结果。

4.7.1　利用 AMSR-2 反演格陵兰岛冰盖雪融

89 GHz 数据具有高空间分辨率和时间分辨率的优势，但是容易受外界环境干扰。本节围绕如何减小 89 GHz 数据受到的云和水汽等外界环境干扰并将其应用于极地冰盖表面雪融探测这一关键问题开展研究。通过研究高低频数据之间的关系，将 89 GHz 数据分为受影响和不受影响两部分，分别获取冰盖表面雪融探测结果。该方法的基本流程如图 4-33 所示。

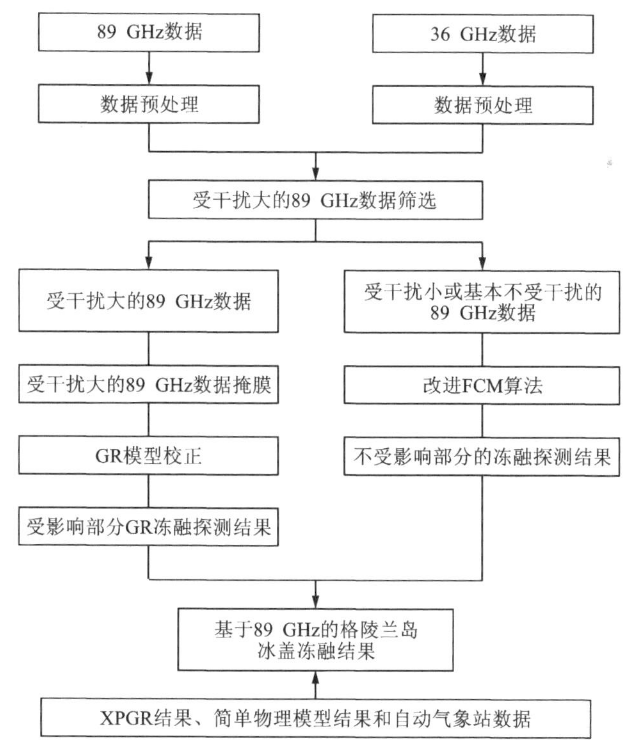

图 4-33　基于 89 GHz 的格陵兰岛冰盖表面冻融探测研究流程图

1. 大气滤波

虽然 89 GHz 数据与其他较低频段数据相比(如 36 GHz)具有更高的空间分辨率，但 89 GHz 数据易受大气中水汽和云中液态水等外界环境的影响(Greenwald 等. 1997)。因此，需要筛选出受影响的数据，并对其进行处理。为此，本书采用 Singh 等提出的方法筛选出受影响的像素点。

为了实现上述筛选过程，首先要定义 PR。其中 PR 公式如下：

$$PR=\frac{T_{\mathrm{BV}}-T_{\mathrm{BH}}}{T_{\mathrm{BV}}+T_{\mathrm{BH}}} \tag{4-36}$$

式中：T_{BV}、T_{BH} 分别为 AMSR-2 数据的垂直极化和水平极化亮温。

由于受到大气水汽的干扰 PR_{89} 数据，会导致 PR_{89} 和 PR_{36} 构成的散点图相对于不受干扰时发生散射，因此首先结合 Ventusky Web 的气象数据选取一组晴朗无云天气条件下的 PR_{36} 数据和 PR_{89} 数据绘制散点图，如图 4-34 所示，然后将横坐标 PR_{36} 等分成若干区间，并计算每个区间纵坐标 PR_{89} 的平均值。然后利用各区间的平均值绘制拟合曲线，该曲线近似于二次方程，可以表示如下：

$$PR_{89}=a(PR_{36})^2+bPR_{36}+c \tag{4-37}$$

式中：PR_{89} 为 89 GHz 数据的极化比；PR_{36} 为 36 GHz 数据的极化比；a，b，c 分别为公式的 3 个参数，它们的值分别为-0. 9095、0. 5404、-0. 0052。

将上述关系应用于 PR89 GHz 数据，筛选出不受水汽影响的 89 GHz 数据。

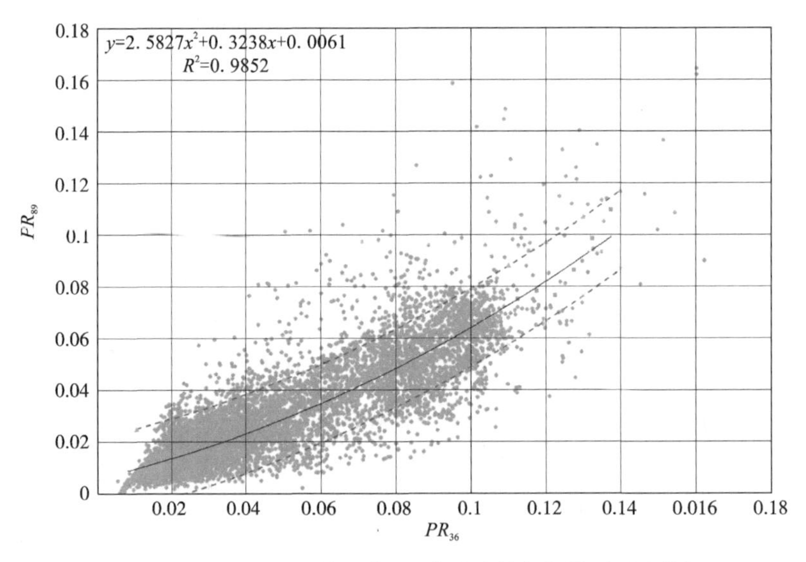

图 4-34 PR_{36} 和 PR_{89} 的散点图(虚线外的数据是受影响数据)

2. 替换

为了处理受影响的数据，利用同时期的 AMSR-2 数据的融化变化比率(GR)模型获得的冰盖表面雪融探测结果对受影响的 89 GHz 数据进行替换。

GR 模型是 Steffen 等于 1993 年提出的，该模型首次摒弃单独的亮温波段，用水平极化的波段比率来研究融化，融化变化比率算法公式如下：

$$GR=\frac{T_{\mathrm{b18H}}-T_{\mathrm{b36H}}}{T_{\mathrm{b18H}}+T_{\mathrm{b36H}}} \tag{4-38}$$

该方法与以往模型相比，有了很大的突破，避免了只依赖于一个波段，降低了噪声和传感器误差对融化探测的影响，而且使融化信息更锐化，更容易识别。但 GR 模型原本是针对 SSM/I 数据开发的，而该方法是基于 AMSR 数据开发的，为了避免 AMSR 与 SSM/I 传感器的不同造成的误差，将模型中原本使用的 SSM/I 19 GHz 和 37 GHz 数据改为与其接近的 AMSR 18 GHz 和 36 GHz 数据。由于 GR 模型所采用的低频数据与 89 GHz 数据空间分辨率不同，因此，首先在使用 GR 模型前，基于三次样条插值对 18 GHz 和 36 GHz 数据重采样。然后基于重采样后的数据使用 GR 模型获取冻融探测结果，最后获取模型阈值，该值为 0.06，即当某点 GR 值大于 0.06 时，认为发生了融化，从而将湿雪从干雪中分离出来。

基于上一步获得的受影响区域制作掩膜，提取出 GR 结果中相同区域的雪融探测结果，作为受影响区域的探测结果。

3. 冻融探测

为了获取不受影响的 89 GHz 数据的格陵兰岛冰盖表面雪融结果，利用 Mote 1993 年提出的单通道阈值法，在格陵兰岛冰盖表面选取特征点，并对特征点的微波亮温时间序列进行研究，从而获取冻融分割阈值。由于研究的是冰盖表面积雪融化，所以要选取的特征点地区基本为冰雪覆盖，没有或有极少裸岩，且地形起伏不大。此外，采用 89PR 作为冰盖表面雪融探测的通道，因为相比垂直极化或水平极化，PR 更容易区分融化期和冻结期，如图 4-35 所示。使用此方法的一个显著优点是不需要依赖于任何物理表面参数的估计值。该方法的分割阈值为 0.0142。

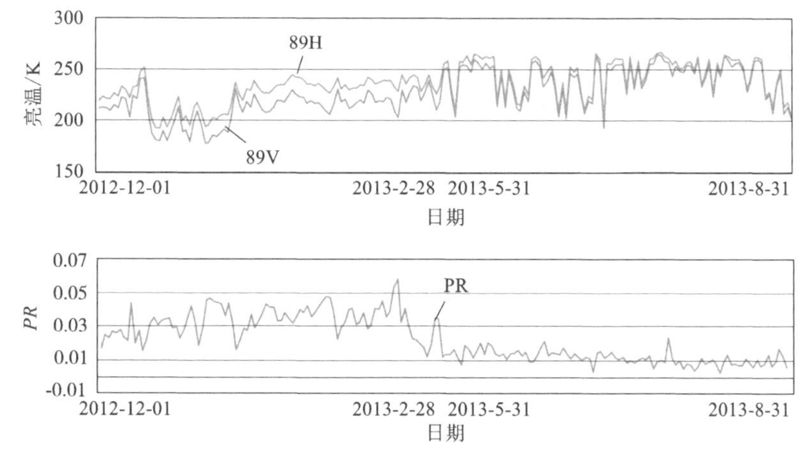

图 4-35　在 TAS_L 站点冬季(2012.12.1—2013.2.28)和夏季(2013.5.31—2013.8.31)期间 89 GHz 数据的水平极化、垂直极化和 PR 时间序列图

图 4-35 是以 TAS_L 站点为例制作的 89 GHz 数据水平极化，垂直极化和 PR 的时间序列图(已知 TAS_L 站点在夏季温度几乎全部处于 0℃以上)，从这个例子可以看出，89 GHz 垂直极化亮温和水平极化亮温无论在冬季还是夏季亮温波动都比较大，这可能是由于 89 GHz 受到大气水汽等外界影响所致。而 89PR 尽管在冬季波动较大，但夏季融化期间 PR 变化趋势较为平稳，且在冬夏交接处可以观察到 PR 具有更为明显的上升、下降变化，这表明相比单波段，PR 在拉大冻融差异的同时减小了外界干扰。因此，选取 PR89 作为冰盖表面雪融探测的通道。

4.7.2 结果与验证

1. 整体区域验证

为了验证上述方法的可行性，以 2013 年 7 月份和 8 月份 62 天数据为例，与 XPGR 算法(阈值为-0.025)和简单物理模型(阈值为 0.47)的探测结果进行比较。将该方法结果如图 4-36 所示。由于 89 GHz 数据空间分辨率相对较高，更容易反映出冻融的微小变化，因此和 XPGR 算法、简单物理模型相比，探测结果显得更加细碎。

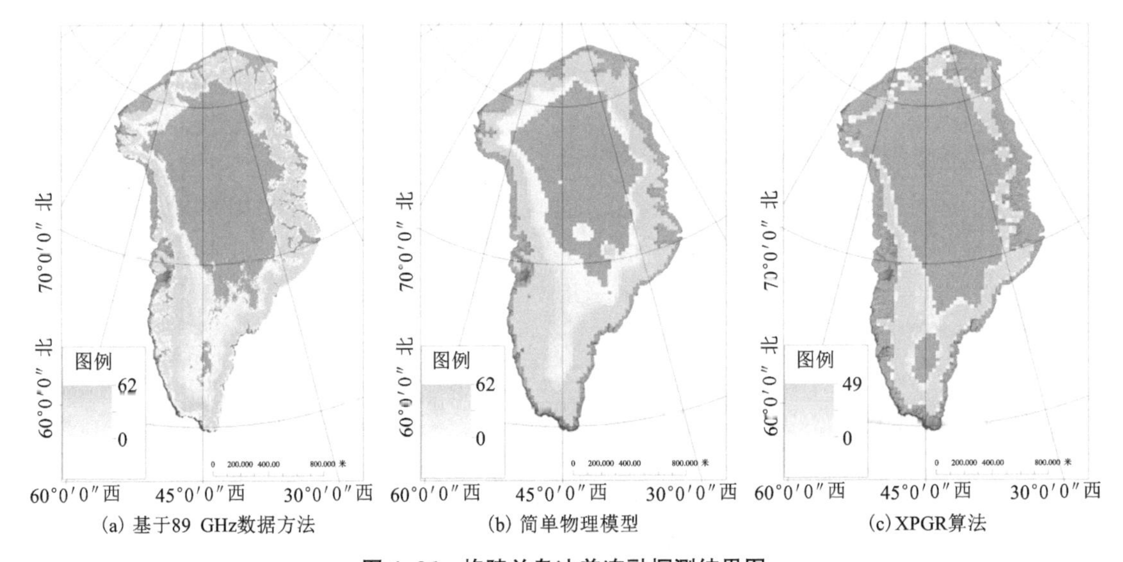

(a) 基于89 GHz数据方法　(b) 简单物理模型　(c) XPGR算法

图 4-36　格陵兰岛冰盖冻融探测结果图

图 4-37 为用上述 3 种方法统计的格陵兰岛 2013 年夏季两个月的融化面积图，通过计算可得，89 GHz 数据法、XPGR 算法和简单物理模型算法在两个月内的平均融化面积分别为 $3.83\times10^5\ km^2$，$1.49\times10^5\ km^2$，$7.33\times10^5\ km^2$。从图 4-37 可以看出，89 GHz 数据法的面积融化趋势处于其他两种算法之间，该方法的融化趋势同简单物理模型算法的融化趋势相近。虽然 XPGR 算法对融化开始的反应更灵敏，但在某些情况下，XPGR 算法可能会出现跟其他算法明显不同的融化趋势。此外，由于 XPGR 算法不是基于湿雪层衰减系数的方法，它和其他方法相关性较低。因此 89 GHz 数据法同 XPGR 算法的融化趋势差别较大，

总的来说该方法的探测结果更加接近简单物理模型的探测结果，且融化面积介于其他两种算法之间，因此该方法在冰盖表面雪融探测上是可行的。

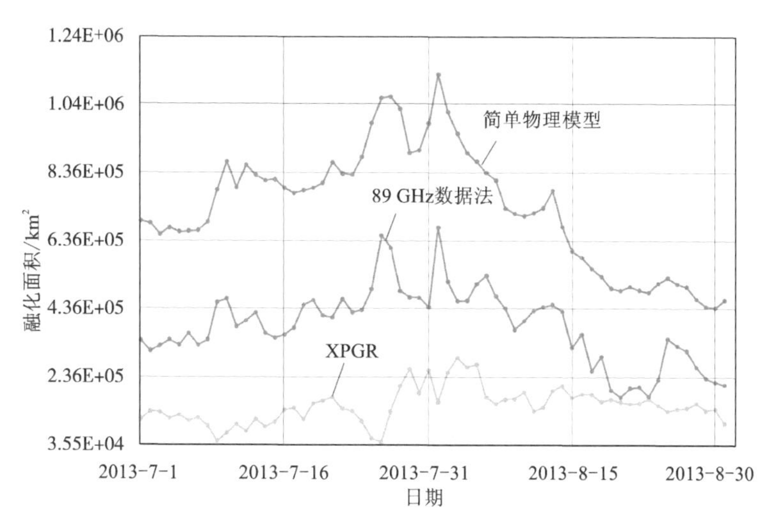

图 4-37　简单物理模型、XPGR 算法和 89 GHz 数据法在格陵兰岛测得的融化面积比较（2013 年 7 月 1 日—2013 年 8 月 31 日）

2. 地面温度数据验证

为了进一步验证该方法的准确性，本书选取相同时期格陵兰岛自动气象站数据进行验证。所选自动气象站数据为每天的平均近地面气温数据。研究认为只有当近地面温度高于 0℃时，冰雪才会发生融化。所选站点近地面气温曲线图如图 4-38 所示。

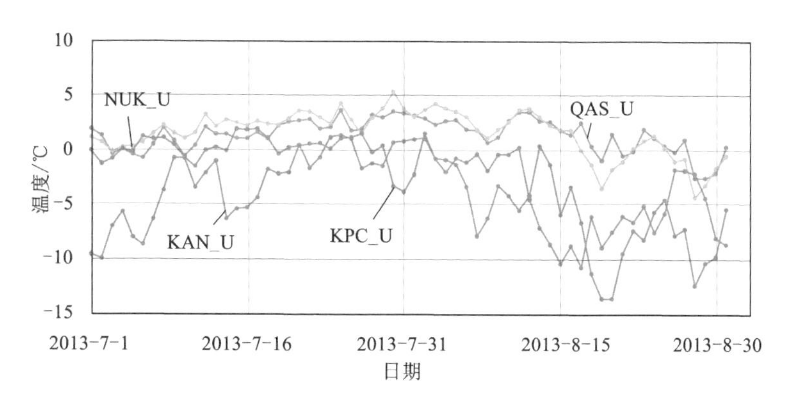

图 4-38　AWS 的 4 个站点在 7 月和 8 月的每日温度数据

将 4 个所选站点 7、8 月份 62 天的日平均温度图（图 4-38）与 89 GHz 数据法、XPGR 算法和简单物理模型算法得到的结果进行交叉验证，可以看出 89 GHz 数据法所得的融化时长最接近实际融化时长。相关统计结果如表 4-6 所示。

表 4-6　自动气象站验证冰盖表面雪融探测结果精度

站点名称	实际融化时长/天	89 GHz 数据法融化时长/天	XPGR 融化时长/天	简单物理模型融化时长/天
QAS_U	51	50	1	62
NUK_U	50	51	20	62
KAN_U	9	14	15	38
KPC_U	20	17	13	49

通过上述验证可以看出，89 GHz 数据法用于北极格陵兰岛冰盖表面雪融探测是基本可行的，而且由于 89 GHz 数据具有较高的空间分辨率，因此相比其他频段的冰盖表面雪融探测算法具有更细致，更精确的结果。

3. 讨论

本节提出了一种基于 89 GHz 数据的格陵兰岛冰盖表面雪融探测方法，从而得到高空间分辨率和高精度的极地冰盖表面雪融探测结果。图 4-39 是该方法，XPGR 算法和简单物理模型算法测得的在 KPC_U 站点的 62 天冰盖表面雪融时长图，图中央的准星代表站点的所在位置，白色区域代表未融化区域，渐变区域代表融化时长。从图 4-38 可知 KPC_U 站点在 7 月和 8 月份融化 20 天，图 4-39(a)显示融化了 17 天，图 4-39(b)显示融化了 13 天，图 4-39(c)显示融化了 40 天，相比之下，本书方法更接近实际融化情况。此外，结合图 4-39 和上述对比可以看出，低频数据得到的冰盖表面雪融探测结果会由于分辨率低导致冻融混合像元的出现，而 89 GHz 数据则由于更高的分辨率可以反映更加细微的冻融变化，因此，这种情况在使用 89 GHz 数据时可以得到改善。

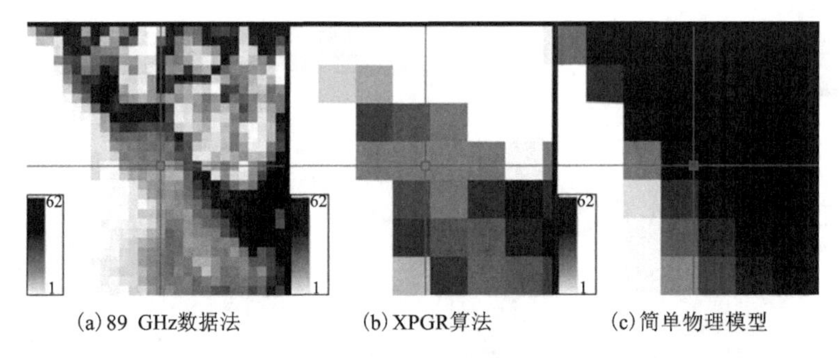

(a) 89 GHz数据法　(b) XPGR算法　(c) 简单物理模型

图 4-39　在 KPC_U 站点的冰盖表面冻融探测结果图

此外，该方法具有一定的不确定性和局限性。例如，在精度验证方面仅使用了自动气象站温度数据，一般来说，仅凭一个点的温度数据难以对一个面的积雪冻融状态进行验证，还应参考感热、潜热等其他数据。在探测结果验证中，我们只使用了另外两种基于微波数据的算法结果进行交叉比较。因为光学资料受天气影响较大，应考虑云层分布，不适合大面积、长时间的系列海冰反演。根据卫星平台的不同，雷达数据和AMSR数据存在一定的差异，这给海冰反演结果带来一定的不确定性。当然，利用光学资料对局部小区域进行验证有明显优势，但验证区内的气象条件需要事先确定，以满足计算条件。

4.7.3　小结

本节基于AMSR-2 89 GHz数据和36 GHz数据提出了一种利用AMSR-2 89 GHz数据探测格陵兰岛冰盖表面雪融的方法，得到了2013年7月和8月份62天的格陵兰岛冰盖表面雪融探测结果，与XPGR算法结果和简单物理模型算法结果进行对比验证，融化面积在两者之间，说明该算法是可行的。与自动气象站温度数据交叉验证，结果表明，该方法具有更高的精度，能够反映细微的冻融变化。本书使用的AMSR系列微波辐射计拥有近几十年的连续数据，有利于扩展该方法，并在更长的周期中监测格陵兰岛冰盖表面雪融情况。此外，该方法选取样本数据时需要避免云、雾等大气中水汽影响，因此在今后的工作中，需要结合多种气象数据来提高样本数据的准确性。

4.8　XPGR结合SVM的格陵兰岛冰盖冻融探测

4.8.1　算法研究

1. XPGR算法

XPGR算法主要是通过计算微波辐射计的37 GHz的垂直极化亮温(简称37V)与19 GHz的水平极化亮温(简称19H)，放大干湿雪亮温差异，从而进行冰盖表面雪融探测。由于高频波段比低频波段的发射率高，故19H比37V对融化信息更加敏感，且在干雪区，水平极化得到的发射率明显低于垂直极化，故当干雪融化为湿雪时，水平极化数据比垂直极化数据上升趋势更明显。由干雪融化为湿雪时，19H与37V的差是7个波段差值中最大的一个，19H与37V的和是7个波段和值中最小的一个，故利用这两个通道的数据可以得到更加锐化的比值信息，更有利于冰盖雪融探测和研究，从而提高图像对比度，提高冰雪雪融探测精度。XPGR算法在SSM/I数据中应选取的波段为19H(19 GHz的水平极化)和37V(37 GHz的垂直极化)，与我国FY-3的18H(18 GHz的水平极化亮温)和36V(36 GHz的垂直极化亮温)较为接近(亮温特性基本一致)，故得到FY-3的XPGR的计算公式，其XPGR的定义如下：

$$XPGR=\frac{T_{b18H}-T_{b36V}}{T_{b18H}+T_{b36V}} \tag{4-39}$$

式中：T_{b18H} 为18H波段的亮温值；T_{b36V} 为36V波段的亮温值。XPGR信号对冰雪含水量敏感，因此，XPGR算法能清晰地识别冰雪处于冻结或融化状态，将表层雪湿度大于1%时定义为融化状态，否则为冻结状态。即某个像元点的 XPGR 值大于干湿雪分类阈值，则冰盖表面处于融化状态，否则，冰盖表面处于冻结状态。

本方法使用 2014 年 4—9 月的 FY-3 卫星的 MWRI 的 18 GHz 水平极化数据（简称 18H）与 36 GHz 垂直极化数据（简称 36V）对格陵兰岛冰盖的表面雪融进行时空变化分析研究。18H 空间分辨率为 30 km×50 km，36V 空间分辨率为 18 km×30 km。SSM/I 和 MWRI 主要参数如表 4-7。

表 4-7　SSM/I 和 MWRI 主要参数比较

	SSM/I				MWRI				
搭载卫星	DMSP				FY-3				
频率/GHz	19.3	22.3	37	85.5	10.6	18.7	23.8	36.5	89
空间分辨率/km	25	25	25	12.5	51×85	30×50	27×45	18×30	9×15
极化方式	V/H	V	V/H	V/H	V/H	V/H	V/H	V/H	V/H
轨道高度/km	833				836				
幅宽/km	1394				1400				
视角/(°)	53.1				45				

通过掩膜数据和经纬度数据得到 FY-3 卫星 MWRI 数据图像像元的地理坐标。再通过辐射定标，转换为反射率值，然后进行图像拼接和裁剪。辐射定标系数计算公式为：

$$DN^{*}=I_{\text{slope}}\times(DN-P_{\text{intercept}}) \qquad (4-40)$$

式中：DN 是像元值；I_{slope} 是修正系数；$P_{\text{intercept}}$ 是偏移量。

2014 年 7 月 20 日 FY-3 卫星的 MWRI 数据辐射定标后的波段（18H 与 36V）亮温如图 4-40 所示。

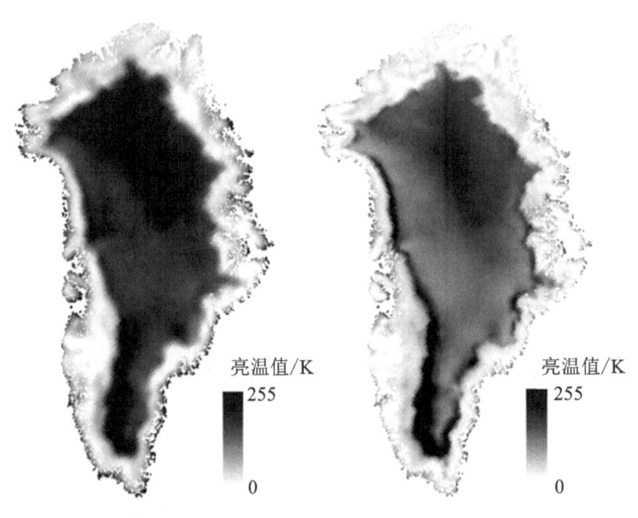

(a) 18H波段亮温　　(b) 36V波段亮温

图 4-40　2014 年 7 月 20 日格陵兰岛 18H 和 36V 波段亮温数据

2. SVM 算法

SVM 是一种分类算法，通过寻求结构化风险最小来提高学习机泛化能力，实现经验风险和置信范围的最小化，从而达到在统计样本量较少的情况下能获得良好统计规律的目的。通俗来讲，它是一种二类分类模型，其基本模型定义为特征空间上的间隔最大的线性分类器，支持向量机的学习策略即是间隔最大化。

SVM 对线性问题进行分析时，假设 R^d 维特征空间中包含 N 个元素的特征向量 $\boldsymbol{x}_i \in R^d$ $(i=1, 2\cdots N)$，对于每个向量 $\boldsymbol{x}_i$ 有对应类别 $y_i \in \{-1, +1\}$，d 维空间中的线性判别函数：$g(x)=\boldsymbol{wx}+\boldsymbol{b}$，分类面方程为 $\boldsymbol{wx}+\boldsymbol{b}=0$，$\boldsymbol{w}$ 为 n 维超平面的向量，$\boldsymbol{b} \in R^d$ 为偏移量。对 $\boldsymbol{x}_i$ 进行归一化，使所有样本满足 $|g(x)| \geqslant 1$，即距离分类面最近的样本满足 $|g(x)|=1$，这样分类间隔为 $2/\|w\|$。因此要求分类间隔最大就是要求 $\|w\|$ 最小。分类面正确分类就是要满足：

$$y_i[\boldsymbol{wx}_i+\boldsymbol{b}]-1 \geqslant 0,\ i=1,\ 2,\ \cdots,\ N \tag{4-41}$$

因此，满足上述公式且使 $\|w\|$ 最小的分类面就是最优分类面。使用拉格朗日乘子法将问题转化成对偶表示。最终分类判别函数可表示为：

$$f(x)=\sum_{i=1}^{N} a_i y_j(\boldsymbol{x}_i \cdot \boldsymbol{x})+\boldsymbol{b} \tag{4-42}$$

式中：$a_i \geqslant 0$ 为拉格朗日乘子。

如果训练集是线性不可分的，则采用映射的方法把低维特征空间中非线性问题映射到高维特征空间的线性问题，则此时的空间运用原来空间的内积运算，在空间变换中求得最优分类面。根据泛函理论，只要有一种核函数 $K(\boldsymbol{x}_i, \boldsymbol{x})$ 能够满足 Mercer 定理，就能够解决此问题。Mercer 条件指出，对任意的对称函数 $K(\boldsymbol{x}_i, \boldsymbol{x})$，它在某个特征空间中内积运算的充要条件是：对任意的 $\varphi(x) \neq 0$，且 $\int \varphi^2(x)\mathrm{d}x < \infty$，有 $\iint K(\boldsymbol{x}_i, \boldsymbol{x})\varphi(x)\varphi(x')\mathrm{d}x\mathrm{d}x' > 0$，满足这样的函数 $K(\boldsymbol{x}_i, \boldsymbol{x})$ 可以作为核函数。对于非线性的问题的最终函数表达式为：

$$f(x)=\sum_{i=1}^{N} a_i y_j^k(\boldsymbol{x}_i, \boldsymbol{x})+\boldsymbol{b} \tag{4-43}$$

目前多数的核函数可以分为基于径向基的平移不变核函数与旋转不变的点积核函数两类。根据核函数的性质可以对已有的核函数构造多分辨率核函数。以最常见的高斯核函数为例，构造多分辨率组合核函数：

$$K(\boldsymbol{x}_i, \boldsymbol{x})=\sum_{i=1}^{M} \lambda_t \exp\left(\frac{-\|\boldsymbol{x}_i-\boldsymbol{x}\|^2}{\delta_0 2^t}\right) \tag{4-44}$$

式中：δ_0 是初始核参数；λ_t 是加权系数。利用这个思路可构造多种类型的核函数。

运用 SVM 算法的关键是如何利用核函数。核函数是让原本的线性空间变成一个更高维的空间，在这个高维的线性空间下，用一个超平面进行划分。所有的事物都有相同点与不同点，将相同点不断升维，当升维到一定程度，就能够明显将两者区分，从而将数据完全分类。在对格陵兰岛的冰盖表面进行雪融探测时，SVM 能找到干湿雪最优分类的一个超平面，在理论上，面比点分类具有较高的精度。

3. XPGR 结合 SVM 冰盖表面雪融探测

为便于与 SSM/I 数据进行对比，对 FY-3 卫星的 MWRI 的 18H 数据和 36V 数据重采样到 25 km×25 km，然后对 18H 与 36V 的重采样数据做 XPGR 运算，运用 SVM 找出 XPGR 数据的干湿雪最优分类超平面，进而得到格陵兰岛冰盖表面雪融信息。

处理的基本步骤如下：①对原始数据进行预处理；②对重采样后的 18H 与 36V 数据做 XPGR 运算；③运用 SVM 算法找出 XPGR 数据的干湿雪最优分类的超平面；④得到 6—8 月格陵兰岛冰盖表面雪融分布图；⑤基于格陵兰岛 6—8 月的 SSM/I 数据运用 XPGR 算法对结果进行验证；⑥基于 MWRI 的 2014 年 4—9 月的数据对格陵兰岛的冰盖表面雪融时空变化进行分析。图 4-41 为格陵兰岛冰盖表面雪融探测的基本流程图。

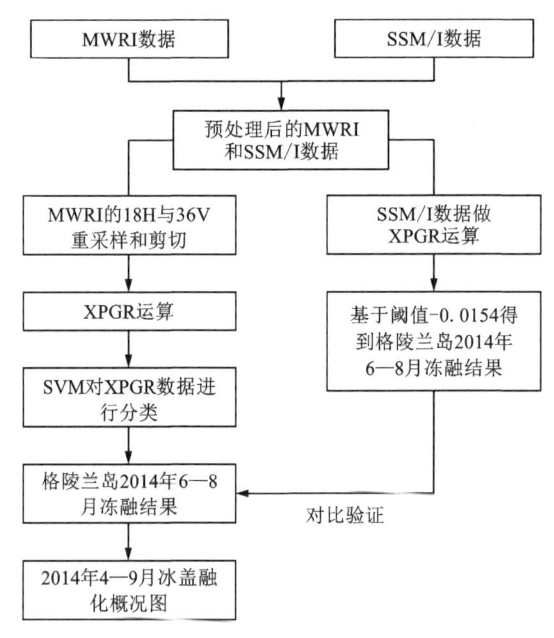

图 4-41　格陵兰岛冰盖雪融探测流程图

4.8.2　结果与分析

基于 2014 年 6 月 1 日至 8 月 31 日共 92 天的 FY-3 卫星的 MWRI 数据，利用 XPGR 结合 SVM 算法得到格陵兰岛冰盖表面融化持续分布图(图 4-42)，基于同时间的 SSM/I 数据，利用 XPGR 算法，得到格陵兰岛冰盖表面融化持续分布图(图 4-43)(XPGR 阈值为 -0.0154)。由图 4-42 可知：越靠近边缘融化持续时间越长，内陆地区在 2014 年 6—8 月期间基本无融化发生。通过图 4-42 和图 4-43 的融化持续时间结果对比表明：融化持续时间的分布基本一致。

为进一步找出 FY-3 卫星的 MWRI 数据所得的冰盖探测结果与传统的 XPGR 算法所得结果的差异，对图 4-42 和图 4-43 进行作差比较，得到融化持续时间不同天数分布图(图

4-44)(表4-8为融化持续时间不同天数统计表)。通过分析可知：FY-3卫星的MWRI数据与SSM/I数据的融化持续时间的分布范围基本一致(94.7%)，融化持续时间不同的区域大部分分布在格陵兰岛的边缘区域；融化持续时间差别最大的天数为8天(1个像素点)，融化持续时间差别1~2天的点占多数(2.85%)，融化持续时间差别3~4天占总体的1.02%左右。产生融化持续时间差异的原因可能是因为FY-3卫星MWRI数据经过了重采样或部分数据损坏造成的。

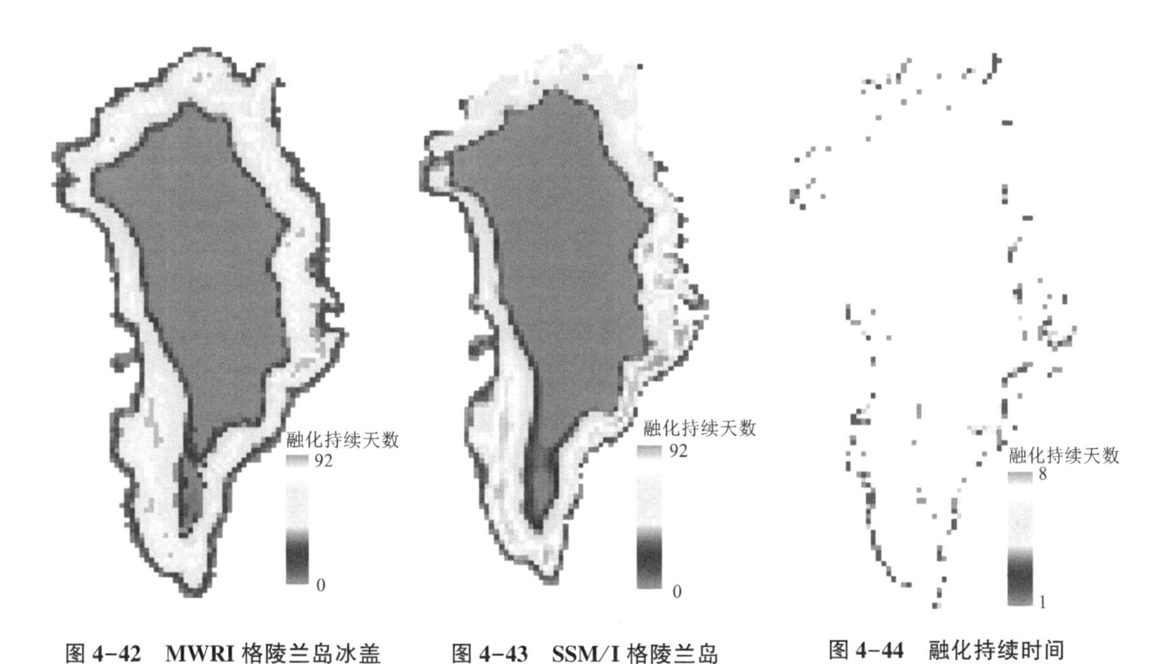

图4-42　MWRI格陵兰岛冰盖累计融化结果

图4-43　SSM/I格陵兰岛累计融化结果

图4-44　融化持续时间不同天数分布图

表4-8　融化持续时间不同天数统计表

差异天数/天	像素点/个	所占百分比/%
0	5108	95.70
1	88	1.65
2	59	1.20
3	26	0.49
4	28	0.53
5	11	0.21
6	8	0.15
7	7	0.13
8	1	0.01

基于 2014 年 4—9 月份的 FY-3 卫星的 MWRI 数据得到各个月份的冰雪融化信息(图 4-45)。在 4—5 月份冰盖表面有少部分融化，总体变化幅度不大，呈略微上升的趋势。5—6 月份，冰盖表面融化区域急剧增加。在 6—8 月，冰盖表面融化略有变化，但总体变化不大，冰盖表面融化最多的是在 7 月下旬，8—9 月份雪融呈现下降趋势。其中融化区域最多的是在 7 月下旬，融化区域占总体面积的 38.1%，融化面积约为 82.296 万 km^2，在 4 月份融化程度最低，未融化区域约 209.5 万 km^2，融化区域不足 6.5 万 km^2。

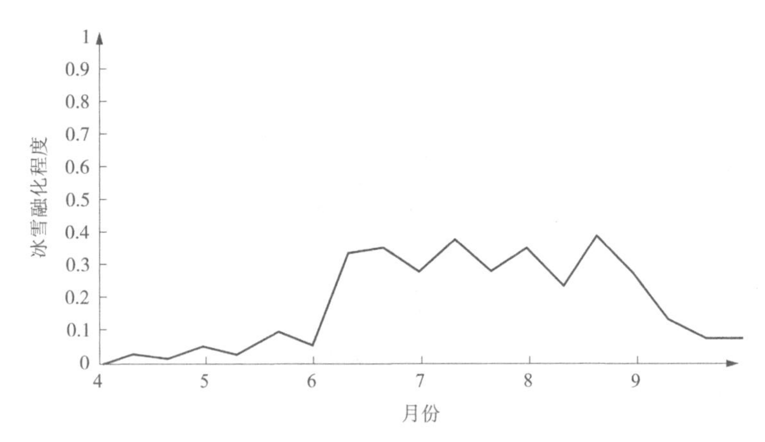

图 4-45 2014 年 4—9 月格陵兰岛冰盖雪融概况

4.8.3 小结

基于 FY-3 卫星 MWRI 的 18H 与 36V 数据，提出了 XPGR 结合 SVM 的格陵兰岛冰盖表面雪融探测方法，得到格陵兰岛雪融探测结果，与运用 SSM/I 数据的 XPGR 算法(阈值为-0.025)的结果进行对比，结果表明：XPGR 结合 SVM 的冰盖表面雪融方法能够较好地对格陵兰岛冰盖表面雪融进行探测，但此算法与阈值法相比较为复杂。对 2014 年 4—9 月的格陵兰岛冰盖表面雪融状况进行分析，结果表明：4 月份融化区域约占 3.3%，5 月份融化区域约占 5.7%，5—6 月份融化区域急剧增长，增长至 28.8%，7—8 月份融化区域基本稳定，约占总区域的 33.2%，9 月份融化区域逐渐减少至 13.2%。

4.9 物理模型结合 SVM 的格陵兰岛冰盖冻融探测

4.9.1 算法研究

1. 冰盖雪融物理模型

介电常数对冰雪中的液态水含量非常敏感，随着液态水含量的增加介电常数的虚部有一个明显的增加，假定融化时，深度为 d 的湿雪层通过空气/湿雪界面和湿雪/干雪界面产生的辐射亮温(图 4-46)为：

$$T_{\mathrm{b}}(0)=T_{\mathrm{b}}(d)\mathrm{e}^{-\tau(0,\,d)}+\int_{0}^{d}[k_{a}(z)^{T}_{\mathrm{wet}}(z)+k_{\mathrm{s}}(z)T_{\mathrm{sc}}(z)]\mathrm{e}^{-\tau(0,\,z)}\sec\theta(z)\mathrm{d}z \tag{4-45}$$

假定湿雪层是均匀的，式(4-45)能被重写为：

$$T_{\mathrm{b}}(0)=T_{\mathrm{b}}(d)\mathrm{e}^{k_{\mathrm{a}}^{\mathrm{wet}}d\sec\theta_{\mathrm{ws}}}+\frac{k_{\mathrm{a}}^{\mathrm{wet}}}{k_{\mathrm{e}}^{\mathrm{wet}}}(1-\mathrm{e}^{k_{\mathrm{e}}^{\mathrm{wet}}d\sec\theta_{\mathrm{ws}}})T_{\mathrm{wet}}+\int_{0}^{d}k_{\mathrm{s}}(z)T_{\mathrm{sc}}(z)\mathrm{e}^{-\tau(0,\,z)}\sec\theta(z)\mathrm{d}z \tag{4-46}$$

假定多重散射(T_{sc})可以忽略，式(4-46)变为：

$$T_{\mathrm{b}}(0)=\alpha T_{\mathrm{b}}^{\mathrm{dry}}+(1-\alpha)T_{\mathrm{wet}} \tag{4-47}$$

在这个模型中，随着湿雪层厚度的增加，T_{b} 逐渐地接近 T_{wet}。

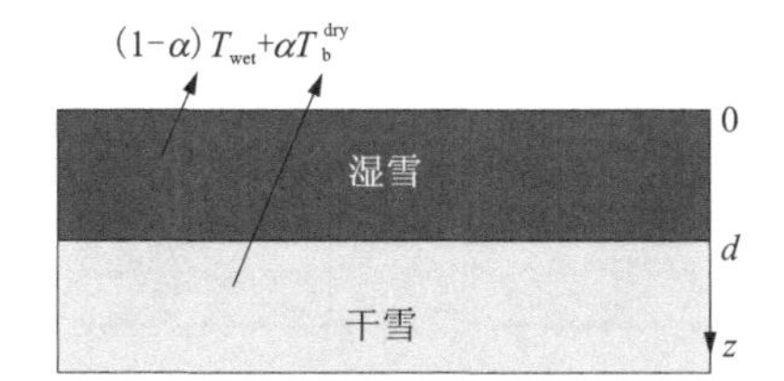

图 4-46　冰盖雪融物理模型

在图 4-46 中，亮温 T_{b} 是湿雪的发射和干雪经过湿雪层衰减后的发射之和。选择垂直极化是为了最小化界面的影响。由于发射角接近于布鲁斯特角(Brewster angle)，SSM/I 的空气/湿雪界面和湿雪/干雪界面的反射可以忽略。

令 $q(t)=1-\alpha$，式(4-47)可写为：

$$q(t)=\frac{T_{\mathrm{b}}(t)-T_{\mathrm{b}}^{\mathrm{dry}}}{T_{\mathrm{wet}}-T_{\mathrm{b}}^{\mathrm{dry}}} \tag{4-48}$$

由式(4-48)知，进行冰盖雪融探测时需要知道 T_{wet} 和 $T_{\mathrm{b}}^{\mathrm{dry}}$ 的大小，$T_{\mathrm{b}}^{\mathrm{dry}}$ 的精确估计很难获得，为简化目的，$T_{\mathrm{b}}^{\mathrm{dry}}$ 通过各个点冬天的温度平均值来估计。式(4-48)中的 $T_{\mathrm{b}}^{\mathrm{dry}}$ 的真实含义为所研究区域恰好处于自然冰冻程度最稳定状态下的亮温数据，但是由于雪温度的变化和不确定性，一般这个数据难以精确获得，在保证误差较小的情况下进行简化计算，通常用同时期研究区域各点的冬季亮温平均值来代替 $T_{\mathrm{b}}^{\mathrm{dry}}$。在本报告中使用通过 2012 年 12 月 1 日到 2013 年 2 月 28 日共 3 个月 90 天的格陵兰岛 SSM/I 数据的冬季亮温平均值来代替 $T_{\mathrm{b}}^{\mathrm{dry}}$，$T_{\mathrm{wet}}$ 的含义指的是冰雪融化时湿雪层的温度，在一些研究中这个值被指出接近一个固定值，即 $T_{\mathrm{wet}}\approx 273$ K。

由于 $T_{\mathrm{b}}^{\mathrm{dry}}$ 的不精确性，常使用一种经验化的方法去得到一个估计的阈值 q_0，即通过已知融化信息的干湿雪的直方图统计数据得到物理模型法的干湿雪分类的最优阈值 q_0。这就是完整的基于物理模型的冰盖雪融探测算法。

2. 冰盖雪融物理模型结合 SVM 的冰盖雪融探测

对 SSM/I 的 19 GHz 垂直极化(19V)数据进行裁剪、掩膜等操作得到连续 90 天(2012 年 12 月 1 日—2013 年 2 月 28 日)的格陵兰岛冬季数据，然后求得格陵兰岛上每一点的亮温均值，结合其2013年8月1日的亮温数据，基于冰盖雪融物理模型得到每一点的 $q_{(}t)$ 值，通过SVM找出 $q_{(}t)$ 数据的最优干湿雪分类超平面，进而得到格陵兰岛冰盖的雪融分布信息图，图4-47为格陵兰岛冰盖雪融探测的基本流程图。

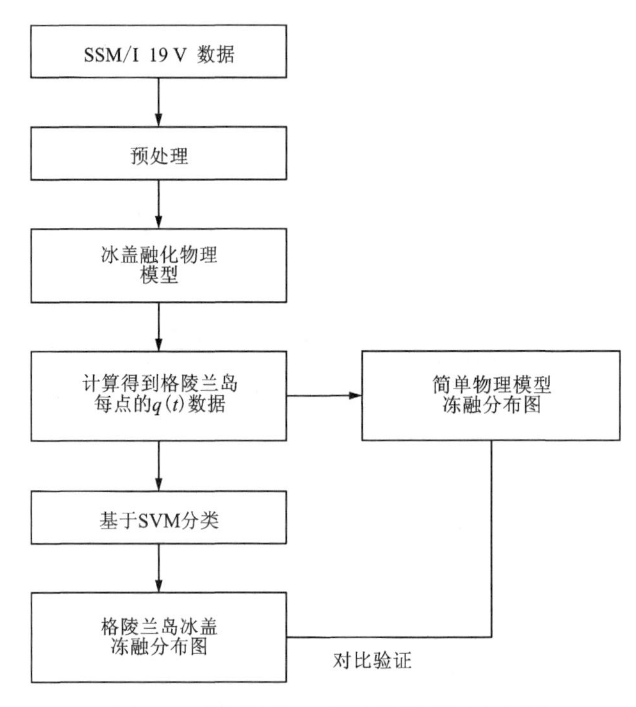

图4-47　格陵兰岛冰盖雪融探测基本流程图

具体研究方案和步骤如下。

(1)数据预处理

对数据进行mask(掩膜)操作，即把海洋区域的值赋0，陆地区域的值保持不变，得到整个北极的掩膜数据。对上一步得到掩膜数据进行裁剪，得到格陵兰岛数据。

(2)计算 $q(t)$

基于2012年12月1日—2013年2月28日共3个月90天的格陵兰岛 *SSM/I* 数据求得冬季亮温平均值，即 T_b^{dry}，如图4-48所示，将此结果带入式(4-48)即可得到每一点的 $q(t)$ 值(图4-49)。

(3)基于SVM对 $q(t)$ 进行分类

运用SVM算法模型找出 $q(t)$ 数据的干湿雪最优分类的超平面，进而得到格陵兰岛冰盖雪融分布图。

(4)对比验证

将物理模型结合SVM方法所得格陵兰岛冰盖雪融结果与Ashcraft and Long提出的基于固定阈值的物理模型方法所得结果进行对比验证。

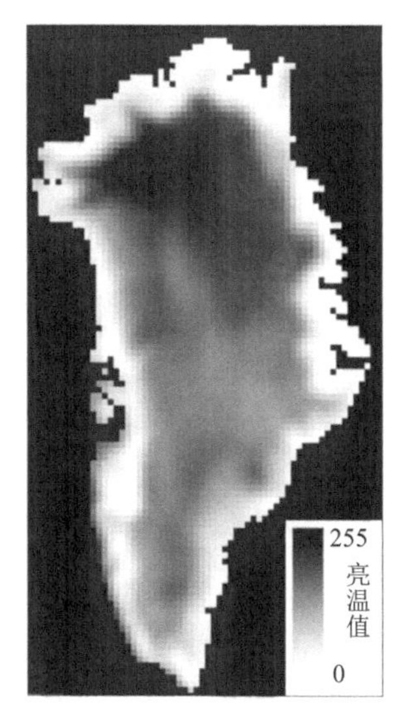

图 4-48　格陵兰岛冬季亮温均值

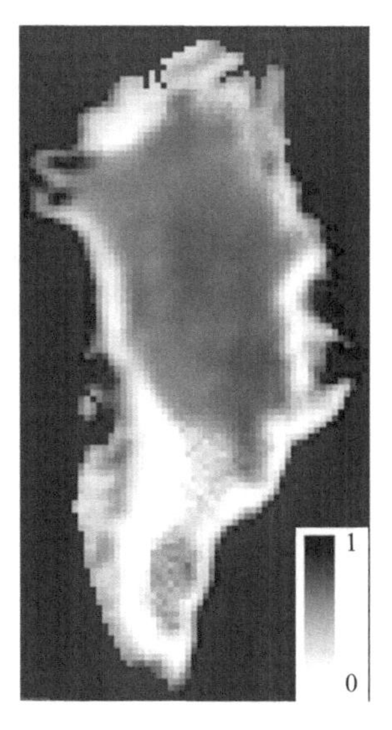

图 4-49　格陵兰岛地区 2013 年 8 月 1 日的值

4.9.2　结果与分析

基于物理模型结合 SVM 的方法得到 2013 年 8 月 1 日格陵兰岛的冰盖表面融化分布图(图 4-50)，为验证此方法结果，将其与物理模型方法(阈值 $q_0=0.47$)的结果(图 4-51)进行对比。

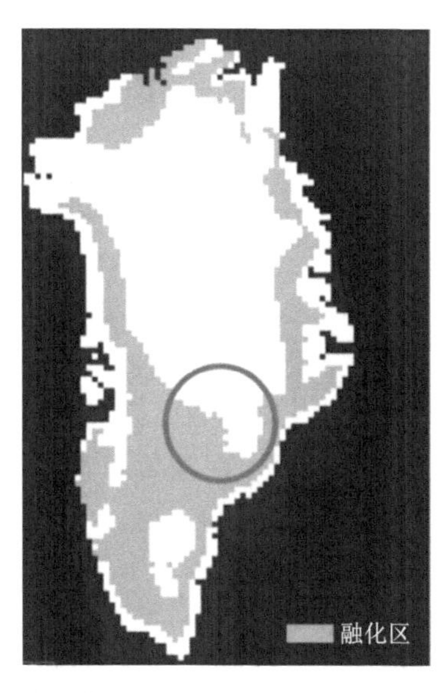

图 4-50　物理模型结合 SVM 方法的冰盖雪融分布图

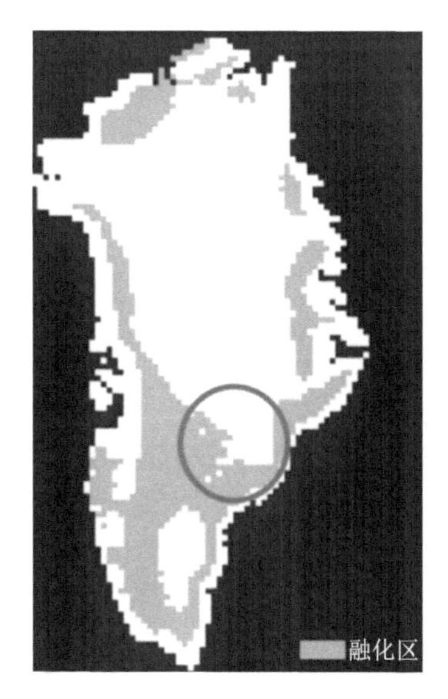

图 4-51　简单物理模型的冰盖雪融分布图

在图 4-50 和图 4-51 中，白色部分为冰冻区或裸露的岩石区域，灰色部分为融化区域。在图 4-50 中总的融化面积约 79.674 万 km^2，约占格陵兰岛总面积的 36%。融化区域基本上分布于格陵兰岛边缘地带且大部分分布于格陵兰岛南部岛屿(岩石分布较多)。这可能是因为岩石的比热容较小(与冰雪等地表覆盖物相比)，岩石从太阳光中吸收较少的热量就能使自身升高较高的温度，因而有较大的融化区域。

图 4-50 和图 4-51 的融化区域分布基本相同，但本报告方法所得到的融化区域较多。图 4-50 圆圈内的雪融分界线显示出自然无序曲折多变的状态，雪融区域没有出现个别点散乱分布不集中的现象；图 4-51 圆圈内的雪融分界线显示出几何有序的状态，雪融区域出现了单独冰冻点散乱分布的现象。由此可知：物理模型结合 SVM 的雪融探测方法是有效可行的。

基于 2013 年的微波辐射计 SSM/I 数据，物理模型结合 SVM 方法得到格陵兰岛冰盖表面融化开始时间和持续时间的分布图如图 4-52 和图 4-54 所示，物理模型方法得到格陵兰岛冰盖表面融化开始时间和持续时间的分布图如图 4-53 和图 4-55 所示。

根据常识可知，理论上冰雪融化大部分发生在 7、8 月份，而图 4-53 显示大部分融化开始时间发生在 5、6 月份，这与实际情况有点背道而驰，在一定程度上说明物理模型结合 SVM 冰盖雪融探测方法具有较高的精度。

由图 4-55 可知，在格陵兰岛出现了大面积融化持续时间大于 96 天的区域，这与实际情况出入较大，在一定程度上说明本报告所提出的格陵兰岛冰盖雪融探测方法具有较高的精度。

综上可知，简单物理模型结合 SVM 的格陵兰岛冰盖表面雪融探测方法不但是可行有效的，而且与简单物理模型阈值法相比具有更高的探测精度。

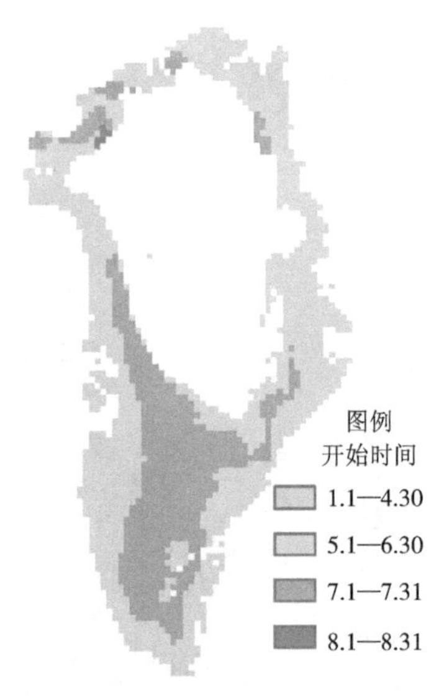

图 4-52　物理模型结合 SVM 方法得到的 2013 年冰盖融化开始时间分布图

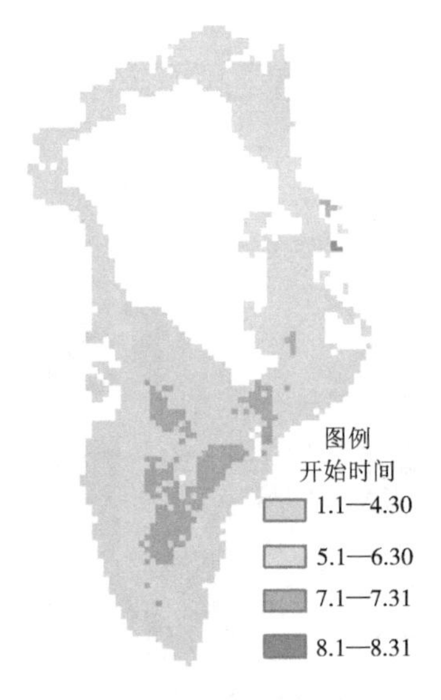

图 4-53　简单物理模型得到的 2013 年冰盖融化开始时间分布图

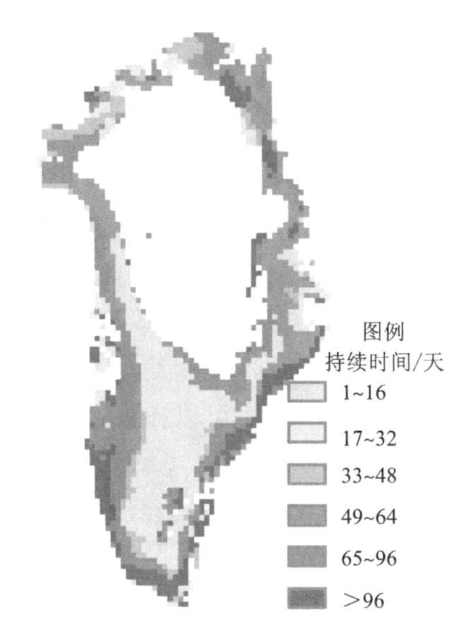

图 4-54　物理模型结合 SVM 方法得到的 2013 年冰盖融化持续时间分布图

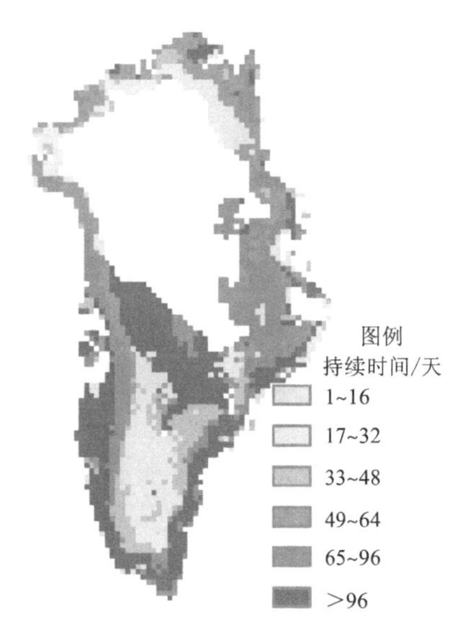

图 4-55　简单物理模型得到的 2013 年冰盖融化持续时间分布图

4.9.3　小结

本报告对基于阈值的冰盖融化物理模型算法进行了改进，提出了对冰盖融化物理模型算法的运算结果进行 SVM 分类的新方法。基于 2013 年 8 月 1 日和 2013 年的微波辐射计 SSM/I 数据得到格陵兰岛的冰盖雪融分布图，并对本报告方法与基于阈值的冰盖融化物理模型算法的结果进行对比分析，结果表明：本报告所提出的冰盖融化方法是可行和有效的，而且具有较高的冰盖雪融探测精度。在仔细研究格陵兰岛海拔、地势、地貌等因素的前提下，合理地解释了 2013 年 8 月 1 日格陵兰岛冰盖融化区主要发生在岛屿南部的原因。即格陵兰岛南部分布有大量岩石，因岩石的比热容相对较小，导致在格陵兰岛南部易发生融化。

4.10　XPGR 结合改进蚁群算法的南极冰盖表面冻融探测研究

基于微波辐射计数据已做了大量极地冰盖表面冻融探测的研究，但这些研究中关于冰盖表面冻融分割阈值的获取方法普遍缺乏自适应性且探测精度不高，为有效进行冰盖表面冻融探测，本书将 XPGR 和蚁群算法结合，提出了一种新的非监督聚类算法，并针对蚁群算法随机选取初始聚类中心和容易陷入局部最优解的问题对蚁群算法进行改进。利用改进后的蚁群算法自适应搜寻南极 XPGR 结果的最优冻融分割阈值，进而得到南极冰盖冻融分布信息。

4.10.1 基本理论

1. XPGR 算法

Abdalati 和 Steffen 在 1995 年探测格陵兰冰盖表面冻融时，提出了 XPGR 算法，实现了多通道亮温数据的冰盖表面冻融探测。对干湿雪发射率、雪中含水量、微波频率和极化通道之间的关系和区别进行了综合研究，能分析数据清晰地反映了冰盖冻融信息。

XPGR 算法主要通过对被动微波辐射计 T_{b37V} 和 T_{b19H} 进行组合来探测冰盖冻融状况。具体来说，就是 T_{b37V} 和 T_{b19H} 在干雪到湿雪的转变过程中，均会快速发生变化，并且 T_{b19H} 与 T_{b37V} 之差是最大的，而 T_{b19H} 与 T_{b37V} 之和是最小的，因此，XPGR 可以拉大干湿雪之间的差异。

但是由于 XPGR 算法是固定阈值法，且 XPGR 算法的阈值是通过某些年份的长时间实测数据获取的干湿雪分类的阈值，可能导致在其他年份的探测精度不高。而非监督分类的蚁群算法具有启发式、鲁棒性等特点，适合遥感图像分类，因此为了提高南极冰盖表面冻融探测的精度，本节将 XPGR 算法和蚁群算法结合起来探讨。

2. 基本蚁群算法

20 世纪 90 年代中期，意大利科学家 M. Dorigo 根据动物的觅食过程，首先引出了蚁群算法。蚁群算法作为生物智能群体算法，是从蚂蚁搜寻食物源的群体行为中获得启发的，该算法的主要思想体现了自然界中蚂蚁觅食时寻找最短路径的规律，单个蚂蚁的行为是没有规律的，但蚁群整体的行动却是有迹可循的。每一只蚂蚁在离开蚁巢寻找食物的过程中都会在所经过的区域留下一种信息素，该物质会随着时间的流逝在空气中逸散，从而可以被一定范围内的其他蚂蚁感知到，并对它们之后的行动方向造成影响。某条路径上通过的蚂蚁越多，积累的信息素就越大，这条路径就越容易被其他蚂蚁选择，经过的时间越长，路径上残留的信息素就越小，其他蚂蚁选择该路径的可能性就越低。在这种正反馈机制的作用下，蚂蚁的行动路线被不断调节，最终找到一条距离巢穴到食物源最短的路径。

在基于蚂蚁觅食的图像像素聚类算法中，图像中的每个像素点被看作一只包含一维灰度特征的蚂蚁，图像分割的过程就是具有不同灰度特征的蚂蚁寻找食物源的过程，而蚂蚁搜寻的食物源就是图像进行像素分割的最佳阈值。基本蚁群算法的图像分割如下：首先确定初始聚类中心，然后计算聚类半径内的所有像素到初始聚类中心的欧氏距离 d_i，其计算方法如下式所示：

$$d_i = \sqrt{(X_i - T)^2} \tag{4-49}$$

式中：X_i 为每个像素点的灰度值；T 为初始聚类中心或上次迭代得到的新聚类中心。

然后计算每只蚂蚁的转移概率 P_i：

$$P_i = \begin{cases} \dfrac{Ph_i^{\alpha}(T)\eta_j^{\beta}}{\sum Ph_i^{\alpha}(T)\eta_i^{\beta}(T)}, j \in Z \\ 0, \text{其他} \end{cases} \tag{4-50}$$

式中：$\eta=\frac{1}{d_i}$为启发式引导函数；Ph_i 为信息素浓度；α 和 β 为控制信息素浓度和启发式引导函数对转移概率影响程度的两个调节因子；$Z=\{X_z \mid d_z \leqslant r,\ Z=1,\ 2,\ \cdots,\ N\}$ 是路径集合。

为了更加精确地模拟蚂蚁在寻找食物源过程中信息素的挥发情况，因此必须对路径上残留的信息素含量加以更新。在进行了一次循环搜索之后，将对整个路径上残留的信息素浓度进行全局更新，更新方法如下：

$$Ph_i=\begin{cases}Ph_i(T)=(1-\rho)Ph_i(T)+\Delta Ph_i\\ \Delta Ph_i=\sum_{k=1}^{n}\Delta Ph_i^{\ k},\ 0<\rho<1\end{cases} \tag{4-51}$$

式中：ΔPh_i 为两次循环中信息素的增量；ρ 是信息素挥发因子。

3. 相异性矩阵

对于给定的二维数据集 $n\times m$，数据对象之间的相异性可以使用欧式距离表示为 $\mathrm{dis}(x_i,\ x_j)$，计算方法如下式所示：

$$\mathrm{dis}(x_i,\ x_j)=\sqrt{\sum_{k=1}^{m}(x_{ik}-x_{jk})^2},\ 1\leqslant i,\ j\leqslant n \tag{4-52}$$

式中：x_i 和 x_j 分别为第 i 和第 j 个数据的灰度值；n 和 m 为数据集的行列号。

相异性矩阵是一个储存数据对象之间相异性的对称矩阵，数据的相异性代表数据对象之间的相似性，两个数据对象越不同，它们的相异性越接近 0，两个数据对象越接近，它们的相异性值就越大。其表现形式如下：

$$\boldsymbol{D}=\begin{bmatrix}0 & \mathrm{dis}(x_1,\ x_2) & \cdots & \mathrm{dis}(x_1,\ x_n)\\ \mathrm{dis}(x_2,\ x_1) & 0 & \cdots & \mathrm{dis}(x_2,\ x_n)\\ \vdots & \vdots & \ddots & \vdots\\ \mathrm{dis}(x_n,\ x_1) & \mathrm{dis}(x_n,\ x_2) & \cdots & 0\end{bmatrix} \tag{4-53}$$

4. Levy 飞行

Levy 飞行作为一种非高斯随机过程，它的搜索模式是小步长搜索和偶尔的大步长搜索相结合的形式，这种搜索方式不仅服从莱维分布的随机搜索模式，并且能够证明很多自然界的随机现象。Levy 飞行具有幂律重尾性质，在算法中引入 Levy 飞行，可以扩展算法的搜索半径，使算法不易陷入局部最优。图 4-56 显示了 Levy 飞行和布朗运行的轨迹，两者都设置为 1000 步，相比之下，Levy 飞行具有更广阔的搜索范围。

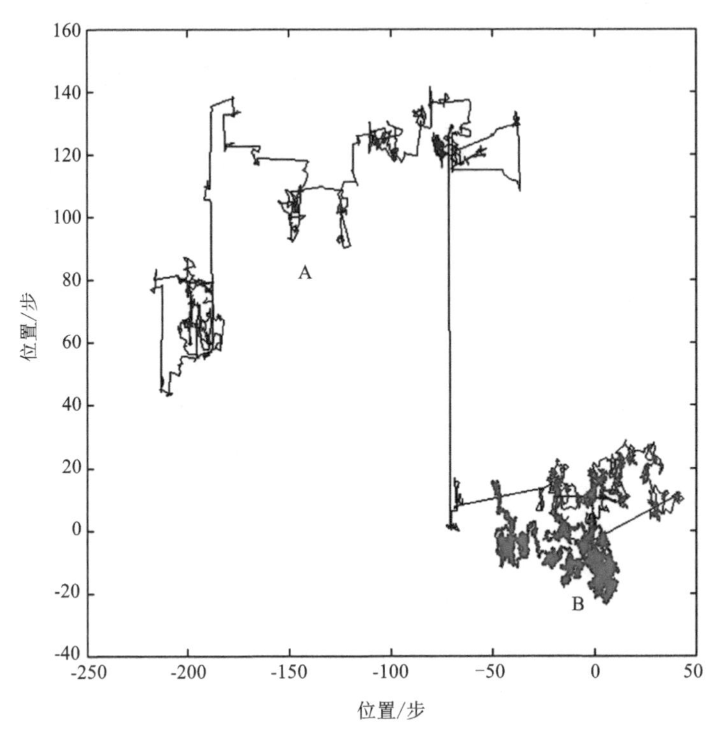

图 4-56 Levy 飞行和布朗运动在 1000 步以内的轨迹
(A 为 Levy 飞行轨迹，B 为布朗运动轨迹)

Mantegna 在 1994 年提出的一种用正态分布求解随机数的方法，用于生成服从 Levy 分布的随机步长。计算如下：

$$S=\frac{u}{|v|^{\frac{1}{\beta}}},\ u\sim N(0,\ \sigma^2),\ v\sim N(0,\ 1) \tag{4-54}$$

$$\sigma=\left\{\frac{\Gamma(1+\beta)\sin\frac{\pi\beta}{2}}{\beta\Gamma(\frac{1+\beta}{2})2^{\frac{\beta-1}{2}}}\right\}^{\frac{1}{\beta}} \tag{4-55}$$

式中：Γ 为伽马函数；β 通常为 1.5。

式(4-54)说明了如何计算步长 S，这是 Levy 飞行中最重要的部分。参数 u 和 v 遵循正态分布，而 β 是固定参数。步长是遵循 Levy 分布的非负随机数，并与二维或三维均匀分布的方向相关，具体取决于特定应用。当 Levy 飞行为一维时，不需要考虑方向。在本书算法中，Levy 飞行小步长结合偶尔大步长的特性将被用来动态调节蚁群算法聚类半径的大小。

4.10.2 基于相异性矩阵和 Levy 飞行的改进蚁群算法

近年来蚁群算法在图像分割中被广泛应用，但是蚁群算法自身存在计算量大、容易陷入局部最优解和迭代易停滞等问题。尤其是基于蚂蚁觅食的蚁群聚类算法，该聚类算法需要预先设置聚类中心和聚类半径，初始聚类中心是算法迭代计算的开始，该值的设置会直接影响计算量和最终聚类结果，聚类半径作为算法每次迭代计算的范围，该值的设置会通过改变聚类规模间接影响算法的计算速度，此外聚类半径过大或过小，也会导致算法的求解效率欠佳或是陷入局部最优解。针对上述问题，本书首先利用相异性矩阵可以消除离群点影响的特性，通过构造各像素对象之间的相异性矩阵，定义均值和总体相异性，并计算各像素点的均值相异性，然后选取最大的均值相异性确定为初始聚类中心，从迭代的开始就引导蚂蚁直奔聚类中心附近，减少无关计算，从而加快聚类过程。然后利用 Levy 飞行小步长结合偶尔大步长的特殊搜索模式，动态调整蚁群算法的聚类半径，在加快算法收敛的同时使算法不易陷入局部最优。具体改进方法如下。

利用式(4-52)构造相异性矩阵，然后利用式(4-56)计算均值相异性，记为 $\mathrm{Adis}(x_i)$。均值相异性是数据点 x_i 与数据集中每个对象的距离平均值，它反映了数据点 x_i 在整个数据集中的位置情况，其值越大，说明 x_i 周围的数据分布越稀疏，即 x_i 与其他数据点距离越远，反之则表示 x_i 与周围的数据分布越稠密。选取均值相异性最大的数据点作为蚁群算法的初始聚类中心。

$$\mathrm{Adis}(x_i) = \frac{1}{n}\sum_{j=1}^{n} \mathrm{dis}(x_i,\ x_j) \tag{4-56}$$

利用式(4-54)生成服从 Levy 分布的随机步长 S，对蚁群算法的聚类半径进行动态调节。在算法第一次开始循环时，给定一个较大的 r，从第二次循环开始 r 按照式(4-57)动态更新。通过这样一个改进，在算法初始阶段，通过一个较大的 r 扩大算法的搜索范围，随着算法的不断迭代，r 值逐渐缩小，较小的 r 值使得算法的计算范围变小，从而加快算法收敛。

$$r^{(t+1)} = r^t - \partial \oplus S \tag{4-57}$$

式中：∂为步长控制量，该值的大小可以调节步长对算法收敛速度的影响；$\oplus$为点对点乘法；r^t 为上一次循环的聚类半径。

4.10.3 XPGR 结合改进蚁群算法的南极冰盖表面冻融探测

研究发现，XPGR 值对雪中液态水含量的变化非常敏感，雪中液态水含量的细微变化都能够引起 XPGR 值的大小突变，即 XPGR 值在冰盖融化的时候，有一个明显的上升突变，冰盖冻结的时候有一个明显的下降突变，利用这个现象可以很好地区分冰盖冻融，但是由于 XPGR 算法是固定阈值法，一成不变的阈值可能会导致在某些年份的探测精度不高，因此，在 XPGR 算法的基础上结合蚁群算法的自适应性进行冻融分割可以避免 XPGR 算法对实测数据和固定阈值的依赖。基于此，本节提出了将 XPGR 算法和改进蚁群算法相结合的南极冰盖表面冻融探测方法。该方法的基本流程如图 4-57 所示。

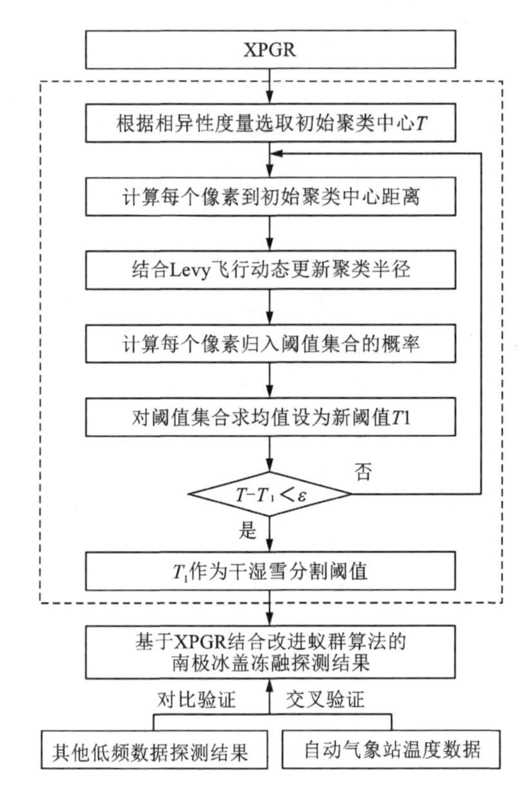

图 4-57　XPGR 结合改进蚁群算法的冰盖表面冻融探测流程图

4.10.4　结果及验证

选取 2020 年 1 月 1 日—2020 年 2 月 29 日共计 60 天的南极 SSM/I 数据计算 XPGR 值，然后利用改进的蚁群算法自动获得每天的最优冻融分割阈值，得到南极冰盖表面冻融探测结果，如图 4-58(a)所示，为了验证该算法的有效性将该算法的结果与同时期的传统 XPGR 算法(阈值为-0.0158)的结果[图 4-58(b)]进行对比验证。此外，图 4-59 为两种算法在 2020 年 1 月 1 日—2020 年 2 月 29 日共 60 天的每日融化像素数的对比图。

从图 4-58 可以看出，两种算法得到的冰盖表面冻融分布情况相似。从图 4-59 可以看出，两种算法得到的冰盖融化趋势也十分接近。

为了进一步验证该方法的可行性，选取 Thurston Island(72.532 S，-97.545 W)，D-10 (66.705 S，139.841 E)，D-47(-67.385 S，138.729 E)3 个自动气象站站点的数据对此方法进行验证。3 处站点在 2020 年 1 月 1 日—2 月 29 日 60 天的日平均气温变化如图 4-60 所示，由图可知，D-10 和 D-47 站点没有发生融化，图 4-58 均显示未发生融化，符合实际情况，Thurston Island 站点在 60 天中有 4 天温度高于 0℃，XPGR 结合改进蚁群算法测得该站点位置共融化了 10 天，而传统 XPGR 算法共融化了 16 天，据此可知算法更接近实际情况。

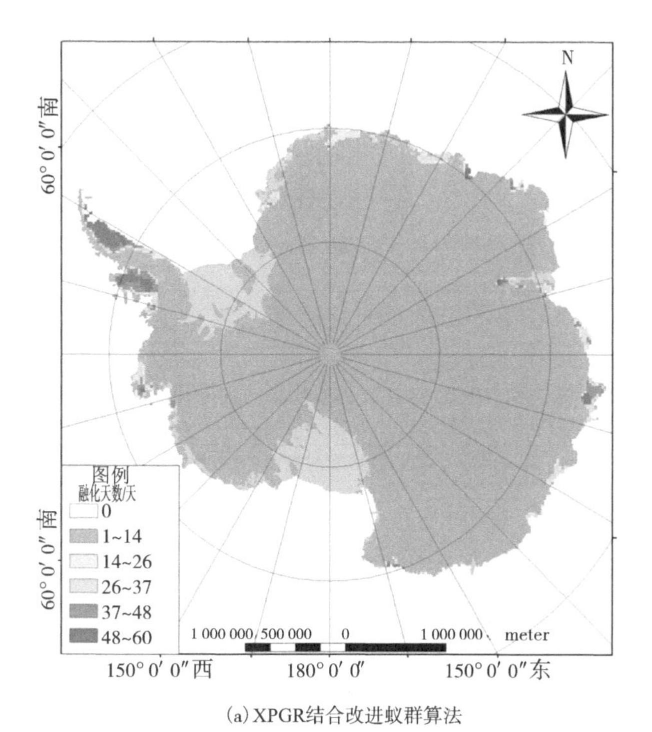

(a) XPGR结合改进蚁群算法

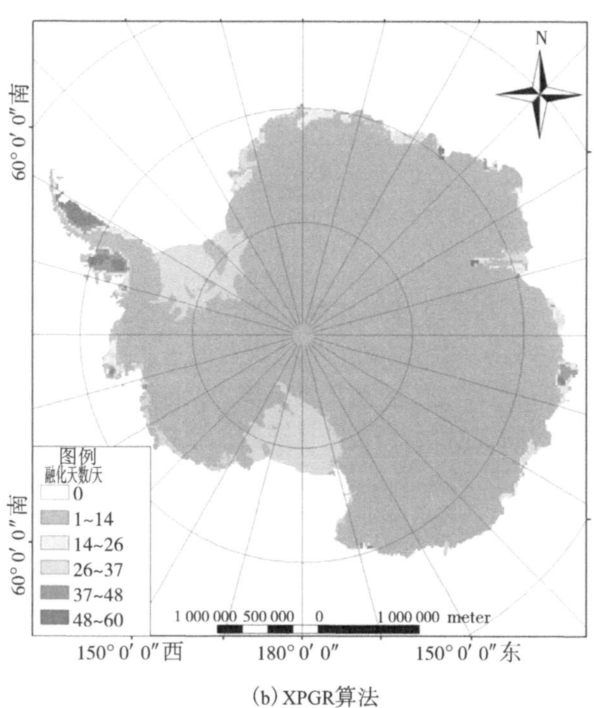

(b) XPGR算法

图 4-58　两种方法测得的 60 天内的冰盖冻融探测结果

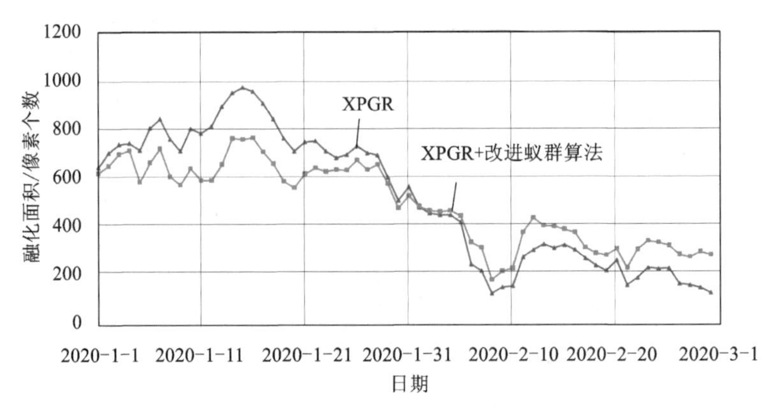

图 4-59　XPGR 算法和 XPGR 结合改进蚁群算法在南极冰盖的每日融化面积对比

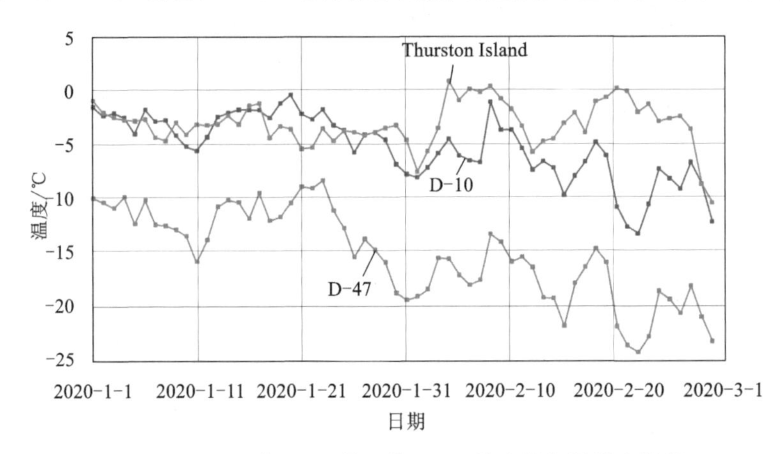

图 4-60　2020 年 1—2 月 3 处 AWS 站点的每日温度数据

4.10.5　小结

本节提出了一种 XPGR 结合改进蚁群算法的南极冰盖表面冻融探测方法。该方法首先通过引入相异性矩阵和 Levy 飞行对蚁群算法进行改进，然后结合 XPGR 算法拉大干湿雪之间的差异利用蚁群算法的自适应、鲁棒性等优势，自适应地获得南极冰盖表面干湿雪分割的最佳阈值，从而得到高精度的南极冰盖表面冻融探测结果并对其进行了验证，结果表明该方法不仅具有自适应性而且具有更高的精度。

4.11　基于 FY-3 的格陵兰岛冰盖冻融探测

国内外利用 SSM/I 数据或 SMMR 数据基于 XPGR 算法做了较多研究，XPGR 算法的干湿雪分类阈值主要适用于美国 Nimbus-7 卫星和 DMSP 卫星，XPGR 算法主要是针对美国 DMSP 卫星和 DMSP 卫星的 SSM/I 数据提出的，由于 FY-3 卫星和美国 Nimbus-7 卫星和 DMSP 卫星的轨道高度、空间分辨率、视角等差异，故 XPGR 算法的干湿雪分类阈值不适用于我国 FY-3 卫星的 MWRI 数据。本节在国内外已有冰盖表面冻融探测研究的基础上，引入 XPGR 结合 SVM 的格陵兰岛冰盖表面冻融探测的新方法，对格陵兰岛 2014 年 4—9 月的冰盖表面融化面积进行分析研究。

4.11.1　数据源

本节使用 2014 年 4—9 月的 FY-3 卫星的 MWRI 的 18 GHz 水平极化数据(简称 18H)与 36 GHz 垂直极化数据(简称 36V)对格陵兰岛冰盖的表面冻融进行时空变化分析研究。18H 空间分辨率为 30 km×50 km，36V 空间分辨率为 18 km×30 km。通过掩膜数据和经纬度数据得到 FY-3 卫星 MWRI 数据图像像元的地理坐标。再通过辐射定标，转换为反射率值，然后进行图像拼接和裁剪。辐射定标系数计算公式为：

$$DN^* = I_{\text{slope}} \times (DN - P_{\text{intercept}}) \tag{4-58}$$

式中：DN 是像元值；I_{slope} 是修正系数；$P_{\text{intercept}}$ 是偏移量。

2014 年 7 月 20 日 FY-3 卫星的 MWRI 数据辐射定标后的波段(18H 与 36V)亮温如图 4-61 所示。

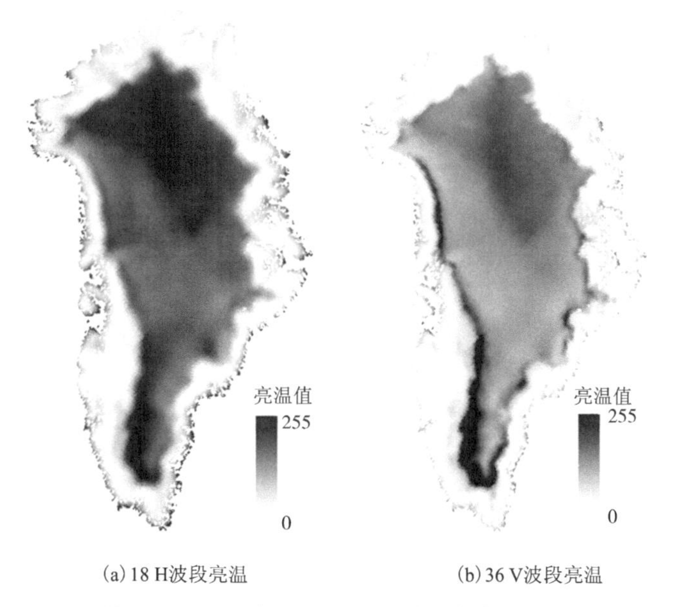

(a) 18 H波段亮温　　(b) 36 V波段亮温

图 4-61　2014 年 7 月 20 日格陵兰岛亮温数据

4.11.2　算法基础

1. XPGR 算法

XPGR 算法主要是利用微波辐射计的 37 GHz 的垂直极化亮温(简称 37V)与 19 GHz 的水平极化亮温(简称 19H)进行运算，放大干湿雪差异，从而进行冰盖表面雪融探测。由于

高频波段比低频波段的发射率高，故 19H 比 37V 对雪融信息更加敏感，且在干雪区，水平极化得到的发射率明显低于垂直极化，故当干雪雪融为湿雪时，水平极化数据比垂直极化的上升趋势更明显。由干雪融为湿雪时，19H 与 37V 的差是 7 个波段差值中最大的一个，19H 与 37V 的和是 7 个波段和值中最小的一个，故利用这两个通道的数据可以得到更加锐化的比值信息，更有利于冰盖雪融探测和研究，从而提高图像对比度，提高冰盖雪融探测精度。XPGR 算法在 SSM/I 数据中应选取的波段为 19H(19 GHz 的水平极化)和 37V(37 GHz 的垂直极化)，与我国 FY-3 的 18H(18 GHz 的水平极化亮温)和 36V(36 GHz 的垂直极化亮温)较为接近(亮温特性基本一致)，故得到 FY-3 的 XPGR 的计算公式，其 XPGR 的定义如下：

$$XPGR=\frac{T_{\mathrm{b18H}}-T_{\mathrm{b36V}}}{T_{\mathrm{b18H}}+T_{\mathrm{b36V}}} \tag{4-59}$$

式中：T_{b18H} 为 18H 波段的亮温值；T_{b36V} 为 36V 波段的亮温值。XPGR 信号对冰雪含水量敏感，因此，XPGR 算法能清晰地识别冰雪是处于冻结状态还是雪融状态，将表层雪湿度大于 1%时定义为雪融状态，否则为冻结状态。即某个像元点的 XPGR 值大于干湿雪分类阈值，则冰盖表面处于雪融状态，否则，冰盖表面处于冻结状态。

本节使用 2014 年 4—9 月的 FY-3 卫星的 MWRI 的 18 GHz 水平极化数据(简称 18H)与 36 GHz 垂直极化数据(简称 36V)对格陵兰岛冰盖的表面雪融进行时空变化分析研究。18H 空间分辨率为 30 km×50 km，36V 空间分辨率为 18 km×30 km。SSM/I 和 MWRI 主要参数见表 4-9。

表 4-9　SSM/I 和 MWRI 主要参数比较

传感器名称	SSM/I				MWRI				
搭载卫星	DMSP				FY-3				
频率/GHz	19.3	22.3	37	85.5	10.6	18.7	23.8	36.5	89
空间分辨率/km	25	25	25	12.5	51x85	30x50	27x45	18x30	9x15
极化方式	V/H	V	V/H	V/H	V/H	V/H	V/H	V/H	V/H
轨道高度/km	833				836				
幅宽/km	1394				1400				
视角/(°)	53.1				45				

通过掩膜数据和经纬度数据得到 FY-3 卫星 MWRI 数据图像像元的地理坐标。再通过辐射定标，转换为反射率值，然后进行图像拼接和裁剪。

2014 年 7 月 20 日 FY-3 卫星的 MWRI 数据辐射定标后的波段(18H 与 36V)亮温如图 4-62 所示。

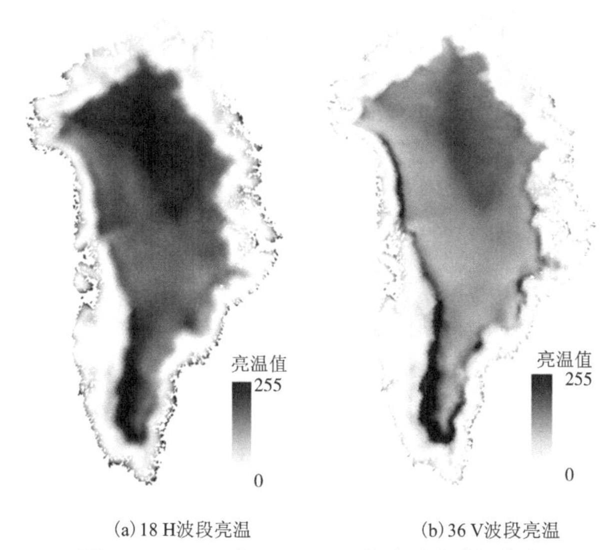

(a) 18 H波段亮温　　(b) 36 V波段亮温

图 4-62　2014 年 7 月 20 日格陵兰岛亮温数据

2. SVM 算法

SVM 是一种分类算法，通过寻求结构化风险最小来提高学习机泛化能力，实现经验风险和置信范围的最小化，从而达到在统计样本量较少的情况下能获得良好统计规律的目的。通俗来讲，它是一种二类分类模型，其基本模型定义为特征空间上的间隔最大的线性分类器，支持向量机的学习策略即是间隔最大化。

SVM 对线性问题进行分析时，假设 R^d 维特征空间中包含 N 个元素的特征向量 $\boldsymbol{x}_i \in R^d$ $(i=1, 2, \cdots, N)$，对于每个向量 $\boldsymbol{x}_i$ 有对应类别 $y_i \in \{-1, +1\}$，d 维空间中的线性判别函数：$g(\boldsymbol{x})=\boldsymbol{wx}+\boldsymbol{b}$，分类面方程为 $\boldsymbol{wx}+\boldsymbol{b}=0$，$\boldsymbol{w}$ 为 n 维超平面的向量，$\boldsymbol{b} \in R^d$ 为偏移量。对 $\boldsymbol{x}_i$ 进行归一化，使所有样本满足 $|g(\boldsymbol{x})| \geqslant 1$，即距离分类面最近的样本满足 $|g(x)|=1$，这样分类间隔为 $2/\|\boldsymbol{w}\|$。因此要求分类间隔最大就是要求 $\|\boldsymbol{w}\|$ 最小。分类面正确分类就是要满足：

$$y_i[\boldsymbol{wx}_i+\boldsymbol{b}]-1 \geqslant 0,\ i=1,\ 2,\ \cdots,\ N \tag{4-61}$$

因此，满足上述公式且使 $\|\boldsymbol{w}\|$ 最小的分类面就是最优分类面。使用拉格朗日乘子法将问题转化成对偶表示。最终分类判别函数可表示为：

$$f(x)=\sum_{i=1}^{N} a_i \cdot y_{j^k}(\boldsymbol{x}_i \cdot \boldsymbol{x})+\boldsymbol{b} \tag{4-62}$$

式中：$a_i \geqslant 0$ 为拉格朗日乘子。

如果训练集是线性不可分的，则采用映射的方法把低维特征空间中非线性问题映射到高维特征空间的线性问题，则此时的空间运用原来空间的内积运算，在空间变换中求得最优分类面。根据泛函理论，只要有一种核函数 $K(\boldsymbol{w}_i, \boldsymbol{x})$ 能够满足 Mercer 定理，就能够解决此问题。Mercer 条件指出，对任意的对称函数 $K(\boldsymbol{w}_i, \boldsymbol{x})$，它在某个特征空间中内积运算的充要条件是：对任意的 $\varphi(x) \neq 0$，且 $\int \varphi^2(x)\mathrm{d}x < \infty$，有 $\iint K(\boldsymbol{w}_i, \boldsymbol{x})\varphi(x)\varphi(x')\mathrm{d}x\mathrm{d}x' > 0$，满足这样的函数 $K(\boldsymbol{x}_i, \boldsymbol{x})$ 可以作为核函数。对于非线性的问题的最终函数表达式为：

$$f(x)=\sum_{i=1}^{N}a_i y_{j}^{k}(\boldsymbol{w}_i,\boldsymbol{x})+\boldsymbol{b} \tag{4-63}$$

目前多数的核函数可以分为基于径向基的平移不变核函数与旋转不变的点积核函数两类。根据核函数的性质可以对已有的核函数构造多分辨率核函数。以最常见的高斯核函数为例，构造多分辨率组合核函数：

$$K(\boldsymbol{w}_i,\boldsymbol{x})=\sum_{i=1}^{M}\lambda_t\exp\left(\frac{-\|\boldsymbol{x}_i-x\|^2}{\delta_0 2^t}\right) \tag{4-64}$$

式中：δ_0 为初始核参数；λ_t 为加权系数。利用这个思路可构造多种类型的核函数。

运用 SVM 算法的关键是如何利用核函数。核函数是让原本的线性空间变成一个更高维的空间，在这个高维的线性空间下，用一个超平面进行划分。所有的事物都有相同点与不同点，将相同点不断升维，当升维到一定程度，就能够明显将两者区分，从而将数据完全分类。在对格陵兰岛的冰盖表面进行雪融探测时，SVM 能找到干湿雪最优分类的一个超平面，在理论上，面比点分类具有较高的精度。

4.11.3 XPGR 结合 SVM 冰盖冻融探测

为便于与 SSM/I 数据进行对比，对 FY-3 卫星的 MWRI 的 18H 数据和 36V 数据重采样到 25 km×25 km，然后对 18H 与 36V 的重采样数据做 XPGR 运算，运用 SVM 找出 XPGR 数据的干湿雪最优分类超平面，进而得到格陵兰岛冰盖表面雪融信息。

处理的基本步骤如下：①对原始数据进行预处理；②对重采样后的 18H 与 36V 数据做 XPGR 运算；③运用 SVM 算法找出 XPGR 数据的干湿雪最优分类的超平面；④得到 6—8 月格陵兰岛冰盖表面雪融分布图；⑤基于格陵兰岛 6—8 月的 SSM/I 数据运用 XPGR 算法对结果进行验证；⑥基于 MWRI 的 2014 年 4—9 月的数据对格陵兰岛的冰盖表面雪融时空变化进行分析。图 4-63 为格陵兰岛冰盖表面雪融探测的基本流程图。

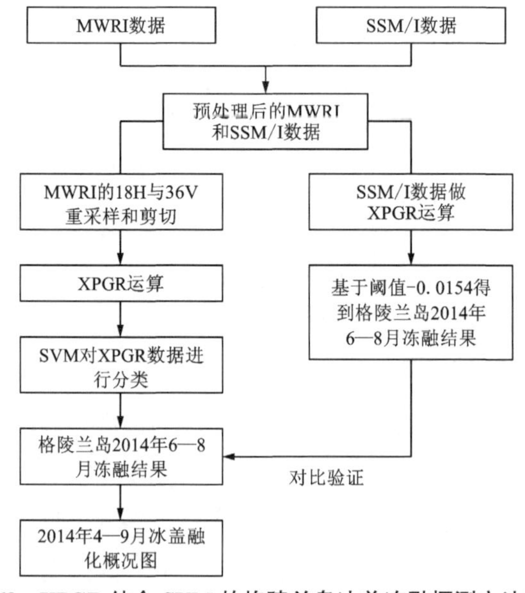

图 4-63　XPGR 结合 SVM 的格陵兰岛冰盖冻融探测方法流程图

4.11.4 结果与分析

基于2014年6月1日至8月31日共92天的FY-3卫星的MWRI数据，利用XPGR结合SVM算法得到格陵兰岛冰盖表面雪融持续分布图(图4-64)，基于同时间的SSM/I数据，利用XPGR算法，得到格陵兰岛冰盖表面雪融持续分布图(图4-64)(XPGR阈值为-0.0154)。由图4-64可知：越靠近边缘雪融持续时间越长，内陆地区在2014年6—8月期间基本无雪融发生。图4-64和图4-65的雪融持续时间结果对比表明：雪融持续时间的分布基本一致。

为进一步找出基于FY-3卫星的MWRI数据的冰盖探测方法与传统的XPGR算法所得结果的差异，对图4-64和图4-65进行作差比较，得到雪融持续时间不同天数分布图(图4-66)(表4-10为雪融持续时间不同天数统计表)。通过分析可知：FY-3卫星的MWRI数据与SSM/I数据的雪融持续时间的分布范围基本一致(94.7%)，雪融持续时间不同的区域大部分分布在格陵兰岛的边缘区域；雪融持续时间差别最大的天数为8天(1个像素点)，雪融持续时间差别1~2天的点占多数(2.85%)，雪融持续时间差别3~4天的占总体的1.02%左右。产生雪融持续时间差异的原因可能是因为FY-3卫星MWRI数据经过了重采样或部分数据损坏造成的。

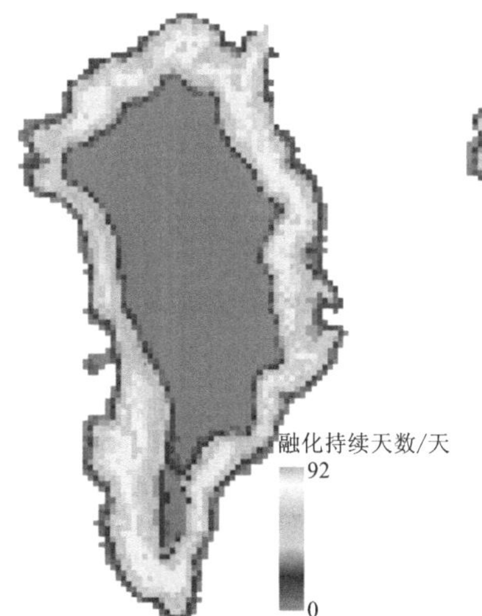

图4-64　MWRI格陵兰岛雪融持续时间分布图

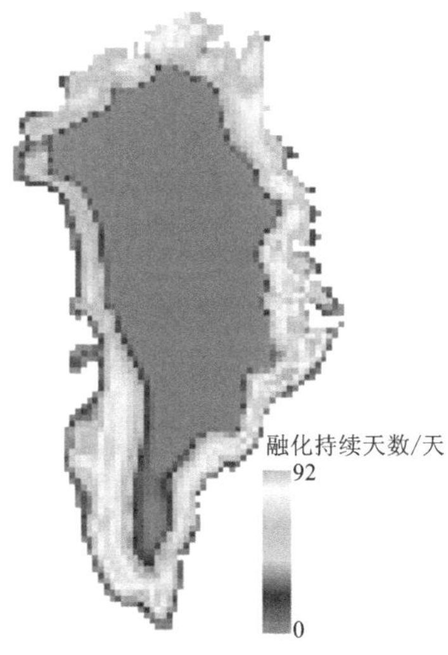

图4-65　SSM/I格陵兰岛雪融持续时间分布图

图4-66　雪融持续时间不同天数分布图

表4-10　雪融持续时间不同天数统计表

差异天数/天	像素点/个	所占百分比/%
0	5108	95.70
1	88	1.65

续表4-10

差异天数/天	像素点/个	所占百分比/%
2	59	1.20
3	26	0.49
4	28	0.53
5	11	0.21
6	8	0.15
7	7	0.13
8	1	0.01

基于2014年4—9月份的FY-3卫星的MWRI数据得到各个月份的冰雪雪融信息(图4-67)。在4—5月份冰盖表面只有少部分雪融，且总体变化幅度不大，呈略微上升的趋势。6月份，冰盖表面雪融区域急剧增加。在6—8月中，冰盖表面雪融略有变化，但总体变化不大，区域冰盖表面雪融最多时是在7月下旬期间，8—9月份冰雪融化呈现下降趋势。其中雪融区域最多的在7月下旬，雪融区域占总体面积的38.1%，雪融面积约为82.296万km^2，在4月份雪融程度最低，未发生雪融的区域约209.5万km^2，雪融区域不足6.5万km^2。

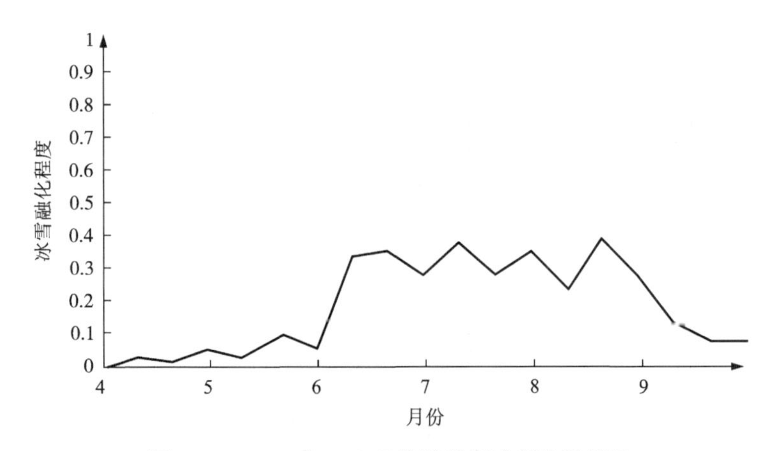

图4-67 2014年4-9月格陵兰岛冰盖冻融概况

4.11.5 FY-3C和FY-3D结果对比

对2018年7月20日和2018年8月2日的FY-3C与FY-3D MWRI数据样本进行格陵兰岛冰盖冻融探测，其结果如图4-68所示。表4-11为FY-3C和FY-3D结果比较。

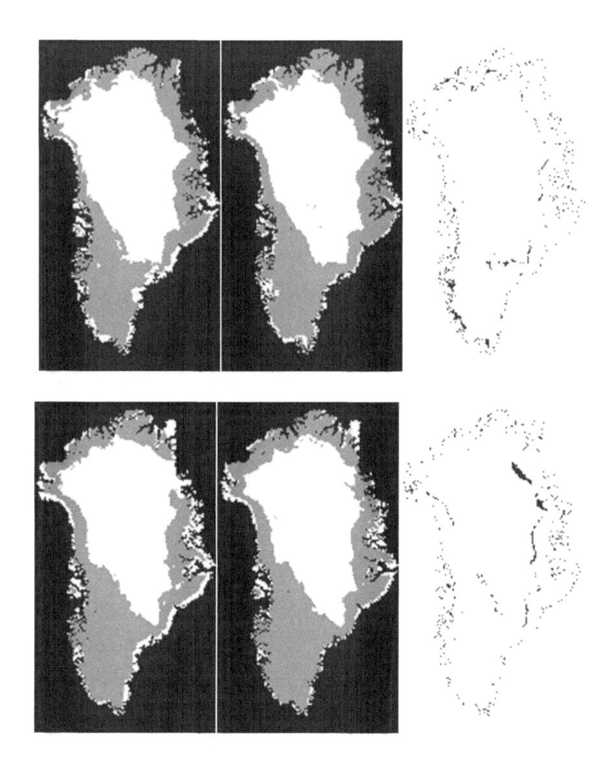

图 4-68　2018 年 7 月 20 日和 8 月 2 日 FY-3C 和 FY-3D 结果图

表 4-11　FY-3C 和 FY-3D 结果比较

日期	FY-3C 冰盖融化面积/10^6km^2	融化占比/%	FY-3D 冰盖融化面积/10^6km^2	融化占比/%	融化占比/%（FY-3C 减 FY-3D）
20180720	0.81468	43.01	0.83000	43.82	-0.81
20180802	0.86218	45.52	0.87865	47.16	-1.64
平均	0.83843	44.26	0.854325	45.49	-1.225

两种结果中，FY-3C 海冰格陵兰岛冰盖融化面积小于 FY-3D 结果，测试数据结果差分别为-0.81%、-1.64%；两者平均误差为 1.225%。

4.11.6　小结

基于 FY-3 卫星 MWRI 的 18H 与 36V 数据，提出了 XPGR 结合 SVM 的冰盖表面雪融探测方法，得到格陵兰岛冰盖融化探测结果，与运用 SSM/I 数据的 XPGR 算法（阈值为-0.025）的结果进行对比，结果表明：XPGR 结合 SVM 的冰盖表面雪融方法能够较好地反映格陵兰岛冰盖表面雪融状况，但此算法与阈值法相比较为复杂。并对 2014 年 4—9 月的格陵兰岛冰盖表面雪融状况进行分析，结果表明：4 月份雪融区域约占 3.3%，5 月份雪融区域约占 5.7%，6 月份雪融区域急剧增长，增长至 28.8%，7—8 月份雪融区域基本稳定，约占总区域的 33.2%，9 月份雪融区域逐渐减少至 13.2%。

第5章

微波散射计的冰盖冻融探测

对于微波散射计数据进行冰盖表面冻融探测，与微波辐射计的方法相比，方法种类稍少，但大体思路一样，主要有以下几类方法：

（1）基于阈值的微波散射计冰盖表面冻融探测方法。该类方法主要是基于一天当中不同时间后向散射系数的变化来进行冰盖冻融探测如早6：00和晚18：00。该方法的优点是独立于散射计长期的增益漂移，独立于QuickSCAT与未来卫星散射计的交叉定标，独立于绝对的后向散射，独立于绝对的定标；缺点是受外界突发气候变化的影响较大且算法只适用于每天有昼夜交替的地区。

（2）模型基的微波散射计冰盖表面冻融探测方法。该类方法主要有基于QuickSCAT的Q-α方法和基于ERS散射计的E-α方法。

（3）基于前两类方法的改进方法。比较典型的方法有基于前5天的后向散射系数平均值进行冻融探测的方法，基于一天后向散射系数变化的三步骤方法，基于动态阈值的方法和双阈值方法等。

以上三类微波散射计冰盖冻融探测方法的优缺点与微波辐射计同类方法类似。由于微波散射计天线配置的多样化以及对地表形态和介电特性变化更为敏感，因此，微波散射计的数据预处理和冻融探测方法的实施与微波辐射计相比更为复杂一些，正因为这个原因，相对来说微波散射计探测冰盖冻融的方法不如微波辐射计探测冰盖冻融的方法成熟。

本章以模型基的微波散射计冰盖表面冻融探测方法为基础提出了改进的散射计简单物理模型冻融探测算法；发展了基于阈值的微波散射计冰盖表面冻融探测方法，提出了基于小波边缘检测的微波散射计冰盖表面冻融探测算法及数学形态学结合小波边缘检测的微波散射计冰盖表面冻融探测算法。

5.1 改进的散射计物理模型的冻融探测

微波散射计对雪中的液态水含量非常敏感，常被用在各种融化的冻融探测研究中。在微波散射计的简单冰盖冻融物理模型（Q-α）的基础上，提出了不依赖于实地观测数据的自动阈值分割的南极冰盖冻融探测的新算法，即运用广义高斯模型对通过物理模型变换得到的数据做直方图统计，得到干湿雪划分的最优阈值，从而得到干湿雪的冻融分布图。这种算法不但解决了物理模型算法需依赖实测冰盖融化信息才能进行冰盖冻融探测的问题，而且能自动选择较多的样本，提高了冰盖冻融探测的计算效率、实用性和可操作性，还在一定程度上提高了冰盖冻融探测的精度。

5.1.1　散射计物理模型

介电常数对冰雪中的液态水含量非常敏感，随着液态水含量的增加介电常数的虚部有一个明显的增加，从而导致后向散射系数 σ^0 大幅度下降。冰盖从冻结到融化是一个连续的过程，冻结和融化的分点不好定义，融化度通过雪中液态水的含量来界定。融化事件的定义是基于雪中液态水的含量和湿雪的深度。当顶层雪的含水量超过某种门限将被定义为融化。为了估计融化对后向散射系数 σ^0 的影响，从雪中得到的体散射为：

$$\sigma^0 = \int_0^{\infty} \gamma(z) \mathrm{e}^{-2\tau(0,\, z)} \sec\, \theta(z) \mathrm{d}z \tag{5-1}$$

式中：$\gamma(z)$表示深度为 z 厚度为 dz 的层的标准化后向散射。后向散射系数 σ^0 包括湿雪层和干雪层的贡献，基于此，参考文献[16]提出了一个散射计的冰雪融化的简单物理模型如图 5-1 所示。在图 5-1 中，后向散射系数 σ^0 是湿雪和干雪经过双向衰减之和。选择垂直极化是为了最小化界面的影响，可以忽略空气/湿雪界面和湿雪/干雪界面的反射。在这个模型中，由于发射角接近于布鲁斯特角(Brewster angle)，QSCAT 的空气/湿雪界面和湿雪/干雪界面的反射可以忽略。基于这个模型式(5-1)能被写为：

$$\sigma^0 = (1-\alpha^2)\sigma^0_{\mathrm{wet}} + \alpha^2 \sigma^0_{\mathrm{dry}} \tag{5-2}$$

式中：$\sigma^0_{\mathrm{dry}} = \int_d^{\infty} \gamma(z) \mathrm{e}^{-2\tau(d,\, z)} \sec\, \theta(z) \mathrm{d}z$ 是干雪层的后向散射系数；$\sigma^0_{\mathrm{wet}} = \int_d^{\infty} \gamma_1 \mathrm{e}^{-2k_{\mathrm{e}}^{\mathrm{wet}} z \sec\, \theta_{\mathrm{ws}}} \mathrm{d}z = \dfrac{\gamma_{\mathrm{wet}}}{2k_{\mathrm{e}}^{\mathrm{wet}}}$ 是湿雪层的后向散射；$\alpha = \mathrm{e}^{-k_\alpha d \sec\, \theta_{\mathrm{ws}}}$ 是通过厚度为 d 的湿雪层的衰减；k_α 是吸收损失系数；θ_{ws} 是在深度为 d 的传输角；$k_{\mathrm{e}} \approx k_\alpha$ 是消光系数。

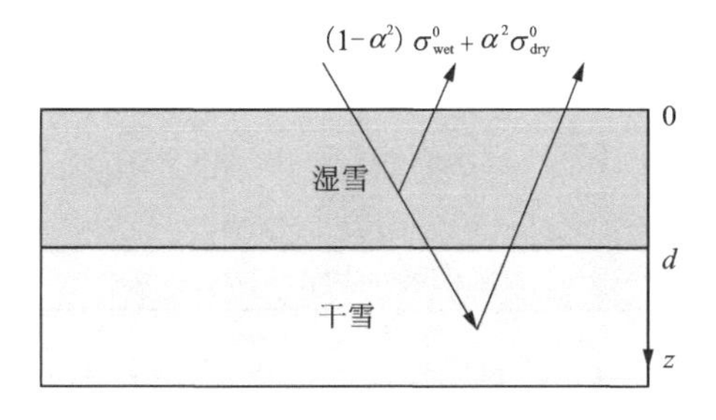

图 5-1　融化表面简单的物理模型

由于 σ^0_{wet} 是相当小的(一般比 σ^0_{dry} 小 10 dB)，故式(5-2)中的$(1-\alpha^2)\sigma^0_{\mathrm{wet}}$ 项可以忽略。在这种情况下，冰盖的融化可通过下式指定：

$$\sigma^0 < \alpha^2 \sigma^0_{\mathrm{dry}} \tag{5-3}$$

通过分贝(dB)的形式，式(5-3)可被写为：

$$\sigma^0 < \sigma^0_{\mathrm{dry}} + 2 \cdot 10\lg\alpha \tag{5-4}$$

令 $q_0 = 2 \cdot 10\lg\alpha$，则模型基 Q-α 方法的冰盖冻融能被简化为：

$$q(t) = \sigma^o_{\mathrm{dry}} - \sigma^o(t)\,(\mathrm{dB}) \tag{5-5}$$

雪没融化时，σ^0 是相当稳定的，故 σ^0_{dry} 通过每个点的冬天的平均值来估计。基于 QSCAT 的干湿雪的分类阈值是 $q_0 = 3$ dB，相当于含水量 1.0%、雪深 2.4 cm、颗粒为 0.75 mm 和密度 $\rho_s = 0.4\ \mathrm{g/cm^3}$。即当 $q(t) \geq q_0$ 时冰盖处于融化状态，否则处于冻结状态。

5.1.2　改进的散射计物理模型的冻融探测

由以上分析知 Q-α 方法确定冰盖冻融阈值是在实测含水量、雪深、颗粒大小和密度的前提下确定的，而在实际应用中并不是所有的研究区域都能够得到其相应的实测数据且雪的颗粒大小和密度各个地方也不完全相同，比如南极地区不但自然环境恶劣而且区域较大，这也在一定程度上限制了 Q-α 方法的使用。另外，Q-α 方法主要用于比较容易到达且研究较多的北极格陵兰岛地区。基于原 Q-α 方法在冰盖冻融探测方面存在的问题，通过观察和分析典型地区冰盖冻融时的 $q(t)$ 值的变化特征，提出了一种不依赖于实测数据的基于广义高斯模型的自动确定阈值的南极冰盖冻融探测方法。

为了有效进行冰盖冻融探测，先对 $q(t)$ 的长时间序列数据做直方图统计，然后运用广义高斯模型的自动阈值分割方法，计算出干湿雪划分的最优阈值。以此阈值为基础进而确定南极冰盖的融化状况分布图。图 5-2 为改进的 Q-α 冰盖冻融探测方法的简单流程图。

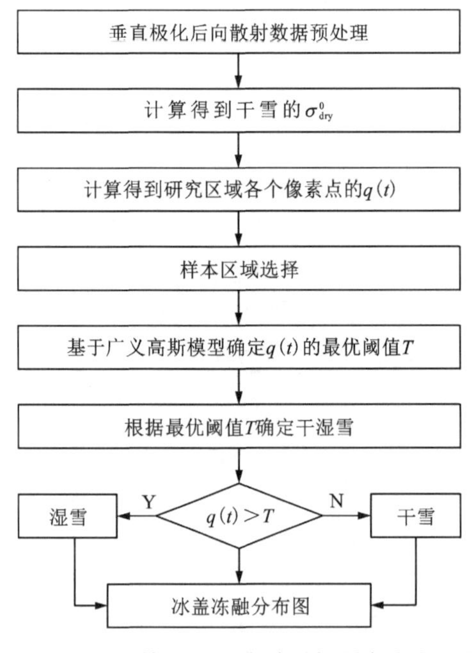

图 5-2　改进的 Q-α 冰盖冻融探测方法流程图

为了便于与参考文献[16]提出的 Q-α 算法所得的冰盖冻融结果进行比较，我们使用了格陵兰岛实验区同一时间段的微波散射计(QuickSCAT)数据。文献中的干湿雪分类的阈值为 3 dB，改进的 Q-α 算法的阈值为 2.75 dB。从结果看，这两个阈值有一定差别，一方面可能由冬天平均值的计算跟文献的计算结果存在的误差引起；另一方面是由于改进算法选择了更多的样本点，在理论上精度更高。图 5-3 为 Q-α 算法和改进 Q-α 算法得到的格陵兰岛地区 2000 年 7 月 15 日的冰盖冻融分布图。

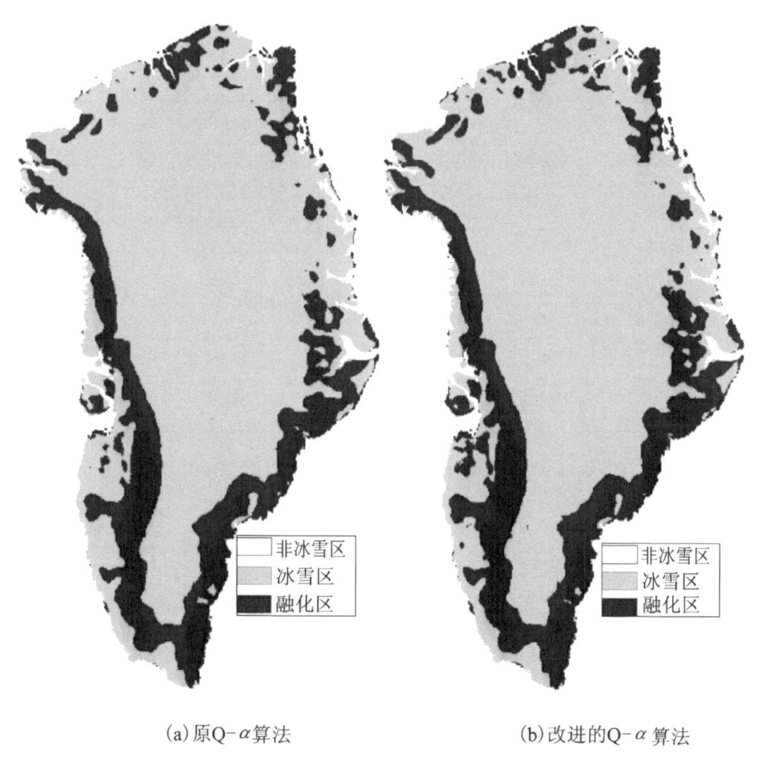

(a)原Q-α算法　　(b)改进的Q-α 算法

图 5-3　改进前后的 Q-α 算法冰盖冻融分布图

图 5-3 中黑色的区域表示融化的区域，灰色区域为未融化或裸露的岩石区域。对比两图可以看出，改进前后的结果相差不多，且改进方法的融化区域大于原方法的融化区域。从以上的试验结果比较可以看出改进的 Q-α 方法在探测冰盖冻融上的有效性。

5.1.3　冻融探测结果与验证

选取南极 Wilkins 冰架地区 2001 年 7 月 1 日—2002 年 6 月 30 日 SSM/I 处理过的 $q(t)$ 数据作为冰盖冻融的样本点，利用广义高斯模型按错误概率最小化的准则得到干湿雪划分的最优阈值，该值为 2.8。大于此阈值为湿雪否则为干雪，从而得到 2002 年 1 月 15 日的南极冻融分布图，如图 5-4 所示。

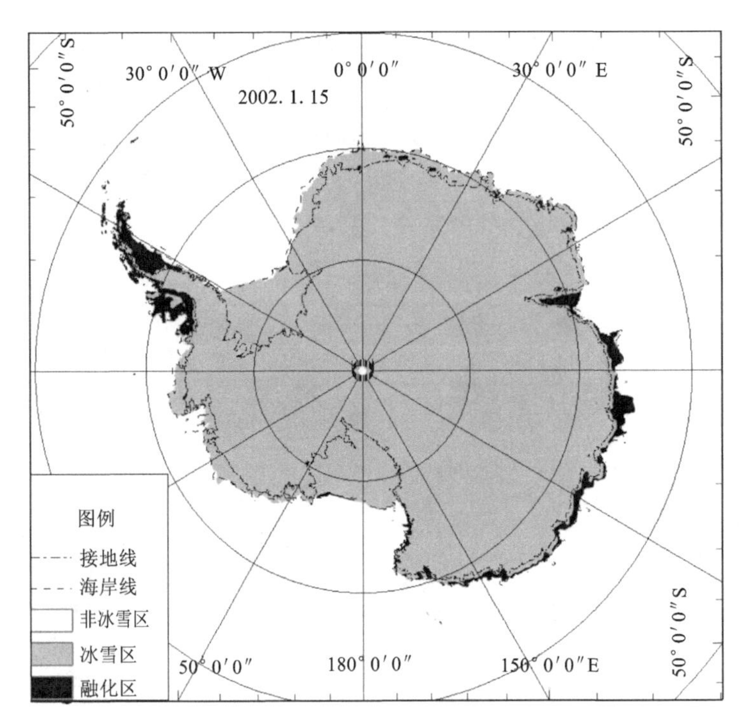

图 5-4 2002 年 1 月 15 日南极融化区域分布图

为了验证试验结果，收集了南极 9 个自动气象站 2002 年 1 月 15 日的气温数据来验证算法所得结果，站点信息和相应的温度数据(剔除异常数据的前提下做日平均)如表 5-1 所示，其中干雪点伊丽莎白站、哈利站、里莱站、赛普尔冰穹站和冰穹 C Ⅱ站处于南极内陆地区；湿雪点波拿巴角站、拉森冰架站、丹尼森角站以及巴特勒岛站均位于冰架边缘地区。

表 5-1 地面验证站点的地理信息

站点位置	代号	名称	经度	纬度	温度/℃
干雪点	361	伊丽莎白站(Elizabeth)	137.08°W	82.61°S	-1.2
	900	哈利站(Harry)	121.39°W	83.00°S	-8.7
	918	里莱站(Relay Station)	43.06°E	74.02°S	-20.1
	938	赛普尔冰穹站(Siple Dome)	148.77°W	81.66°S	-23.0
	989	冰穹 C Ⅱ站(Dome C Ⅱ)	123.37°E	75.12°S	-18.7
湿雪点	902	巴特勒岛站(Butler Island)	60.16°W	72.21°S	0
	923	波拿巴角站(Bonaparte Point)	64.07°W	64.78°S	2.7
	926	拉森冰架站(Larsen Ice Shelf)	60.91°W	66.95°S	0.7
	988	丹尼森角站(Cape Denison)	142.66°E	67.01°S	2.1

由表 5-1 可知，在 2002 年 1 月 15 日伊丽莎白站、哈利站、里莱站、赛普尔冰穹站和冰穹 C Ⅱ站 5 个干雪自动气象站点的温度均低于-1℃，因此这 5 个站点所在的位置没有发生冰盖融化，与该方法所得的冰盖冻融结果一致，即处于冻结状态。波拿巴角站、拉森冰架站和丹尼森角站 3 个气象站点的气温均在 0℃以上，表明这 3 个站点所处的位置处于融化状态，从图 5-4 可以看出，这 3 个自动气象站点所在的区域均显示为融化状态。巴特勒岛站的气温为 0℃，图 5-4 显示该站点区域为融化状态。通过冻融结果和自动气象站点的数据对比验证可知改进的 Q-α 冰盖冻融探测方法对南极地区冰盖冻融的探测是有效的。

总之，本节提出的改进的 Q-α 算法较好地解决了原 Q-α 算法须在已知含水量、雪深、颗粒大小和密度的前提下才能得到冻融划分阈值的操作不便，实用性低和误差大的问题，在一定程度上较好地实现了南极冰盖冻融的自动化监测。通过对 Q-α 算法和改进的 Q-α 算法所得格陵兰岛冰盖冻融探测结果的交叉验证以及南极冰盖冻融结果与 9 个自动气象站点温度数据的对比表明：改进的 Q-α 算法的实用性、可操作性有了较大提高，使用范围也更大了，而且改进的 Q-α 算法在一定程度上提高了冰盖冻融的探测精度。

5.2　小波边缘检测的散射计冻融探测

微波散射计对雪中的液态水含量非常敏感，当冻融发生时后向散射系数 σ^0 的时间序列将有一个尖锐的上升和下降沿，通过小波变换可识别和跟踪显著的后向散射系数 σ^0（dB）的长时间序列的明显的上升和下降边缘。基于此提出一个新的微波散射计探测冰雪融化开始、结束、持续时间和融雪的空间分布的方法，即通过小波变换得到散射计的长时间序列后向散射系数的模极值，然后通过方差分析和广义高斯统计的方法获得最佳的干湿雪分类的阈值以便从受干扰和其他非融化引起的弱边缘中区分出来，最后基于空间自纠错原理通过相邻像素点探测和纠错可能出现的错误，从而得到最终的融化开始、持续和结束时间及冻融空间分布数据。

5.2.1　散射计的边缘检测

同光学和被动微波传感器相比，星载微波散射计具有广泛的空间覆盖和每天的时间分辨率，不受天气和黑夜的限制且灵敏度较高，为监测积雪的季节转换提供了一个理想的工具。在冻融的干雪表面融化时，散射的散射系数 σ^0 有一个强烈的下降沿如图 5-5 所示，这个特性已经成功地被用来探测极地的冰盖和冰架表面雪融。由此产生的尖锐的后向散射减少对水的液体检测与空气温度高于 0℃上升一致，对冰盖和雪的探测而言是一种行之有效的现象。在融化季节由于增加的微波吸收，后向散射系数 σ^0 的减少是足够强壮的以至于这个现象能被非常容易地被用来进行融化成图。例如，雷达散射计数据已被用于识别北极和靠近北极的地区雪和冰的融化和冻结的时间，成图表面融化的面积和持续时间和格陵兰岛冰盖的冰层的形成，估计格陵兰岛冰盖的积雪的累计，确定北极冰川的融化/冻结开始时间。

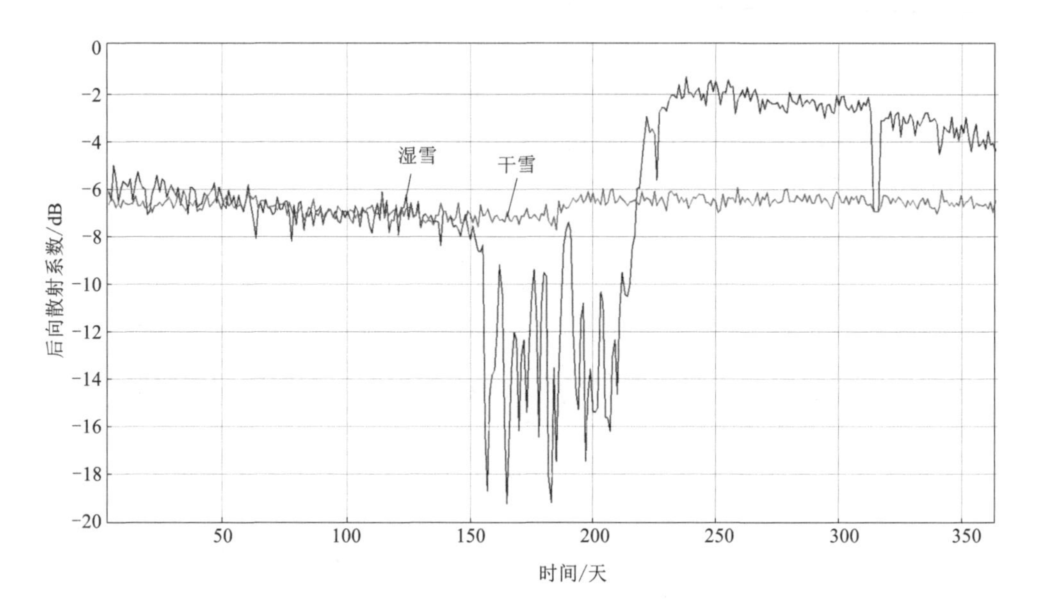

图 5-5　干雪与湿雪后向散射系数变化曲线

基于微波散射计的以上这个特性开发了一种可自动获得微波散射计卫星数据对冰盖融化开始时间、结束时间、持续时间和空间分布探测的新方法。首先通过小波变换将长时间序列的后向散射系数进行多尺度分解。然后，这个边缘在不同的尺度上被探测。方差和广义高斯模型被用来确定一个最佳门限来鉴别由于融化事件引起的显著边缘以便跟相应的随机信号干扰和噪声相关的弱边缘。基于空间自动纠错原理来纠正可能的被强壮的噪声或者像素的异质性错误。该方法已经成功地应用于主动微波 Quik SCAT 数据的南极冰盖冻融探测。

5.2.2　小波边缘检测的冻融探测

图 5-6 为小波边缘检测的散射计南极冰盖冻融探测的基本流程图。小波边缘检测的散射计南极冰盖冻融探测算法的基本原理：长时间序列的后向散射系数(σ^0)曲线的剧烈下降边缘反映了冰盖的融化而剧烈上升边缘反映了冰盖的冻结，每一年的融化开始时间为后向散射系数曲线在时间轴上第一个剧烈的下降边缘，结束时间为后向散射系数曲线在时间轴上最后一个剧烈的上升边缘，而融化持续时间是一年中每段融化持续时间的和。该方法可以探测每个像素是否经历过冻融以及冻融发生的时间。基本步骤如下：

(1)长时间序列后向散射系数预处理；

(2)通过小波边缘检测的方法对步骤(1)预处理后数据进行小波多尺度分解，以便在不同尺度下对边缘信息进行分析和处理；

(3)为有效提取融化和冻结现象产生的边缘，采用方差分析和广义高斯曲线统计的方法确定干湿雪分类的最优阈值；

(4)利用步骤(3)求得的阈值得到每个像素点的融化开始、结束和持续时间分布图；

(5)运用空间邻域自动纠错算子对融化区域、融化开始时间、融化持续时间和融化结束时间进行纠错，以便纠错由噪声引起的错误，从而得到最终的冻融空间分布，融化开始时间、融化结束时间和融化持续时间数据。

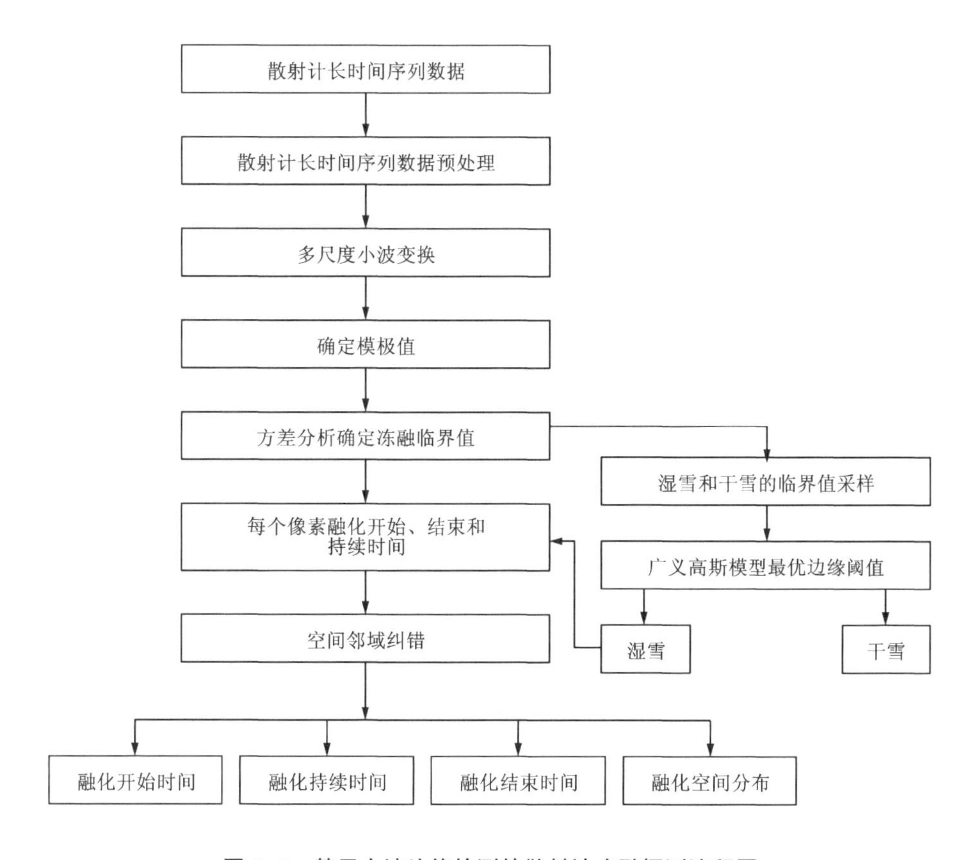

图5-6　基于小波边缘检测的散射计冻融探测流程图

5.2.3　冻融探测结果与验证

根据2000年7月1日—2001年6月30日的南极地区的微波散射计Quik SCAT数据来确定干湿雪划分的最优阈值。图5-7为小波边缘检测算法得到的南极地区2000年7月1日—2001年6月30日的冰盖融化开始、结束和持续时间的分布图。

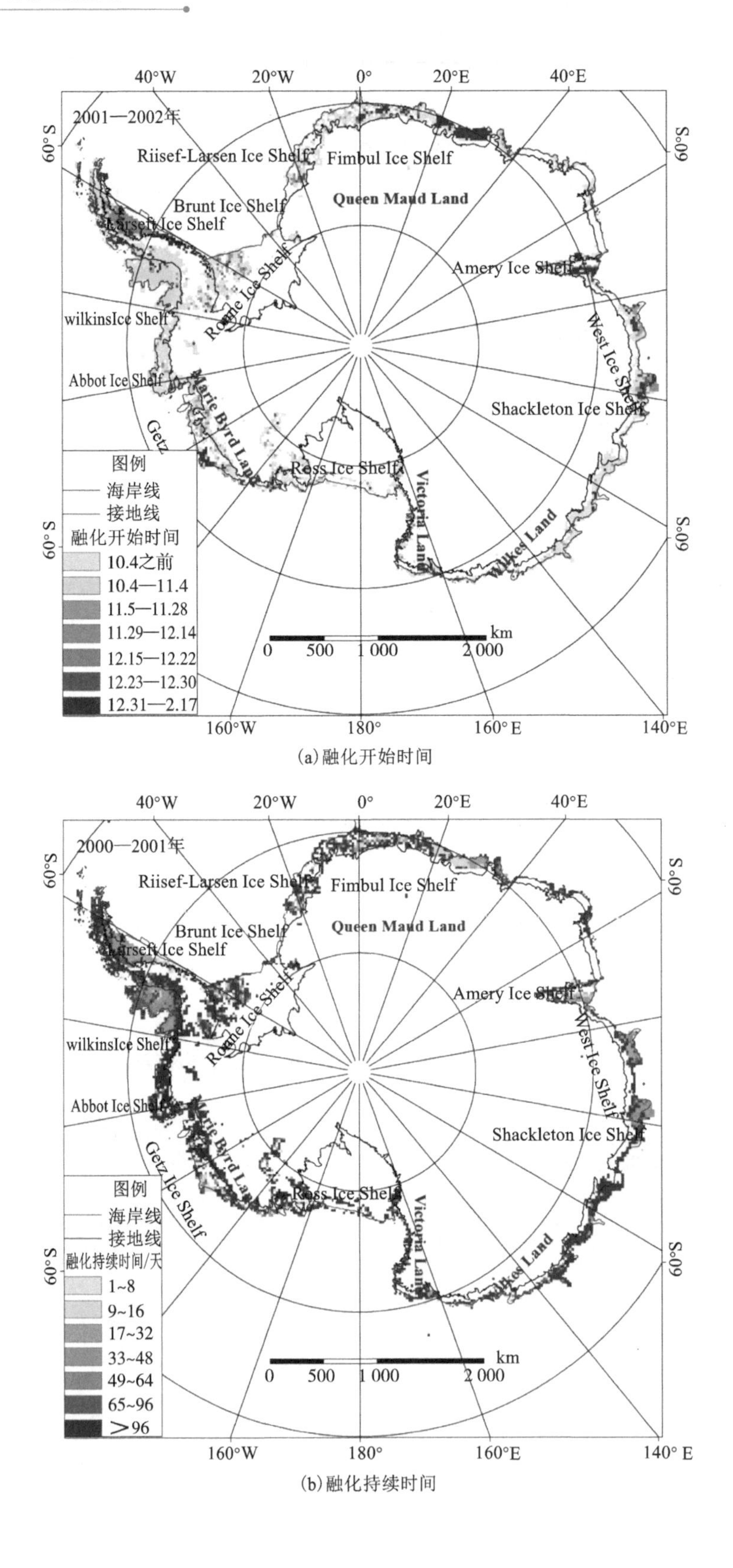

(a)融化开始时间

(b)融化持续时间

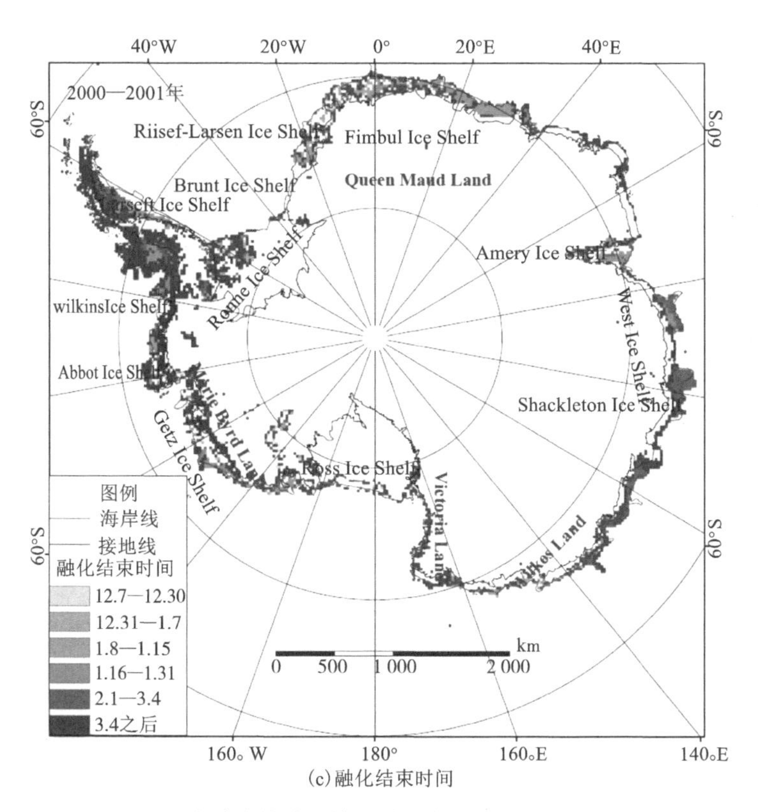

(c)融化结束时间

图 5-7　小波边缘检测的散射计南极冰盖冻融探测结果

本节利用 10 个气象站点的 2000 年 7 月 1 日—2001 年 6 月 30 日的近地面气温记录来验证干湿雪的融化状况，站点的位置信息如表 4-1 所示。干雪点站和湿雪点站 2000 年 7 月 1 日—2001 年 6 月 30 日的气温变化如图 4-7 和图 4-8 所示。

从图 4-8 可以看出，2000 年 7 月 1 日—2001 年 6 月 30 日 6 个干雪点站虽然气温变化幅度较大，但全年近地面温度都低于-5℃，说明这 6 个近地面气象站点所在的位置均未发生融化，这与图 5-7 所得到的散射计冰盖融化结果非常一致。

从图 4-8 可以看出，巴特勒岛站仅在 1 月上旬和中旬的数天内达到 0℃及 0℃以上，这与图 5-7 所示的结果非常一致。拉森冰架站与丹尼森角站的气温在 12 月中旬开始达到 0℃及 0℃以上，2 月份开始降低到 0℃以下，与这两个站点所在位置的融化结果一致。波拿巴角站所在位置在 11 月至第二年 3 月底处于融化状态，这与图 4-8 中该站在此期间处于 0℃及 0℃以上的气象信息基本一致。

通过将 10 个典型干湿雪点站的气温与算法所得结果比较可知，本节提出的小波边缘检测冰盖冻融探测算法所得的融化图像准确地反映了南极冰盖冻融的时间和空间分布。

总之，本节提出的小波边缘检测的散射计南极冰盖冻融探测算法基于小波变换和广义高斯模型统计的方法得到干湿雪分类的最优阈值进而得到南极冰盖的融化开始、结束和持续时间分布图。通过将算法所得冻融结果与10个自动气象站点气温对比验证表明：提出的散射计冰盖冻融探测算法是可行的。

5.3 数学形态学结合小波边缘检测的冻融探测

微波散射计具有非常高的灵敏度，粗糙度对后向散射系数的影响较大，而湿雪的表面粗糙度一般大于干雪，因此，湿雪的后向散射系数对表面粗糙度非常敏感，为了使用边缘检测的方法得到准确的融化信息，需要去除湿雪的表面粗糙度引入的干扰，基于此引入不仅能够较好地滤除干扰而且边缘保持很好的数学形态学。

5.3.1 数学形态学

数学形态学是一门新兴的图像分析科学，以积分几何和随机集论为其数学基础。数学形态学在信号处理上是一种非线性的滤波方法，对图像边缘方向不敏感，能很好地抑制噪声和保持真正的边缘。这门学科最初是针对二值图像进行运算的，由于它不但能够简化图像数据，保持图像基本形状特性，而且能够除去图像中不相干结构的特点，所以被广泛应用于图像处理领域。

数学形态学是通过一个称作结构元素的"探针"在信号中不断移动来探测信号，从而将复杂信号分解为具有物理意义的各部分，并保留信号主要的特征，以达到提取有用信息的目的。它主要包括腐蚀、膨胀、形态开和形态闭4种基本运算。

集合 A 被集合 B 腐蚀，表示为 $A\Theta B$，其定义为：

$$A\Theta B=\{x:\ B+x\subset A\} \tag{5-6}$$

式中：A 为输入图像；B 为结构元素；$A\Theta B$ 是由将 B 平移 x 个单位仍包含在 A 内的所有点 x 组成。

膨胀运算跟腐蚀运算是对偶的，故可以通过对其补集的腐蚀来定义。我们以 A^c 表示集合 A 的补集，那么集合 A 被集合 B 膨胀定义为：

$$A\oplus B=\{A^c\Theta(-B)^c\} \tag{5-7}$$

式中：A 为输入图像；B 为结构元素，B 对 A 作开运算定义为：

$$A^\circ B=(A\Theta B)\oplus B \tag{5-8}$$

从式(5-8)可知，开运算实际上是 A 先被 B 腐蚀，然后再被 B 膨胀的结果。

闭运算是开运算的对偶运算，定义为先作膨胀后作腐蚀，其定义为：

$$A\cdot B=(A\oplus B)\Theta B \tag{5-9}$$

数学形态学中的开、闭运算均具有低通特性。其中开运算可去除信号中的毛刺和微小斑点，抑制信号中的峰值(正脉冲)噪声；闭运算可填补漏洞和裂缝，抑制信号中的低谷(负脉冲)噪声。用这些算子及其组合能进行图像分割、特征抽取、边缘检测等方面的工作。

5.3.2　数学形态学结合小波边缘检测的冻融探测

研究选取了 2000 年 7 月 1 日—2001 年 6 月 30 日期间 Quik SCAT 水平极化数据来展示湿雪与干雪的后向散射系数变化特征。如图 5-8 所示，其中干雪点位于南极内陆地区，经度为 80.07°S，纬度为 45.00°E；湿雪点位于南极半岛的 Larsen 冰架，经度为 68.00°S，纬度为 61.18°W。由图 5-8 的曲线可知，干雪的后向散射系数曲线保持平滑稳定，随季节变化很小。与此不同的是，湿雪的后向散射系数曲线极不稳定，图 5-8 明显展示了雪面在夏季经历融化的过程，特别是经过边缘保持的数学形态学滤波后湿雪后向散射系数的巨大变化幅度是它与干雪的最大区别，并且后向散射系数变化最大的时间与融化的起始和结束时间一一对应。结合前面所述可知，湿雪亮后向散射系数的变化主要由雪中的液态水含量决定，该地区在夏季时雪面液态水含量增大，表明冰盖经历融化。

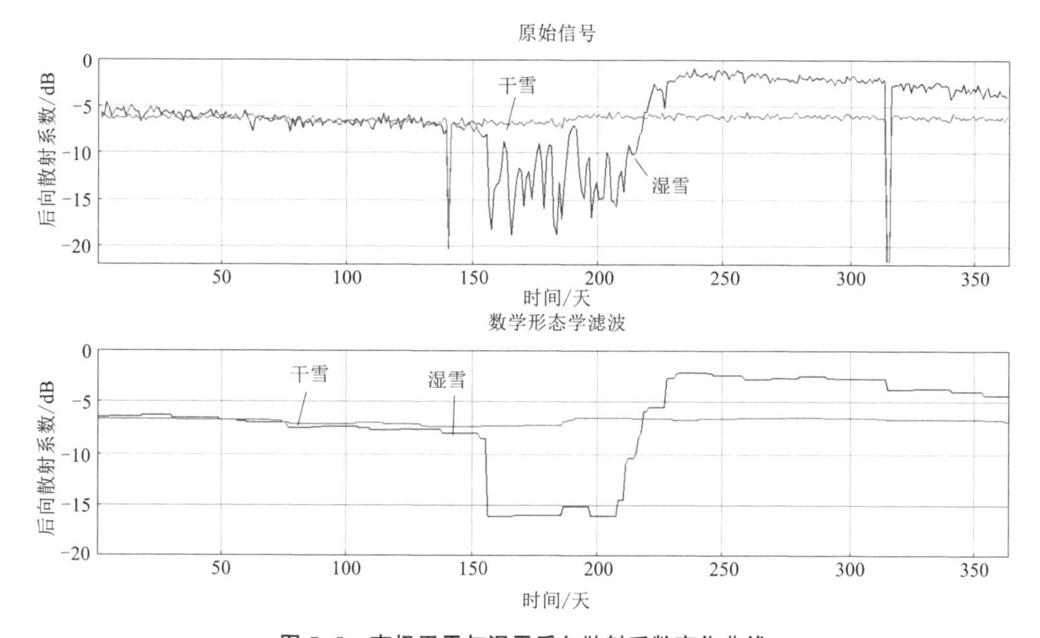

图 5-8　南极干雪与湿雪后向散射系数变化曲线

基于以上理论，图 5-9 给出了数学形态学结合小波边缘检测的散射计南极冰盖冻融探测的基本流程图。基本原理如下：边缘保持的数学形态学对后向散射系数长时间序列进行滤波，曲线的剧烈下降边缘反映了冰盖的融化，剧烈上升边缘反映了冰盖的冻结，每一年的融化开始时间为后向散射系数曲线在时间轴上第一个剧烈的下降边缘，结束时间为后向散射系数曲线在时间轴上最后一个剧烈的上升边缘，而融化持续时间是一年中每段融化持续时间之和。该方法可以探测每个像素是否经历过冻融以及冻融发生的时间。算法的基本步骤如下：

(1)长时间序列的后向散射系数数据预处理；

(2)数学形态学对长时间后向散射系数序列进行滤波处理；

(3)运用小波变换对数学形态学处理后的长时间后向散射系数序列数据进行小波多尺

度分解，在不同尺度下对边缘信息进行提取；

(4)对步骤(3)所提取的边缘，通过采用方差分析和广义高斯模型自动得到干湿雪分类的最优边缘阈值；

(5)基于步骤(4)所得的最优边缘阈值得到每个像素点的融化开始时间、结束时间和持续时间分布图；

(6)运用空间邻域纠错算子来探测和纠错由噪声引起的错误，从而最终确定融化开始时间、结束时间和持续时间及冻融的空间分布图。

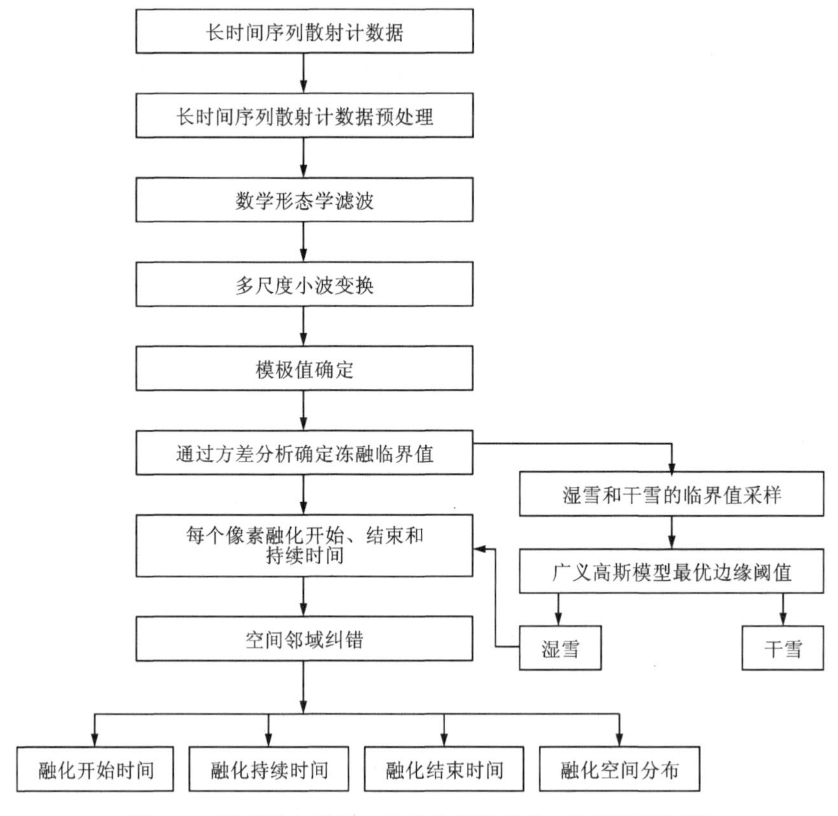

图 5-9　数学形态学结合小波边缘检测的冻融探测流程图

5.3.3　冻融探测结果与验证

根据2000年7月1日—2001年6月30日南极地区的Quik SCAT数据来确定干湿雪划分的最优阈值。图5-10为数学形态学结合小波边缘检测的散射计南极冰盖冻融探测算法得到的南极地区2000年7月1日—2001年6月30日的冰盖融化开始时间、结束时间和持续时间的分布图。

本节利用10个气象站点的2000年7月1日—2001年6月30日的近地面气温记录来验证干湿雪的融化状况，站点的位置信息如表4-1所示且干雪点站和湿雪点站的气温变化如图4-7和图4-8所示。

从图 4-7 可以看出，2000 年 7 月 1 日—2001 年 6 月 30 日 6 个干雪点站虽然气温变化幅度较大，但全年近地面温度都低于-5℃，说明这 6 个近地面气象站点所在的位置均未发生融化，这与图 5-10 所得到的散射计冰盖融化结果非常一致。

从图 4-8 可以看出，巴特勒岛站仅在 1 月上旬和中旬的数天内气温达到 0℃及 0℃以上，这与图 5-10 所示的结果非常一致。拉森冰架站与丹尼森角站的气温在 12 月中旬开始达到 0℃及 0℃以上，2 月份开始降低到 0℃以下，与这两个站点所在位置的融化结果一致。波拿巴角站所在位置在 11 月至第二年 3 月底处于融化状态，这与图 4-8 该站在此期间气温处于 0℃及 0℃以上气象信息基本一致。

通过将 10 个典型干湿雪点站的气温与算法所得结果比较可知，本节提出的数学形态学结合小波边缘检测的冰盖冻融探测算法所得的融化图像准确地反映了南极冰盖冻融的时间和空间分布。

总之，本节提出的数学形态学结合小波边缘检测算法不但扩展了微波散射计冰盖冻融探测的方法，而且得到了较好的冻融探测结果。

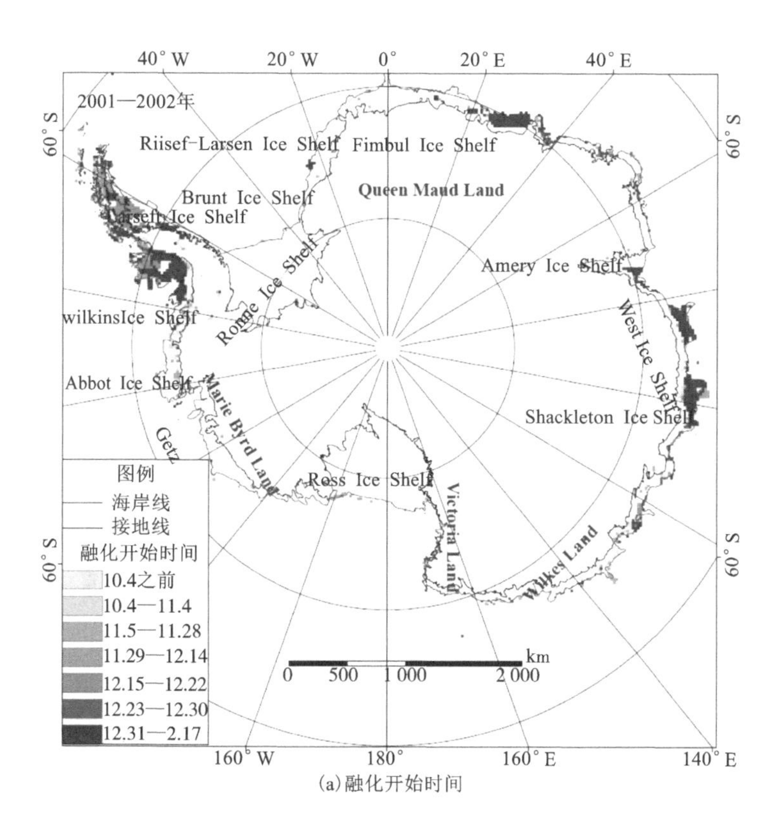

(a)融化开始时间

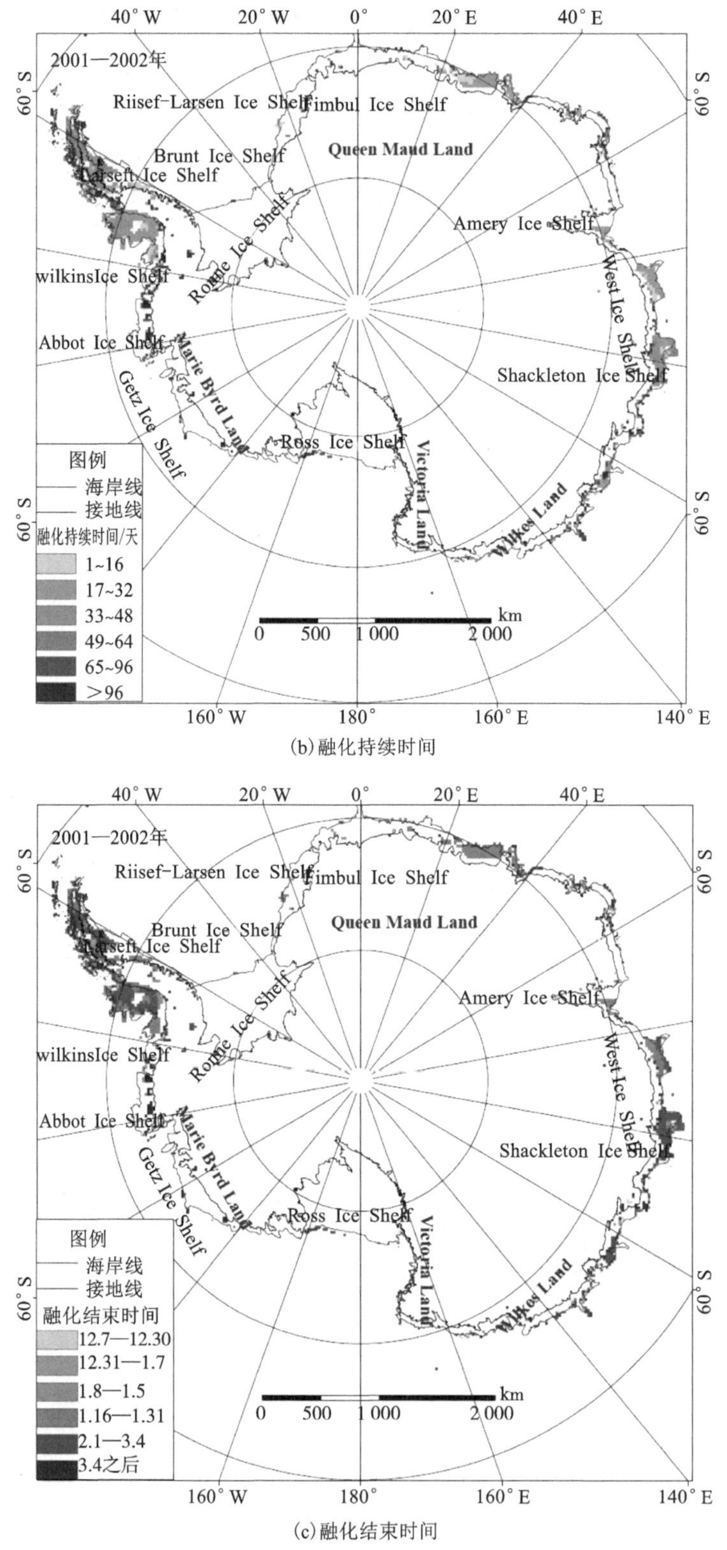

(b) 融化持续时间

(c) 融化结束时间

图 5-10　数学形态学结合小波边缘检测的冻融探测结果

5.4 小结

微波散射计简单物理模型的冰盖冻融探测算法在确定干湿雪分类阈值时需实测数据，为了提高其实用性和可操作性及扩大使用范围，根据干湿雪信号的特征提出了自动阈值分割的改进的散射计简单物理模型冰盖冻融探测方法。微波散射计的后向散射系数对冰盖液态水含量的变化非常敏感，随着融化的开始和结束，后向散射系数均发生剧烈变化，基于散射计的这个特性提出了通过小波边缘检测的方法提取出边缘信息从而得到冰盖融化开始、结束和持续时间数据。而湿雪受粗糙度的影响明显，为了去除这些干扰，通过具有边缘保持特性的数学形态学对长时间后向散射系数序列进行滤波，从而得到精度较高的冰盖冻融探测结果。

第6章

辐射计和散射计协同的冰盖冻融探测

从主被动微波的原理我们知道，微波散射计对于地表的变化较微波辐射计更为敏感，即微波散射计有高的灵敏性而微波辐射计受地表形态的影响较小有更高的可靠性。因此，在主被动微波探测冰盖冻融的方法协同方面非常有必要进一步加强研究。

6.1 基于边缘检测的辐射计和散射计协同冰盖冻融探测

6.1.1 基本原理

辐射计可靠性高，用其确定融化区域。散射计灵敏度高能较早地探测到冰盖的表面融化和冻结，即当融化开始时，有更早的下降突变，融化结束时，有更早的上升突变；故可用辐射计的高可靠性和散射计的高灵敏性来提高探测精度。如果散射计能检测到融化开始和结束时间就以散射计所得的融化开始和结束时间作为协同的融化开始和结束时间，否则就以辐射计所得的融化开始、结束时间作为协同的融化开始和结束时间，将两者协同起来能够有效地提高融化开始、结束和持续时间及冰盖冻融分布图的精度。

6.1.2 配准

将表 6-1 所列举的辐射计和散射计所给的经纬度信息分别加入相应的图像中，从而得到带地理坐标信息的影像图，然后利用相同的经纬度坐标对应着同一个地理点这一原理，以辐射计作为参考源对辐射计和散射计进行配准。其基本步骤如下：

(1)辐射计和散射计加经纬度信息；

(2)将散射计进行重采样，使其像素的大小跟辐射计一致，即使散射计由 4.45 km×4.45 km 重采样到 25 km×25 km，像素个数由 1940×1940 重采样到 345×345；

(3)通过地理链接找出经纬度相同的点的坐标位置；

(4)将辐射计和散射计进行剪切使它们的范围一致。

表 6-1　辐射计和散射计的经纬度信息

辐射计坐标	辐射计经纬度	散射计坐标	散射计经纬度
(1, 1)	-39.23, -42.24	(1, 1)	-37.532288, -44.810421
(316, 1)	-39.23, 42.24	(1940, 1)	-37.381657, 45.000000
(1, 332)	-41.45, -135.00	(1, 1940)	-37.683605, -135.0000
(316, 332)	-41.45, 135.00	(1940, 1940)	-37.532288, 134.810425

基于以上方法配准的图像通过主观目测法可知其配准误差在一个像素之内。

6.1.3　辐射计和散射计协同

配准和剪切后的辐射计和散射计的基于改进的小波变换的南极冰盖冻融探测算法的基本原理：长时间序列亮温数据和后向散射系数数据的剧烈变化边缘反映了冰盖的融化或者冻结的开始，首先通过微波辐射计数据确定融化区域，然后通过经数学形态学滤波后的散射计数据获得融化开始、结束和持续时间，即每一年融化开始时间为时间轴上第一个后向散射系数剧烈下降变化边缘，结束时间为时间轴上最后一个后向散射系数剧烈上升变化边缘，而融化持续时间就为一年中每段融化持续时间的总和。该方法可以探测每个像素是否经历过冻融以及冻融发生的时间。其流程图如图 6-1 所示，基本步骤如下：

(1)微波辐射计和散射计配准；

(2)微波辐射计和散射计剪切使它们一一对应；

(3)对长时间序列后向散射系数和亮温数据进行预处理；

(4)运用小波变换对预处理后的长时间序列的亮温数据和后向散射系数数据进行小波多尺度分解，在不同尺度下对边缘信息进行分析；

(5)长时间序列的辐射计亮温数据和散射计后向散射系数数据基于方差分析和广义高斯模型统计的方法确定干湿雪最优分类阈值；

(6)辐射计确定融化区域；

(7)以步骤(6)为基础通过散射计数据得到每个像素的融化开始、结束和持续时间分布图；

(8)基于空间自动纠错的原理，运用空间邻域纠错算子来探测和纠错由噪声引起的错误的数据像素，从而确定冻融的空间分布、融化开始时间、融化结束时间和融化持续时间。

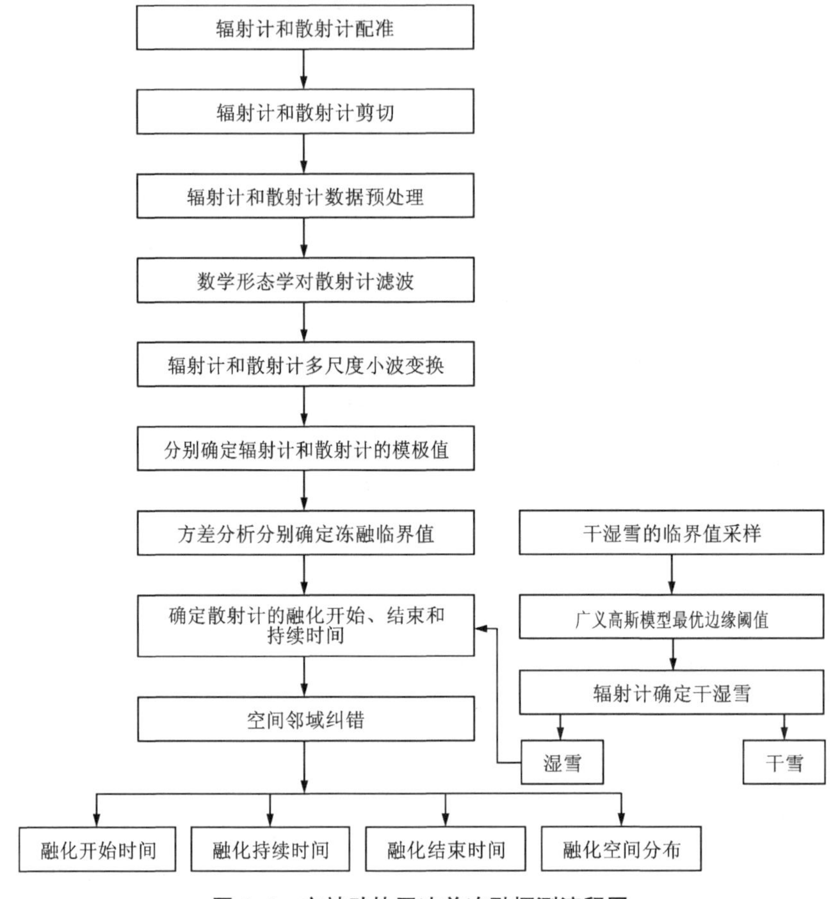

图 6-1 主被动协同冰盖冻融探测流程图

6.1.4 冻融探测结果和验证

根据 2008 年 7 月 1 日—2009 年 6 月 30 日的南极地区的辐射计 SSM/I 数据和散射计 Quik SCAT 数据来分析和比较单独的微波辐射计和散射计方法所得冰盖冻融结果和两者协同所得的探测结果。图 6-2～图 6-4 分别为基于改进的小波变换得到的微波辐射计、微波散射计及两者协同起来所得到的融化开始时间、融化持续时间和融化结束时间分布图。为了更明显地比较协同方法和微波辐射计方法二者探测结果的差别，将图 6-2 和图 6-4 中两者所得融化数据列入表 6-2 和表 6-3 中，由表 6-2 可知，协同方法较早地探测到冰盖的融化时间且协同方法优于后者。通过以上比较可知：协同方法确定融化开始时间是可行的。由表 6-3 可知，协同方法较早地探测到冰盖的冻结时间且与单独用辐射计测得的融化点数相差不多，通过以上比较可知：协同方法确定融化结束时间是可行的。

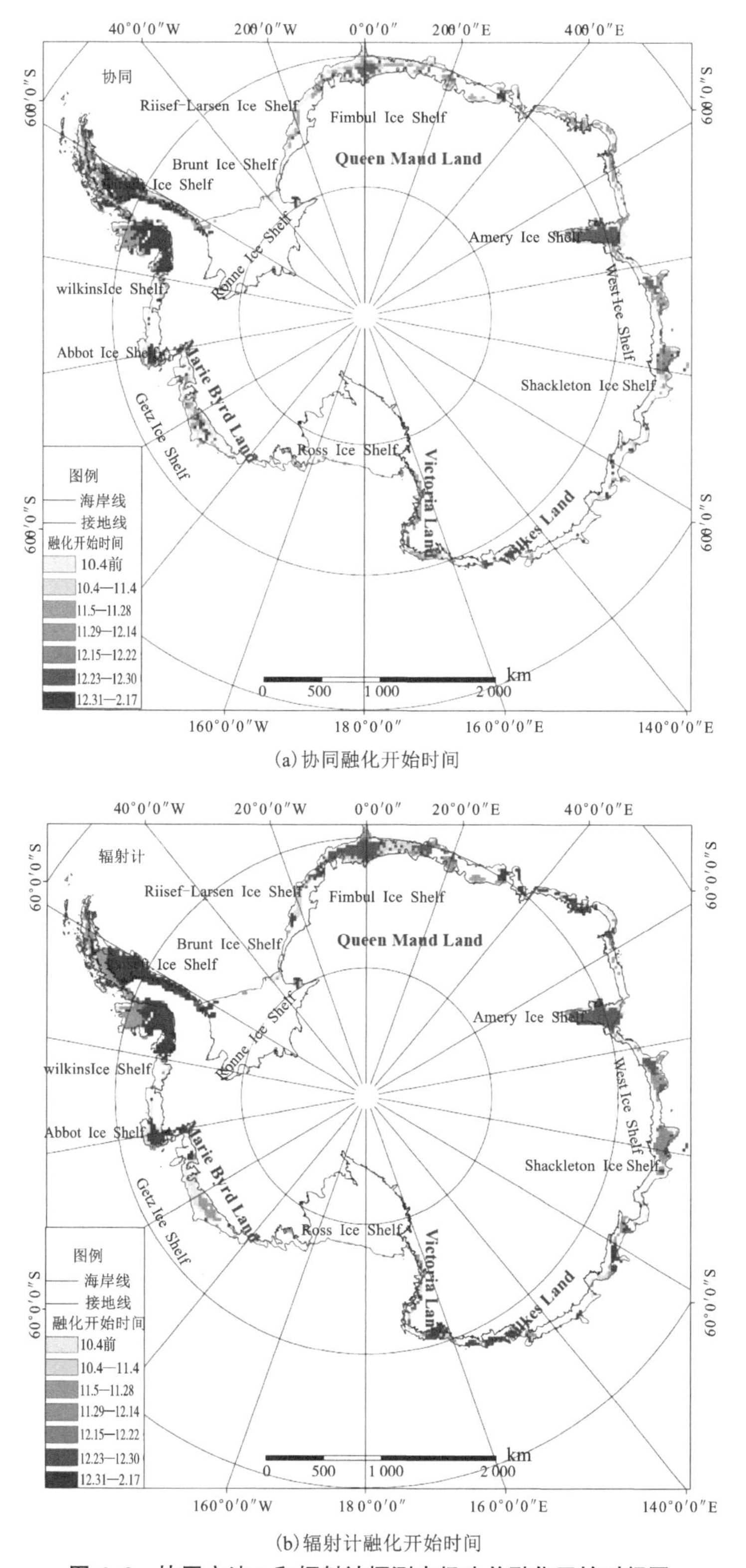

(a) 协同融化开始时间

(b) 辐射计融化开始时间

图 6-2　协同方法 1 和辐射计探测南极冰盖融化开始时间图

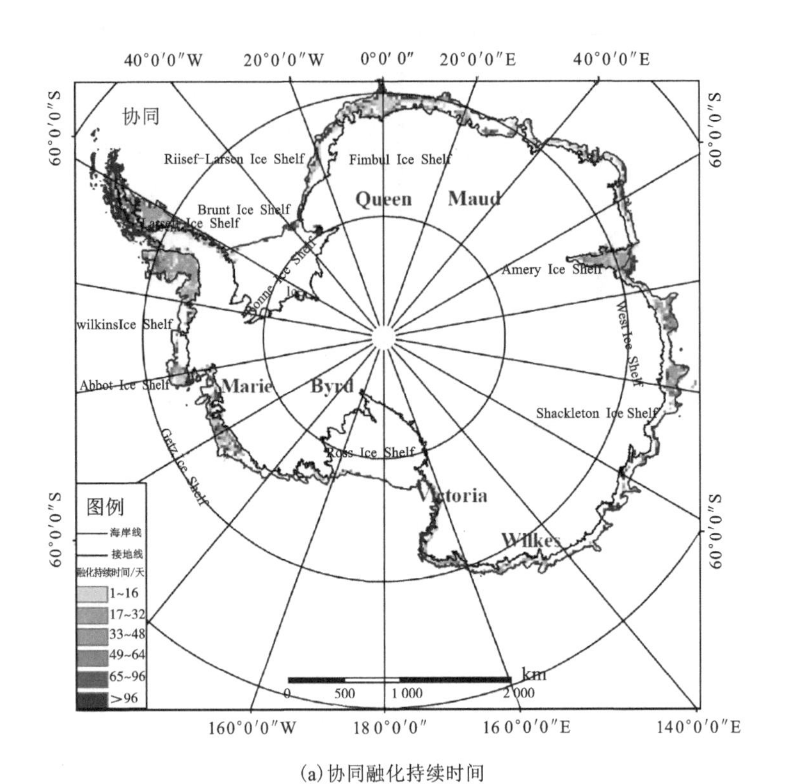

(a) 协同融化持续时间

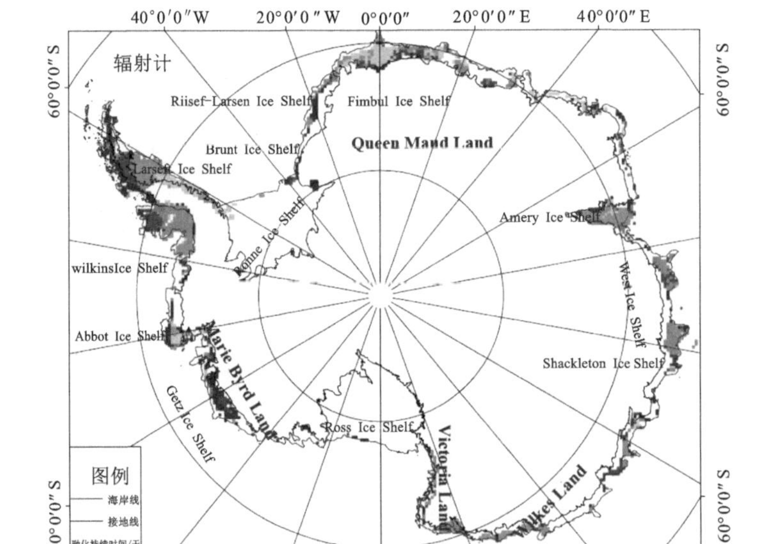

(b) 辐射计融化持续时间

图 6-3　协同方法 1 和辐射计南极冰盖融化持续时间图

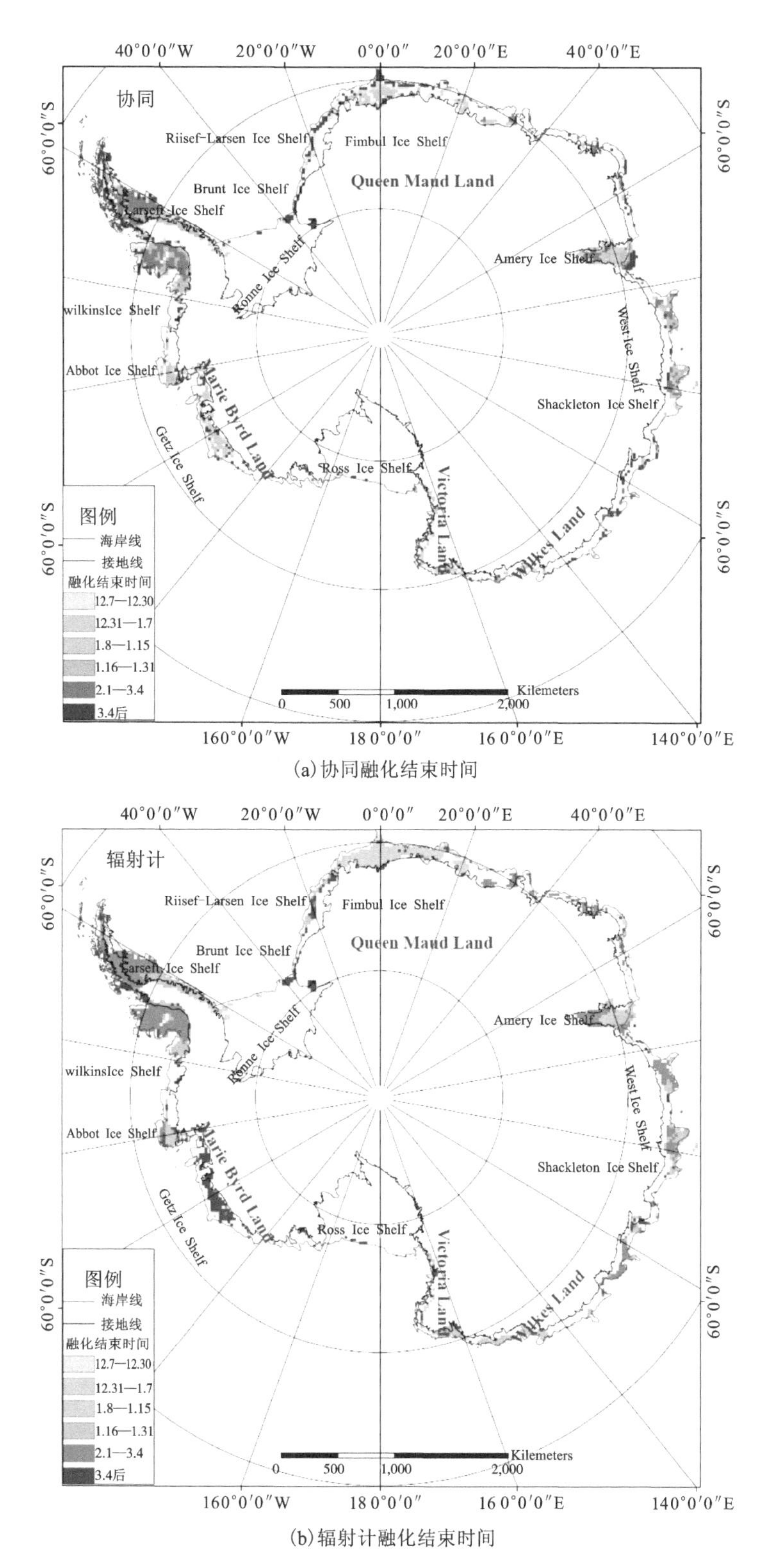

(a) 协同融化结束时间

(b) 辐射计融化结束时间

图 6-4　协同方法 1 和辐射计南极冰盖融化结束时间图

表 6-2　辐射计和协同融化开始时间像元点数对比

时间段	辐射计融化点数/个	协同融化点数/个
10.4 之前	261	293
10.4—11.4	137	233
11.5—11.28	198	363
11.29—12.14	135	114
12.15—12.22	81	35
12.23—12.30	303	205
12.31—2.17	572	401

表 6-3　辐射计和协同融化结束时间像元点数对比

时间段	辐射计融化点数/个	协同融化点数/个
12.7—12.30	17	238
12.31—1.7	26	40
1.8—1.15	232	228
1.16—1.31	477	379
2.1—3.4	618	320
3.4 之后	299	325

通过对协同方法和单独辐射计方法所得融化开始时间和结束时间的比较可知：协同方法思路是行之有效的且协同方法所得结果达到了预期的目的。

上面将协同结果与辐射计直接得到的结果进行了交叉验证，下面将通过近地面气象站点的数据进行直接验证。在收集的南极大部分气象站点的数据中，选取 2008 年 10 月 1 日—2009 年 3 月 31 日巴特勒岛站和拉森冰架站 2 个地面起伏不大的湿雪点气象站的数据用于协同结果的地面验证，站点信息如表 6-4 所示。

表 6-4　地面验证站点的地理信息

站点代号	站点名称	经纬度	海拔/m
902	巴特勒岛站(Butler Island)	60.17°W，72.21°S	63
926	拉森冰架站(Larsen Ice Shelf)	61.55°W，67.01°S	17

所用的温度数据是每隔 10 min 的数据(即每天记录 144 个温度数据)。剔除无效数据后，取最大的 15 个数据的平均值用于试验结果的验证。

由图 6-5 可知：巴特勒岛站温度开始大于 0℃的点发生在 11 月底，相应位置的辐射计所得的融化开始时间在 12 月 31 日之后，而协同的融化开始时间发生在 11 月底；温度大于

0℃的结束时间在 2 月上旬，辐射计所得的融化结束时间在 1 月份，而协同的融化结束时间发生在 2 月和 3 月份之间，从以上结果可知协同结果更准。由拉森冰架站时间—温度变化图可知：温度大于 0℃的点发生在 11 月中旬，相应位置的辐射计的融化开始时间在 12 月 31 日之后，而协同的融化开始时间发生在 11 月中旬，协同的融化持续时间跟站点结果相差不多。从以上结果可知协同方法得到的结果更准。

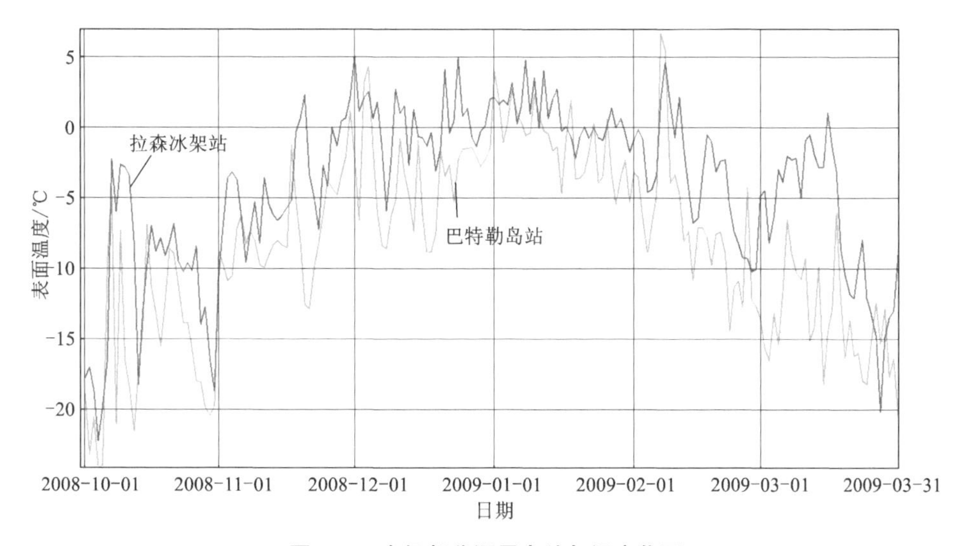

图 6-5　南极部分湿雪点站气温变化图

6.2　基于物理模型的辐射计和散射计协同冰盖冻融探测

6.2.1　基本原理

辐射计可靠性高，受粗糙度、地形等外部条件的影响较小（相对散射计而言）而散射计的空间分辨率高；因此可利用辐射计的可靠性来提高散射计的精度。微波辐射计和散射计的简单冰盖融化模型如图 6-6 所示。

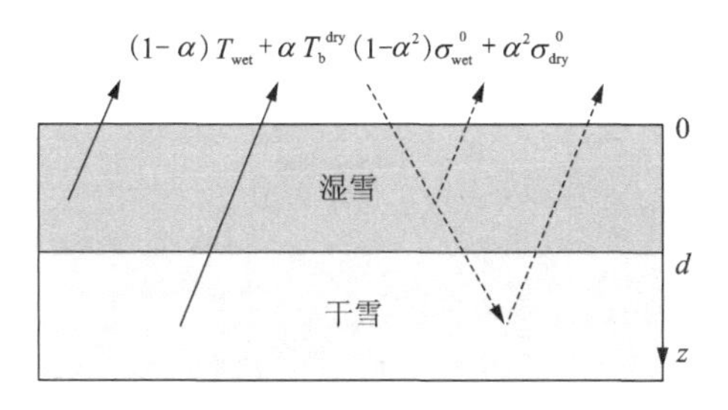

图 6-6　冰盖表面融化的简单物理模型

由图 6-6 的简单物理模型可知：辐射计的亮温和散射计的后向散射系数分别为

$$T_b(0)=(1-\alpha)T_{wet}+\alpha T_b^{dry} \tag{6-1}$$

$$\sigma^0=(1-\alpha^2)\sigma_{wet}^0+\alpha^2\sigma_{dry}^0 \tag{6-2}$$

式中：$\alpha=e^{-k_a d\sec\theta_{ws}}$ 为衰减系数。由资料可知：吸收系数 $\Delta T_s=|\Delta T_A-\Delta T_0|$，由此可得，辐射计的吸收损失系数 $k_a=9.74$，散射计的吸收损失系数 $k_a=7.14$；辐射计传输角 θ_{ws} 为 53.1°、散射计传输角 θ_{ws} 为 56°；由 $\alpha=e^{-k_a d\sec\theta_{ws}}$ 可以得到湿雪的深度 $d=\dfrac{\ln\alpha}{-k_a\sec\theta_{ws}}$，在同一区域中辐射计和散射计的湿雪的深度相同，故：

$$\frac{\ln\alpha_1}{-k_{\alpha1}\sec\theta_{ws1}}=\frac{\ln\alpha_2}{-k_{\alpha2}\sec\theta_{ws2}} \tag{6-3}$$

在式（6－3）中分母为常数且 $k_{\alpha1}\sec\theta_{ws1}=16.2220$，$k_{\alpha2}\sec\theta_{ws2}=12.7684$，则将 $k_{\alpha1}\sec\theta_{ws1}=16.2220$ 和 $k_{\alpha_2}\sec\theta_{ws2}=12.7684$ 代入式(6-3)可得

$$\frac{\ln\alpha_1}{16.2220}=\frac{\ln\alpha_2}{12.7684} \tag{6-4}$$

进而可得

$$12.7684\ln\alpha_1=16.2220\ln\alpha_2 \tag{6-5}$$

用指数形式可表达为：

$$\alpha_2=\alpha_1^{\frac{12.7684}{16.2220}} \tag{6-6}$$

从而将辐射计和散射计的衰减系数建立了关系。其中 α_1 为辐射计的衰减系数，由此可求出对应像素的散射计的衰减系数 α_2。

由此可求出加权系数，即

$$w=\frac{\alpha_1}{\alpha_2}=\alpha_1/(\frac{\alpha'_1+\alpha'_2+\cdots+\alpha'_n}{n}) \tag{6-7}$$

式中：α'_1，α'_2，…，α'_n 为辐射计像素所在位置对应的散射计的衰减系数。

式(6-2)整理后得：

$$\sigma^0=\sigma_{wet}^0-\alpha^2\sigma_{wet}^0+\alpha^2\sigma_{dry}^0 \tag{6-8}$$

进而得到

$$\sigma^0-\sigma_{wet}^0=\alpha^2(\sigma_{dry}^0-\sigma_{wet}^0) \tag{6-9}$$

以分贝(dB)的形式表达为：

$$\sigma^0-\sigma_{wet}^0=20\lg\alpha+\sigma_{dry}^0-\sigma_{wet}^0 \tag{6-10}$$

即

$$\sigma^0=20\lg\alpha+\sigma_{dry}^0 \tag{6-11}$$

从而可得散射计的衰减系数：

$$\alpha=10^{(\sigma^0-\sigma_{dry}^0)/20} \tag{6-12}$$

将加权(修正)系数 w 代入 $\sigma^0=20\lg\alpha+\sigma_{dry}^0$ 即可得：

$$\sigma^0=20\lg(w\alpha)+\sigma_{dry}^0 \tag{6-13}$$

将散射计的衰减系数和加权(修正)系数代入上面的公式，进而可得到修正后的后向散射结果。

6.2.2　辐射计和散射计协同

基于上面的理论可得协同方法的具体步骤：

(1)辐射计和散射计数据进行预处理；

(2)辐射计和散射计数据加经纬度信息；

(3)求式(6-5)中的干雪的亮温和后向散射系数 $T_{\mathrm{b}}^{\mathrm{dry}}$ 和 $\sigma_{\mathrm{dry}}^{0}$：分别用南极各个点当年冬季6月1日到8月31日的亮温的平均值和后向散射系数的平均值来代替；

(4)将 $T_{\mathrm{b}}^{\mathrm{wet}}\approx 273$ K 和 $T_{\mathrm{b}}^{\mathrm{dry}}$ 代入 $\alpha=\dfrac{T_{b}^{\mathrm{wet}}-T_{\mathrm{b}}(0)}{T_{\mathrm{b}}^{\mathrm{wet}}-T_{\mathrm{b}}^{\mathrm{dry}}}$ 中，计算得到散射计的衰减系数 α；

(5)将 $\sigma_{\mathrm{dry}}^{0}$ 代入 $\alpha=10^{(\sigma^{0}-\sigma_{\mathrm{dry}}^{0})/20}$ 中，计算得到散射计的衰减系数 α；

(6)对散射计和辐射计进行重采样(采用最近邻法)：将散射计由原来的4.45 km重采样到5 km，辐射计由原来的25 km重采样到5 km；

(7)对重采样后的散射计和辐射计进行剪裁，剪裁范围为1150×950；

(8)由辐射计计算出跟散射计相对应值的衰减系数：由公式 $\alpha_{2}=\alpha_{1}^{\frac{12.7684}{16.2220}}$ 及前面所求出的辐射计衰减系数代入即可求出；

(9)求散射计的修正系数 w：用公式 $w=\dfrac{\alpha_{1}}{\alpha_{2}}=\alpha_{1}/(\dfrac{\alpha'_{1}+\alpha'_{2}+\cdots+\alpha'_{n}}{n})$ 即可求出修正系数；

(10)计算后向散射系数：通过 $\sigma^{0}=20\lg(w\alpha)+\sigma_{\mathrm{dry}}^{0}$ 可得到散射计各个像素点的后向散射系数；

(11)进而得到冰盖冻融分布图。

6.2.3　冻融探测结果与验证

采用2001年7月1日—2002年6月30日的南极地区的辐射计SSM/I数据和散射计QuickSCAT数据得到2002年1月15日的融化区域分布图。其中图6-7为协同方法得到的融化区域分布图，图6-8为辐射计数据得到的融化区域分布图，图6-9为散射计数据得到的冰盖冻融结果分布图。

通过比较结果可知：协同方法所得的2002年1月15日的南极冰盖冻融结果跟微波辐射计所得结果的分布情况比较接近而与散射计所得结果差别较大，在一定程度上说明了协同方法的有效性。为了进一步验证结果，选取4个近地面湿雪点气象站在2002年1月15日的温度数据对实验结果进行验证，站点信息如表6-5所示。

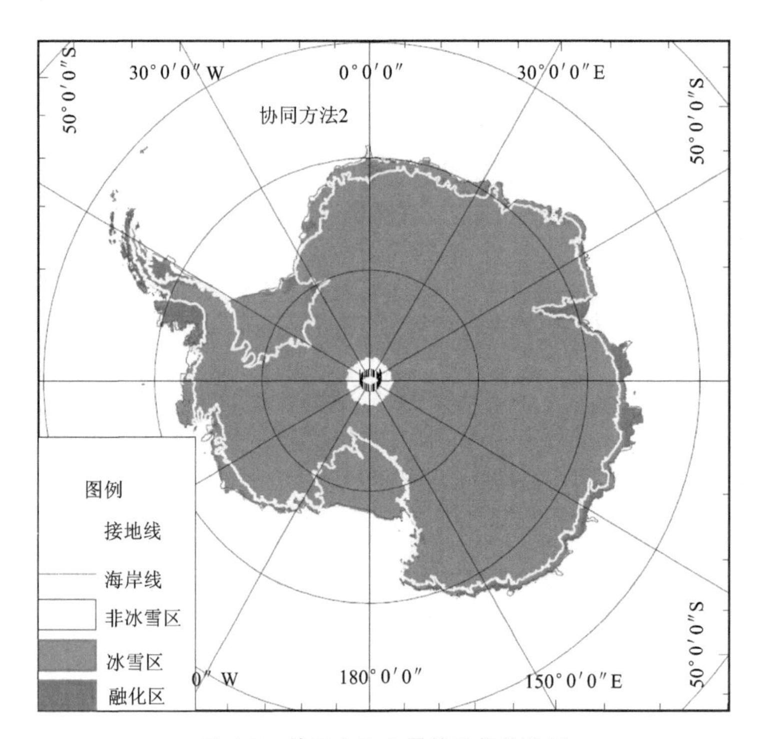

图 6-7　协同方法 2 最终融化结果图

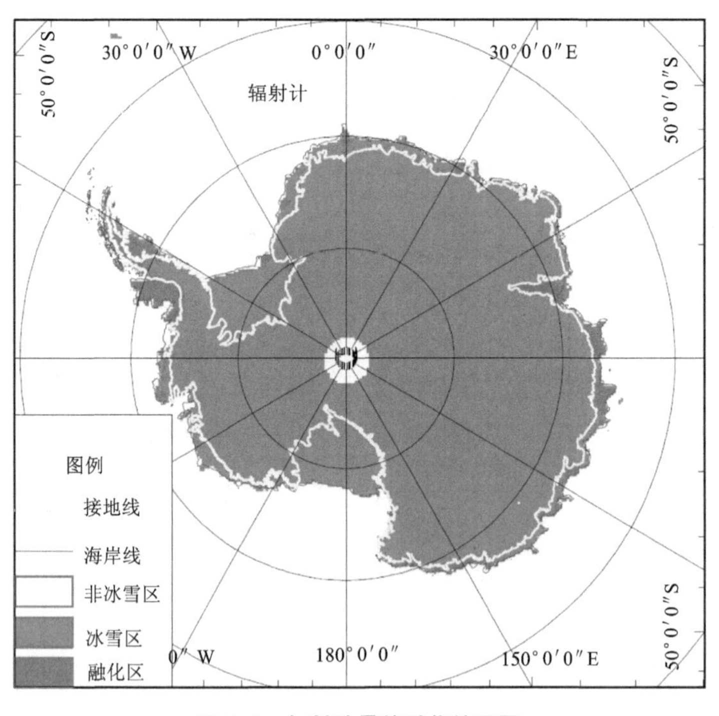

图 6-8　辐射计最终融化结果图

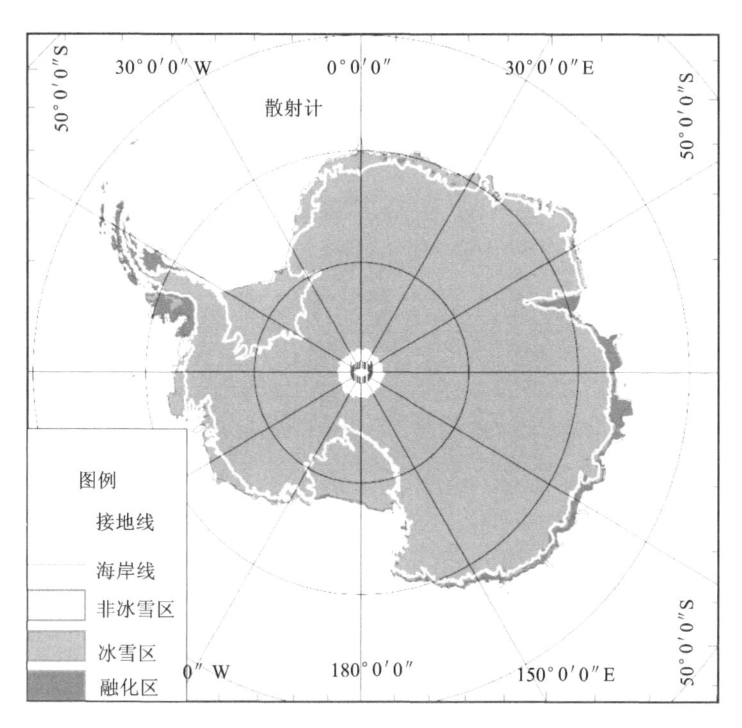

图 6-9　散射计最终融化结果图

表 6-5　地面验证站点的地理信息

站点位置	站点代号	站点名称	纬度	经度	温度/℃
湿雪点	902	巴特勒岛站(Butler Island)	72. 21°S	60. 16°W	0. 1
	923	波拿巴角站(Bonaparte Point)	64. 78°S	64. 07°W	2. 7
	926	拉森冰架站(Larsen Ice Shelf)	66. 95°S	60. 91°W	0. 7
	988	丹尼森角站(Cape Denison)	67. 01°S	142. 66°E	2. 1

由表 6-5 可知，站点代号为 902 的巴特勒岛站所在的位置点温度与图 6-7 所示该点处于融化状态的结果一致，而图 6-9 却显示该站点区域未融化，从而可知协同方法所得结果更有效。其他 3 个站点所在位置的融化结果和温度数据一致。

6.3　小结

本章在方法学上将主动微波和被动微波有机结合起来。协同方法 1 是利用微波辐射计的高可靠性和微波散射计的高灵敏度的特性通过改进的小波变换将两者有效协同起来，通过对比验证和近地面温度数据对结果的验证可知协同方法能够在一定程度

上提高冰盖冻融的探测精度。协同方法 2 是在冰盖融化简单物理模型的基础上，利用微波辐射计的高可靠性来修正微波散射计的后向散射系数从而得到精度更高的冻融结果，通过对比验证和近地面温度数据对结果的验证可知协同方法 2 在一定程度上提高了冰盖冻融的探测精度。

第7章

南极冰盖冻融的时空分析

利用改进的 liu 等人(2005)提出的基于小波变换的冰盖冻融探测方法，分别从空间和时间上获取了时间跨度为31年的南极地区冰盖的平均融化开始时间、结束时间和持续时间分布图及融化面积年际变化图和融化像元随季节的变化图，在此基础之上，得出南极冰盖冻融时空变化特征。结合南极地区的地表观测，对南极冰盖冻融时空变化的机制也进行了初步探讨和分析。

数据源为1978年10月26日—2010年6月30日的SMMR和SSM/I微波辐射计数据，皆来自NSIDC(美国冰雪研究中心)。选择的数据通道为SMMR的18 GHz水平极化通道和SSM/I的19 GHz水平极化通道。

数据归一化后，利用改进的小波变换冰盖冻融探测算法对逐年的微波辐射计数据进行处理，提取31年的南极冰盖冻融信息(由于在1987年12月丢失了28天的SSM/I数据，所以没有提取1987—1988年的南极冰盖冻融信息)。南极的夏季为本年的12月到次年的2月，为了研究的方便，将本年的7月1日到次年的6月30日记为一年且采取靠前的原则，比如1991年是指1991年7月1日—1992年6月30日。

7.1 南极冰盖冻融的空间分析

通过以上处理后得到1978—2010年南极冰盖的平均融化开始、持续和结束时间图(图7-1)，其中总的融化面积达1621875 km^2，占南极总面积的11.67%。由图7-1可知，融化区域大部分分布于南极边缘，包括罗斯冰架(Ross Ice Shelf)、埃默里冰架(Amery Ice Shelf)、龙尼冰架(Ronne Ice Shelf)、拉森冰架(Larsen Ice Shelf)、盖茨冰架(Getz Ice Shelf)、阿博特冰架(Abbot Ice Shelf)、威尔金斯冰架(Wilkins Ice Shelf)、布兰特冰架(Brunt Ice Shelf)、里瑟拉森冰架(Riiser-Larsen Ice Shelf)、芬布尔冰架(Fimbut Ice Shelf)、西冰架(West Ice Shelf)、沙克尔顿冰架(Shackleton Ice Shelf)等，总体来说，越靠近最外边缘的融化区域的融化开始时间越早、融化持续时间越长、融化结束时间越晚。

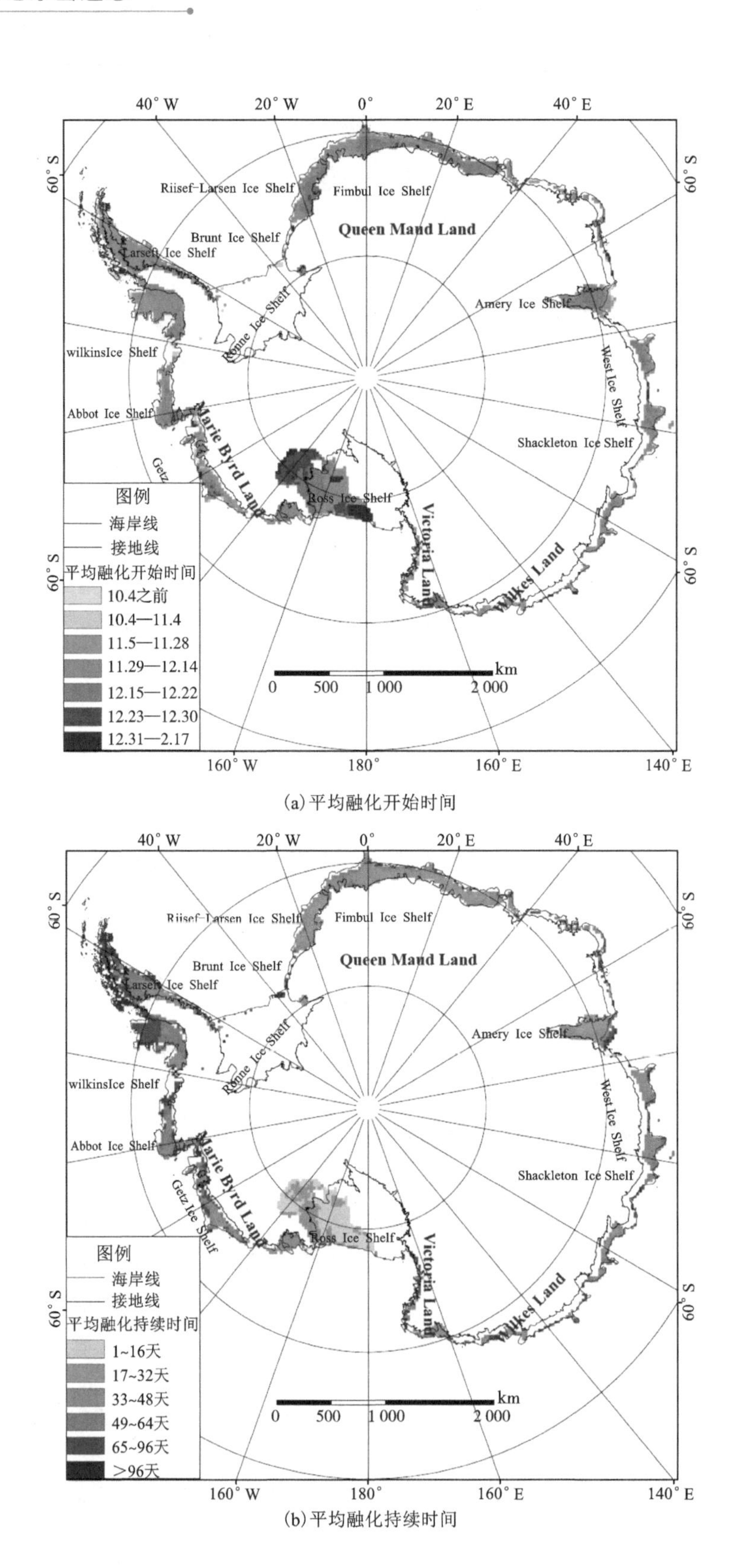

(a) 平均融化开始时间

(b) 平均融化持续时间

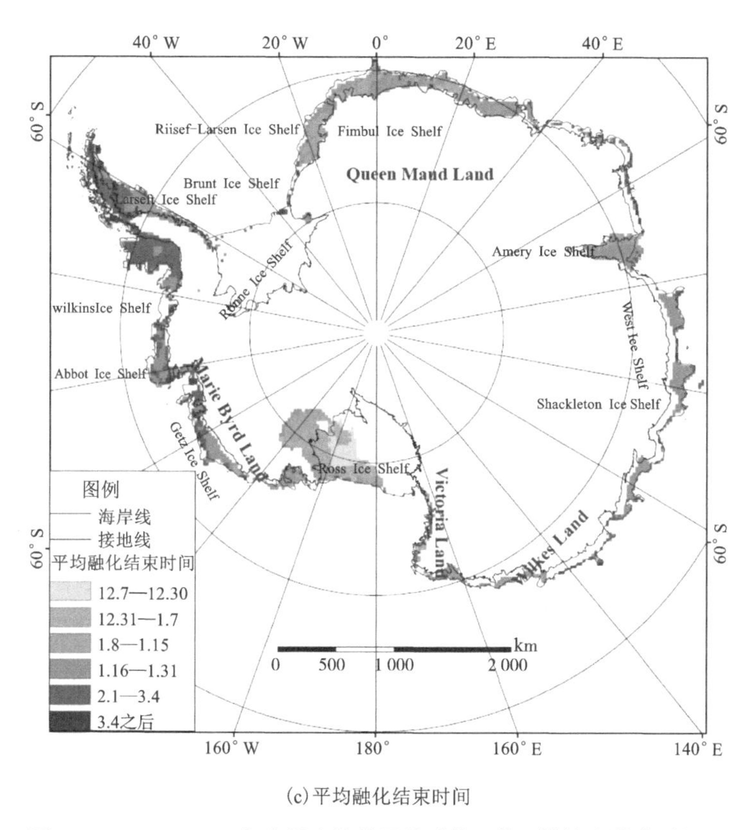

(c) 平均融化结束时间

图 7-1　1978—2010 年南极冰盖的平均融化开始、持续和结束时间图

南极冰盖的融化存在明显的区域差异。总体来说，南极半岛的融化强度最大，其中威尔金斯冰架和拉森冰架的平均融化开始时间在 12 月中旬前、融化持续时间超过 60 天、融化结束时间在 2 月 1 日后。而两个最大的冰架—龙尼冰架和罗斯冰架，其平均融化持续时间相对较短，基本在 10 天以下。南极内陆的大部分区域 31 年来都没有发生融化。

以下将具体分析南极冰盖冻融的空间分布特点，并揭示南极冰盖冻融的空间分布与地表的覆盖类型、海拔和地理位置的内在关系。

首先，岩石由于低比热容的属性，在同等太阳辐射的条件下，将比高比热容的冰雪有更明显的温度变化，从而使得其周围的冰雪更容易发生融化。从南极地物覆盖类型来看，拉森冰架和威尔金斯冰架位于岩石众多的南极半岛，受岩石低比热的影响，因而比少岩石的罗斯冰架和龙尼冰架更易发生融化。

其次，平均融化持续时间代表了融化的强度，其受纬度的影响呈现出复杂的变化。一般而言，对于南极高纬度地区，太阳辐射强度比较弱，使得其地面温度低于低纬度地区。本书的试验结果表明，位于高纬度的南极内陆的大部分区域几乎没有融化过程发生，而位于纬度相对较低地区的南极半岛却持续发生高强度的融化。而横断山脉与南极半岛都是南极大陆上岩石分布广泛的区域，由于横断山脉大部分位于高纬度地区使得其与南极大陆的融化强度差异甚大。

图 7-3 为基于图 7-2 得到的 1978—2010 年南极地区平均融化持续时间与海拔的关系图，由图可知，海拔高度为 0~500 m 时，由于受大气垂直梯度的影响，海拔越高，平均融化持续时间越短。海拔低于 20 m 的地区，平均融化持续时间超过 50 天，以各冰架与海交界的边缘区域为主。海拔为 20~200 m 的地区，平均融化持续时间在 50 天以下，尤其在海拔为 100 m 左右的地区，以芬布尔冰架、埃默里冰架和里瑟拉森冰架为代表，平均融化持续时间为 30 天左右。对于海拔为 200~500 m 的地区，由于受大气垂直梯度的影响，平均融化持续时间随着海拔的增加而缩短，以盖茨冰架和阿博特冰架为代表，平均融化持续时间为 40 天左右。其中，海拔为 400 m 左右的地区，平均融化持续时间减少至 25 天左右。结合图 7-1 和图 7-2 可知，海拔高度超过 500 m 的融化区域主要分布于南极半岛，因低比热容的岩石分布和低纬度能得到更多的太阳辐照使得该地区呈现出高强度的融化。

总之，地物覆盖类型、海拔和地理位置(纬度)的综合作用使得南极冰盖的冻融呈现了复杂的空间分布。

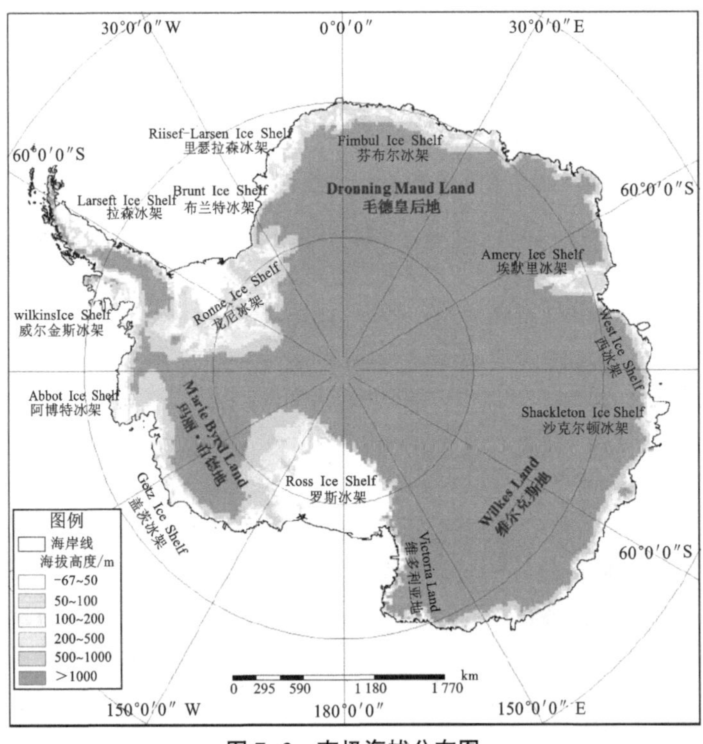

图 7-2　南极海拔分布图

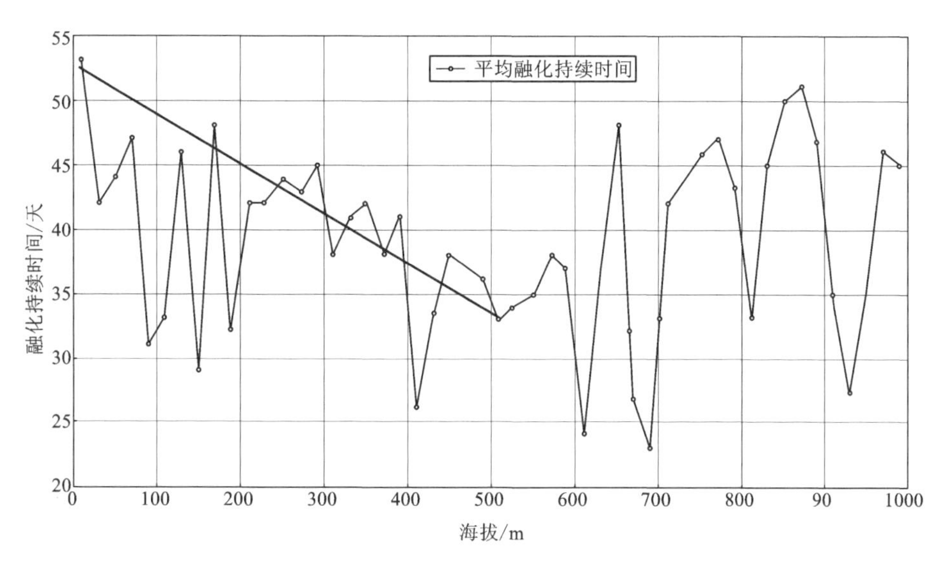

图 7-3　平均融化持续时间与海拔的关系

7.2　南极冰盖冻融的时间分析

从南极冰盖的冻融与年份、季节以及月份的关系出发，分析得到南极冰盖冻融的时间分布特点。

对南极冰盖 31 年(1978—2010)的融化情况逐年进行了统计，融化面积随年份的变化如图 7-4 所示，下面主要从年际变化方面对南极冰盖的冻融情况进行分析。

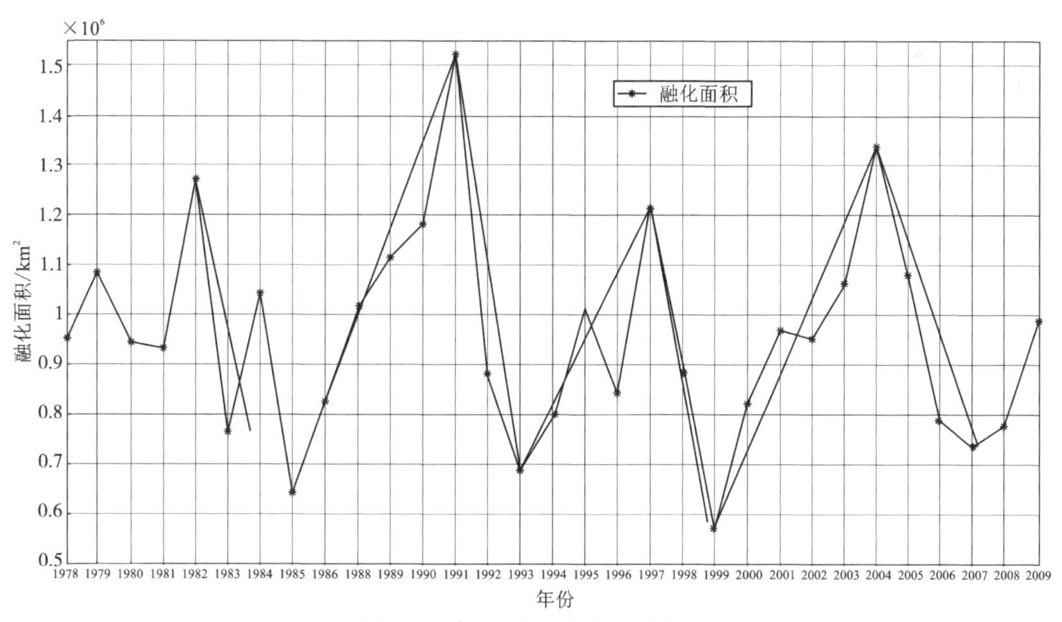

图 7-4　南极融化面积年际变化图

由图 7-4 可知，南极融化区域的年际变化较大，融化面积最大的年份是 1991 年(1991 年 7 月 1 日—1992 年 6 月 30 日)，其融化面积为 1518750 km^2，1999 年融化面积最小为 565000 km^2，最大融化面积是最小融化面积的 3 倍。由图 7-4 中的黑线可知，当某年在前后几年出现最小的融化，则一般经过几年后将会出现一个强度比较大的融化，如 1985 年出现一个较小的融化，5 年后在 1991 年出现了一个最大的融化。并且出现较大的融化后，第二年会有一个大幅度地下降，如图中红线标记。

为了更详细地对融化结果进行分析，对 1988 年 7 月—2010 年 7 月的融化结果进行了逐月的统计，融化像元数目随月份的变化如图 7-5 所示，下面主要从季节变化方面进行南极冻融情况的分析。

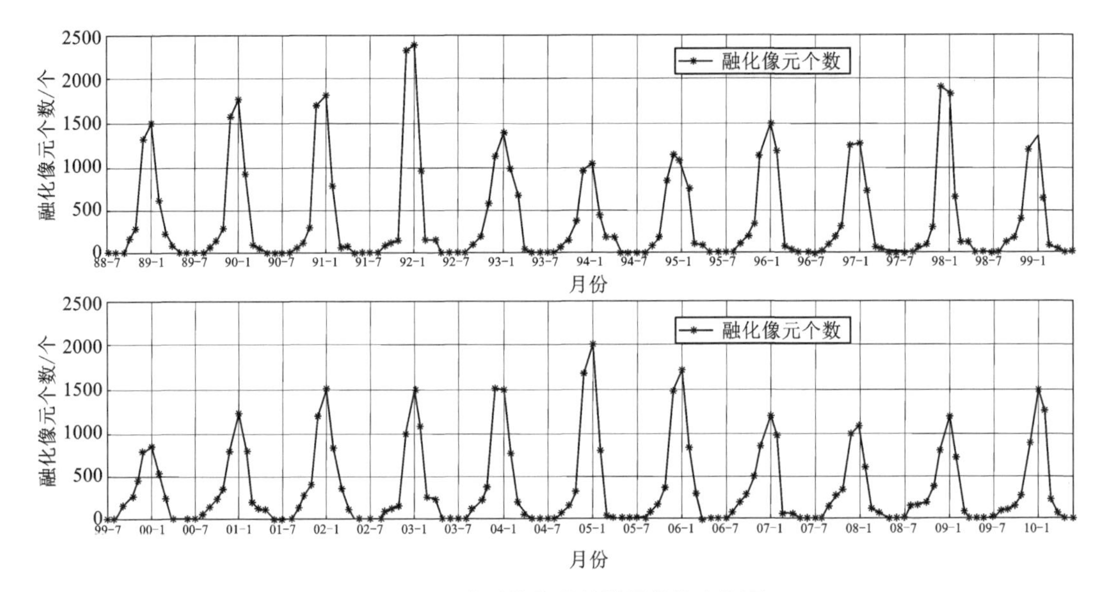

图 7-5　平均融化像元数随月份的变化图

由曲线可见，南极冰盖的融化具有非常明显的季节性，夏季(12 月至次年 2 月)融化剧烈，基本在 12 月份和 1 月达到顶峰。2 月份开始，融化面积开始减少，到 3 月份发生融化的地区已极其稀少。这一结果表明，南极冰盖表面(主要是各个冰架表面)在夏季融化加剧之后会有重新冻结的过程。

随着冰雪的重新冻结，融化面积急剧减小，到 2 月份，其平均融化面积仅为 1 月份的 50%左右，而在 3 月份，融化面积进一步减小并基本趋于稳定。纵观 22 年间 3 月份的融化面积，基本稳定在 7.5 $km\times10^4 km^2$ 左右。

自 5 月起，南极进入冬季，极少发生融化事件，直到 10 月，南极冰盖重新进入融化事件多发季节。

7.3 小结

结合1978—2010年南极冰盖的时间分布与空间分布特点来看，南极冰盖总融化面积的空间变化与地物覆盖类型、海拔高度以及纬度有密切关系，此外，南极冰盖的冻融有非常明显的季节性，它因季节呈现出快速的起伏变化特点。总的来说，南极冰盖融化面积随时间变化大的区域主要分布于罗斯冰架和龙尼冰架，这些地区的融化状况决定着南极冰盖融化面积的总体变化；与此不同的是，南极半岛上的拉森冰架和威尔金斯冰架则一直保持着稳定的大面积的冰雪融化，并且在夏季发生高强度的融化。

第8章

格陵兰岛冰盖冻融时空变化分析

8.1 数据处理

选择的数据分别搭载于F11、F13和F17平台上的传感器SSM/I的19 GHz水平极化通道，它们的行列号和数据精度均相同，并以相同的格式存储。不同的是，27年间传感器SSM/I分别搭载于F11、F13和F17不同平台上。因此，需要对不同的传感器数据和不同平台上的传感器数据归一化为同一平台的数据，才能做长时间序列的连续监测研究。

已知不同数据的重叠时间为1987年7月9日—8月20日、1991年12月3日—12月30日、1995年5月3日—9月30日和2009年1月1日—4月29日，利用这些重合数据，便可对这4种数据进行回归处理，利用式(8-1)计算从F11校准到F8平台、F13校准到F8平台和F17校准到F8平台的数据值，其中T_1为平台F8的水平极化19 GHz波段的亮温数据，T_2为SMMR亮温数据及平台F11、F13和F17对应的亮温数据，a、b分别为回归得到的参数。

$$T_1 = a \cdot T_2 + b \tag{8-1}$$

2005年，Liu等分别对SMMR与SSM/I的转换、SSM/I F11与F8的转换，以及SSM/I F13与F8的回归系数进行了计算。不同传感器和平台数据转换参数如表8-1所示，本报告采用其中的回归系数将所有数据统一回归到F8平台。

表8-1　不同平台数据的回归参数

数据转化	斜率	截距	相关系数
SSM/I F11 F13 19H	1.008	-1.17	R>0.99
SSM/I F17 19H	1.0286	-3.0094	R>0.99

数据归一化后，利用改进的小波变换冰盖雪融探测算法对逐年的微波辐射计数据进行处理，提取 27 年的格陵兰岛冰盖雪融信息。

8.2 改进的小波变换冰盖雪融探测方法

8.2.1 小波变换的冰盖雪融探测算法

小波变换的冰盖雪融探测算法的基本原理：长时间序列亮温数据(T_b)的剧烈变化边缘反映了雪的融化或者冻结的开始，每一年融化开始时间为时间轴上第一个亮温数据剧烈上升变化边缘，结束时间为时间轴上最后一个亮温数据剧烈下降变化边缘，而融化持续时间为一年中每段融化持续时间的总和。该方法可以探测每个像素是否经历过雪融以及雪融发生的时间。基本步骤如下：

(1)对长时间序列亮温数据进行预处理；

(2)运用小波变换对预处理后的亮温数据进行小波多尺度分解，在不同尺度下对边缘信息进行分析；

(3)为区分由噪声产生的边缘和由融化、冻结的开始产生的边缘，采用方差分析和双高斯曲线拟合的方法来确定最优边缘阈值；

(4)利用最优边缘阈值得到每个像素的雪融开始时间、结束时间和持续时间；

(5)基于空间自动纠错的原理，运用空间邻域纠错算子来探测和纠错由噪声引起的错误的数据像素，从而确定雪融的空间分布、融化开始时间、融化结束时间和融化持续时间。

双高斯模型拟合的方法主要缺点如下：

(1)剧烈变化点和非剧烈变化点的分布模型不一定满足双高斯模型；

(2)对于拟合采用的 Levenberg-Marquardt 算法，输入的初始值不同，得到迭代的结果不同，结果的好坏与初始值的输入有关；

(3)算法过程烦琐。

由于双高斯模型拟合存在的问题，在这里引入基于广义高斯模型的自动阈值划分方法来进行干湿雪划分。其优点如下：①较少的人工输入；②分类结果唯一(即阈值唯一)。

8.2.2 广义高斯模型的自动阈值确定

在选定的样本区内通过广义高斯模型得到干湿雪分类的最优阈值，该方法引入形状因子，可处理更多不同形状的曲线，与双高斯模型相比有较大的进步，该模型的原理如下。

设 $h(X_l)$($X_l=0, 1, \cdots, L-1$)为一幅灰度图像的直方图，L 表示图像可能的灰度级。如果将图像二值化，则直方图 $h(X_l)$可以看成是灰度图像中干雪和湿雪点的混合概率密度函数 $p(X_l)$。为了求出干湿雪划分的最优阈值 T^*，将灰度图像二值化，引入广义高斯模型的 KI 判别准则方程：

$$J(T)=\sum_{X_l=0}^{T}h(X_l)[b_1(T)|X_l-m_1(T)|]^{\beta_1(T)}$$
$$+\sum_{X_l=T+1}^{L-1}h(X_l)[b_2(T)|X_l-m_2(T)|]^{\beta_2(T)} \quad (8-2)$$
$$+H(\Omega,T)-[P_1(T)\ln a_1(T)+P_2(T)\ln a_2(T)]$$

式中：$P_1(T)$ 和 $P_2(T)$ 分别为干雪和湿雪的先验概率，$P_1(T)=\sum_{X_l=0}^{T}h(X_l)$，$P_2(T)=1-P_1(T)$；$m_1(T)$ 和 $m_2(T)$ 分别为干雪和湿雪的均值，$m_1(T)=\frac{1}{P1(T)}\sum_{X_l=0}^{T}X_lh(X_l)$，$m_2(T)=\frac{1}{P_2(T)}\sum_{X_l=T+1}^{L-1}X_lh(X_l)$；$\sigma_1^2(T)$ 和 $\sigma_2^2(T)$ 分别为干雪和湿雪的方差，$\sigma_1^2(T)=\frac{1}{P_1(T)}\sum_{X_l=0}^{T}[X_l-m_1(T)]^2h(X_l)$，$\sigma_2^2(T)=\frac{1}{P_2(T)}\sum_{X_l=T+1}^{L-1}[X_l-m_2(T)]^2h(X_l)$；$H(\Omega,T)$ 为 $\Omega=\{\omega_1,\omega_1\}$ 的熵；β_i 为 $p(X_l|\omega_i)=a_ie^{-[b_i|X_i-m_i|]^{\beta_i}}(i=1,2)$ 的形状参数，其中 a_i，b_i 为正常量。a_i，b_i，β_i 的求解步骤见具体文献。为了得到最优化的自动划分阈值 T^*，对(8-2)进行概率错误最小的优化，即：

$$T^*=\underset{T=0,1,\cdots,L-1}{\operatorname{argmin}}J(T) \quad (8-3)$$

式(8-3)的最小 T 值即为干湿雪划分的最优阈值。

8.2.3 改进的小波变换的冰盖雪融探测方法

改进方法与原方法最大的不同在于原方法利用双高斯模型来确定干湿雪划分最优阈值，改进方法是利用广义高斯模型来确定干湿雪划分的最优阈值。

由多尺度快速小波分解方法与实测温度数据可知，对于时间分辨率为 1 d 长时间序列的微波辐射计亮温数据，改进的基于小波变换的冰盖雪融探测方法在亮温值升高和降低幅度最大时刻的探测精度为±1 d。

8.3 结果与讨论

8.3.1 格陵兰岛冰盖雪融的空间分析

通过以上处理，得到了 1988—2014 年格陵兰岛冰盖的平均融化开始、持续和结束时间图(图 8-1)，总的融化面积达 2006875 km^2，占格陵兰岛总面积的 89.57%。由图 8-1 可知，27 年来大部分区域发生了融化，总体来说，越靠近最外边缘的融化区域的融化开始时间越早、融化持续时间越长和融化结束时间越晚。

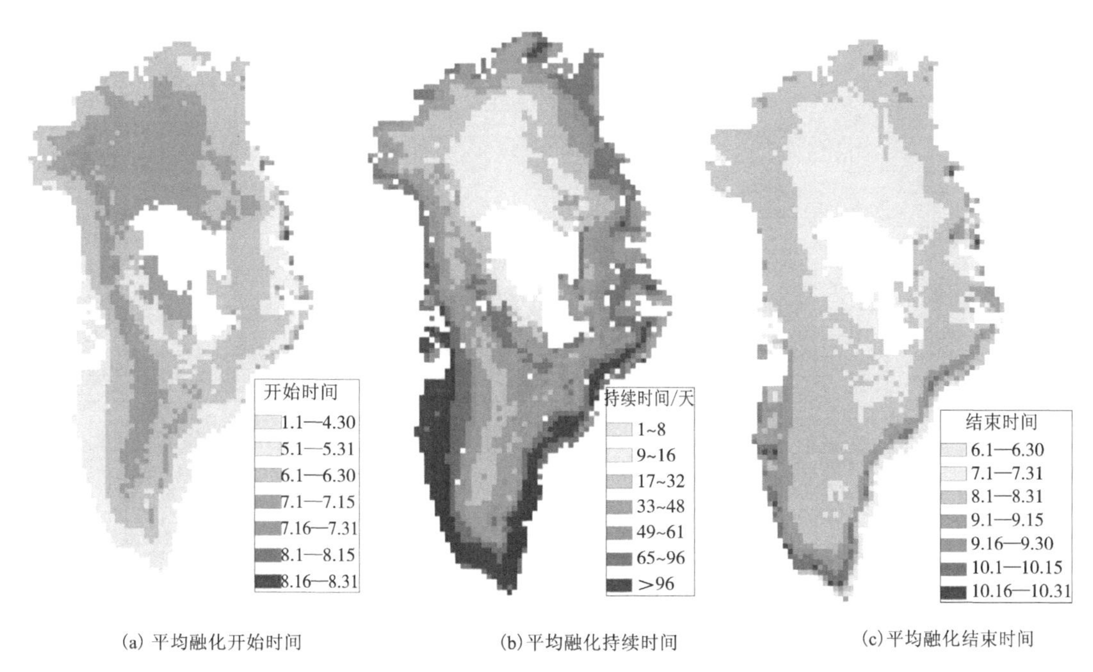

(a) 平均融化开始时间　　(b) 平均融化持续时间　　(c) 平均融化结束时间

图 8-1　1988—2014 年格陵兰岛冰盖的平均融化开始、持续和结束时间

格陵兰岛冰盖的融化存在明显的区域差异。总体来说，格陵兰岛的南部边缘融化强度最大，平均融化开始时间在 5 月之前、融化持续时间超过 96 天、融化结束时间在 10 月份之后。格陵兰岛内陆的少部分区域 27 年来都没有发生融化。

8.3.2　格陵兰岛冰盖雪融的时间分析

由图 8-2 可知，格陵兰岛融化区域的年际变化较大，融化面积最大的年份是 2012 年，其融化面积为 1940000 km^2，1992 年的融化面积最小为 901875 km^2，2012 年的融化面积是 1992 年融化面积的 2 倍多。

由图 8-3 可知，格陵兰岛冰盖的融化具有非常明显的季节性，夏季(6—8 月)融化剧烈，基本在 6 月和 7 月达到顶峰。8 月份开始，融化面积开始减少，到 10 月份发生融化的地区已极其稀少。这一结果表明，格陵兰岛冰盖表面在夏季融化加剧之后会有重新冻结的过程。随着冰雪的重新冻结，融化面积急剧减小，到 10 月份，其平均融化面积不到 7 月份的一半。

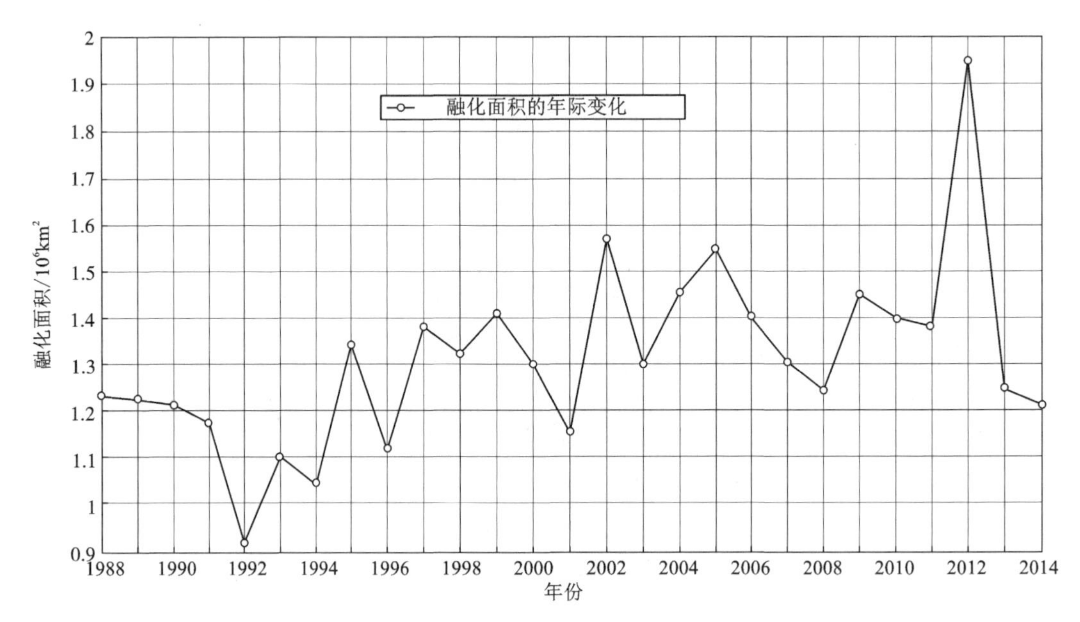

图 8-2 格陵兰岛融化面积年际变化

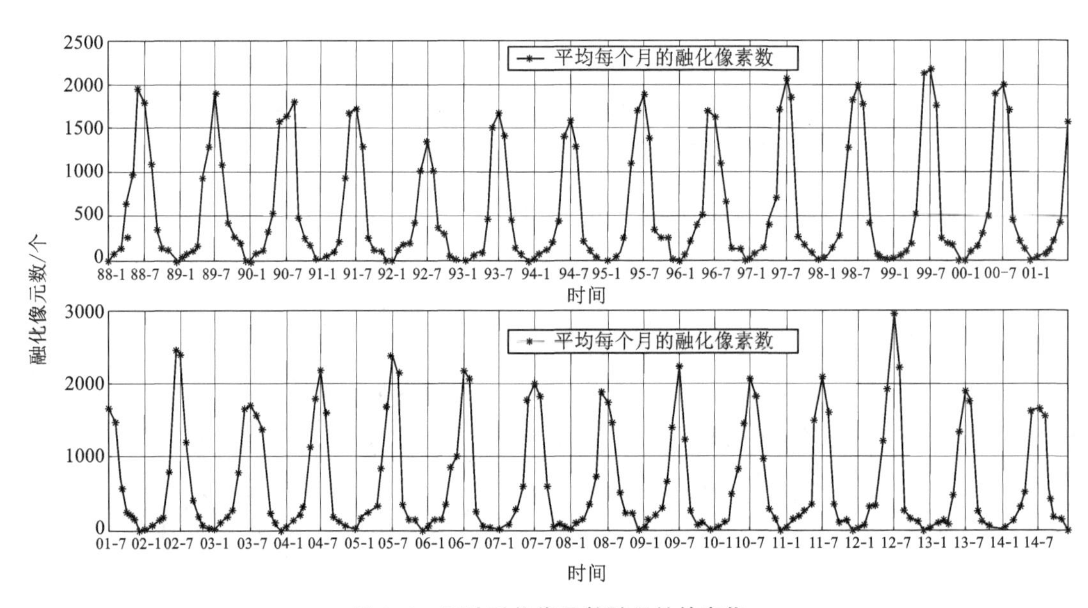

图 8-3 平均融化像元数随月份的变化

8.4　小结

从1988—2014年格陵兰岛冰盖雪融的时间分布与空间分布特点来看，格陵兰岛冰盖总融化面积随空间的变化与地物覆盖类型和纬度有密切关系，此外，格陵兰岛冰盖的雪融有非常明显的季节性，它因季节呈现出快速的起伏变化的特点。总的来说，格陵兰岛冰盖雪融面积随时间变化大的区域主要分布于格陵兰岛的南部边缘，这些地区的融化状况决定着格陵兰岛冰盖雪融面积的总体变化；27年来格陵兰岛除了内陆只有少部分地区没有发生融化外大部分地区都发生了融化。此外，格陵兰岛冰盖雪融随季节变化明显，夏季融化特别强烈，融化强度最大出现在6月、7月和8月。

第9章

南北极冰盖每年融化区域的时空变化分析

目前对于极地冰盖的研究工作大多是仅仅对某一极地年均或季均融化面积的变化趋势进行分析，但基于南北极时间和空间尺度的对比分析较少，对于南北极整体的平均融化持续时间、平均融化开始时间以及平均融化结束时间之间的变化关系研究较少，且对于冻融的长时间序列研究是基于整个南极或格陵兰岛地区的，实际上某些地区的融化并不是一直存在的。本章节基于第六章提出的 XPGR 结合改进的蚁群算法利用 SSM/I 和 SSMIS 数据对 1989—2020 年南极和格陵兰岛冰盖进行冰盖冻融探测处理，获取其平均融化开始、结束及持续时间。首先为了增强冻融探测结果的可比性，本章在 1989—2020 年南极和格陵兰岛冰盖的冻融探测结果的基础上分别计算得到南极和格陵兰岛每年发生融化的区域，然后以此区域作为研究对象，从年际变化的时间尺度上分别分析南北极冰盖的融化情况以及每年的最大融化面积；再从整体角度对南极和北极冰盖范围及冰盖冻融的融化情况进行对比分析；最后从空间尺度上分别对南极和北极冰盖范围及冰盖冻融的空间变化天数进行相关研究。其中，南极和格陵兰岛每年发生融化的区域如图 9-1 和图 9-2 所示。

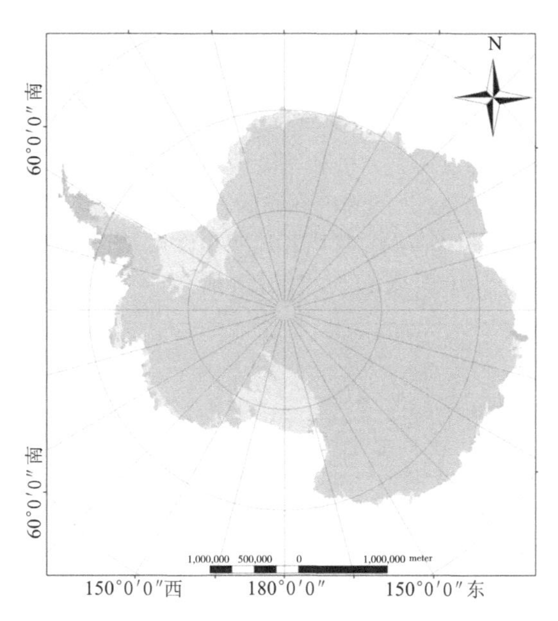

图 9-1　南极 1989—2020 每年发生融化的区域

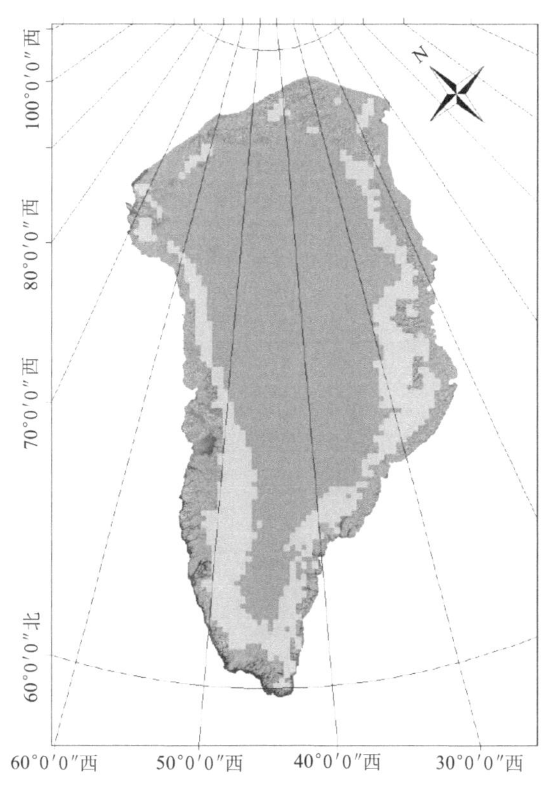

图 9-2　格陵兰岛 1989—2020 每年发生融化的区域

9.1 南北极冰盖融化时间变化分析

由 XPGR 结合改进蚁群算法得到南极和格陵兰岛冰盖年融化区域探测结果，在此基础上最终求出了 1989—2020 年共计 32 年的南极和格陵兰岛每年冰盖融化天数在 60 天以上和 90 天以上的冰盖面积，如图 9-3、图 9-4、图 9-6 和图 9-7 所示。此外，本章还统计了南极和格陵兰岛每年冰盖融化的最大面积如图 9-5 和图 9-8 所示。

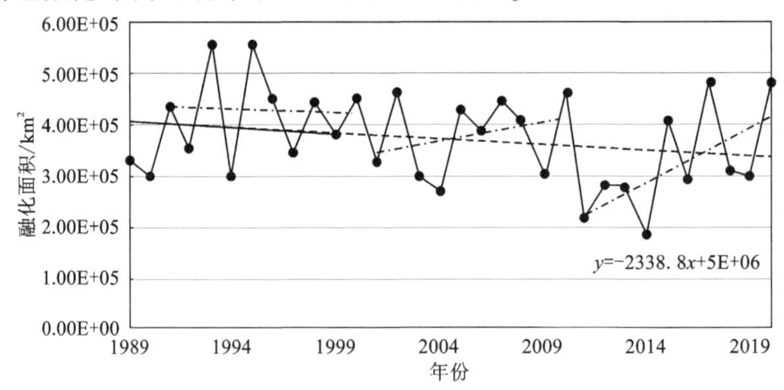

图 9-3　1989—2020 年南极大陆融化时间超过 60 天的冰盖融化面积

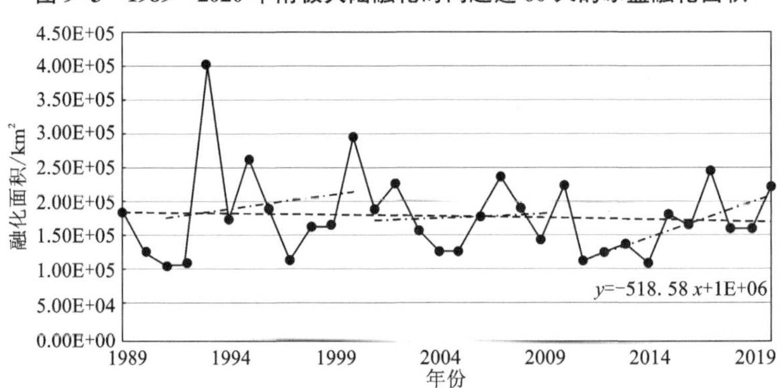

图 9-4　1989—2020 年南极大陆融化时间超过 90 天的冰盖融化面积

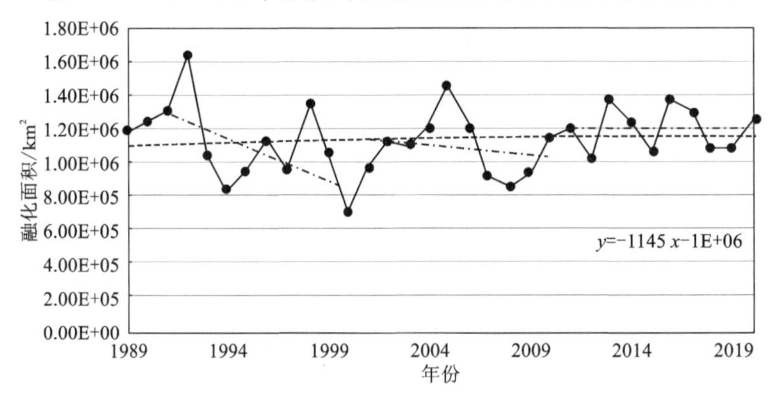

图 9-5　1989—2020 年南极冰盖最大融化面积

每年融化天数超过 60 天和 90 天的面积可以间接反映极地冰盖的融化程度。结合上述最大融化面积和融化天数的结果，由图 9-3～图 9-5 可知，1989—2020 年南极冰盖融化时间超过 60 天的冰盖面积呈现下降趋势（约以 2.339×10^3 km^2/年的速度减少），但近十年快速上升，在整个 32 年中，融化时间超过 60 天的平均面积约为 $3.716\times10^5 km^2$，1995 年达到最大值约为 5.575×10^5 km^2，2014 年达到最小值约为 1.844×10^5 km^2。南极冰盖融化时间超过 90 天的冰盖面积同样呈现下降趋势（约以 5.186×10^2 km^2/年的速度减少），但近十年呈现快速增长的趋势，在整个 32 年中，融化时间超过 90 天的平均面积为 1.776×10^5 km^2，1993 年达到最大值为 3.925×10^5 km^2，1991 年达到最小值为 1.063×10^5 km^2。在 32 年中南极冰盖的每年最大融化面积呈现出上升趋势（约以 1.145×10^3 km^2/年的速度增加），但近十年缓慢下降，1992 年达到最大值为 1.634×10^6 km^2，2000 年达到最小值为 6.994×10^5 km^2。

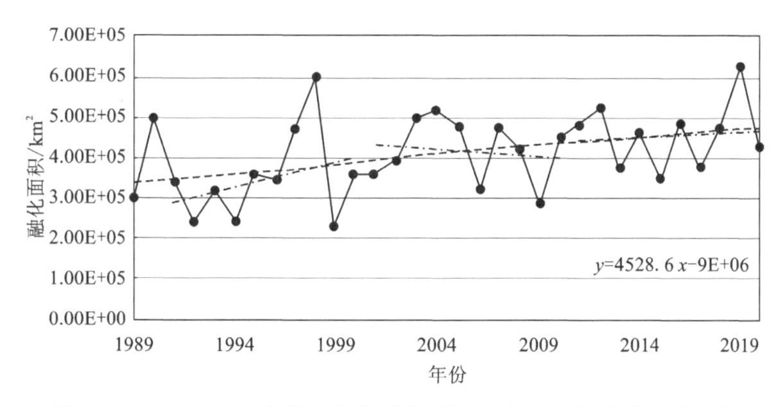

图 9-6　1989—2020 年格陵兰岛融化时间超过 60 天的冰盖融化面积

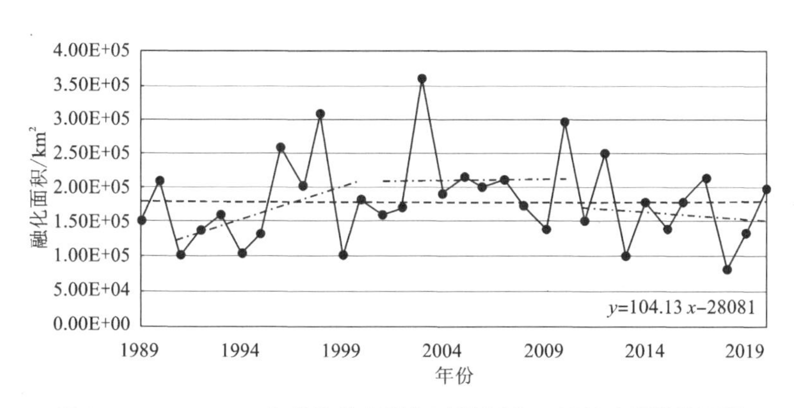

图 9-7　1989—2020 年格陵兰岛融化时间超过 90 天的冰盖融化面积

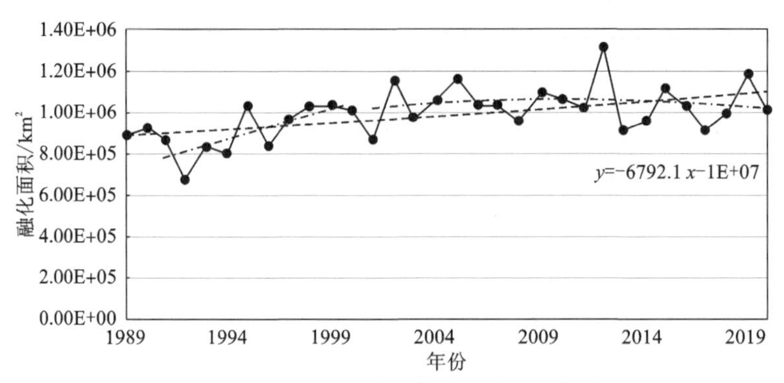

图 9-8　1989—2020 年格陵兰岛冰盖最大融化面积

结合上述最大融化面积和融化天数的结果，由图 9-6、图 9-7 和图 9-8 可知，1989—2020 年北极格陵兰岛融化时间超过 60 天的冰盖面积呈现上升趋势(约以 4.529×10^3 km²/年的速度增加)，且近十年上升趋势同 32 年的总上升趋势相近，在整个 32 年中，融化时间超过 60 天的平均融化面积为 4.062×10^5 km²，2019 年达到最大值为 6.194×10^5 km²，1999 年达到最小值为 2.256×10^5 km²。格陵兰岛融化时间超过 90 天的冰盖面积同样呈现缓慢上升趋势(约以 1.04×10^2 km²/年的速度缓慢增加)，但近十年呈现下降趋势，在整个 32 年中，融化时间超过 90 天的平均融化面积为 1.806×10^5 km²，2003 年达到最大值为 3.563×10^5 km²，2018 年达到最小值为 8.875×10^4 km²。在 32 年中格陵兰岛冰盖的每年最大融化面积呈现出快速上升趋势(约以 6.792×10^3 km²/年的速度增加)，但近十年缓慢下降，2012 年达到最大值为 1.306×10^6 km²，1992 年达到最小值为 6.793×10^5 km²。总体来看，北极格陵兰岛冰盖融化面积是增加的，而南极冰盖融化趋势是缓慢减少的。

精确的冰盖平均融化开始、结束和持续时间是监测气候变化的关键输入参数。融化开始时间指的是一年中初次发生融化的时间，融化结束时间指的是一年中最后融化结束的前一天，融化持续时间指的是一年中持续融化的天数。基于微波辐射计 SSM/I(SSMIS)数据，利用改进的蚁群算法得到极地冰盖融化状态信息，通过统计明确融化范围，形成 1989—2020 年南极及格陵兰岛冰盖表面融化年平均开始时间、结束时间和持续时间，如图 9-9~图 9-11 所示。

从图 9-9 中可以看出 1989—2020 年格陵兰岛冰盖的平均融化开始时间呈现缓慢上升趋势(约以 0.0647 天/年的速度增加)，2013 年达到最大值第 161 天，2005 年达到最小值第 135 天。而南极冰盖的平均融化开始时间的增长则呈现出更加微弱增长的趋势(约以 0.0306 天/年的速度增加)，2015 年达到最大值第 168 天，1993 年达到最小值第 145 天。从图 9-10 中可以看出 1989—2020 年格陵兰岛冰盖的平均融化结束时间呈现上升趋势(约以 0.297 天/年的速度增加)，2003 年达到最大值第 246 天，1991 年达到最小值第 223 天。而南极冰盖的平均融化结束时间则呈现出完全相反的下降趋势(约以 0.143 天/年的速度减少)，2017 年达到最大值第 253 天，2019 年达到最小值第 215 天。从图 9-11 中可以看出 1989—2020 年格陵兰岛冰盖的平均融化持续时间呈现上升趋势(约以 0.296 天/年的速度增加)，2010 年达到最大值 95 天，1992 年达到最小值 58 天。而南极冰盖的融化持续时间则呈现出快速下降的趋势(约以 0.297 天/年的速度减少)，1993 年达到最大值 92 天，

2011 年达到最小值 49 天。

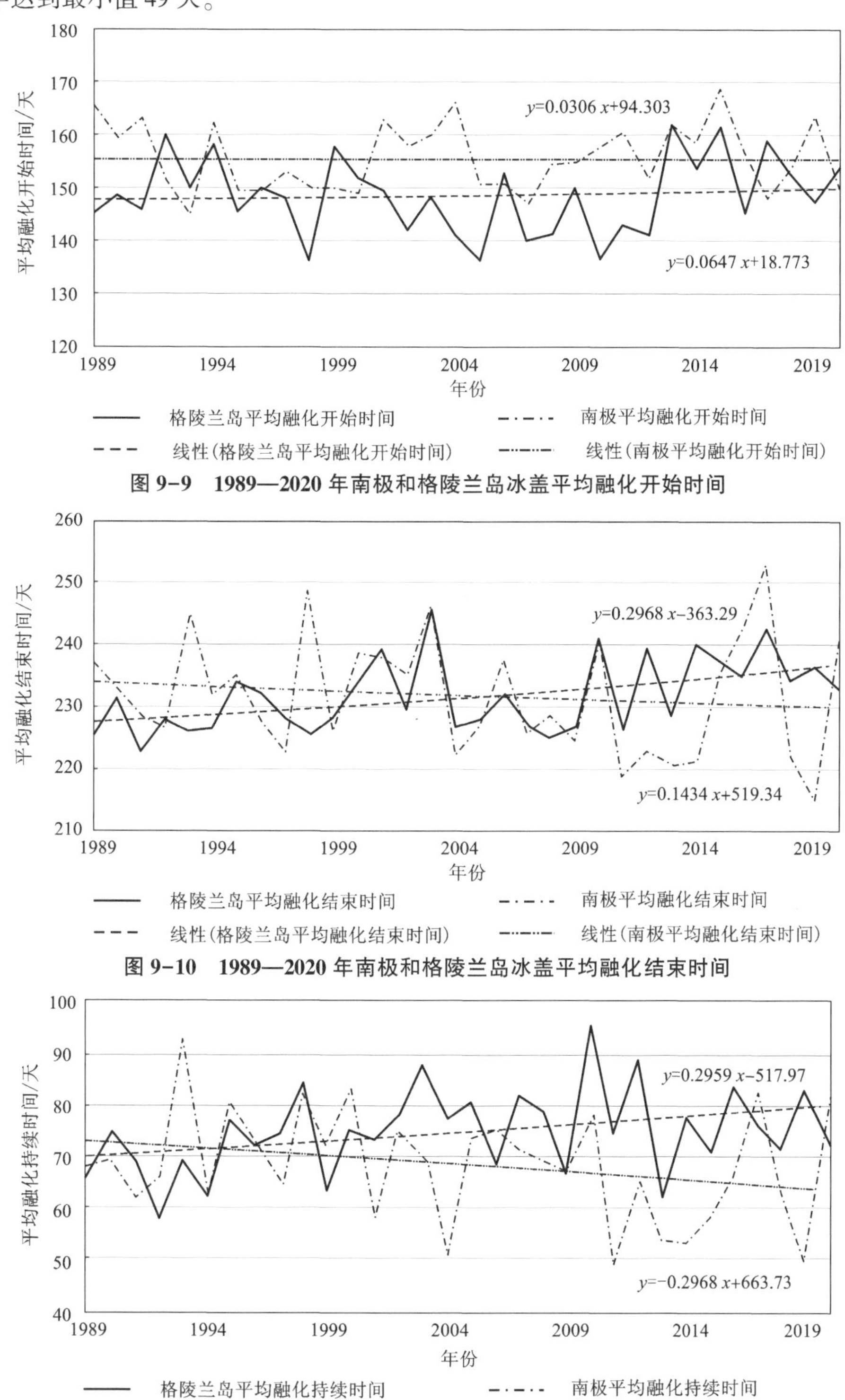

图 9-9　1989—2020 年南极和格陵兰岛冰盖平均融化开始时间

图 9-10　1989—2020 年南极和格陵兰岛冰盖平均融化结束时间

图 9-11　1989—2020 年南极和格陵兰岛冰盖平均融化持续时间

9.2 南北极冰盖融化空间分析

基于南北极每日冰盖冻融结果，得到南北极每年冰盖融化持续时间，进而得到南北极冰盖表面的冻融空间变化天数，对冰盖冻融探测具有重要的意义和价值。为了获取南北极冰盖表面的冻融空间变化天数，需要对南极与北极的冰盖融化持续时间采用线性倾向估计方法，进行空间变化的统计与计算。X_i 表示样本量为 n 的变量，即年平均冰盖融化持续时间，t_i 表示 X_i 对应的时间，即 1989—2020 年。通过上述定义对 X_i 与 t_i 进行长时间序列的线性倾向估计，可以得到如下一元线性回归方程：

$$X_i = a + bt_i,\ i = 1,\ 2,\ 3 \cdots\cdots n \tag{9-1}$$

式中：a、b 为回归系数。a 和 b 用最小二乘法估计，可以通过计算得到：

$$b = \left[\sum_{i=1}^{n} x_i t_i - \frac{1}{n}\left(\sum_{i=1}^{n} x_i\right)\left(\sum_{i=1}^{n} t_i\right) \right] / \sum_{i=1}^{n} t_i^{\,2} - \frac{1}{n}\left(\sum_{i=1}^{n} t_i\right)^2 \tag{9-2}$$

$$a = \bar{x} - b\bar{t} \tag{9-3}$$

式中：$\bar{x} = \frac{1}{n}\sum_{i=1}^{n} x_i$；$\bar{t} = \frac{1}{n}\sum_{i=1}^{n} t_i$；$b$ 代表回归系数，当 $b>0$ 时，X 随时间 t 的增加呈上升趋势，反之下降。因此 b 的大小可以表示冰盖融化持续时间的空间变化趋势。

利用上述方法计算南极和格陵兰岛冰盖 32 年融化持续时间的空间变化，得到如图 9-12 和图 9-13 所示的 1989—2020 南极和格陵兰岛冰盖融化持续时间空间变化天数图。

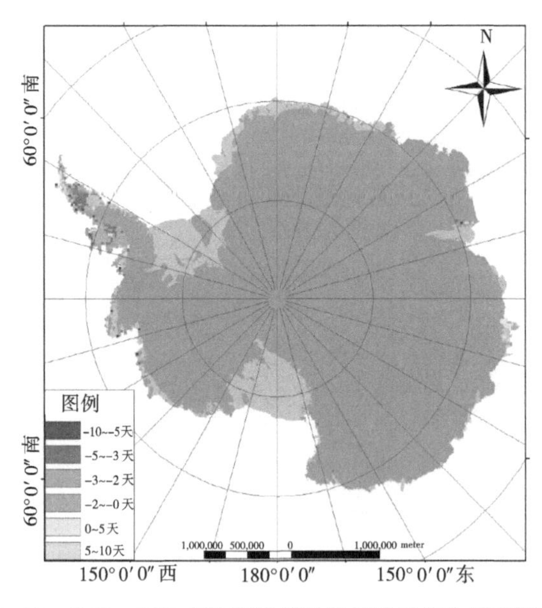

图 9-12　1989—2020 年南极冰盖融化持续时间空间变化天数

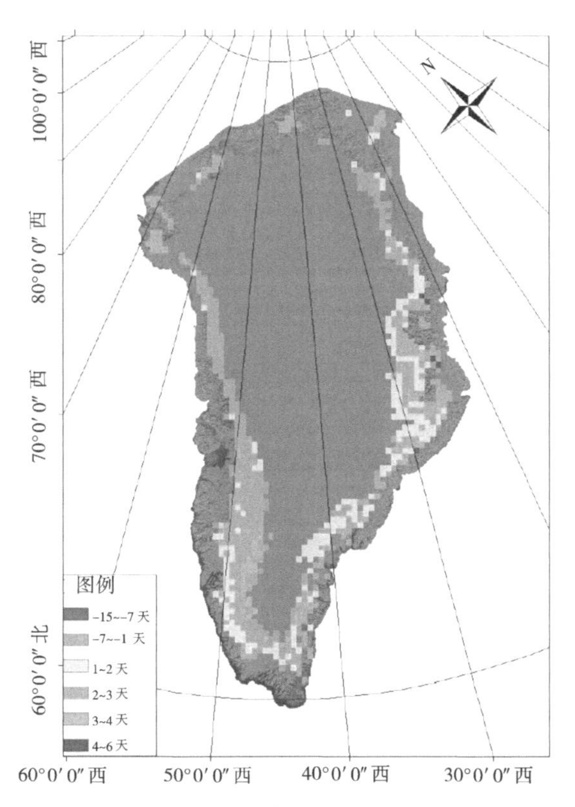

图 9-13　1989—2020 年格陵兰岛冰盖融化持续时间空间变化天数

由图 9-12 可知，南极冰盖融化持续时间的变化大部分集中在南极边缘，以南极半岛和西冰架为主，整个南极在 32 年中冰盖融化持续时间变化天数差异较为明显，南极半岛区域的融化持续时间以减少为主，减少速度普遍处于 2～5 天/年，西冰架的融化持续时间有相当一部分呈现出 1～5 天/年增加的趋势。由图 9-13 可知，整个北极在 32 年中冰盖融化持续时间差异较大，格陵兰岛东侧区域和东南侧部分冰盖融化持续时间变化天数呈现减小趋势，西侧区域则普遍以 2～3 天/年的速度增长。总体来说，1989—2020 年格陵兰岛 90%以上的融化区域年平均融化持续时间呈现为增加的趋势，而南极冰盖大部分融化区域的年平均融化持续时间呈现为减少的趋势。

从图 9-9～图 9-11 得到的 1989—2020 年格陵兰岛和南极冰盖表面的年平均融化开始、结束和持续时间来看，30 多年来格陵兰岛冰盖表面融化程度在增加，与之相反，南极冰盖表面的融化程度在减少。具体来讲，格陵兰岛冰盖的年平均融化持续时间增加了 10 天，而南极冰盖的年平均融化持续时间减少了 9 天。

9.3 小结

本章基于 XPGR 结合改进蚁群算法获得了 1989—2020 年南北极冰盖表面冻融探测结果，该算法首先是计算得到南北极每年发生融化的区域，然后在此基础上对极地冰盖表面冻融的年际变化、时间和空间尺度变化进行对比分析得出冰盖冻融信息，这样的对比分析方法可以避免融化区域偶尔发生的干扰，增加可比性。

第二部分

海冰

第10章

绪论

10.1 研究背景及意义

在经济全球化发展的背景下，极地在各方面的价值都不断提升，受到国际社会政治、军事以及科研方面的热切关注。海冰表面的反射率是影响地球辐射平衡的重要因素，被广泛应用于全球气候变化研究。极区海冰的类型以及分布状况，可直接影响能量收支平衡，研究表明有雪覆盖的多年冰层反照率可达85%，无雪覆盖且表面开始出现融化的冰层反照率为65%，而开阔水域的反照率只有7%，由此可见海冰融化越多，反照率越低，吸收能量越多，进而导致融化加速。海冰阻碍着大气与海洋之间的水汽和热量传输，维持着海洋在辐射和能量交换上的平衡，是反映极地气候变化的重要指标之一，其变化会对全球气候产生较大影响。众多学者研究表明两极是全球气候的“预警器”和“记忆器”，同时极区气温变化较为敏感，因此极区也被称为全球气温变化的指示器和放大器。

海冰作为海水与大气的中间层，其变化会直接影响海水与大气的温度。同时北极的海冰作为全球的冷源，深刻影响着海洋环流与大气环流，且对极区海水的物理化学性质、能量平衡以及辐射平衡都有显著的影响。未来南北极地区的环境会持续改变，南北极海冰的快速变化无疑将对北极地区、南极地区甚至全球的环境变化产生深远影响。

北极海冰变化与极区气温的变化有密切的关系。南极海冰同样是国际社会关注的热点问题，是反映全球海冰变化的关键区域，对全球气候变化和稳定起到非常重要的作用。极地海冰的变化除了对地球气候、生态环境产生较大影响，也影响着其他方方面面。近几年由于全球气候变暖的影响，北极海冰逐年缩减、海冰厚度变薄、海冰范围的最小纪录不断被刷新、夏季出现北极航道通航等现象。海冰的消退与增长，会影响海浪的波动，进而会对海岸线的侵蚀造成较大影响，并将改变极地生物的生存环境，对食物链会产生级联效应。

在整个地球的生态系统以及气候系统中，各个圈层是相互影响的，是一个统一的整体。近年来的气象、卫星等资料的数据表明，极地陆地、海洋生态系统以及冰冻圈的环境正在发生较大变化。而极地海冰的变化可通过其他气候系统成员的相互作用来影响北极以外地区的气候，尤其是对我国的气候影响。因此对南北极进行综合对比研究是了解全球气候、生态等方面变化的迫切需求。探测南北极海冰分布，可为我国开拓北极航路和南北极科考提供可靠的基础数据和科学依据，对我国极地战略的制定具有指导意义。精确认识和把握极地海冰变化趋势是研究和认识海冰的首要任务，也是研究海冰对于全球气候系统影响与作用的重要内容。具体包括定量计算极地一年冰以及多年冰的数量变化情况，并在长时间序列上反映极地海冰的变化趋势，进而判断极地海冰是否在某些年份有异常变化。对比分析南北两极海冰变化的差异以及关联性，为极地海冰工作的拓展做进一步的研究。

10.2 国内外研究现状

10.2.1 国外研究现状

国外关于南北极海冰变化的研究开始得较早。1920 年南北极研究协会的成立，标志着对于海冰的研究与探索进入了国际联合阶段。国外对于极地海冰的研究主要经历了以下几个阶段：①主要是对海冰的物理、自然性质以及海冰动力学等方面的研究；②主要是学者们对第一个阶段的成果进行总结完善，并对海冰的变化特性、海冰范围的变化、海冰的移动等内容进行研究；③主要是在定性分析的基础上定量模拟海冰变化规律，全面把握海冰与全球气候变化的关系等。

随着被动微波遥感技术的发展，进行大尺度空间范围及长时间序列的海冰研究成为可能。众多学者基于海冰范围、海冰面积、多年冰范围以及海冰密集度等多个海冰参数对北极海冰展开了一些研究。有研究结果表明 1979—1996 年北极海冰范围以 $3.4\times10^4\ km^2$/年的速度减少(-2.9%/10 年)，而 1979—2006 年以 $4.5\times10^4\ km^2$/年的速度减少(-3.7%/10 年)。从月平均时间尺度上部分学者也做了相应的研究，Cavalieri 和 Parkinson 对 1979—2006 年北极 9 月份的海冰范围进行了相关研究，结果表明 1979—2006 年每年减少 $5.7\times10^4\ km^2$，而 1979—2010 年期间每年减少 $8.0\times10^4\ km^2$；1979—2017 年北极 9 月平均海冰范围变化率为-13.0%/10 年，3 月平均海冰范围变化率为-2.7%/10 年。近年来北极多年冰减少更为严重，Josefino 和 Comis，对 1978—2000 年北极多年冰的变化进行了研究，发现多年冰每 10 年大约减少 9%。2010 年，Kwok 和 Rothrock 将波弗特海的海冰与北极多年冰的关系进行了相关性研究。

由于地理环境、海陆分布等多种因素的不同，南极海冰变化与北极呈现不同的趋势。研究结果表明，南极海冰范围 1973—1977 年表现出显著的减少趋势，随后逐渐增加；1979—1998 年南极海冰范围以 $0.112\times10^6\ km^2$/10 年的速度增加，而 1979—2010 年南极海冰范围每年增加 $1.37\times10^4\ km^2$，不同海域变化趋势有所差异，罗斯海增幅最大。1979—2013 年南极整体海冰范围平均以 $0.195\times10^6\ km^2$/10 年的速度增加(1.6% /10 年)。Warren 等指出，南极海冰范围和海表温度在厄尔尼诺循环时间尺度上存在自西向东传播规律。2016 年南极海冰范围在 8 月份就已达到最大值，而往年基本在 9 月底才会出现其最大值，随后海冰范围迅速下降。

同时有较多学者对南北极进行对比或综合研究，并得出以下结论。Gloersen 等的研究结果表明，1978—1987 年间两极海冰的范围和面积变化均不显著，而 1978—1996 年全球海冰范围以 0.01×10^6 km^2/10 年的速度减少。Cavalieri 等的工作揭示了全球海冰范围 1979—1997 年呈减少趋势，且夏季最明显，冬季最弱；Cavalieri 和 Parkinson 对南北极海冰范围进行对比研究发现 1972—2002 年北极海冰范围每 10 年减少 0.3×10^6 km^2，但 1979—2002 年每 10 年减少 0.36×10^6 km^2；Comiso 和 Nishio 通过使用 AMSRE-E、SSM/I 和 SMMR 三种传感器的数据对南北极的海范围变化进行了分析，结果表明在 1979—2006 年间北极海冰范围以 -0.436×10^6 km^2/10 年的速度减少(3.4%/10 年)，南极以 0.9%/10 年的速率增加(0.109×10^6 km^2/10 年)。而 Tareghian 和 Rasmussen 的研究结果同样表明 1979—2010 年北极海冰范围每 10 年减少 4.5%，南极每 10 年增加 2.3%。Simmonds 对比分析了 1979—2013 年南北极整体海冰范围的变化特点，结果表明在研究期间内北极海冰范围减少，南极呈相反趋势变化，整个极地的海冰以 3.529×10^4 km^2/年的速度减少。Comiso 通过分析 1979—2016 年全球海冰范围与地表温度变化，得出南北极的海冰范围变化率分别为 1.7%/10 年和-3.8%/10 年；1979—2017 年北极海冰范围以 4.6%/10 年速率减少，南极海冰范围以 1.0%/10 年的速率增加，全球海冰范围以 1.9%/10 年的速率减少。

10.2.2 国内研究现状

相对于国外，我国对极地海冰的研究开始时间较晚。南极科考始于 1984 年，北极科考始于 1995 年，但近年来对于极地的研究以及科研投入大幅增加，截至 2019 年共完成南极科考 36 次，北极科考 10 次，在多个领域都取得了较为丰富的科考成果。而卫星遥感技术相比于实测优势更明显，是对极区进行相关研究的首选手段。被动微波遥感能够每天覆盖整个极区，不受云雾降雨等影响，具有全天时全天候的特点，因而成为海冰监测的主要数据源。

我国学者关于极地海冰的研究主要集中在以下几个方面。①基于卫星数据对海冰分布以及海冰密集度算法的探测研究，这方面的研究成果包括：对原有算法的改进以提高海冰密集度反演精度，将国产卫星数据应用到成熟算法上以及根据海冰辐射特性提出新的反演算法。②基于实测数据、气候数据以及卫星数据对海冰的运动、冰厚变化以及海冰与气候关系的相关研究。③基于卫星数据对南北极海冰时空变化趋势方面的研究成果丰硕，研究表明北极海冰整体海冰范围以及多年冰范围均表现出明显的下降趋势，而南极海冰范围呈缓慢的增长趋势。其中邵珠德等研究表明 1982—2015 年南极海冰密集度以每 10 年 0.549%的速率增加，海冰范围以 0.027×10^6 km/10 年的速度增加，而 1997—2006 年南极海冰范围平均每年增加 0.55×10^4 km^2。Liu 等基于 1979—2002 年遥感卫星数据研究表明南极中太平洋区域海冰密集度平均每 10 年增加 4%～10%。孔爱婷等研究表明 1989—2014 年北极海冰范围每年减少 5.91×10^6 km^2。张雷等研究表明 1989—2015 年南北极海冰面积距平变化趋势分别为 0.327×10^6 km^2/10 年、-0.569×10^6 km^2/10 年，两极总海冰面积以 0.242×10^6 km^2/10 年的速度下降。Yu 等以海冰密集度为切入点对比分析了南北极海冰变化趋势的可能性联系，结果表明，全球海冰密集度的变化与大西洋涛动呈正相关与太平洋涛动呈负相关。吕晓娜等对1979—2006年的全球海冰面积变化进行了相关研究，结果表明全球海冰面积的减少主要发生在北极，且夏秋季最为严重，而南极夏秋季呈现略微增加的趋势。

第11章

研究区域与数据源

11.1 研究区域

极区包括北极和南极，北极一般是指 66°34′N 以北的区域，包括北冰洋海域、各边缘海域、岛屿以及部分大陆。北冰洋面积约为 9.5×10^6 km²，北极陆地和岛屿面积约为 8×10^6 km²，北极大约集中了全球 30%的海冰。北极独特的地理位置造就了其特殊的自然环境，是众多学者争相研究的对象。北极研究区域划分如图 11-1 所示，整个北极区域一般分成 9 个海域进行讨论分析，分别是北冰洋核心海域、加拿大群岛海域、格陵兰海、鄂霍次克海、巴芬湾和拉布拉多海、白令海、哈德逊湾、喀拉海和巴伦支海。

南极地区一般是指 66°34′S 以南的区域，包括南极大陆与周围海域。南极海拔较高，陆地多为冰雪覆盖(覆盖率达 98%)，拥有全球 90%的冰雪量，气候寒冷、干燥，有白色荒漠之称，地面终年风速较大，最高达 75 m/s 以上。南极大陆可划分为东南极和西南极两部分，其中东南极从 30°W 至 170°E，西南极横跨 50°W—160°W。南极大陆四周全部被海洋环绕，一般将各个海域进行如下划分[98，107-110]，印度洋海域(20°E—90°E)，西太平洋海域(90°E—160°E)，罗斯海域(160°E—130°W)，别林斯高晋/阿蒙森海(130°W—60°W)，威德尔海域(60°W—20°E)，具体如图 11-2 所示。

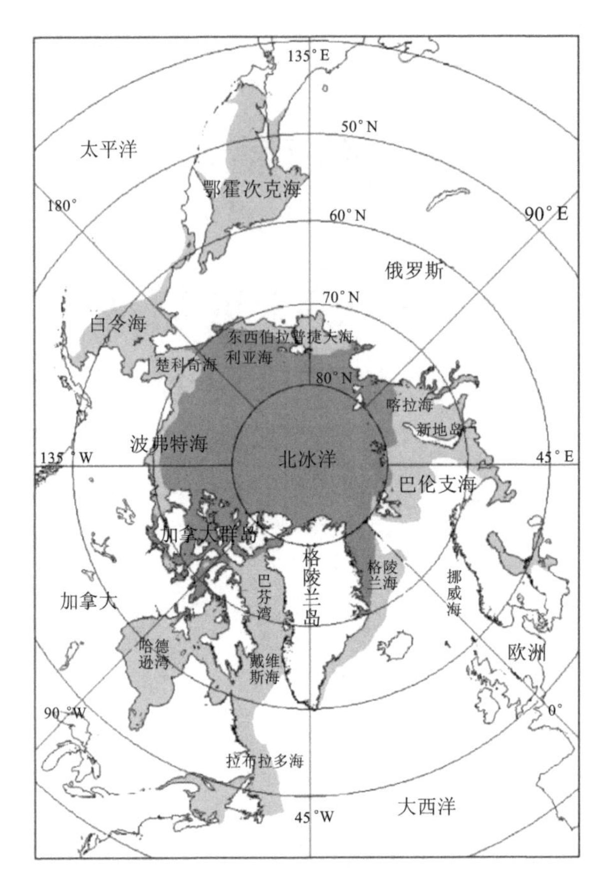

图 11-1　北极研究区域示意图

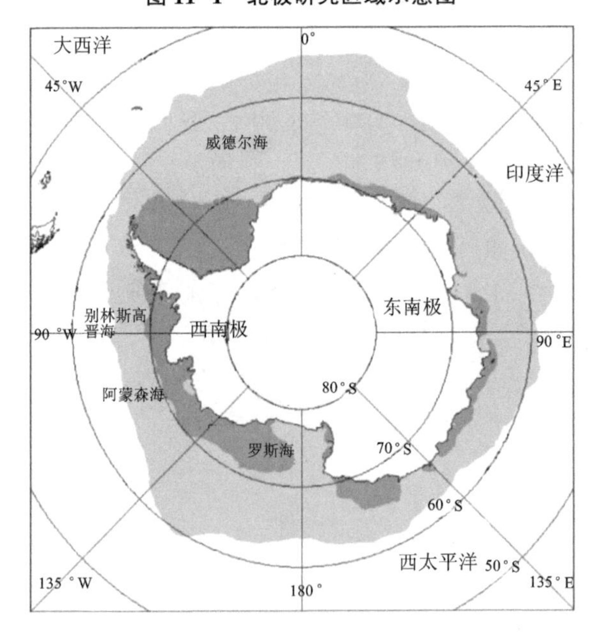

图 11-2　南极研究区域示意图

11.2 数据源

11.2.1 数据介绍

该研究所使用的数据来自美国冰雪数据中心，该数据主要基于以下几个微波辐射计获取的原始数据进行反演得到，分别是扫描式多通道微波辐射计 SSMR，多波段微波辐射扫描仪 SSM/I，以及多波段微波辐射成像探测器 SSMIS。SSMR 是每隔一天生成一次数据，SSM/I 以及 SSMIS 均是每天产生一次数据。各个传感器的运行服役时间见表 11-1。NSIDC 共提供了 3 种方法得到海冰密集度数据，分别是基于 NASA Team 算法得到的 NT 数据集，Bootstrap 算法得到的 BS 数据集以及 CDR 算法(被动微波海冰密集度的气候数据记录)得到的数据集(https://nsidc.org/)。不同的算法得到的海冰范围有所差异，NASA Team 得到的结果存在低估现象。且多个学者研究表明，BOOT Strap 算法反演得到的日平均海冰密集度数据精确度高于 NASA Team 得到的结果。CDR 算法是基于多个算法，多种传感器(SSM/I，ERS-1，SAR，Quik SCAT，MODIS)综合得到的结果，虽然精确度在一定程度上具有优越性，但由于是综合了多种传感器，用此数据集进行长时间序列的对比研究，会因不同传感器运行年限不完全重叠使数据产生一些差异。综合以上情况，本次研究选用 BS 海冰密集度数据集进行南北极海冰的相关研究。

表 11-1　SSM/I(SSMR、SSMIS)传感器运行时间表

传感器名称	运行时间
SSMR	1978-11-01—1987-07-08
SSM/I	1987-07-09—1991-12-02
SSM/I	1991-12-03—1995-09-30
SSM/I	1995-10-01—2007-12-31
SSMIS	2008-01-01 至今

11.2.2 数据异常处理

由于卫星无法覆盖北极点附近的区域，因此 SMMR、SSM/I 以及 SSMIS 等传感器获取的卫星数据，北极点存在缺省值现象，缺省区域为 84.3°N—90°N。且不同的传感器采集得到的数据缺省范围所有差异，经过对不同时间段的 BS 数据查看分析得到，1979—1986 年(SSMR)缺省像素平均约为 1522 个；1988—2007 年(SSM/I)各年份缺省像素为 272~468，平均约为 311 个；2008—2018 年缺省像素个数为 16 或 24 个；不同年份的缺省示例图如图 11-3 所示(选取 1980 年、2000 年以及 2016 年为示例，北极点黑色区域为缺省值)。在计

算海冰覆盖范围时一般是将缺省区域全部设定为全年都有海冰覆盖且密集度均大于 0.15，从北极实际情况以及整体海冰范围的分布来看也是合理的。但若计算海冰面积以及精确统计海冰密集度空间变化率会产生一定的误差，因此本次研究使用线性插值处理，预期效果如图 11-3 所示。

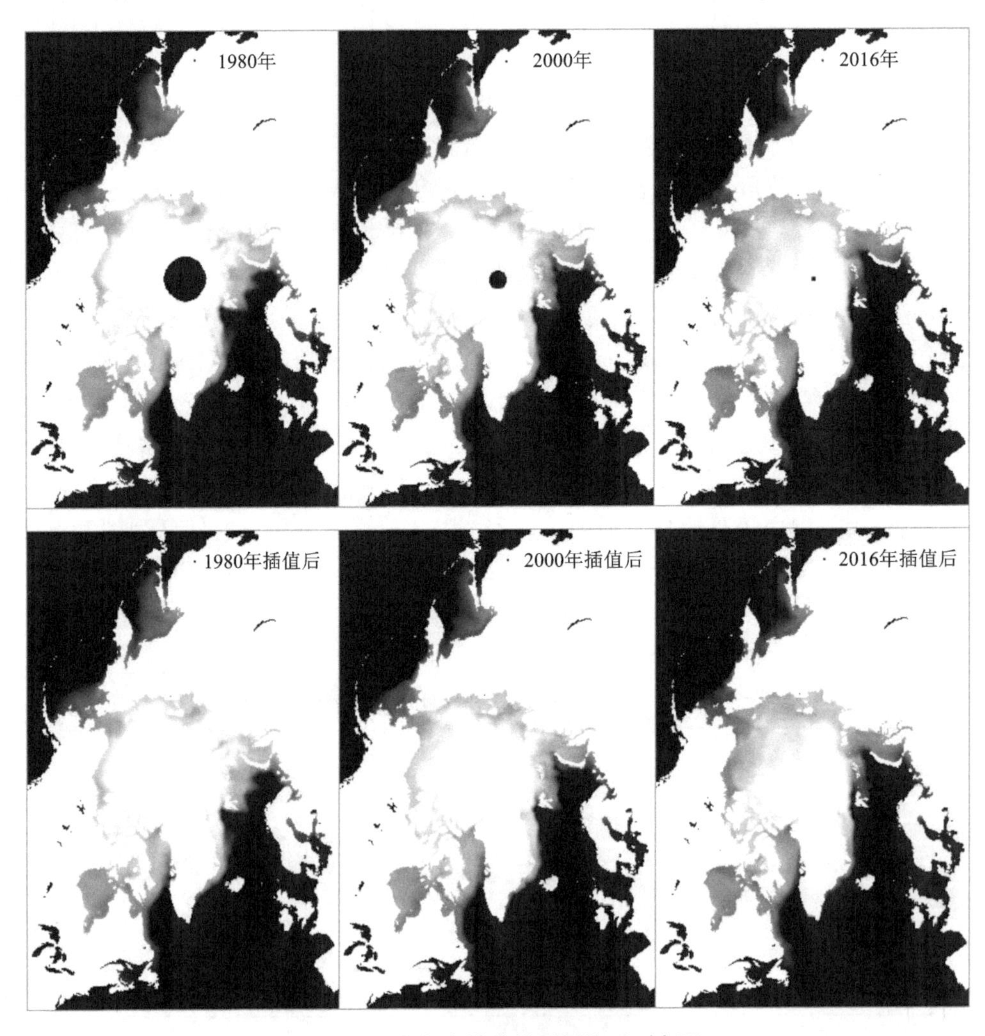

图 11-3　北极点缺省值及插值后示意图

第12章

基于 FY-3 MWRI 数据海冰分布探测

在分析海冰(一年冰、多年冰)与海水的辐射率变化特征的基础上，提出了基于微波成像仪(MWRI)19 GHz 水平极化和垂直极化的极化差(极化差最大)结合 Otsu 算法(确定海冰和海水的分类阈值)来探测北极海冰分布的方法。

12.1 极化差

地物波谱特征是遥感反演的基础，不同地物的波谱特征曲线是不同地物对电磁波反射差异的集中体现。如图 12-1 所示，图中一年冰、多年冰和开阔海面的极化率数据来自 1983 年 NORSEX 小组的观测，夏末数据来自 1987 年 Onstoot 对于一年冰和多年冰的混合观测。由亮温的定义可知，当物体的物理温度一定时，一定频率下亮温大小只与物体的辐射率有关。因为垂直极化和水平极化的电磁波在海冰表面或海水表面同时发出时，对同一

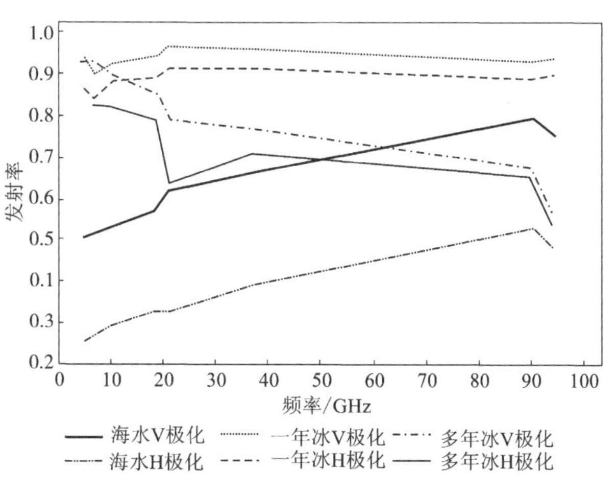

图 12-1　海冰和海水发射率与频率的关系图

物体的物理温度是相同的，因此极化差只受辐射率大小的影响。通过图 12-1 中的仿真结果可知，在微波成像仪(MWRI)的这几个频段中，19 GHz 的一年冰和多年冰中的极化差值相差不多但与开阔水面相比差别最大，即可利用 19 GHz 的极化差 $P=19V-19H$ 识别冰和水，进而得到海冰的分布数据。即如果 $P>T$，那么此像素为开阔水，否则为海冰。

12.2　Otsu 算法

Otsu 算法又被称为大津法。该方法是根据图像数据值之间的方差选取阈值。其原理如下：

首先将阈值具有 L 级数据的图像划分为两类：$C_0 \in [0, T]$ 及 $C_1 \in [T+1, L+1]$，图像各数据级对应的概率为：

$$p_i = \frac{n_i}{N} \tag{12-1}$$

式中：N 为原图的总像素个数；n_i 为数据级为 i 的像素个数，且有 $p_i \geqslant 0$，$\sum_{i=0}^{L-1} p_i = 1$。则 C_0 和 C_1 类的概率分别为：

$$w_0 = p_r(C_0) = \sum_{i=0}^{T} p_i = w(T) \tag{12-2}$$

$$w_1 = p_r(C_1) = \sum_{i=T+1}^{t-1} p_i = 1 - w(T) \tag{12-3}$$

C_0 和 C_1 类的均值分别为：

$$u_0 = \sum_{i=0}^{T} \frac{ip_i}{w_0} = \frac{u(T)}{w(T)} \tag{12-4}$$

$$u_1 = \sum_{i-T}^{L-1} \frac{ip_i}{w_1} = \frac{\bar{u} - u(T)}{1 - w(T)} \tag{12-5}$$

式中：$\bar{u} = \sum_{i=0}^{L-1} ip_i$ 为图像的均值，则 C_0 和 C_1 的类间方差为：

$$\sigma_g^2 = w_0 w_1 (u_1 - u_0)^2 \tag{12-6}$$

海冰和海水的最佳分类阈值 T^* 应使类间方差最大，即：

$$T^* = \underset{0 \leqslant T \leqslant L-1}{\operatorname{argmax}} \sigma_g^2 \tag{12-7}$$

12.3　极化差结合 Otsu 算法的海冰分布探测

利用 Otsu 算法对 37 GHz 极化差 P 进行处理，得到海冰和海水的分类阈值进而得到北极海冰的分布信息。图 12-2 为海冰分布探测方法的流程图，基本步骤如下：

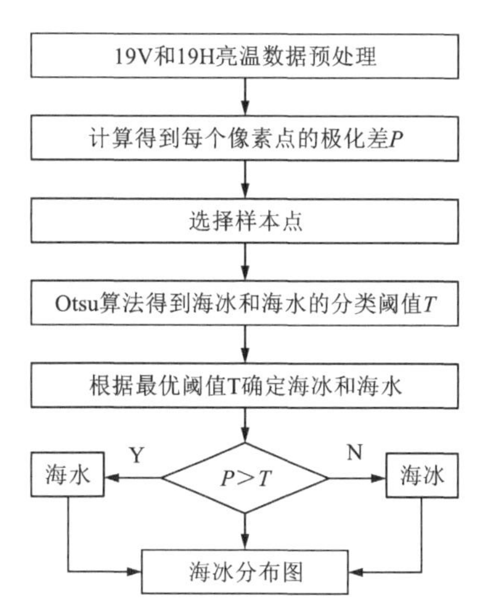

图 12-2　19 GHz 数据的海冰分布探测流程图

(1)数据预处理

辐射定标、掩膜、异常数据点处理(当某个数据点与以其为中心的窗口内的数据点的中值相差太大时，该数据点被定义为异常数据点，用窗口内的数据点的中值代替)。

(2)计算极化差

利用 19 GHz 的垂直极化和水平极化计算极化差 $P=19\text{V}-19\text{H}$。

(3)确定海冰和海水分类的最优阈值

选择样本点，基于 Otsu 算法对极化差 P 进行处理得到海冰和海水分类的最优阈值 T。

(4)得到海冰分布图

根据阈值 T 对极化差 P 图像进行分类，得到北极海冰分布图。

(5)验证

所得结果与美国冰雪数据中心结果进行对比验证。

12.4　结果与验证

以 2016 年 1 月 3 日的 FY-3 MWRI 19 GHz 水平极化数据和垂直极化数据进行海冰分布探测，对 19 GHz 水平极化数据和垂直极化数据进行上述处理，得到 19 GHz 下的极化差异 P，再选取样本区域，应用 Otsu 算法得到阈值为 48.79。根据此阈值对图像进行分类得到 2016 年 1 月 3 日北极海冰分布图(图 12-3)。

为了验证本章所提算法的合理性，将图 12-3 与美国冰雪数据中心的 2016 年 1 月 3 日的北极海冰分布图(图 12-4)进行对比。由图 12-3 和图 12-4 可以看出：图 12-3 在一些高纬度地区的陆地边缘的海冰分布比美国冰雪数据中心的多，另外，美国冰雪数据中心得

到的海冰面积比本章算法得到的海冰面积略大。该算法所得的海冰面积为 12.158×10^6 km^2，美国冰雪数据中心海冰面积结果为 12.724×10^6 km^2，两者相差 4.45%。整体来看，基于本章算法得到的北极海冰分布图基本跟美国冰雪中心的海冰分布一致，这在一定程度上说明该算法是可行的。

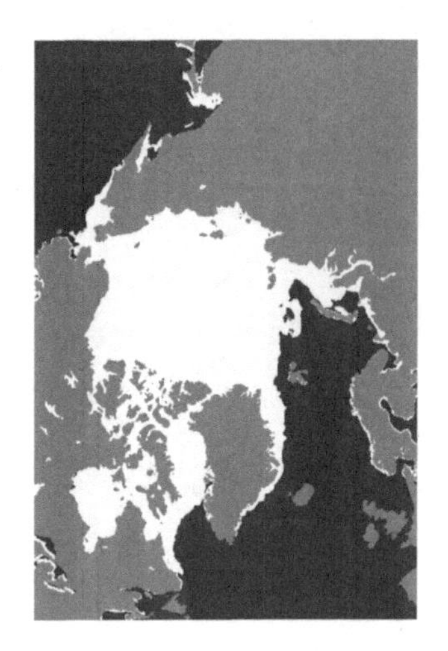

图 12-3　2016 年 1 月 3 日 FY-3 MWRI 数据北极海冰分布图

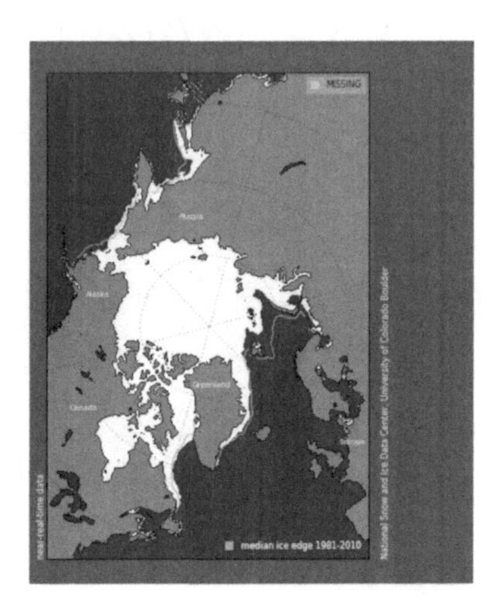

图 12-4　2016 年 1 月 3 日美国冰雪数据中心北极海冰分布图

为了进一步验证 FY-3C MWRI 反演的结果，特选取 2018 年 8 月 1 日—2018 年 10 月 31 日数据反演的海冰面积与美国冰雪数据中心和德国不来梅大学的结果进行对比验证，如图 12-5 和表 12-1 所示。

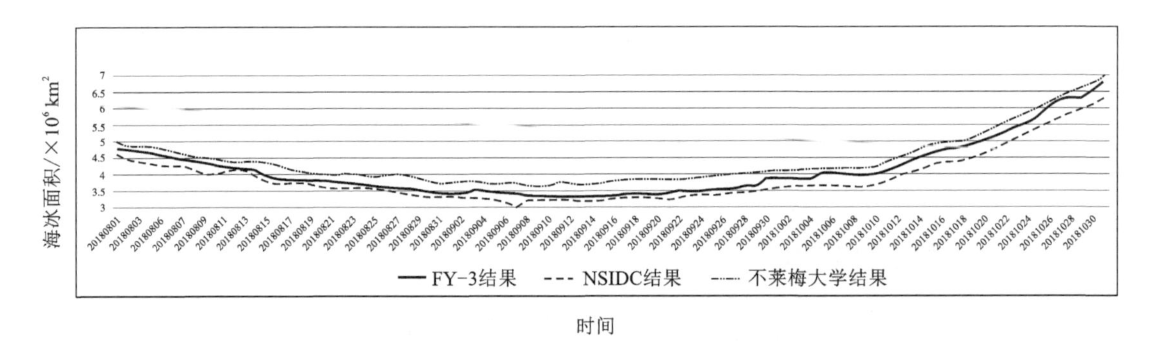

图 12-5　2018 年 8 月 1 日—2018 年 10 月 31 日 FY-3C MWRI 结果、美国冰雪数据中心结果和德国不来梅大学结果对比图

表 12-1　FY-3C MWRI 结果、美国冰雪数据中心结果和德国不来梅大学结果对比表

月份	FY-3C 海冰面积/10^6 km^2	NSIDC 海冰面积/10^6 km^2	不来梅大学海冰面积/10^6 km^2	FY-3C 减 NSIDC/%	FY-3C 减不来梅/%
8	4.044678	3.86068	4.30043	4.55	-6.32
9	3.460423	3.28867	3.80141	4.96	-9.85
10	4.866258	4.51075	5.08837	7.31	-4.56
平均	4.123786	3.88670	4.39673	5.61	-6.91

由图 12-5 和表 12-1 可知，基于 FY-3C MWRI 数据得到的海冰面积，介于 NSIDC 与不来梅大学两者数据之间，其中 FY-3C 结果与 NSIDC 结果的 3 个月的平均误差为 5.61%，与德国不来梅大学的平均误差为 6.91%。

12.5　FY-3D 结果

选取 2018 年 1 月 2 日和 2018 年 1 月 4 日 FY-3C(FY-3D) MWRI 数据与美国冰雪中心的结果进行对比，如图 12-6 所示，其结果和误差比较如表 12-2 和表 12-3 所示。

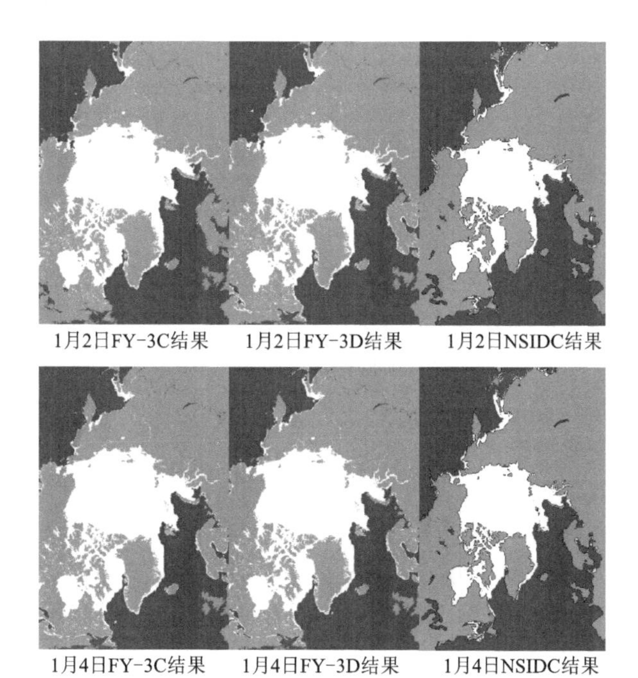

图 12-6　2018 年 1 月 2 日和 2018 年 1 月 4 日 FY-3C、FY-3D 和 NSIDC 海冰分布结果图

表 12-2　FY-3C(FY-3D)和 NSIDC 的结果比较

日期	FY-3C 海冰范围/10^6 km^2	FY-3D 海冰范围/10^6 km^2	NSIDC 海冰范围/10^6 km^2
20180102	11.04343	11.56937	12.03500
20180104	11.85906	12.21218	12.54062

表 12-3　FY-3C(FY-3D)和 NSIDC 的误差比较

日期	FY-3C 减 FY-3D 海冰范围/%	FY-3C 减 NSIDC 海冰范围/%	FY-3D 减 NSIDC 海冰范围/%
20180102	-4.76	-8.98	-4.02
20180104	-2.98	-5.75	-2.69
平均	-3.87	-7.365	-3.355

由图 12-6、表 12-2 和表 12-3 可知：三种结果中，FY-3C 反演的海冰面积小于 FY-3D 反演的海冰面积，2018 年 1 月 2 日的面积相差为 4.76%、2018 年 1 月 4 日的面积相差为 2.98%；NSIDC 海冰面积最大，且 FY-3D 的海冰面积结果相对于 FY-3C 更接近 NSIDC。FY-3C 与 FY-3D 海冰面积平均误差为 3.87%；FY-3C 与 NSIDC 海冰面积平均误差为 7.365%；FY-3D 与 NSIDC 海冰面积平均误差为 3.355%。

12.6　小结

本节以 2016 年 1 月 3 日 FY-3 MWRI 数据为例，通过海水与海冰在不同频段的极化差异的特性不同，最终选取 19 GHz 频段的数据，通过计算极化差，然后基于 Otsu 算法得到海冰和海水的分类阈值，进而获取北极的海冰分布信息。并与美国冰雪数据中心海冰分布的业务化产品进行对比分析，结果表明两者海冰外缘线分布基本一致，海冰面积也相差不大。相对于其他光学以及高频数据海冰分布的反演算法，本章提出的基于 19 GHz 频段极化差异特性的算法，更适用于大范围长时间序列的海冰监测与研究。同样在算法的实现过程上仅需确定一个分类阈值即可，具有较高的运算效率，对于即时性的海量数据的海冰信息发布与监测研究，具有明显的优势。为进一步验证本算法的可行性，基于 2018 年 8 月 1 日—10 月 31 日数据反演的海冰面积与美国冰雪数据中心和德国不来梅大学的结果进行对比，结果表明：基于 FY-3C MWRI 数据得到的海冰面积，介于 NSIDC 与不来梅大学两者之间，其中 FY-3C 结果与 NSIDC 数据的 3 个月的平均误差为 5.61%，与不来梅大学的平均误差为 6.91%。

第13章

基于 FY-3 MWRI 数据的北极海冰密集度反演

13.1 ASI 算法

ASI 算法是根据极化差异(polarization difference)来计算海冰密集度的：

$$P=T_{\mathrm{bv}}-T_{\mathrm{bh}} \tag{13-1}$$

式中：T_{bv} 为垂向极化的亮温；T_{bh} 为水平极化的亮温。

为了可以详细地反演从 0 到 100%所有的海冰密集度，可以选择一个三阶的多项式来拟合从 0 到 100%的海冰浓度：

$$C=d_3p^3+d_2p^2+d_1p+d_0 \tag{13-2}$$

假设纯水和纯冰的系点值是已知的，分别表示为 p_0 和 p_1，代入式(13-2)可得到纯水和纯冰的两个方程，再对式(13-2)求导，也分别代入纯水和纯冰的条件。已知冰面的极化差异显著小于开阔水面的极化差异，且海冰密集度 C 趋近 0 和 1 时极化差异 P 分别为 P_0 和 P_1，得出用于求解式(13-2)系数的四元一次线性方程组，见式(13-3)，利用式(13-3)就可以计算得到 d_0，d_1，d_2，d_3。

$$\begin{bmatrix} P_0^3 & P_0^2 & P_0 & 1 \\ P_1^3 & P_1^2 & P_1 & 1 \\ 3P_0^2 & P_1 & 1 & 0 \\ 3P_1^2 & 2P_1 & 1 & 0 \end{bmatrix} \cdot \begin{bmatrix} d_3 \\ d_2 \\ d_1 \\ d_0 \end{bmatrix} = \begin{bmatrix} 0 \\ 1 \\ -1.14 \\ -0.14 \end{bmatrix} \tag{13-3}$$

所以，将 d_0，d_1，d_2，d_3，带入式(13-2)中便可得到海冰密集度 C。

Kaleschke 等对 SSM/I 85. 5 GHz 的数据进行了插值计算，最终确定了海冰密集度 C 的表达式为：

$$C=6.45714\times10^{-6}P^3-6.05256\times10^{-4}P^2-9.22521\times10^{-3}P+1.10031 \tag{13-4}$$

Spreen 等使用 AMSR-E 89 GHz 数据进行了海冰密集度反演，假设纯水和纯冰的系点值是已知的，并利用插值等方法得到了海冰密集度 C 的表达式：

$$C=1.640\times10^{-5}P^3-1.618\times10^{-3}P^2+1.916\times10^{-2}P+0.9710 \tag{13-5}$$

13.2　基于 FY-3 MWRI 数据的 ASI 算法

由于 ASI 算法针对不同的数据核心参数会有所变化，通过选取典型海域的样本点，确定纯水与纯冰的系点值，进而确定了海冰密集度的计算公式。通过选取两个典型海域(加拿大群岛以北多年冰区域、格林兰海冰外缘线以南区域)，并对一年的数据进行样本点的选取，分别计算两个区域的极化差异，进行概率分布统计，选取逐日最大概率发生的值，作为当天的极化差异值，再对全年的极化差异值求均值，最终确定 $P_0=47.6$ K、$P_1=10.8$ K。由式(13-3)得到基于 FY-3 MWRI 数据的 ASI 海冰密集度 C 的表达式为：

$$C=1.29\times10^{-5}P^3-1.28\times10^{-3}P^2+1.01\times10^{-2}P+1.02 \tag{13-6}$$

使用高频数据往往受天气影响较为严重，所以需要天气滤波器进行处理，由于天气滤波器的阈值也会随数据的变化而改变，所以本章基于 Otsu 算法确定 FY-3 MWRI 数据的天气滤波器阈值。

通过运算，得出 GR(37/19)天气滤波器的阈值为 0.08，即当 GR(37/19)大于等于 0.08 时令其海冰密集度为 0。通过天气滤波器处理，绝大部分受天气影响而导致计算错误的海冰都被过滤掉，进而纠正为海水。

13.3　结果与验证

本章以 2016 年 1 月 3 日 FY-3 MWRI 数据为例进行北极海冰密集度结果反演，并经过天气滤波器的处理，其空间分辨率为 12.5 km，最终结果如图 13-1 所示。为了充分验证该结果的精度以及基于 FY-3 MWRI 数据提取的海冰与海水系点值的准确性，分别从美国冰雪数据中心以及德国不来梅大学获取了相应日期的海冰密集度产品。其中，图 13-2 为美国冰雪数据中心提供的由 SSM/I 数据基于 NASA Team 算法反演出的结果，空间分辨率为 25 km；图 13-3 为美国冰雪数据中心提供的由 SSM/I 数据基于 Boot Strap 算法反演出的结果，空间分辨率为 25 km；图 13-4 为德国不来梅大学提供的由 AMSR-E 数据基于 Boot Strap 算法反演出的结果，空间分辨率为 12.5 km；图 13-5 为德国不来梅大学提供的由 AMSR-E 数据基于 ASI 算法反演出的结果，空间分辨率为 6.25 km。

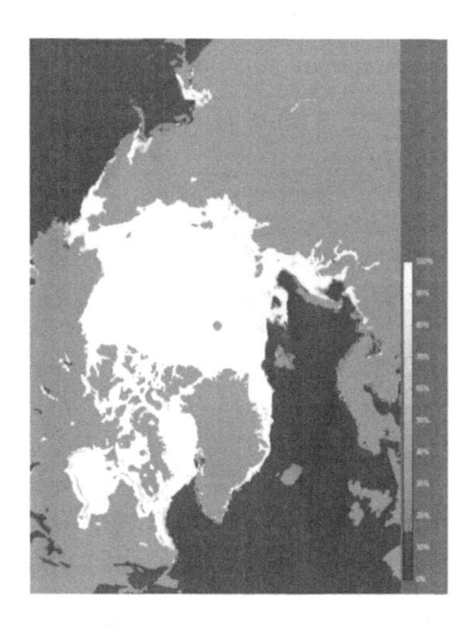

图 13-1　FY-3 MWRI 数据 ASI 算法结果

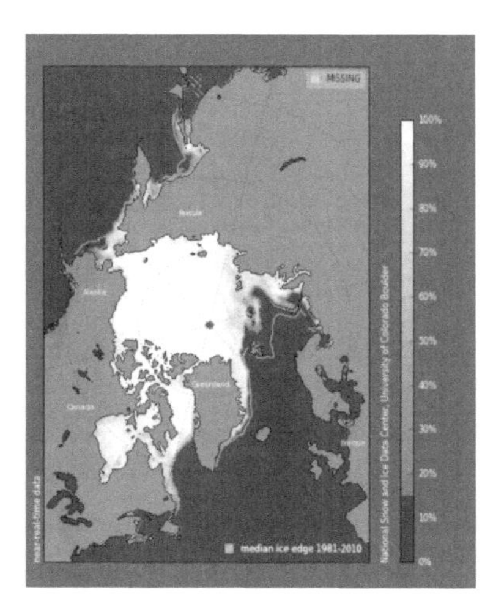

图 13-2　美国冰雪数据中心 NASA Team 算法结果

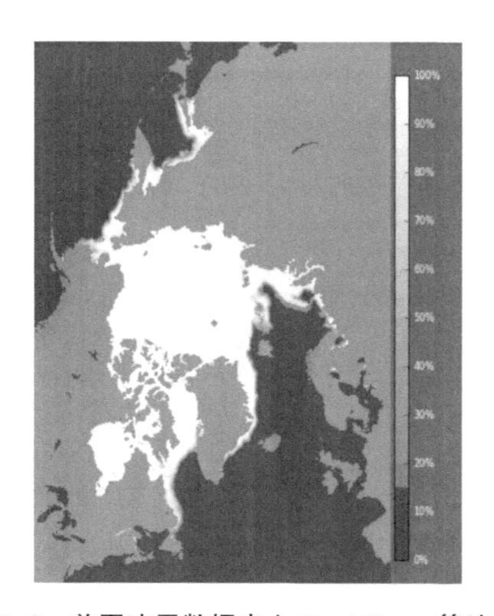

图 13-3　美国冰雪数据中心 Boot Strap 算法结果

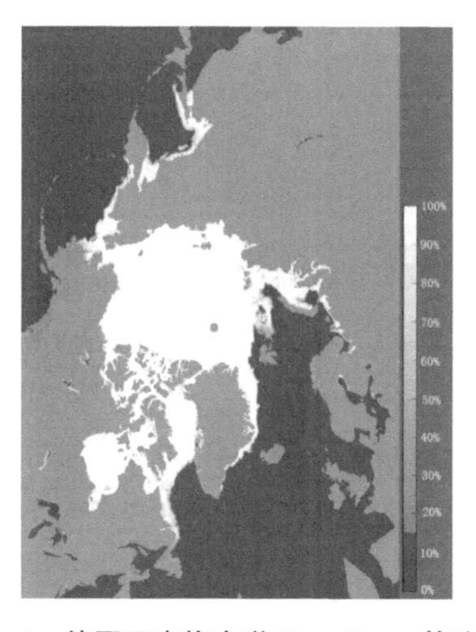

图 13-4　德国不来梅大学 Boot Strap 算法结果

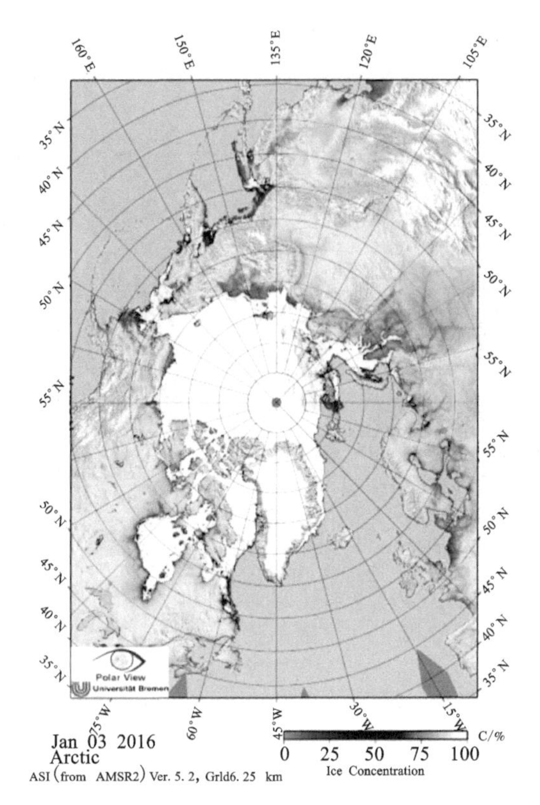

图 13-5 德国不来梅大学 ASI 算法结果

由以上 5 种结果可以明显看出，不论是 ASI 算法还是 Boot Strap 算法或是 NASA Team 算法，所得到的海冰外缘线(海冰分布)范围基本一致；从海冰边缘区的海冰密集度来看，NSIDC 提供的 NASA Team 算法结果明显低于其他几个结果。为了更加明确地对比分析以上的结果，将有关数据列入表 13-1 中。

表 13-1 各算法结果的海冰面积以及平均海冰密集度

	FY-3 MWRI ASI	NSIDC NASA TEAM	NSIDC Boot Strap	不来梅 ASI	不来梅 Boot Strap
平均密集度	0.9262	0.8539	0.9294	0.9273	0.9275
海冰面积/10^6 km^2	11.0533	11.2053	12.0325	11.4541	12.0529
密集度误差/%		7.81	-0.35	-0.12	-0.14
海冰面积误差/%		-1.36	-8.86	-3.63	-9.04

由表 13-1 可以直观地看出，基于 FY-3 MWRI 数据并使用 ASI 算法反演得到的结果，与美国冰雪数据中心以及德国不来梅大学提供的 4 种结果都比较接近。其中从海冰密集度来

看，该结果与德国不来梅大学 ASI 算法结果最为相近，两者仅相差 0.12% ；与美国冰雪数据中心 NASA TEAM 的结果相差最大为 7.81%。从海冰面积来看，该结果与美国冰雪数据中心 NASA TEAM 的结果最为相近，两者仅相差 1.38%；与德国不来梅大学 Boot Strap 算法结果相差最大，为 9.04%。综合两个方面来看，本方法结果与德国不来梅大学 ASI 算法结果比较接近。

13.4　FY-3C、FY-3D 和 NSIDC、德国不来梅海冰密集度比较

选取 2018 年 1 月 2 日和 2018 年 1 月 4 日的 FY-3C、FY-3D MWRI 和 NSIDC、德国不来梅大学的海冰密集度和海冰面积的结果进行比较。见图 13-6、表 13-2、表 13-3。

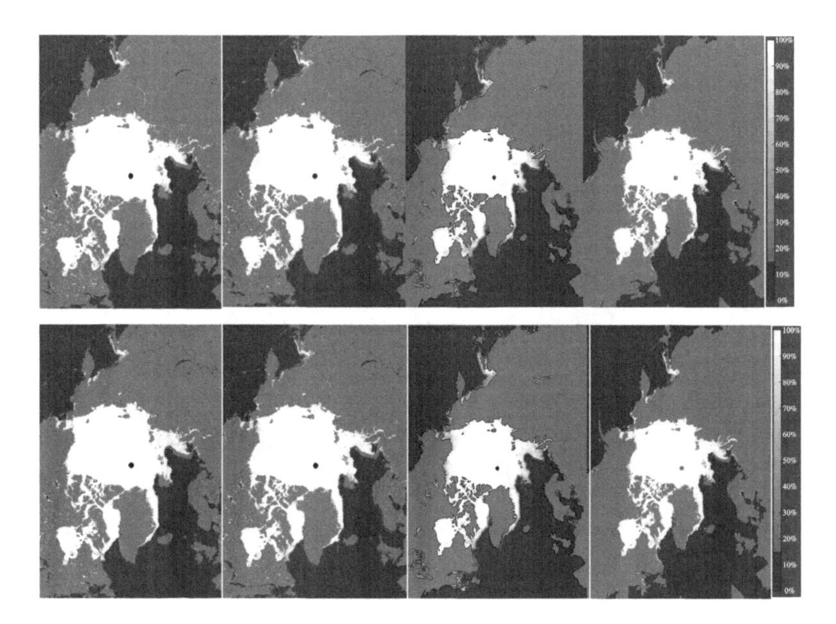

图 13-6　2018 年 1 月 2 日和 2018 年 1 月 4 日 FY-3C、FY-3D、NSDC 与德国不来梅大学的海冰密集度结果

表 13-2　4 种海冰密集度和海冰面积结果比较

日期	FY-3C 密集度	FY-3C 海冰面积/10^6km^2	FY-3D 密集度	FY-3D 海冰面积/10^6km^2	NSIDC 密集度	NSIDC 海冰面积/10^6km^2	不来梅密集度	不来梅海冰面积/10^6km^2
20180102	0.905	11.3302	0.916	11.4501	0.876	11.2719	0.941	11.5791
20180104	0.901	11.4460	0.911	11.5620	0.851	11.4086	0.939	11.6938

表 13-3 4 种海冰密集度和海冰面积误差比较

日期	FY-3C 减 FY-3D 密集度/%	FY-3C 减 FY-3D 海冰面积/%	FY-3C 减 不来梅大学 密集度/%	FY-3C 减 不来梅大学 海冰面积/%	FY-3D 减 不来梅大学 密集度/%	FY-3D 减 不来梅大学 海冰面积/%
20180102	-1.22	-1.06	-3.98	-2.20	-2.73	-1.12
20180104	-1.11	-1.01	-4.21	-2.16	-3.07	-1.13
平均	-1.165	-1.035	-4.095	-2.18	-2.9	-1.125

结果分析：4 种结果中，FY-3C 海冰密集度结果小于 FY-3D 海冰密集度结果，测试数据结果差分别为-1.22%、-1.11%，海冰面积 FY-3C 同样小于 FY-3D 测试数据结果，误差分别为-1.06%、-1.01%；不来梅大学海冰密集度(海冰面积)最大，NSIDC 海冰密集度(海冰面积)最小，且 FY-3D 的海冰密集度(海冰面积)结果相对于 FY-3C 更接近德国不来梅大学结果。

13.5 小结

本章以 2016 年 1 月 3 日 FY-3 MWRI 数据为例，通过选取典型区域的样本点得到海冰与海水的系点值，进而得到基于 ASI 算法的海冰密集度计算公式。最终对北极海冰密集度结果进行反演，并引入美国冰雪数据中心与德国不来梅大学 4 种业务化海冰密集度产品进行对比验证。这 4 种业务化海冰密集度产品是运用两种数据 3 种不同的算法进行反演得到。最终表明本章算法的结果与德国不来梅大学采用 AMSR-E 数据的 ASI 算法最为接近。因此可以说，本章基于 FY-3 MWRI 数据所得到的 ASI 算法海冰密集度的计算公式以及海冰密集度结果是可信的；将国产 FY-3 MWRI 数据应用于 ASI 算法进行海冰密集度反演是可行的。

第14章

基于改进 U 形卷积神经网络的海冰分布探测研究

本章针对传统海冰探测方法存在人工提取图像特征效率较低且海冰探测精度不高的问题，提出了基于改进 U 形卷积神经网络的海冰探测研究算法，该算法主要是通过增加网络结构的连通性等方法，提高改进 U 形卷积神经网络获取多尺度特征信息的能力，从而将该方法应用于海冰探测研究。首先从海冰辐射特征差异方面介绍 U 形卷积神经网络的输入数据；然后重点介绍 U 形卷积神经网络的原理、U 形卷积神经网络的网络结构；再介绍基于 U 形卷积神经网络的海冰探测流程；最后得到基于 U 形卷积神经网络的海冰探测结果。

14.1 输入数据

一年冰和多年冰以及海水在 37 GHz 频段的极化亮温差异与在 19 GHz 频段的极化亮温差异相差不大，而 89 GHz 频段的亮温数据受云雾等影响较大。本章利用 SSM/ I 的 37 GHz 频段和 19 GHz 频段的垂直极化观测数据不仅可以减少部分云雾噪声，而且拉大了海冰和海水的极化差异。所以基于 U 形卷积神经网络的海冰探测采用不同频率相同极化方式观测的光谱梯度率(即 37 GHz 与 19 GHz 的垂直极化观测亮温差)来进行海冰分布的反演。SSM/I 的 37 GHz 和 19 GHz 的光谱梯度率(spectral gradient ratio，GR)表达式如下：

$$GR = T_{bv}(37) - T_{bv}(19) / T_{bv}(37) + T_{bv}(19) \tag{14-1}$$

式中：T_{bv} 是某频段的观测亮温数据。

14.2 U 形卷积神经网络

图像分类是先获取图像分类的样本信息，然后根据样本信息将图像内容分为不同的类别，从而实现整个图像的分类。传统图像分类方法有阈值分类法、基于聚类的分类法、基于边缘的分类法等几种方法。但是传统的图像分类方法具有受噪声数据影响、分类精度不高的缺点。图像分割主要是对像素分类即给图像中的每一个像素分类，最终得到一幅对每个像素都归类的图像。U 形卷积神经网络是一种较早的基于改进卷积神经网络的图像语义分割方法。如图 14-1 所示，U 形卷积神经网络是一种比较经典的端对端的网络模型，并且很多语义分割图像分类方法都是基于 U 形卷积神经网络的改进算法。在图 14-1 中，U 形卷积神经网络是一种呈左右对称的网络，主要由下采样和上采样两个部分组成。U 形卷积神经网络的左半部分是下采样部分，主要包括卷积层、池化层和激活函数等部分构成，从而完成下采样操作，并得到输入图像的特征信息图。而 U 形卷积神经网络的右半部分为上采样部分，主要是通过一系列的反卷积层、池化层和激活函数等操作增大下采样过程得到的特征信息图，并使用跳跃连接结构将同一神经网络层下采样得到的特征信息图与同一层上采样得到的特征信息图进行特征融合的操作，最后使用 softmax 进行分类操作，从而实现待分类图像的分类结果。

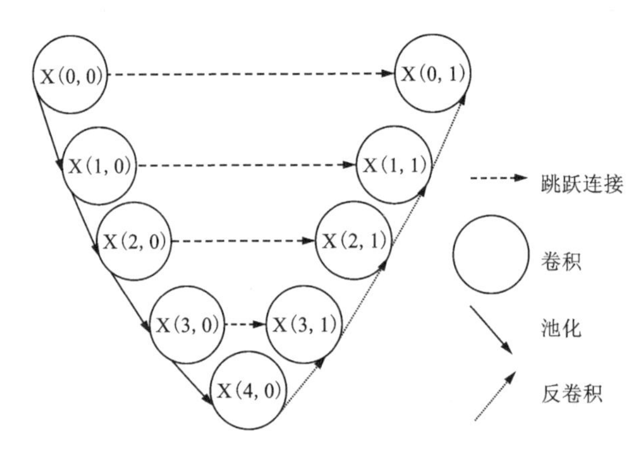

图 14-1　U 形卷积神经网络的结构

卷积层在 U 形卷积神经网络中负责大部分的数据运算，是 U 形卷积神经网络的重要操作。卷积运算的作用就是学习并获得输入数据的不同特征，并且能够通过反向传播算法对卷积运算中的参数进行优化。卷积操作的过程就是利用若干个小于输入图像尺寸的卷积核在空间上进行局部、稀疏运算。卷积的详细过程如下：定义一个大小 $F \cdot F$ 的卷积核，移动的步长 stride，记为 S，卷积核的个数为 k 个。进行卷积运算时，$F \cdot F$ 卷积核在输入矩阵的左上角开始上移动，卷积核主要是与输入的图片进行点积运算，再加上偏移参数 bias，得到输出矩阵的第一个元素。然后将卷积核移动一个步长 S，重复上面的运算，得到第二个元素值(卷积核数据与图像对应点一一对应，将得出的结果视为卷积操作的结果输出到对应的像素点位置)，将卷积核在输入矩阵中依次按步长移动，完成第一个输出特征矩阵的计算。再使用第二个卷积核重复第一个卷积核的运算，得到第二个输出特征矩阵。重复上述操作，直到所有的卷积核完成计算。

池化层是在连续卷积层的中间加入的一种功能性连接层。由于输入图像数据经过上一步的卷积运算之后，会导致获得的特征图维度较高、计算量过大和容易出现过拟合的问题，故需要池化层对卷积获得的特征矩阵的尺寸进行缩小，从而减少 U 形卷积神经网络中参数的数量、减少过拟合，提高 U 形卷积神经网络的泛化能力。池化层与卷积层的区别是采用的运算规律不同，可分为最大池化、均值池化和随机池化。

最大池化(max pooling)：即定义一个大小 $F \cdot F$ 的卷积核，最大池化采用 $F \cdot F$ 个点中的最大值。虽然最大池化丢弃了相邻像素的相关信息，造成图像的纹理信息有一部分丢失。但是最大池化保留了图像大部分的纹理信息，并减少了这部分像素在计算中所造成的误差。故本章采用最大池化。均值池化(mean pooling)：计算卷积核 $F \cdot F$ 个像素点的平均值，如果相邻像素差别较大，会导致图像的纹理信息丢失。但是均值池化减少了参数误差造成的平均值的偏移。但是由于本书主要是用来探测海冰的分布，所以本书不采用平均池化。随机池化(stochastic-pooling)：通过对卷积核 $F \cdot F$ 个像素按照数值大小赋予一定的规律，并按照给出的规律对像素进行运算。随机池化在平均意义上与均值池化更为相似，由于本书主要是用来探测海冰的分布，所以本书不采用随机池化。

激活函数(activation function)是将非线性特性引入到神经网络中的一种函数。由于神经网络的卷积和池化等操作一般是线性运算，卷积和池化等操作并不能学习和理解输入卷积神经网络的非线性数据，所以需要将激活函数的非线性特性加入卷积神经网络，使卷积神经网络具有学习输入非线性数据并得到数据非线性映射的能力，从而使得卷积神经网络能够学习到复杂的非线性函数。故神经网络对输入数据的适用性比较广泛，可以适用于各种使用非线性数据的领域。常见的激活函数包括 ReLU、Sigmoid、Leaky、ELU 等，可以针对不同的任务需求选择不同的激活函数。ReLU 激活函数能够有效解决梯度消失的问题，并且计算和收敛速度都比较快。ELU 激活函数是融合了 ReLU、Sigmoid 两个激活函数的优势，不仅能够解决梯度消失的问题，而且对输入数据的变化或噪声更具鲁棒性。所以本书的 U 形卷积神经网络采用 ELU 激活函数。

损失函数(loss function)用来评估卷积神经网络的输出结果与真实结果之间的差异程度。由于不同卷积神经网络的结构和目标不同，故所使用的损失函数一般也不相同。骰子损失(dice loss)可以实现对小目标的精确分类的目的，故本书使用骰子损失作为改进 U 形卷积神经网络的损失函数。

优化器在卷积神经网络的训练过程中被用来对卷积神经网络的参数进行优化，寻找最优解。不同的优化器有不同的优化方式，主要有随机梯度下降算法、AdaGrad 算法、RMSprop 算法和 Adam 算法。随机梯度下降算法是针对部分数据基于目标函数的偏导数，计算梯度并进行参数优化。优点是能够使神经网络训练过程收敛更加稳定，但是易陷入局部极小值。AdaGrad 算法在稀疏矩阵的场景中收敛速度更快，但是随着参数的更新，学习速率也会随着变慢。RMSprop 算法同样能够加快函数的收敛速度，避免陷入局部最优解，但是引入了新的超参数并且依赖全局学习速率。Adam 算法是将 AdaGrad 算法、RMSprop 算法和动量法三种方法结合在一起，将记录的历史梯度均值作为动量，实现了神经网络中各个参数的学习率的自适应调整，并能够通过少量的超参数调优获得良好的性能。本书使用 Adam 算法作为 U 形卷积神经网络的优化器。

14.3 改进 U 形卷积神经网络

U 形卷积神经网络因能够结合高低层的特征信息而且训练过程中收敛速度快，因此使用其作为基础构架。虽然 U 形卷积神经网络能够获取不同层次的图像特征信息，但是还是不能充分获取输入图像的全部特征信息，使得特征融合较差，提取的特征较单一。因此，本节对 U 形卷积神经网络进行如下改进。

(1)通过改进密集跳跃连接对 U 形卷积神经网络进行改进，使改进的 U 形卷积神经网络具有提取多尺度特征信息的能力。

(2)为了提高训练数据的效率，在改进的 U 形卷积神经网络中添加了 BN，采用 BN 方法来解决训练过程中的过拟合问题。

(3)选择骰子损失作为损失函数用于评估改进的 U 形卷积神经网络的预测结果与真实结果之间的差异。一般来说，损失函数的差异越小，改进的 U 形卷积神经网络的性能越好。

为了充分提取图像特征，本书设计了一个非常高效的改进的 U 形卷积神经网络，如图 14-2 所示(A 标记的部分为改进后的部分，其他部分为 U 形卷积神经网络)。X 为神经网络节点的输出数据。(0, 2)第一个数字表示神经网络的层数，第二个数字表示 i 层神经网络中神经元的顺序(按 0、1、2……的顺序计数)。改进的 U 形卷积神经网络有效地结合了传统 U 形卷积神经网络和 DenseNet 的优势。改进的 U 形卷积神经网络不仅具有传统 U 形卷积神经网络的融合图像中低级特征信息和高级特征信息的优点，同时它具有在 DenseNet 中的密集跳跃连接，提高了改进的 U 形卷积神经网络的特征信息的传输能力。改进的 U 形卷积神经网络改变了 U 形卷积神经网络的结构，通过一系列嵌套的密集卷积块连接。它的优点是可以捕捉不同层次的特征，并通过特征的叠加进行融合。它充分利用了图像的特征信息，有助于提高图像分割的准确性。同时，采用 BN 方法解决了训练过程中的梯度消失和过度拟合问题，有效地提高了海冰检测的精度。通过修改损失函数，可以更准确地实现图像分类。在实际分割中，图像中的目标物体的边缘信息在下采样和上采样过程中容易丢失，因此，改进的 U 形卷积神经网络保留了图像的多尺度空间特征信息，可以更准确地进行图像分类。

基于改进的 U 形卷积神经网络的海冰探测流程如下：

(1)训练前，调整数据集，如旋转、平移，增加数据集数量。之后，对训练集和测试数据进行归一化(batch normalization, BN)操作。

(2)对归一化操作后的数据进行连续操作，如 BN+卷积+激活函数(ELU)+池化，以完成下采样。

(3)对下采样得到的特征图进行反卷积、BN 和激活函数(ELU)等连续运算，完成上采样。

(4)将改进的 U 形卷积神经网络中的上采样过程和下采样过程的输出特征信息连接起来(在同一网络层中，将当前神经网络层的每个神经网络节点使用密集跳跃连接进行特征

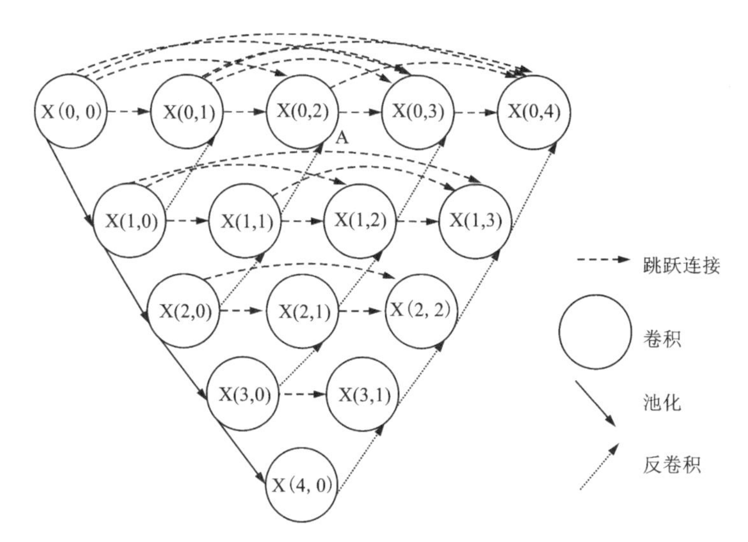

图 14-2　改进的 U 形卷积神经网络模型的结构

融合。即密集跳跃连接是将当前神经网络层的前边神经网络节点的输出特征信息融合到当前神经网络层的后续的神经网络节点的输出特征信息中；在不同的网络层中，从神经网络层的顶部到底部，对下一个神经网络层的下采样和上采样的输出特征信息进行融合。融合后的输出特征信息继续被下一层神经网络的上采样特征信息融合，因此迭代继续，直到下一层没有相应的上采样）。然后利用 sigmoid 函数对海冰进行分类，并利用骰子损失作为损失函数对训练结果进行评价。

(5) U 形卷积神经网络模型参数由优化器和修改后的损失函数进行神经网络中参数的更新。将学习率设置为 0.001，然后使用 Adam 算法动态调整每个参数的学习率，直到获得最佳模型参数。从而实现了海冰的探测。通过实验，本节确定随着网络层数 L 的增加，卷积核的数目被设置为 $32 \cdot L$。

本研究的基本流程如图 14-3 所示。

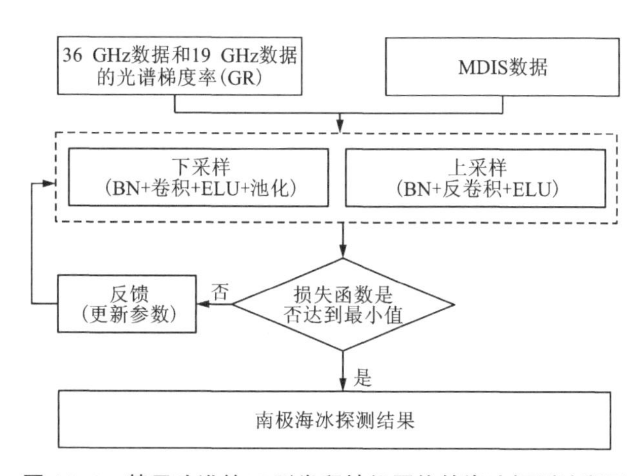

图 14-3　基于改进的 U 形卷积神经网络的海冰探测流程图

在改进的U形卷积神经网络模型中，最右边的神经网络节点的输出数据经过最多的卷积层，最右边的神经网络节点的输出数据具有最好的海冰探测结果。因此，通常选择最深的网络输出作为最终预测结果。在改进的U形卷积神经网络模型的L1层，每个神经网络节点获得的特征数据包含图像的空间信息和语义信息。对于中间神经网络节点获得的特征数据，定位信息更准确，而深层神经网络获得的特征结果可以准确获得像素级的分类信息。本书进一步改进了U形卷积神经网络的L1层的特征提取方法。该方法充分利用了L1层的特征信息并将特征信息融合成更丰富的特征信息，最终得到海冰的探测结果。改进的U形卷积神经网络模型的最终输出由X(0, 2)、X(0, 3)和X(0, 4)的输出决定，输出如式(14-2)所示：

$$\text{Output} = \text{output } 0, 2 + \text{output } 0, 3 + \text{output } 0, 4 \tag{14-2}$$

14.4 结果及验证

本章使用2018年1月1日的SSM/I亮温数据探测南极海冰分布。由于NASA Team算法是目前常用的海冰密集度反演算法，并且NASA Team算法已被广泛应用于不同数据的反演海冰密集度，具有通用性强、数据处理简单的特点。故本书使用基于SSM/I数据(SSM/I数据的空间分辨率为25 km)的NASA Team算法来对比验证海冰探测的结果。为进一步验证改进的U形卷积神经网络海冰探测的精度，本书基于MODIS数据(MODIS数据的空间分辨率为500 m)的归一化差异雪指数(NDSI)算法来验证海冰探测的结果。

本书基于分辨率较高的MODIS数据(分辨率为500 m)，选取罗斯海附近160°E—175°E和74°S—79°S的区域，进一步验证海冰探测结果。首先，选择晴空数据，避免云层造成的误差。然后，根据MOD09GA数据的波段1、波段2、波段4和波段6计算NDSI。NDSI算法是利用海冰和海水在红色波段和短波红外波段的光谱反射率差异来判别海冰和海水。NDSI算法扩大了海冰和开阔海水反射率的差异，因此可以更准确地识别海冰和开阔海水。此外，NDSI算法可以识别可见光谱中难以识别的云和雪，还可以识别被雪覆盖的海冰。

图14-4分别为NASA Team算法、U形卷积神经网络和改进U形卷积神经网络算法得到的海冰分布结果图，通过结果对比图(图14-5)可以看出基于NASA Team算法、U形卷积神经网络和改进的U形卷积神经网络3种算法得到的海冰分类结果比较相似。图14-6为基于MODIS数据使用NDSI方法的海冰探测结果。为进一步验证基于改进的U形卷积神经网络模型算法得到的海冰分布结果，本书利用高分辨率光学遥感数据进行验证。

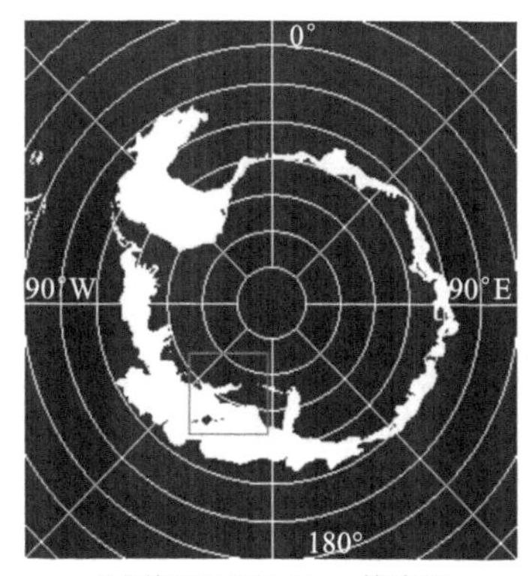

(a) 基于NASA Team算法的海冰探测结果

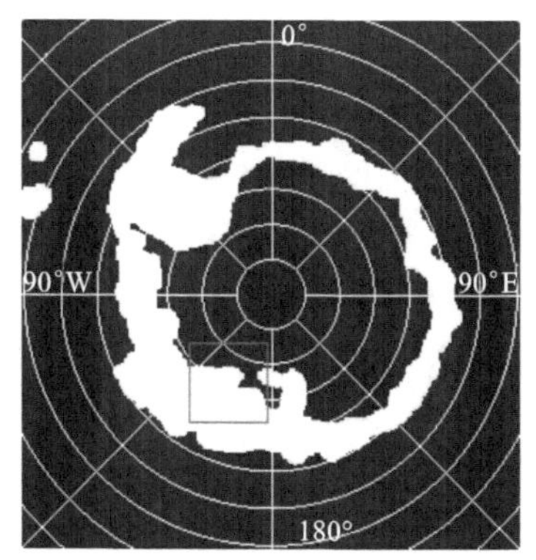

(b) 基于U形卷积神经网络的海冰探测结果

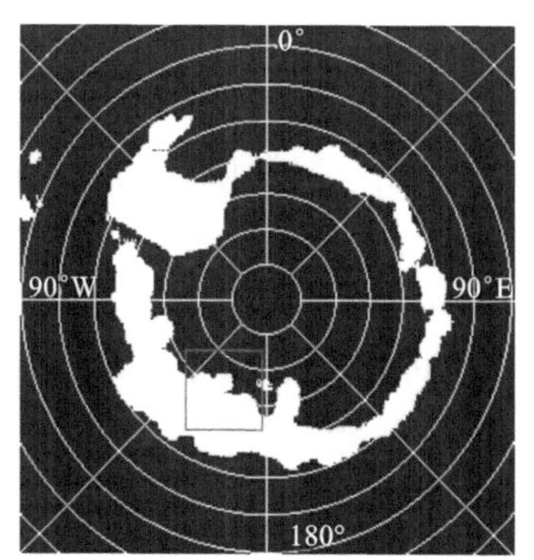

(c) 基于改进的U形卷积神经网络的海冰探测结果

图 14-4　海冰探测结果

（投影：极赤平投影；白色区域为海冰，黑色区域为海水）

(a) 基于NASA Team算法在图14-4所选区域的海冰探测结果

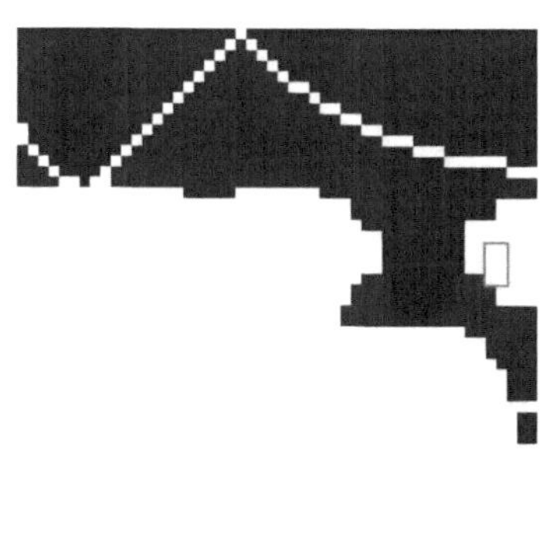

(b) 基于U形卷积神经网络的图14-4所选区域的海冰探测结果

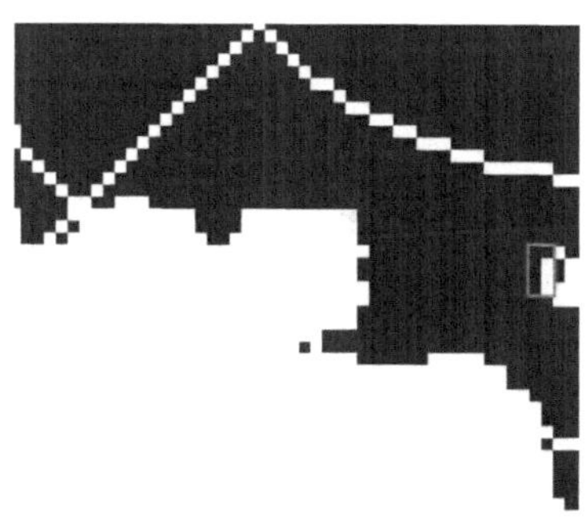

(c) 基于改进的U形卷积神经网络在图14-4所选区域的海冰探测结果

图 14-5　海冰探测结果对比

（投影：极赤平投影；白色区域为海冰，黑色区域为海水）

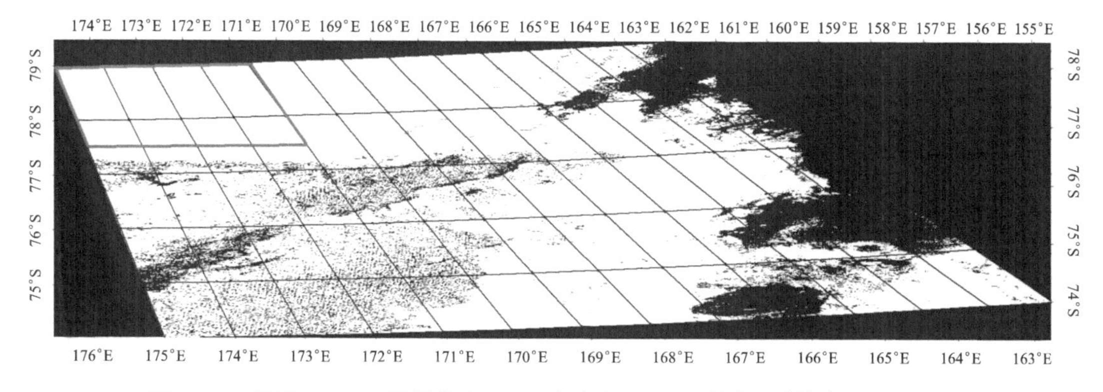

图 14-6　基于 MODIS 数据使用 NDSI 方法在图 14-5 所选区域的海冰探测结果

（投影：极赤平投影；白色区域为海冰，黑色区域为海水）

图 14-5 为 NASA Team 算法、U 形卷积神经网络和改进的 U 形卷积神经网络在图 14-4 所选区域的海冰探测结果对比图。在图 14-5 的选定区域，基于改进的 U 形卷积神经网络的海冰探测结果与基于 NASA Team 算法和 U 形卷积神经网络的海冰探测结果有很大不同。在同一区域，与基于 MODIS 数据的 NDSI 方法获得的海冰探测结果(图 14-6)相比(白色区域为海冰，黑色区域为海水)，改进的 U 形卷积神经网络的精度为 75%，U 形卷积神经网络的精度为 50%，NASA 算法的精度为 25%。基于改进的 U 形卷积神经网络的结果与 MODIS 结果一致，表明改进的 U 形卷积神经网络具有更高的精度。

14.5 小结

为了提高海冰探测结果的准确性，本书改进 U 形卷积神经网络，并将其应用于海冰检测。与基于 MODIS 数据的 NDSI 方法探测的海冰结果、基于 SSM/I 数据的传统 U 形卷积神经网络检测海冰的结果和基于 SSM/I 数据的 NASA Team 算法探测的海冰结果相比，改进后的 U 形卷积神经网络获得的海冰探测结果具有更高的精度。改进的 U 形卷积神经网络的海冰探测方法对不同的微波辐射计数据具有较强的鲁棒性和迁移能力。因此，基于改进的 U 形卷积神经网络的海冰探测方法也可以应用于其他数据源，这为基于微波辐射计数据的海冰检测提供了一种新的方法支持。

第15章

基于 CGAN 的改进的 ASI 海冰密集度反演算法

本章节主要介绍 ASI 海冰密集度反演算法，探讨天气滤波器可以减小由于云水蒸气等因素的影响所导致的海水和海冰边缘区域的海冰密集度误差，但海冰密集度的值无法修改的问题。本章节提出了基于 CGAN 改进 ASI 海冰密集度的反演算法，该算法主要利用 CGAN 的生成网络和判别网络的博弈学习及反馈机制对受环境影响大的 89 GHz 数据不断校正，最终得到较好的校正结果。最后使用 ASI 海冰密集度反演算法基于校正后的亮温数据反演南极海冰密集度结果。

15.1 ASI 海冰密集度反演算法介绍

15.1.1 ASI 海冰密集度算法原理

ASI 算法是利用 89 GHz 亮温数据的极化差异 P(polarization difference)计算海冰密集度，见式(15-1)和式(15-2)。

$$P=T_{\mathrm{bv}}-T_{\mathrm{bh}} \tag{15-1}$$

$$C=d_3p^3+d_2p^2+d_1p+d_0 \tag{15-2}$$

式中：T_{bv} 为垂直极化观测亮温；T_{bh} 为水平极化观测亮温；系数 d_0、d_1、d_2、d_3 计算公式见式(15-3)。

$$\begin{bmatrix} P_0^3 & P_0^2 & P_0 & 1 \\ P_1^3 & P_1^2 & P_1 & 1 \\ 3P_0^2 & P_1 & 1 & 0 \\ 3P_1^2 & 2P_1 & 1 & 0 \end{bmatrix} \cdot \begin{bmatrix} d_3 \\ d_2 \\ d_1 \\ d_0 \end{bmatrix} = \begin{bmatrix} 0 \\ 1 \\ -1.14 \\ -0.14 \end{bmatrix} \tag{15-3}$$

式中：P_0 为开阔海域的海水在 89 GHz 频段下的亮温差异；P_1 为 100%海冰密集度的海冰在 89 GHz 频段下的亮温差异。

15.1.2 天气滤波器

ASI 算法利用 AMSR-E/AMSR-2 89 GHz 亮温数据的极化差异来计算海冰密集度，并结合天气滤波器去除在海冰边缘区域、低海冰密集度区域和开阔水面的海冰密集度误差。AMSR-E/AMSR-2 89 GHz 亮温数据存在受天气等因素影响的问题，导致在海冰边缘区域、低海冰密集度区域和开阔水面等区域海冰和海水的极化差异变小或接近从而导致海冰密集度计算错误并难以判别海冰和海水。天气滤波器利用稳定且不易受外界环境影响的低频亮温数据避免海冰的误判。目前的天气滤波器为以下几种：

(1)利用 36.5 GHz 垂直极化观测亮温和 18.7 GHz 垂直极化观测亮温计算光谱梯度率，见式(15-4)。该方法将光谱梯度率大于 0.045 区域的海冰密集度值设为 0，从而去除在 ASI 算法计算海冰密集度过程中受云中冰晶和液态水影响的区域。

$$GR = T_{bv}(37) - T_{bv}(19) / [T_{bv}(37) + T_{bv}(19)] \geqslant 0.045 \Rightarrow C = 0 \tag{15-4}$$

式中：T_{bv} 为垂直极化的观测亮温；C 为海冰密集度。

(2)利用 23.8 GHz 垂直极化观测亮温和 18.7 GHz 垂直极化观测亮温计算光谱梯度率，见式(15-5)。该方法将光谱梯度率大于 0.04 区域的海冰密集度值设为 0，从而去除在 ASI 算法计算海冰密集度过程中开阔海域受水蒸气的影响的区域。

$$GR = T_{bv}(23) - T_{bv}(19) / [T_{bv}(23) + T_{bv}(19)] \geqslant 0.04 \Rightarrow C = 0 \tag{15-5}$$

式中：T_{bv} 为垂直极化观测亮温；C 为海冰密集度。

经过以上两次天气滤波器的过滤，基本上已经减小了外界环境影响因素对海冰的误判。但是 ASI 算法中使用天气滤波器只是去除了那些被误判为海冰的水点，并没有改变冰点的海冰密集度值，而且天气滤波器采用的阈值也应该是随季节和时空变化的。

15.2 基于 CGAN 的改进 ASI 海冰密集度反演算法

AMSR-E/AMSR-2 89 GHz 亮温具有更高的空间分辨率，但它经常受到云和水汽等因素的影响，从而影响地面特征信息的识别和后续使用。虽然天气过滤器可以减小海水和海冰边缘区域的一些误差，但海冰密集度值不能修改。CGAN 的生成网络通过跳转连接操作提高了图像特征信息的利用率，改善了云、水汽等因素的影响。该判别网络能够保留图像的特征信息，实现从图像到图像的非线性映射。损失函数可以减少像素级的损失，从而减小云和其他水汽因素的影响。因此，本书提出了一种基于 CGAN 的改进 ASI 算法。首先，确定了不受外界环境影响或受外界环境影响较小的 89 GHz 亮温与 36 GHz 亮温之间相对稳定的关系，筛选出受环境影响较大的 89 GHz 亮温。然后，基于高可靠性的 36 GHz 亮温数据，用 CGAN 对大环境影响的 89 GHz 亮温数据进行校正。最后，利用 ASI 算法反演海冰密集度。

15.2.1 数据筛选

数据筛选是利用不受外界环境影响的 89 GHz 亮温数据的极化比和 36 GHz 亮温数据的

极化梯度率 PR 的比值来筛选受外界环境影响的 89 GHz 数据，极化梯度率 PR 公式见式(15-6)和式(15-7)。在晴朗天气条件下，89 GHz 数据和 36 GHz 数据极化梯度率 PR 的比值稳定。但当存在云和水汽等外界环境影响时，89 GHz 数据和 36 GHz 数据极化梯度率 PR 的比值就会发生变化。因此，选取晴朗天气条件下相同区域内的 89 GHz 数据和 36 GHz 数据，分别计算 89 GHz 亮温数据和 36 GHz 亮温数据的极化比。以 36 GHz 数据极化比为横坐标、89 GHz 数据极化比为纵坐标，绘制极化比散点图，如图 15-1 所示。在散点图中拟合最小二乘最佳拟合曲线，见式(15-8)，该式用来筛选受环境影响大的 89 GHz 数据。图 15-2 为受环境影响大的 89 GHz 数据的筛选流程图。

$$PR_{36}=T_{bv}(36)-T_{bh}(36)/T_{bv}(36)+T_{bh}(36) \tag{15-6}$$

$$PR_{89}=T_{bv}(89)-T_{bh}(89)/T_{bv}(89)+T_{bh}(89) \tag{15-7}$$

$$PR_{89}=3.5504(PR_{36})^2-0.1876PR_{36}+0.0061 \tag{15-8}$$

式中：T_{bv} 为垂直极化观测亮温；T_{bh} 为水平极化观测亮温。

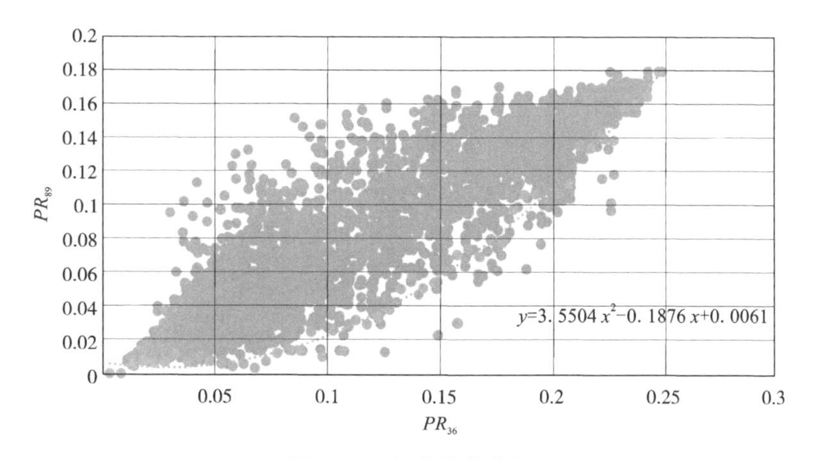

图 15-1　极化比散点图

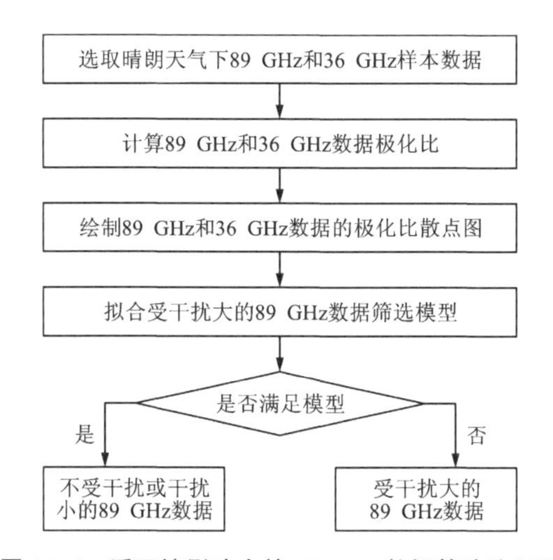

图 15-2　受环境影响大的 89 GHz 数据筛选流程图

15.2.2 CGAN 的网络模型及校正流程

CGAN 对复杂的非线性噪声数据具有较好的拟合性且具有较好的泛化能力，并且引入了额外的条件信息来指导数据的生成，从而使 CGAN 的去噪效果更好。CGAN 的生成网络与判别网络通过对抗训练，得到受外界环境影响的数据与不受外界环境影响的数据的映射关系。如果生成网络输出了校正结果较差的图像，经过判别网络的判定，并通过判别网络的反馈机制不断更新网络参数，从而指导生成网络对受外界环境影响的数据进行校正。CGAN 模型的核心思想：通过生成网络和判别网络的博弈达到纳什平衡。生成网络的目的是生成接近不受外界环境影响的数据，提高生成能力。而判别网络通过损失函数判断输入数据的差异，并通过反馈机制对 CGAN 模型参数进行更新，最终得到最优的 CGAN 模型。CGAN 模型的博弈函数如下：

$$\min_{G}\max_{D} V(G, D)=E_{x\sim P_{\mathrm{data}(x)}}[\lg(D(x|y))]+E_{Z\sim P_{z(z)}}[\lg(1-(D(G(z|y))))] \quad (15-9)$$

式中：x 为受外界环境影响的数据；y 为附加信息；z 为输入随机噪声；$G(z|y)$ 为将随机噪声和附加信息、受外界环境影响输入 CGAN 的生成网络输出的不受外界环境影响的数据；$D(G(z|y))$ 为判别网络判定输入数据为假的概率。由于 CGAN 的生成网络的目标为尽可能使得生成数据接近不受外界环境影响的数据，所以损失函数设置为 $1-D(G(z|y))$ 来保证判别网络输出假图像概率尽可能小。而判别网络的目标是提高判断输入数据差异的能力，因此，$D(x|y)$ 越大越好，同时希望噪声影响越小越好，则损失函数设置为 $D(x|y)+1-D(G(z|y))$，用 $\min\limits_{G}\max\limits_{D} V(D, G)$ 表示这一博弈的过程。

CGAN 主要由两个部分组成，第一个部分是生成网络，学习输入数据的图像特征并生成图像；第二个部分是判别网络，对生成的结果进行真假判断。与常见的先下采样到低维，再上采样到原始分辨率的编码—解码结构的网络相比，U 形卷积神经网络可以通过跳跃连接获取不同层次的图像特征信息，从而具有能获得更丰富的图像特征信息，以及去噪性能高的优点。因此，本章采用改进的 U 形卷积神经网络作为 CGAN 的生成网络。

判别模型的功能是区分两组关系，即区分生成网络得到的校正后的 89 GHz 亮温数据与 36 GHz 亮温数据之间的关系以及不受外界环境影响的 89 GHz 亮温数据与 36 GHz 亮温数据之间的关系。CGAN 的判别网络采用了 CNN 网络来判断生成器的输出结果是否达到了最优结果。CNN 网络主要包括卷积层、激活函数 ELU+池化层。CGAN 的判别网络的具体工作流程如下：首先，将图像输入到判别模型中，对输入图像进行批量归一化(BN)操作。其次，通过卷积运算提取图像特征信息。再次，使用 ELU 激活函数进行非线性映射。通过骰子损失计算最终损失。最后，得到了校正后的 89 GHz 亮温数据。基于 CGAN 的数据校正流程如下：

(1)训练前，调整数据集，如旋转、平移，增加数据集的数量。之后对训练集和测试集进行标准化。

(2)将训练集输入生成网络模型，然后执行连续的 BN+卷积+ELU+池化，完成下采样操作。

(3)对下采样得到的特征图进行反卷积、ELU 和 dropout 等连续操作，完成上采样。

(4)对下采样和上采样的输出特征图进行连接(在同一网络层中，对当前神经网络层的每个神经网络节点使用密集跳跃连接进行特征融合。即密集跳跃连接是将当前神经网络层的前边神经网络节点的输出特征信息融合到当前神经网络层的后续的神经网络节点的输出特征信息中；在不同的网络层中，从神经网络层的顶部到底部，对下一个神经网络层的下采样和上采样的输出特征信息进行融合继续使用下一个神经网络层的上采样特征图连接，因此迭代将继续，直到下一层中没有相应的上采样)。得到了高可靠性的 89 GHz 亮温数据与 36 GHz 亮温数据之间的关系。

(5)将测试集数据(未受环境影响的 89 GHz 亮温数据和 36 GHz 亮温数据)以及在上一步中获得的 89 GHz 亮温数据与具有高可靠性的 36 GHz 亮温数据之间的关系输入到判别模型中。

(6)执行连续的 BN+卷积+ELU+池化以完成下采样操作。

(7)利用骰子损失对判别模型的结果进行判断。如果损耗函数达到最小值，则输出校正后的 89 GHz 亮温数据。否则，返回步骤(2)，重复上述步骤，直到损失函数达到最小值。图 15-3 显示了基于 CGAN 的受影响 89 GHz 亮温数据校正流程图。

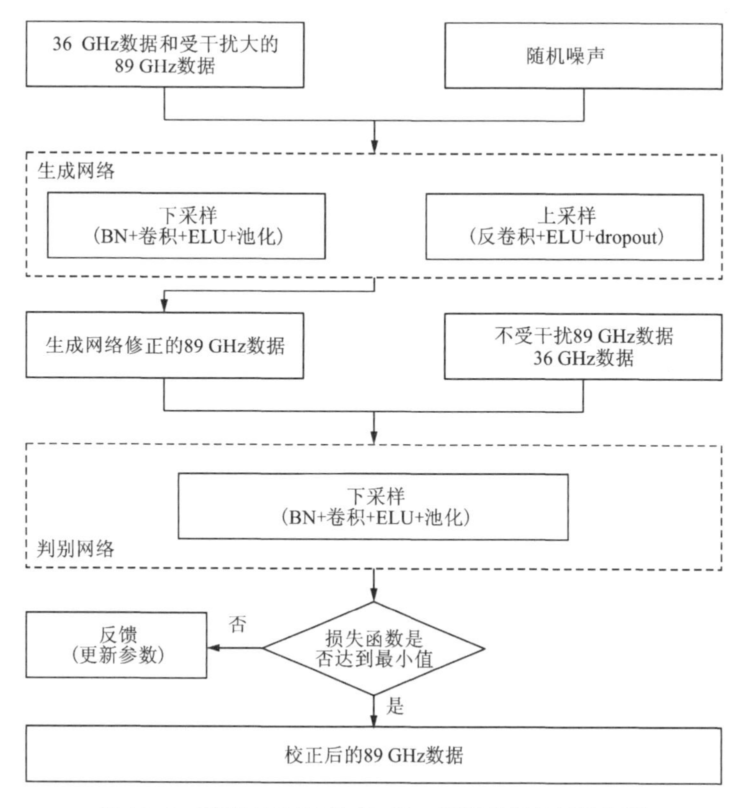

图 15-3　基于 CGAN 的 89 GHz 亮温数据校正流程图

15.3 结果及验证

本章利用 2021 年 2 月 1 日校正后的 AMSR-2 亮温数据通过 ASI 算法反演南极海冰密集度，然后利用 Landsat8 高分辨率光学遥感数据得到的海冰密集度结果进行验证。

基于 Landsat8 OLI-L1T 数据(分辨率：30 m)，选择罗斯海附近的 160°E—175°E 和 74°S—79°S 区域进行进一步验证。基于 Landsat8 数据，本书使用由绿带和短带红外波段阈值法计算的 NSDI(归一化差异雪指数)来探测海冰分布，该方法可以根据红色和近红外区域海冰和海水的反射率差异来实现冰水识别。然后统计对应 AMSR-2 像素网格内海冰像素个数所占比例，将该比例作为 Landsat8 OLI 的海冰密集度结果。

图 15-4 显示了基于 ASI 算法和基于 CGAN 改进的 ASI 算法分别获得的海冰密集度结果。通过比较图 15-4 的海冰密集度结果，可以看出基于 ASI 算法和基于 CGAN 改进的 ASI 算法的海冰密集度结果比较相似。为了进一步验证基于 CGAN 改进的 ASI 算法的海冰密集度结果，利用高分辨率光学遥感数据 Landsat8 OLI 对结果进行了验证。

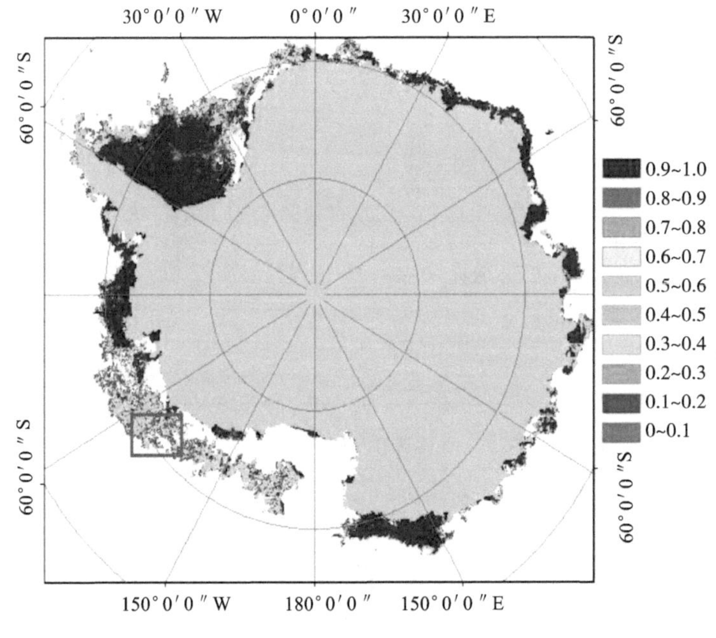

(a)基于ASI算法的海冰密集度结果

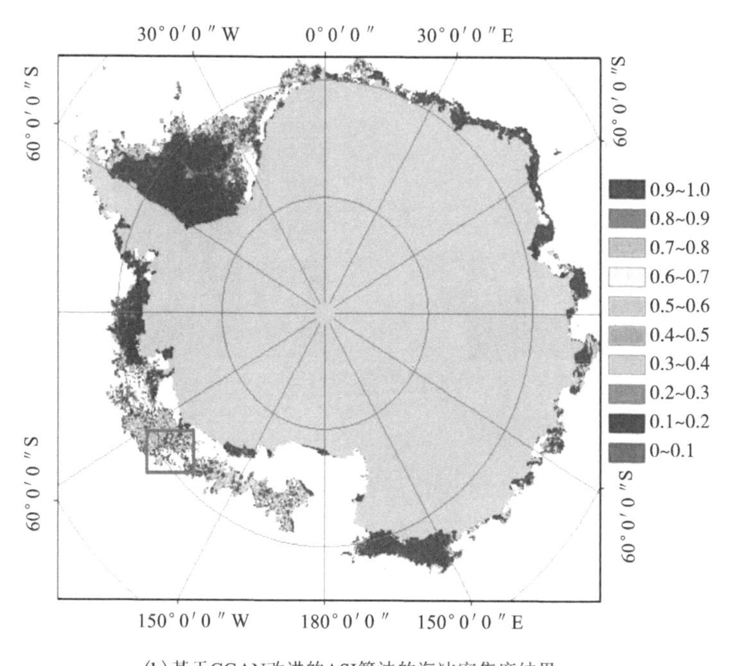

(b)基于CGAN改进的ASI算法的海冰密集度结果

图 15-4　海冰密集度结果

在图 15-4 所选区域使用 ASI 算法和改进的 ASI 算法得到海冰分布图，如图 15-5 所示。在图 15-5 所选的区域中，基于 CGAN 的改进 ASI 算法反演得到的海冰分布与基于 ASI 算法反演得到的海冰分布略有不同。基于 Landsat8 OLI-L1T 数据的 NDSI 方法得到的海冰分布如图 15-6 所示(白色区域为海冰，黑色区域为海水，灰色区域为陆地)。基于 CGAN 改进的 ASI 算法反演得到的海冰分布准确率为 91%，而基于 ASI 算法反演得到的海冰分布准确率为 83%。基于 CGAN 改进的 ASI 算法反演到的海冰分布更接近于从 Landsat8 OLI-L1T 数据中反演到的海冰分布。因此，在同一区域，基于 CGAN 改进的 ASI 算法反演得到的海冰分布与 Landsat8 OLI-L1T 数据得到的海冰分布基本一致，表明基于 CGAN 改进的 ASI 算法具有更高的精度。

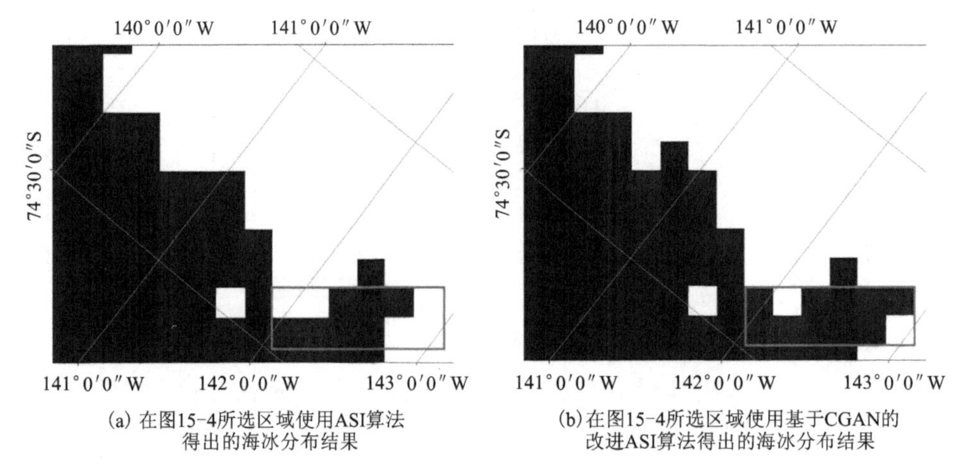

(a) 在图15-4所选区域使用ASI算法得出的海冰分布结果

(b) 在图15-4所选区域使用基于CGAN的改进ASI算法得出的海冰分布结果

图 15-5　海冰分布结果

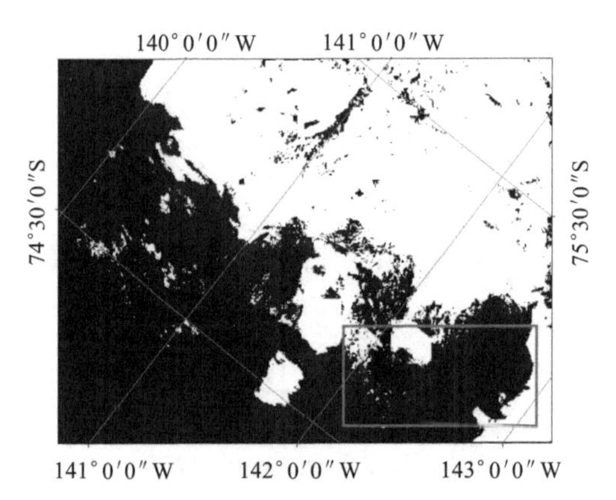

图 15-6　通过 NDSI 方法从 Landsat8 OLI-L1T 数据中获得海冰分布

（投影：极赤平投影；白色区域为海冰，黑色区域为海水）

15.4　小结

本章节提出了基于 CGAN 改进的 ASI 算法，首先，找到晴朗天气下的 89 GHz 亮温数据与 36 GHz 亮温数据之间较为稳定的关系，筛选出受环境影响大的 89 GHz 亮温数据。然后，用基于 CGAN 的数据校正方法和晴朗天气下的 89 GHz 亮温数据与 36 GHz 亮温数据之间较为稳定的关系对外界环境影响大的 89 GHz 数据进行校正。该方法有效地校正了受天气影响的亮温数据，大大减少大气造成的误差。在此基础上，采用 ASI 海冰密集度算法反演南极海冰密集度。最后，使用 ASI 算法得到的海冰密集度结果来验证基于 CGAN 的改进

ASI 算法得到海冰密集度结果。结果表明，基于 CGAN 的改进 ASI 算法反演得到海冰密集度结果与 ASI 算法得到的海冰密集度结果比较接近。为进一步验证基于 CGAN 的改进 ASI 算法反演得到的海冰密集度结果，使用高分辨率 Landsat8 OLI-L1T 数据（分辨率 30 m）得到的海冰分布结果进行验证。基于 CGAN 的改进 ASI 算法反演得到的海冰分布准确率为 91%，而基于 ASI 算法反演得到的海冰分布准确率为 83%。基于 CGAN 的改进 ASI 算法反演得到的海冰分布更接近于从 Landsat8 OLI-L1T 数据中反演得到的海冰分布。因此，在同一区域，基于 CGAN 的改进 ASI 算法反演得到的海冰分布与 Landsat8 OLI-L1T 数据得到的海冰分布基本一致，表明基于 CGAN 的改进 ASI 算法具有更高的精度。

第16章

北极海冰时空变化分析

目前对于北极海冰的研究工作大多是对其年平均或季平均的变化趋势进行分析，基于更小的时间尺度上的分析较少，且对于北极整体海冰、一年冰以及多年冰之间的变化关系研究较少。本章首先分析北极海冰的密集度变化趋势以及分布特点；其次基于多年平均、年平均、月平均以及日平均多个时间尺度对北极整体海冰范围进行相关研究；然后对一年冰以及多年冰从时间和空间两个角度进行分析；最后讨论北极整体海冰范围、一年冰范围以及多年冰范围变化趋势的联系。

16.1 海冰密集度变化分析

海冰密集度是描述海冰特征的重要参数之一，被广泛应用于海冰的相关研究。近年来北极海冰融化加速，海冰密集度急剧降低。因此对密集度进行长时间序列的变化研究，更能揭示出北极海冰变化的特点以及规律，对于极地环境变化的研究具有重要意义。以往大多数研究是从反演方法上对其精度进行提高，但对其长时间序列的变化趋势以及空间分布特征的研究较少。本章在时间维度上基于最小二乘法拟合 1979—2018 年北极年平均海冰密集度的变化趋势，在空间维度上基于线性倾向估计法对 40 年间不同海域密集度空间分布的变化特点进行研究。

16.1.1 海冰密集度平均年际变化趋势分析

基于 NSIDC 提供的 1979—2018 年日平均海冰密集度数据，得到各年平均（图 16-1）以及 40 年平均海冰密集度结果（图 16-2）。为了更进一步对比分析年际间的平均海冰密集度变化趋势得到表 2-8 所示的 1979—2018 年北极年平均海冰密集度统计结果以及图 16-1 所示的 1979—2018 年北极年平均海冰密集度变化趋势图。

由图 16-1 可知，北极年际间海冰密集度空间分布较大，总体来看，越接近北极点海冰密集度越大，纬度越低海冰密集度越小；除了受纬度的影响还与海陆分布、洋流以及气候条件关系密切，被陆地包围的海湾（哈德逊湾和巴芬湾）比同纬度的开阔水域（格陵兰海和白令海)海冰数量要多，且海冰密集度也较高；而靠近北美大陆的东岸海域(波弗特海和楚科奇海)海冰数量要明显多于靠近欧亚大陆的西岸海域(喀拉海和巴伦支海)，这可能是因为两个海岸的平均气温有所差异造成的；而挪威海以及鄂霍次克海的海冰退缩严重是受到海洋洋流的影响。由表 16-1 可知，1996 年北极平均海冰密集度最高，2012 年北极平均海冰密集度最低，40 年平均密集度为 0.7038。其中高于平均值的年份共有 20 个，绝大多数分布在前 20 年中；低于平均值的年份也有 20 个，绝大多数分布在后 20 年中；因此表明近年来北极年平均海冰密集度普遍低于前 20 年。由图 16-3 可知，1979—2018 年北极年平均海冰密集度呈缓慢的下降趋势，以每年 0.001 的速度减少，其中 1999—2003 年呈明显的连续下降态势。整个 40 年间高值年份与低值年份伴随出现，尤其是近几年密集度波动幅度较大。

综上可知，受纬度等多种因素共同影响，海冰密集度空间上分布不均匀；受年际间温度差异等因素影响，时间上短期内高低起伏，长期内呈下降趋势变化。

表 16-1　1979—2018 年北极年平均海冰密集度统计结果

年份	平均密集度	年份	平均密集度	年份	平均密集度	年份	平均密集度
1979	0.699	1989	0.729	1999	0.714	2009	0.694
1980	0.717	1990	0.698	2000	0.713	2010	0.679
1981	0.714	1991	0.722	2001	0.708	2011	0.679
1982	0.719	1992	0.740	2002	0.702	2012	0.649
1983	0.713	1993	0.705	2003	0.697	2013	0.698
1984	0.709	1994	0.725	2004	0.716	2014	0.689
1985	0.699	1995	0.697	2005	0.703	2015	0.692
1986	0.715	1996	0.751	2006	0.706	2016	0.667
1987	0.699	1997	0.712	2007	0.671	2017	0.686
1988	0.712	1998	0.729	2008	0.689	2018	0.691

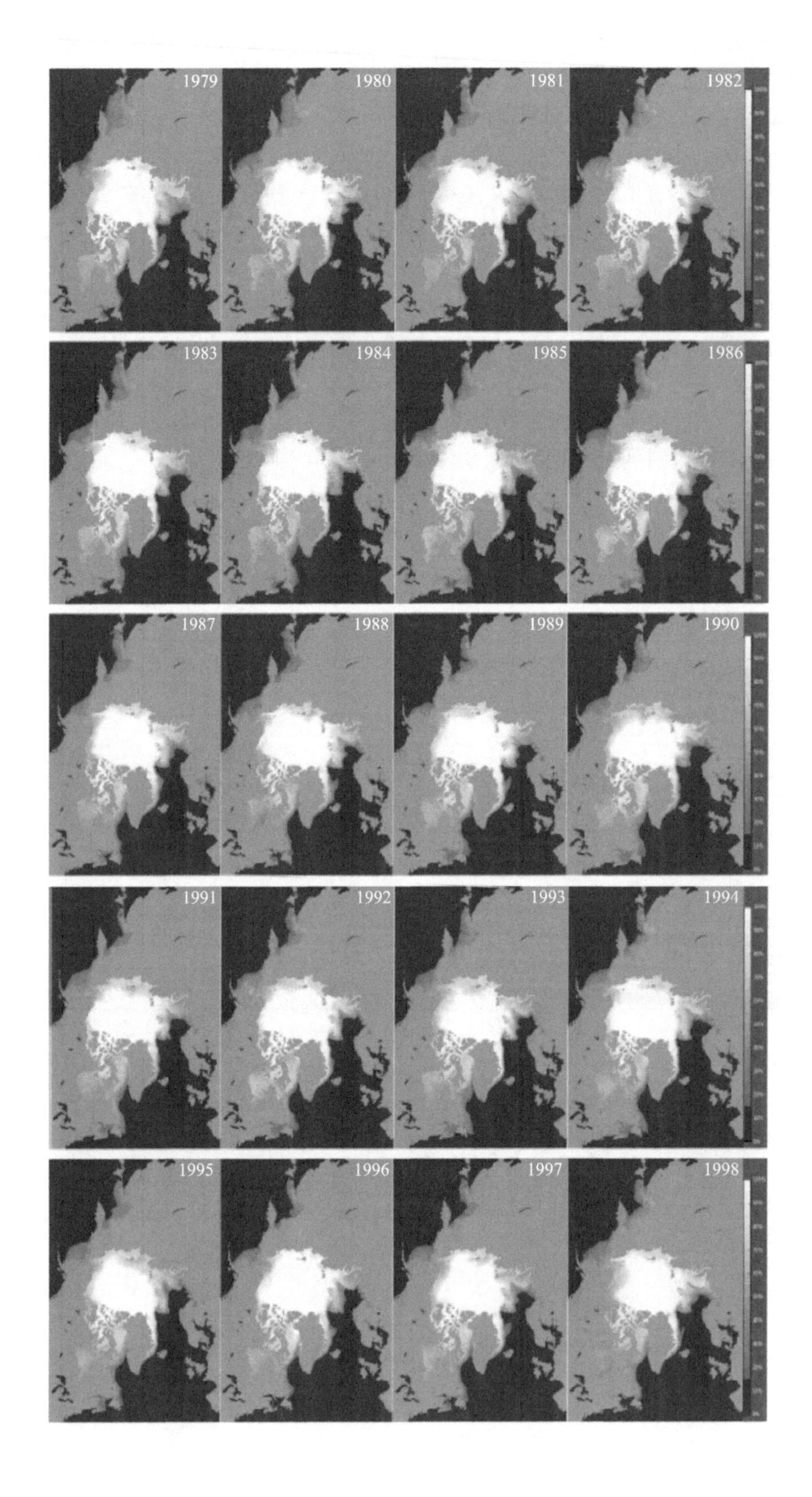
1979
1980
1981
1982
1983
1984
1985
1986
1987
1988
1989
1990
1991
1992
1993
1994
1995
1996
1997
1998

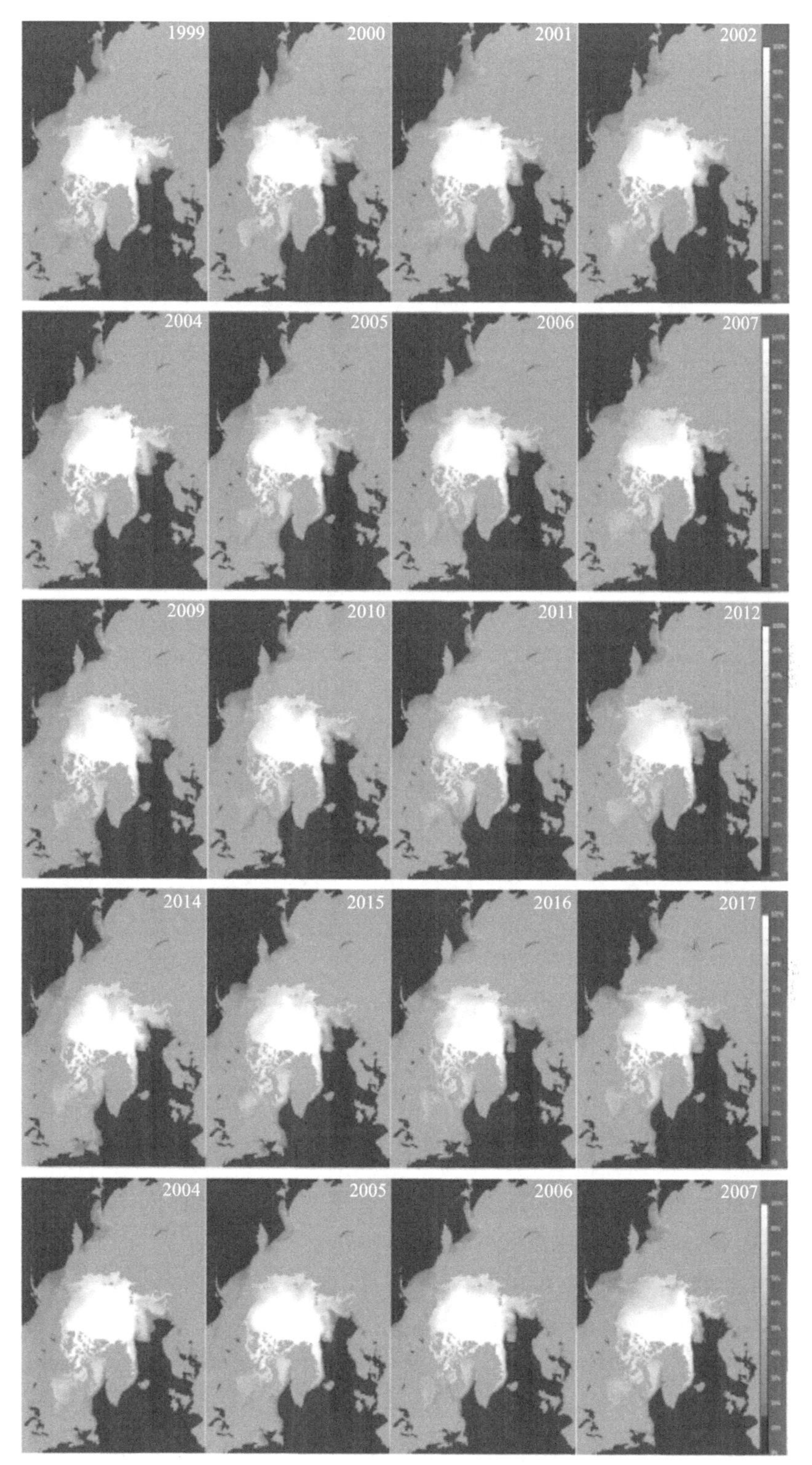

图 16-1　1979—2018 年北极各年份海冰密集度分布结果

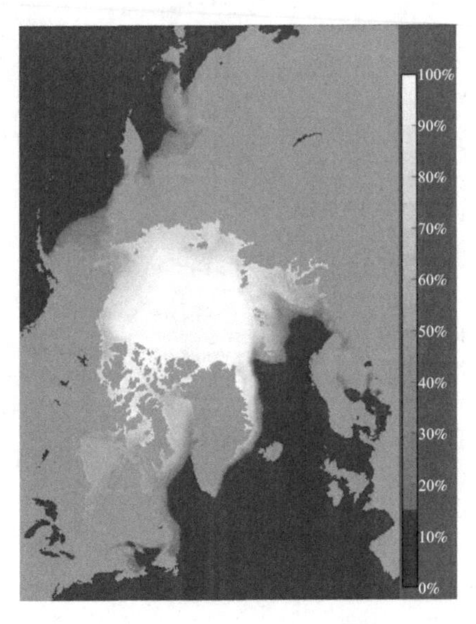

图 16-2　1979—2018 年北极海冰密集度平均分布结果

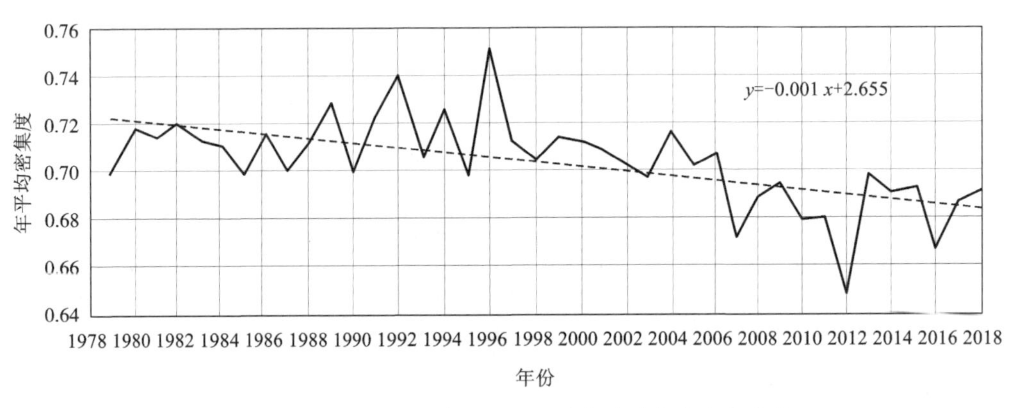

图 16-3　1979—2018 年北极年平均海冰密集度变化趋势

16.1.2　海冰密集度空间分布特征

结合图 16-2 可知，北冰洋中心区域平均海冰密集度较高，而白令海峡、巴伦支海以及鄂霍次克海等边缘海域平均海冰密集度较低。为更进一步研究北极 40 年平均海冰密集度的空间变化，对北极年平均海冰密集度结果进行线性倾向估计回归分析，得到图 16-4 所示的 1979—2018 年北极海冰密集度空间分布变化率。

由图 16-4 可知，不同海域海冰密集度变化率差异较大，低纬度区域海冰密集度变化率减小趋势明显，北冰洋中心部分海域呈微弱的增加变化。从宏观上进行分析，整个北极冰区内平均海冰密集度变化率为 -0. 279%/年，密集度变化率呈增加趋势的海冰仅占 9. 28%，平均增加率为 0. 023%/年，极大增长率为 0. 395%/年，这部分主要分布在靠近加拿大北极群岛的北冰洋海域。与其他边缘海域不同，白令海峡部分区域海冰密集度也呈增大趋势变化，这是由于每年海冰的生长期，季风和洋流将大量海冰从楚科奇海带入白令海峡区域，从而导致海冰密集度增加。密集度变化率呈减小趋势的海冰范围占 90.72%，平均减少率为 0.311%/年，极大减小率为-1.771%/年，且靠近巴伦支海以及新地岛的海域海冰密集度下降最为明显，该区域也是北极东北航道的重要地段，其海冰密集度的减少也为北极航道通航窗口的延长增加了可能。

综上可知，1979—2018 年间北极海冰密集度空间变化率变化范围为-1.771%/年到 0.395%/年，且密集度呈减小变化的海冰其范围和变化幅度都远高于呈增加变化的海冰。而有研究表明 1989—2015 年间的北极海冰密集度空间变化率最大达-20%/10 年，引起的差异主要是因为研究年限不同。结合图 16-3 可知，在 1979—1988 年间海冰密集度均值低于 1989—1996 年的均值，且 2016—2018 年出现一个小的增幅趋势，因此本研究周期内得到的结果稍低于 1989—2015 年变化幅度。

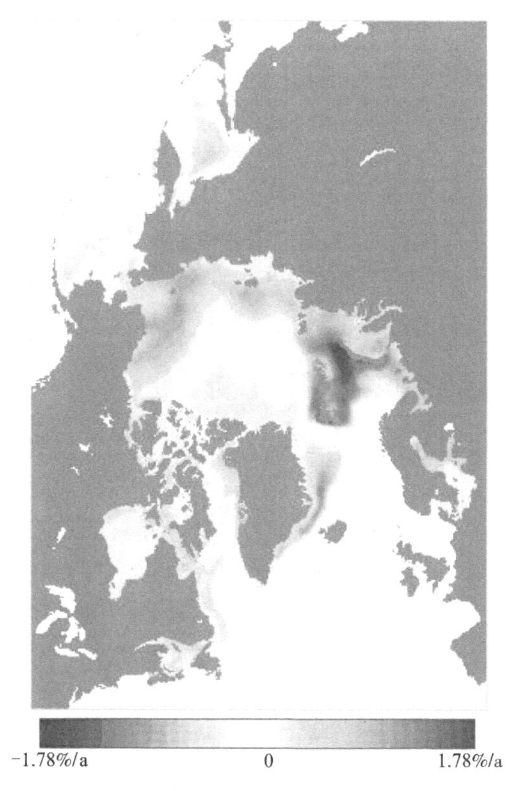

图 16-4　1979—2018 年北极整体海冰密集度空间分布变化率

16.2 整体海冰范围变化分析

海冰覆盖范围是气候系统的重要指数，对于长期的全球海冰监测，它是必不可少的一个研究参数。目前大多数研究工作是基于年平均以及季平均时间尺度开展的。而本研究对整体海冰范围从多年平均、年平均、月平均(极值月份)以及日平均(极值日)等时间尺度上进行对比综合研究，并采用多个时期(1979—2018 年、2009—2018 年、2014—2018 年)对比分析；相对于年平均与季平均，月平均与日平均变化更为敏感，且月极值与日极值的变化特点更有代表性；而相对于整体周期，对小周期以及近几年的变化进行研究反映出的海冰变化特点更全面详细。

海冰密集度是指图像中海冰密集度大于 0.15 的所有栅格的像元面积的总和。选取 0.15 作为区别海冰与海水的阈值，主要是为了去除随机飘向赤道的浮冰所带来的干扰，以及消除部分大气影响所带来的误差。其计算过程如下：

$$\text{IceExtent} = \sum_{i=1}^{n} C_i(\geqslant 0.15) \cdot \sum_{i=1}^{n} S_i \tag{16-1}$$

式中：IceExtent 为海冰范围；$C_i(\geqslant 0.15)$为内海冰密集度大于等于 0.15 的像元；S_i 为第 i 个网格的面积，该网格面积数据由 NSIDC 提供。NSIDC 提供的 Bootstrap 反演得到的海冰密集度数据集，海冰密集度范围为 0~1200，其中 1200 表示陆地区域，1100 表示北极点无效区(在本研究中对无效区域进行了插值处理)，0 表示海水区域，1~1000 表示海冰区域。本书在计算海冰范围的时候将海冰密集度大小归一化为 0~1，然后代入上式进行计算。

16.2.1 年平均海冰范围变化趋势分析

图 16-5 为 1979—2018 年北极年平均海冰范围变化趋势。表 16-2 为各年份海冰范围具体结果。结合图 16-5 及表 16-2 可知，1979—2018 年北极整体海冰范围呈现出明显的下降趋势，约以 $0.0478\times10^6\ \text{km}^2$/年的速度减少，且近几年下降趋势明显。在整个 40 年中，平均海冰范围为 $14.619\times10^6\ \text{km}^2$，1979 年海冰范围最大($15.724\times10^6\ \text{km}^2$)，2018 年海冰范围最小($13.427\times10^6\ \text{km}^2$)，且 2003 年之后的海冰范围基本均低于平均水平，而 1979—2003 年中，仅有 1996 年和 2000 年两个年份略小于平均水平。较多学者研究表明 2007 和 2012 年是北极海冰的极少年份，这主要是受大风暴的影响。而本书的研究结果低谷点出现在了 2006 以及 2011 年，造成这种差异是因为以上学者是基于海冰面积进行统计的，而本研究是基于海冰范围进行统计的。海冰面积是在海冰范围计算的基础上再乘以对应像元点的平均海冰密集度，基于本研究结果计算得到 2006、2007、2011 以及 2012 年的海冰面积依次为 $9.661\times10^6\ \text{km}^2$、$9.346\times10^6\ \text{km}^2$、$9.405\times10^6\ \text{km}^2$ 和 $9.302\times10^6\ \text{km}^2$。其中 2012 年海冰面积最低，2007 年次之，这与其他学者所得结果一致，这同时也表明海冰范围与海冰面积的变化并不同步。

综上可知，北极海冰的减少往往伴随着迅速的恢复，但这种内部的恢复机制并不能完全阻挡海冰消融的态势，长时间序列来看下降态势明显。除受气温等因素的影响，北极海冰同样受北大西洋涛动和北极涛动的影响。海冰范围与密集度变化不同步，而海冰面积与密集度变化较为一致。

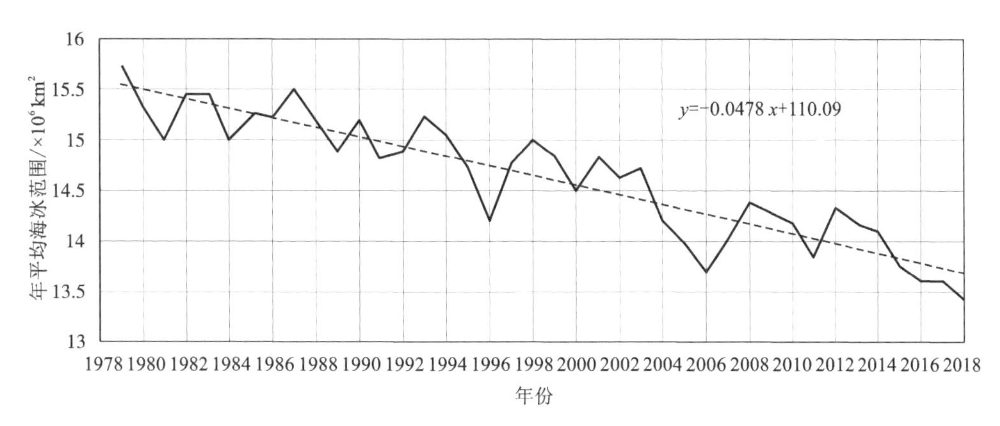

图 16-5　1979—2018 年北极整体海冰范围年平均变化趋势

表 16-2　1979—2018 年北极整体海冰范围年平均统计结果

年份	海冰范围 /×10^6 km^2	年份	海冰范围 /×10^6 km^2	年份	海冰范围 /×10^6 km^2	年份	海冰范围 /×10^6 km^2
1979	15. 724	1989	14. 881	1999	14. 821	2009	14. 259
1980	15. 359	1990	15. 179	2000	14. 567	2010	14. 203
1981	15. 048	1991	14. 804	2001	14. 820	2011	13. 853
1982	15. 432	1992	14. 864	2002	14. 613	2012	14. 334
1983	15. 456	1993	15. 231	2003	14. 719	2013	14. 159
1984	15. 012	1994	15. 057	2004	14. 188	2014	14. 102
1985	15. 243	1995	14. 719	2005	13. 957	2015	13. 734
1986	15. 234	1996	14. 213	2006	13. 679	2016	13. 598
1987	15. 490	1997	14. 754	2007	13. 936	2017	13. 578
1988	15. 189	1998	14. 978	2008	14. 388	2018	13. 427

16. 2. 2　月平均海冰范围极大值分析

对北极年平均海冰范围的变化统计分析可得到其年际间的变化特点及规律。而对每个年份中海冰范围极大值月份进行统计分析有利于研究海冰变化的异常情况，且在一定程度上能规避由于季节变化带来的影响。同样对每个年份中海冰范围极小值月份进行统计分析也有利于研究海冰变化的异常情况。因此对于海冰极小月份范围变化的研究能更进一步揭示北极海冰范围变化的特点。虽然冬季海冰范围相对稳定，但不同海域差异性较大，有的海域其变化趋势与夏季基本一致，因此对极大月份的海冰进行研究，可以更全面地了解北极不同海域海冰变化的特点。

(1)月平均海冰范围极大值分析

基于日平均海冰密集度数据得到每年月平均极大值海冰范围。由表16-3可知，在1979—2018年间，月平均海冰范围极大值主要分布在2月份和3月份，其中2月有7个年份，3月有33个年份。且在这40年中，海冰范围平均月极大值为15.902×10^6 km^2，1979年3月平均海冰范围最大为17.152×10^6 km^2，2017年3月份平均海冰范围最小为14.752×10^6 km^2。1994年之前的年份均高于平均水平，1995—2018年中除1997、1998、2001和2003年略高于平均水平，其他年份均低于平均水平，与年平均海冰范围相比，月平均极大值低于40年平均水平出现的年份更早。图16-6为1979—2018北极月平均极大值海冰范围变化趋势结果。由图16-6可知，月平均极大值海冰范围约以0.0503×10^6 km^2/年的速度减少，略大于年平均海冰范围的减少速度。

表16-3 1979—2018年北极月平均极大值海冰范围统计结果

年份	分布月份	海冰范围/×$10^6$$km^2$	年份	分布月份	海冰范围/×$10^6$$km^2$
1979	3	17.152	1999	3	15.829
1980	3	16.716	2000	3	15.781
1981	2	16.168	2001	3	16.156
1982	3	16.718	2002	3	15.899
1983	3	16.796	2003	3	16.080
1984	3	16.220	2004	3	15.501
1985	3	16.796	2005	3	15.195
1986	3	16.717	2006	2	14.883
1987	2	16.746	2007	3	15.144
1988	3	16.765	2008	3	15.776
1989	2	16.188	2009	3	15.693
1990	3	16.585	2010	3	15.453
1991	3	15.999	2011	3	14.976
1992	3	16.125	2012	3	15.756
1993	3	16.358	2013	3	15.428
1994	2	16.221	2014	3	15.334
1995	3	15.763	2015	2	14.776
1996	3	15.606	2016	3	14.904
1997	3	16.148	2017	3	14.752
1998	2	16.228	2018	3	14.769

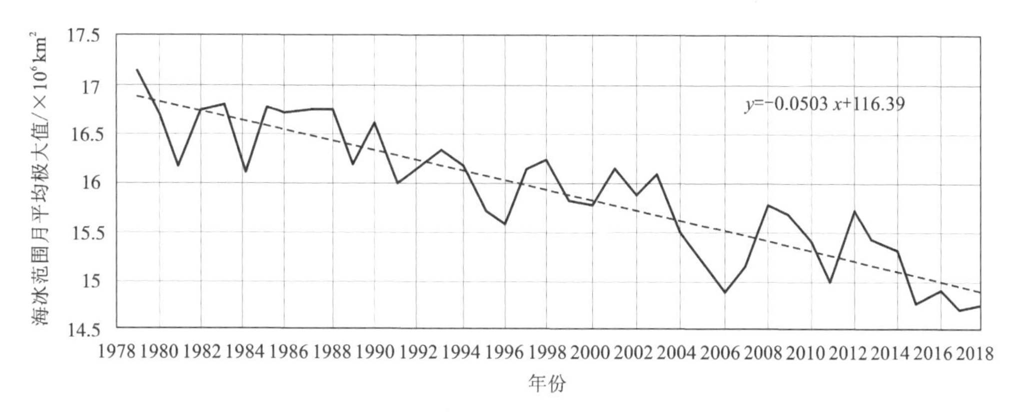

图 16-6　1979—2018 年北极海冰范围月平均极大值变化趋势

(2)海冰范围月平均极小值分析

北极9月份海冰范围最小，且近几年迅速锐减，2012年9月为历史最低。以每5年一个时期将1979—2018年划分为8个周期，将每5年9月份的海冰范围求平均得到其边缘轮廓线，以2012年9月海冰范围作为基础图层，并将8个周期的轮廓线绘制成图，如图16-7所示。由图16-7可知，不同周期内轮廓线范围差异较大，总体来看1979—1983年间范围最大，海冰外缘线基本紧邻美洲大陆、俄罗斯沿岸边缘，而2014—2018年海冰平均范围最小，向北冰洋中心退缩较为明显，除北冰洋中心海域外，其他海域均无海冰存在。

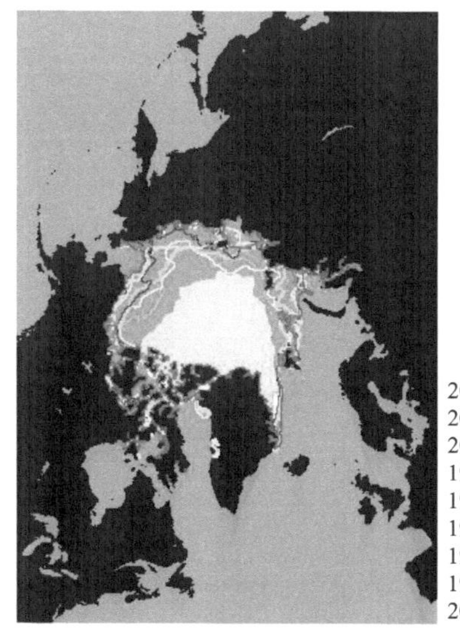

图 16-7　不同时间段内北极 9 月海冰范围外缘线分布

基于日平均海冰密集度数据得到每年海冰范围月平均极小值。由表16-4可知，在1979—2018年间，海冰范围月平均极小值均出现在9月份。在这40年中，海冰范围月平均极小值的平均水平为6.401×10^6 km^2，1980年9月平均海冰范围最大为8.022×10^6 km^2，2012年9月份平均海冰范围最小为3.969×10^6 km^2。2002—2018年均低于平均水平，1979—2001年中除1995和1996年略低于平均水平其他年份均高于平均水平。图16-8为1979—2018年北极海冰范围月平均极小值变化趋势图。由图16-8可知，月平均极小值海冰范围约以0.0863×10^6km^2/年的速度减少，明显大于年平均海冰范围以及月平均极大值海冰范围减少速度，这也表明在夏季北极海冰的消逝更为严重。

北极海冰范围3月份达到最大，9月份最小，而北极地区1、2月份平均气温最低，7、8月份最高，这表明海洋具有的明显的热惯性以及海冰季节性变化存在滞后性。对比发现北极9月份海冰减少速度约是3月份减少速度的1.7倍，因此夏季海冰减少更严重。

表16-4　1979—2018年北极海冰范围月平均极小值统计结果

年份	分布月份	海冰范围/×10^6 km^2	年份	分布月份	海冰范围/×10^6 km^2
1979	9	7.116	1999	9	6.913
1980	9	8.022	2000	9	6.684
1981	9	7.598	2001	9	6.949
1982	9	7.507	2002	9	6.223
1983	9	7.898	2003	9	6.322
1984	9	7.573	2004	9	6.333
1985	9	7.281	2005	9	5.758
1986	9	7.813	2006	9	6.129
1987	9	7.794	2007	9	4.366
1988	9	7.931	2008	9	4.868
1989	9	7.431	2009	9	5.575
1990	9	6.602	2010	9	5.274
1991	9	6.744	2011	9	4.799
1992	9	7.748	2012	9	3.696
1993	9	6.644	2013	9	5.474
1994	9	7.464	2014	9	5.465
1995	9	6.166	2015	9	5.040
1996	9	6.164	2016	9	5.008
1997	9	7.055	2017	9	4.938
1998	9	6.765	2018	9	4.924

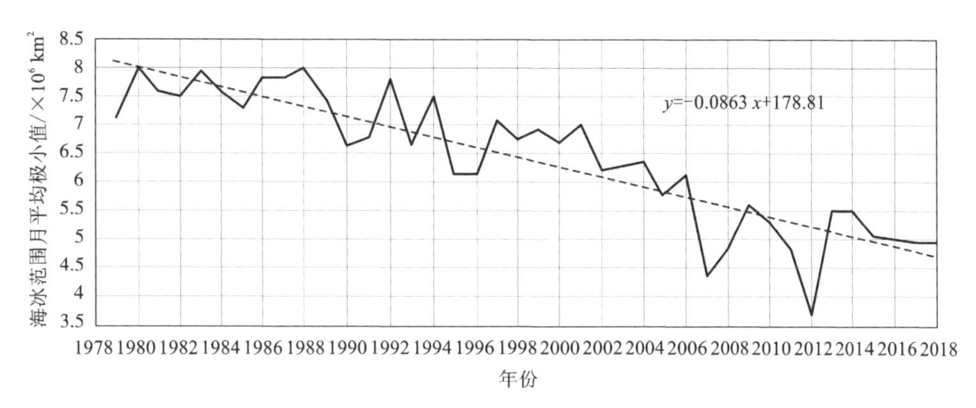

图 16-8　1979—2018 年北极月平均极小值海冰范围变化趋势

16.2.3　海冰范围日平均极值分析

海冰范围日平均极值即为一年中海冰范围最大和最小的两天的日平均海冰范围。日平均海冰范围的变化相对于年平均与季平均更为敏感，且日平均极值的变化更具有代表性。一般而言，北极出现日平均海冰范围最大的时间在 3 月份左右，而出现日平均海冰范围最小的时间在 9 月份左右。通过对年际间海冰范围日平均极值的统计分析，可以更为敏感地比较出年际间的海冰变化异常现象。同时计算出每年最大范围与最小范围之间相隔的时间(即海冰融化时长，和冰冻时长)，再进行年际间的对比分析，这对北极海冰长时间序列的变化研究具有重要意义。

(1)日平均海冰范围极小值分析

1979—2018 年各年份的日平均海冰范围极小值统计结果如表 16-5，这 40 年中日平均海冰范围极小值的平均水平为 6.108×10^6 km²，其中 1980 年 9 月 9 日日平均海冰范围极小值最大为 7.899×10^6 km²，2012 年 9 月 15 日日平均海冰范围极小值最小为 3.386×10^6 km²。2004—2018 年日平均海冰范围极小值均低于平均水平，1979—2003 年除个别年份外，其他年份的日平均海冰范围极小值均高于平均水平。在这 40 年中有两个年份日平均海冰范围极小值出现在 8 月，分别是 1987 年 8 月 26 日和 1988 年 8 月 31 日；其中有 15 个年份日平均海冰范围极小值出现在 9 月上旬；有 21 个年份日平均海冰范围极小值出现在 9 月中旬；有 2 个年份日平均海冰范围极小值出现在 9 月下旬。1979—2018 年中日平均海冰范围极小值出现最早的日期为 8 月 26 日，出现最晚的日期为 9 月 30 日，跨度时长为 35 天。由以上结果可知，日平均海冰范围极小值主要出现在 9 月份，且分布在 9 月上中旬居多，下旬较少。为了更为直观地表示年际间的变化，得到图 16-9 所示的 1979—2018 年北极日平均极小值海冰范围变化趋势。由图 16-9 可知，日平均极小值海冰范围下降趋势明显，约以每年 0.0886×10^6 km² 的速度减少，与月平均海冰范围变化趋势基本一致。

表 16-5　1979—2018 年北极海冰范围日平均极小值统计结果

年份	日期	海冰范围 /×10^6 km^2	年份	日期	海冰范围 /×10^6 km^2
1979	09-19	6.915	1999	09-11	6.206
1980	09-09	7.899	2000	09-12	6.401
1981	09-10	7.306	2001	09-13	6.723
1982	09-17	7.269	2002	09-08	5.732
1983	09-14	7.561	2003	09-11	6.136
1984	09-10	6.973	2004	09-19	5.984
1985	09-05	6.943	2005	09-22	5.401
1986	09-06	7.430	2006	09-15	5.879
1987	08-26	7.367	2007	09-15	4.163
1988	08-31	7.544	2008	09-08	4.614
1989	09-09	7.207	2009	09-13	5.234
1990	09-12	6.428	2010	09-18	4.843
1991	09-16	6.522	2011	09-11	4.536
1992	09-05	7.199	2012	09-15	3.386
1993	09-08	6.209	2013	09-09	5.067
1994	09-04	7.096	2014	09-13	5.273
1995	09-30	5.964	2015	09-14	4.577
1996	09-07	7.558	2016	09-08	4.294
1997	09-13	6.818	2017	09-09	4.664
1998	09-12	6.399	2018	09-17	4.615

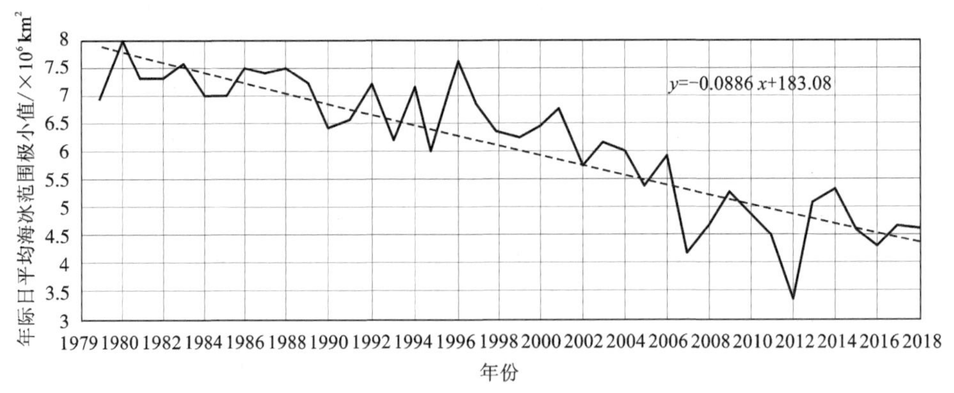

图 16-9　1979—2018 年北极日平均海冰范围极小值变化趋势

(2)日平均海冰范围极大值分析

1979—2018 年各年份的日平均海冰范围极大值统计结果如表 16-6 所示，这 40 年中日平均海冰范围极大值的平均水平为 15.926×10^6 km^2，其中 1979 年 3 月 1 日日平均海冰范围极大值最大为 17.276×10^6 km^2，2017 年 3 月 4 日日平均海冰范围极大值最小为 14.69×10^6 km^2。2004—2018 年日平均海冰范围极大值均低于平均水平，1979—2003 年除个别年份外，其他年份的极大值均高于平均水平。在这 40 年中有 13 个年份日平均海冰范围极大值出现在 2 月，其中出现在 2 月中旬的是 1997 年 2 月 17 日，有 12 个年份出现在 2 月下旬；有 27 个年份出现在 3 月，其中出现在 3 月上旬的有 15 个年份，出现在 3 月中旬有 11 个年份，出现在 3 月下旬有 1 个年份。1979—2018 年中日平均海冰范围出现最早的日期为 2 月 17 日，出现最晚的日期为 3 月 25 日，跨度时长为 36 天，与日平均海冰范围极小值时间跨度基本一致。由以上结果可知，日平均海冰范围极大值主要出现在 2 月末与 3 月份初。为了更为直观地表示年际间的变化，得到图 16-10 所示的 1979—2018 年北极日平均海冰范围极大值变化趋势图。由图 16-10 可知，日平均极大值海冰范围下降趋势明显，约以每年 0.0527×10^6 km^2 的速度减少。

表 16-6　1979—2018 年北极日平均极大值海冰范围统计结果

年份	日期	海冰范围/×10^6 km^2	年份	日期	海冰范围/×10^6 km^2
1979	03-01	17.276	1999	02-25	15.855
1980	03-07	16.811	2000	03-05	15.838
1981	02-24	16.261	2001	03-03	16.182
1982	02-27	16.918	2002	03-15	15.970
1983	03-12	16.903	2003	03-20	16.064
1984	03-16	16.283	2004	02-28	15.612
1985	03-17	16.769	2005	03-10	15.286
1986	03-12	16.733	2006	03-09	14.955
1987	02-25	16.737	2007	03-09	15.131
1988	03-25	16.268	2008	02-27	15.736
1989	03-05	16.256	2009	03-06	15.524
1990	03-13	16.833	2010	03-07	15.400
1991	02-25	16.044	2011	03-09	15.015
1992	02-24	16.110	2012	03-03	15.690
1993	03-14	16.279	2013	02-28	15.403
1994	03-02	16.424	2014	03-18	15.469
1995	03-04	15.768	2015	02-25	14.801

续表16-6

年份	日期	海冰范围 /$\times10^6$ km^2	年份	日期	海冰范围 /$\times10^6$ km^2
1996	02-21	15.731	2016	03-11	14.821
1997	02-17	16.085	2017	03-04	14.690
1998	02-24	16.399	2018	03-16	14.712

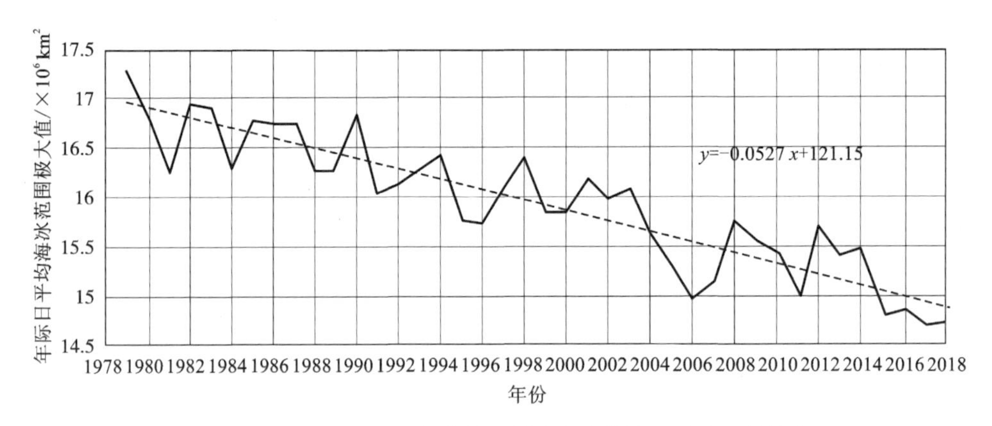

图 16-10　1979—2018 年北极日平均极大值海冰范围变化趋势

(3)北极海冰融化与冻结时间变化对比分析

以每年 1 月 1 日为该年份的第一天统计得到如表 16-7 所示结果。本研究将极大值日期与极小值日期的间隔作为当年的海冰融化期，极小值日期与次年的极大值日期间隔作为海冰生长期，并得到图 16-11 所示结果。由图可知极大值出现的日期有后延的趋势而极小值有提前的趋势，这表明每年的融化期内，海冰的融化速度在加快；40 年间融化与冰冻时长平均水平分别为 190 天和 175 天，仅相差 15 天；而 1979—2018 年北极海冰融化时长以 0.16 天/年的速度增加，冰冻时长以 0.16 天/年的速度减少。

以 2018 年全年海冰范围变化为例得到图 16-12 统计结果，海冰范围冬季变化较慢，夏季变化迅速，7、8 月份融化最快(-0.0908×10^6 km^2/d)，10、11 月份增长最快(0.1168×10^6 km^2/d)。在一年中，北极融化时长与冰冻时长相差不大，但夏季海冰表现出明显的快减少、快增长特点，且极低的海冰范围仅存在 30 d 左右。

表 16-7　1979—2018 年北极海冰范围日平均极值分布天数统计结果

年份	极大值日期分布天数/d	年份	极大值日期分布天数/d	年份	极小值日期分布天数/d	年份	极小值日期分布天数/d
1979	60	1999	56	1979	262	1999	254
1980	67	2000	65	1980	253	2000	256

续表16-7

年份	极大值日期分布天数/d	年份	极大值日期分布天数/d	年份	极小值日期分布天数/d	年份	极小值日期分布天数/d
1981	55	2001	62	1981	253	2001	256
1982	58	2002	74	1982	260	2002	251
1983	71	2003	79	1983	257	2003	254
1984	76	2004	59	1984	254	2004	263
1985	76	2005	69	1985	248	2005	265
1986	71	2006	68	1986	249	2006	258
1987	56	2007	68	1987	238	2007	258
1988	85	2008	58	1988	244	2008	252
1989	64	2009	65	1989	252	2009	256
1990	72	2010	66	1990	255	2010	261
1991	56	2011	68	1991	259	2011	254
1992	55	2012	63	1992	249	2012	259
1993	73	2013	59	1993	251	2013	252
1994	61	2014	49	1994	247	2014	256
1995	63	2015	56	1995	273	2015	257
1996	52	2016	71	1996	251	2016	252
1997	48	2017	63	1997	256	2017	252
1998	55	2018	75	1998	255	2018	260

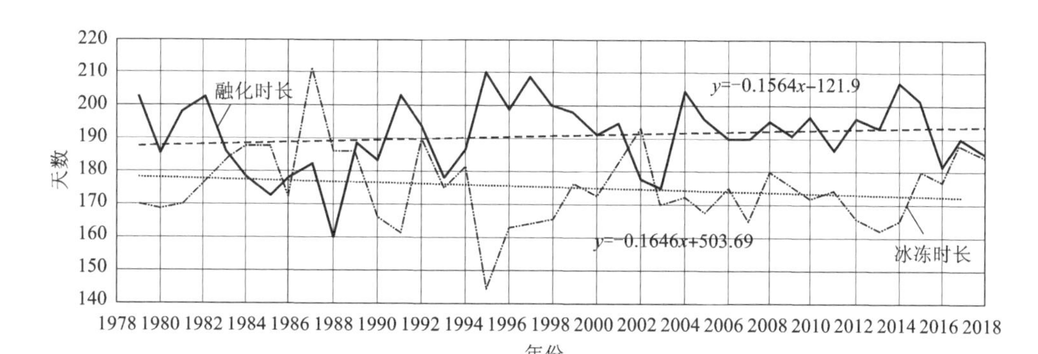

图 16-11　1979—2018 年北极融化与冰冻时长变化趋势

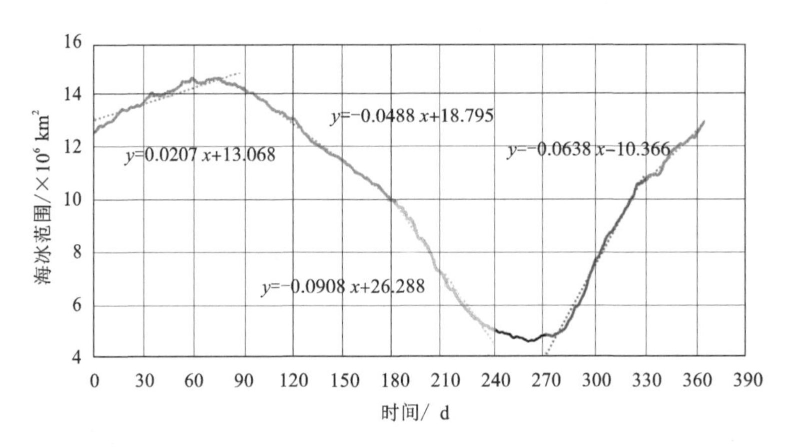

图 16-12　北极 2018 年日平均海冰范围变化趋势

16.3　一年冰范围变化趋势分析

一年冰生长于冬季，融化于夏季，对南北极海水的成层和对流起着至关重要的作用，当年内气温差距大时，一年冰增多，反之一年冰减少，且一年冰的数量对气候环境有重要的指示作用。因此计算一年冰的范围并研究其变化规律具有重要的研究价值，且对南北极各海域一年冰的分布情况以及变化特点进行研究，可为科考队以及航海者提供航行路线的相关资料与数据。以往大多数研究仅从时间维度上进行分析其变化趋势，或宏观讨论北极各海域一年冰的分布特点，而本研究从时间和空间两个角度对其变化进行分析。从时间角度上来分析其长时间序列的变化趋势，空间角度上采用线性倾向估计的方法来探究一年冰密集度的空间分布变化特征。

16.3.1　年际间一年冰范围变化趋势分析

1979—2018 北极一年冰范围年平均统计结果见表 16-8。由表可知，北极 40 年的一年冰范围的平均水平为 9.794×10^6 km^2，且 1996 年一年冰范围在 40 年中最少为 8.173×10^6 km^2，2012 年一年冰范围最多 12.304×10^6 km^2。为更直观地显示北极一年冰的变化趋势，得到图 16-13 所示的变化趋势图。由图 16-13 可知，1979—2018 年北极一年冰范围呈现明显的增加趋势，约以每年 0.0393×10^6 km^2 的速度增多。其中 1980 年、1988 年、1996 年和 2006 年出现四个极低值。一年冰范围的逐渐增多反映出了北极年内气温有增大趋势，而这种气温的变化会直接影响北极海冰的数量及稳定性。

表 16-8　1979—2018 年北极一年冰范围年平均统计结果

年份	海冰范围 $/\times10^6$ km^2	年份	海冰范围 $/\times10^6$ km^2	年份	海冰范围 $/\times10^6$ km^2	年份	海冰范围 $/\times10^6$ km^2
1979	9.426	1989	9.049	1999	9.649	2009	10.290
1980	8.912	1990	10.405	2000	9.437	2010	10.558
1981	8.956	1991	9.523	2001	9.459	2011	10.479
1982	9.648	1992	8.911	2002	10.238	2012	12.304
1983	9.342	1993	10.069	2003	9.928	2013	10.336
1984	9.311	1994	9.328	2004	9.628	2014	10.196
1985	9.826	1995	9.804	2005	9.885	2015	10.224
1986	9.303	1996	8.173	2006	9.076	2016	10.527
1987	9.370	1997	9.268	2007	10.968	2017	10.026
1988	8.724	1998	10.001	2008	11.122	2018	10.097

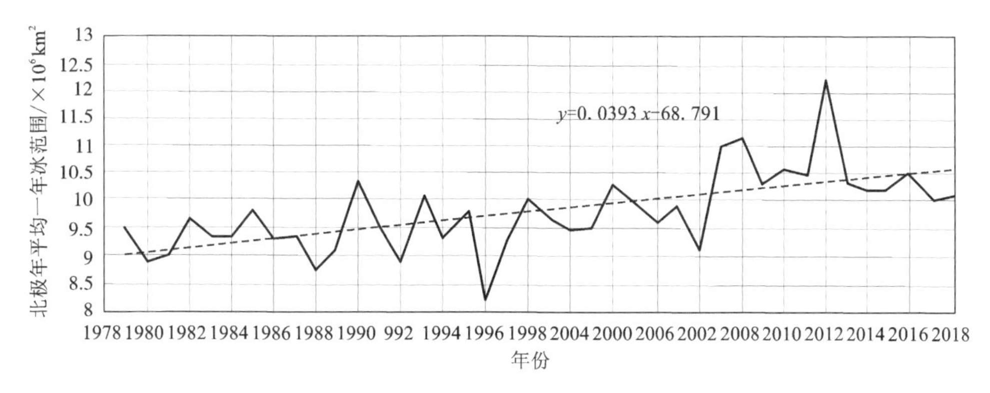

图 16-13　1979—2018 年北极整体一年冰范围年平均变化趋势

16.3.2　一年冰范围空间分布变化分析

基于日平均海冰密集度数据，得到图 16-14 所示的 1979—2018 年一年冰密集度平均结果。为更进一步地研究北极 40 年一年冰平均海冰密集度的空间变化，得到图 16-15 所示的 1979—2018 北极一年冰海冰密集度空间分布变化率。图 16-14 中，北冰洋中心海域(橙色部分)为非一年冰区域(一年冰密集度<0.15 或多年冰区域)，而其他边缘海域为一年冰的变化区域。由图 16-14 可知，一年冰主要分布在北美大陆、亚欧大陆沿岸附近海域。整个北极区域 1979—2018 年一年冰密集度平均为 0.429，且靠近北冰洋中心海域密集度越低，陆地边缘海域密集度较高。造成这种结果的原因是，靠近北冰洋中心的海域原来为多年冰，随着近几年多年冰融化消失，该海域的海冰变为了一年冰，因此在整个 40 年间平均密集度较低。而图 16-15 可更为直观地反映出一年冰的空间变化特点，显示整个北极区域一年冰密集度空间变化率北极中心地区呈增加趋势，边缘海域呈减少趋势。其中呈增

加趋势的海域范围占 43. 3%，最大增长率为 2. 57%/年；减少区域的海域范围占 56. 7%，最大减少率为-1. 93%/年。从具体海域来看，新地岛附近的巴伦支海减少趋势最为明显，而靠近北美大陆的北冰洋海域一年冰密集度空间变化率增加趋势较为明显。同样与整体海冰密集度空间变化率一致的白令海峡区域也表现出了略微的增加趋势。

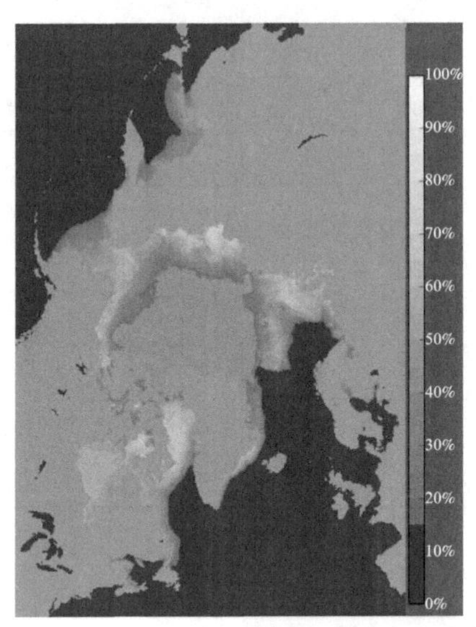

图 16-14　1979—2018 年一年冰密集度平均分布结果

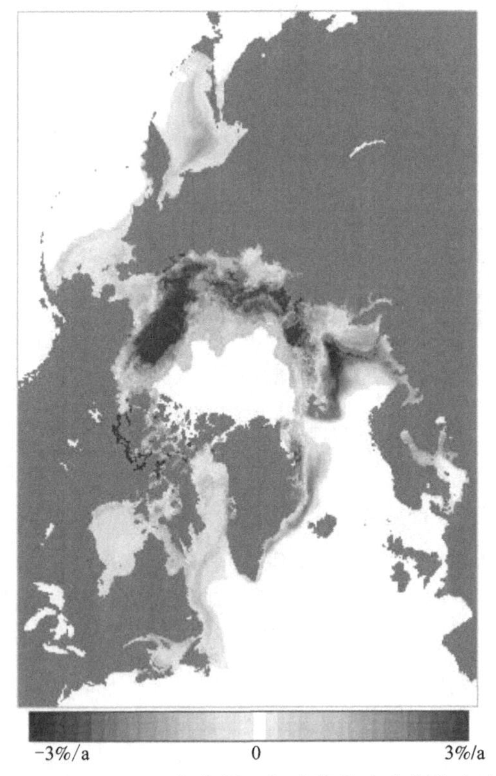

图 16-15　1979—2018 年北极一年冰密集度空间分布变化率

16.4　多年冰范围变化趋势分析

多年冰是较为稳定的海冰，但同时也易受到气候变暖以及年际间的波动影响。北极中心地区的海冰以多年冰为主，因此对多年冰的范围，密集度以及时空分布变化进行相关研究可以进一步反映北极海冰的冰情以及变化特点。目前大多数研究仅从时间维度上分析其变化趋势，或宏观讨论北极各海域多年冰的分布特点，而本研究从时间角度上分析其长时间序列的变化趋势，从空间角度上采用线性倾向估计的方法来探究多年冰密集度的空间分布变化特征。由于近几年全球气温变化异常，因此除对整个研究周期分析外，还对近 10 年以及近 5 年多年冰的变化趋势和特点进行对比分析研究。

16.4.1　年际间多年冰范围变化趋势分析

1980—2018 年北极多年冰范围年平均结果如表 16-9，39 年中多年冰范围的平均水平为 5.439×10^6 km^2，1981 年多年冰范围在 39 年中最多为 7.071×10^6 km^2，2013 年多年冰范围最少，为 3.21×10^6 km^2。1979—2004 年每年的多年冰范围(除 1999 年)均大于 39 年平均水平，2005—2018 年每年的多年冰范围均低于 39 年平均水平。2008 年、2012 年、2013 年以及 2016 年均为多年冰的低峰年限。1981 年、1988 年、1997 年、2010 年以及 2014 年为多年冰的高峰年限。为更为直观地显示北极多年冰范围的变化趋势，得到图 16-16 所示的变化趋势图。由图 16-16 可知，2006—2014 年变化幅度较大，由于弗拉姆海峡平流组合增强，2006—2008 年多年冰减少较为严重，而 2010 年冬季强烈的大气环流又使得多年冰增加较为明显。1980—2018 年北极多年冰范围呈现明显的下降趋势，约以每年 0.0927×10^6 (−19.03%/10 年)的速度减少。Comiso 对 1979—2011 年北极多年冰的范围进行研究，其结果表明多年冰范围以 15.1%/10 年的速度减少。本研究得到的多年冰减少速度较大，主要是因为两者的研究时期不同，且近几年下降更为明显，该研究结果表明 2009—2018 年在整个研究期间内多年冰范围减少 25.45%。多年冰对气温变化的感知更为敏感，其范围的减少反映了北极气温的变化，且近几年多年冰变化起伏明显、波动性较为显著，这揭示了近年来北极气温的动荡性增强，而这种忽高忽低的变化对全球气候会造成较大影响。

表 16-9　1980—2018 年北极多年冰范围年平均统计结果

年份	海冰范围 /$\times10^6$ km^2	年份	海冰范围 /$\times10^6$ km^2	年份	海冰范围 /$\times10^6$ km^2	年份	海冰范围 /$\times10^6$ km^2
1979		1989	6.573	1999	5.250	2009	4.255
1980	6.510	1990	6.175	2000	5.704	2010	5.119
1981	7.071	1991	5.851	2001	5.841	2011	4.519
1982	6.751	1992	6.238	2002	5.461	2012	3.244

续表16-9

年份	海冰范围 /×10⁶ km²	年份	海冰范围 /×10⁶ km²	年份	海冰范围 /×10⁶ km²	年份	海冰范围 /×10⁶ km²
1983	7.011	1993	5.998	2003	5.489	2013	3.213
1984	6.955	1994	5.799	2004	5.477	2014	4.492
1985	6.373	1995	5.752	2005	4.917	2015	4.149
1986	6.587	1996	5.498	2006	4.985	2016	3.555
1987	6.786	1997	6.411	2007	3.944	2017	3.789
1988	6.937	1998	5.789	2008	3.570	2018	4.113

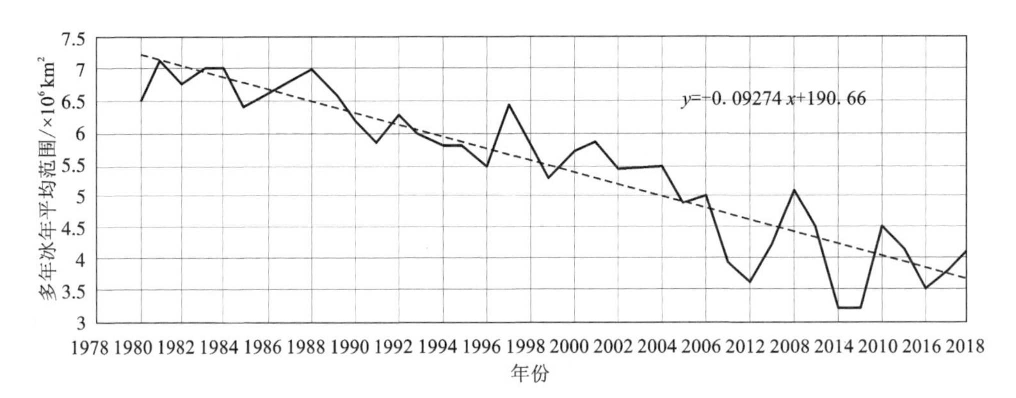

图 16-16　1980—2018 年北极整体多年冰范围年平均变化趋势

16.4.2　多年冰范围空间分布变化分析

多年冰密集度实测数据很少，且多年冰的密集度是很多海洋气象模式研究的输入数据。因此基于日平均海冰密集度结果，得到每年多年冰范围分布区域，因而对多年冰年平均海冰密集度结果进行相关研究具有重要的意义和价值。对 39 年间的结果进行累加平均，得到图 16-17 所示的 1980—2018 年多年冰密集度平均结果。从空间分布上来看，多年冰密集度以北极点为中心随着纬度的降低逐渐减小，主要分布在格陵兰岛和加拿大群岛以北的北冰洋中心海域，密集度平均在 0.9 以上，靠近美洲大陆一侧的多年冰要多于欧亚大陆一侧。为更进一步研究北极 39 年多年冰平均海冰密集度的空间变化在时间尺度上的特征，对北极多年冰年平均海冰密集度结果进行线性倾向估计回归分析，得到图 16-18 所示的 1980—2018 年北极多年冰海冰密集度空间分布变化率。由图 16-18 可知，整个北极区域多年冰密集度空间变化率在北极中心靠近格陵兰岛的小部分海域呈微弱的增加趋势，而其他大部分海域都呈减小趋势。其中呈增加趋势的海域范围占 12.4%，最大增长率为 1.18%/年；减少区域的海域范围占 87.6%，最大减少率为-3.60%/年。从具体海域来看，靠近楚科奇海的海域减少趋势最为明显。这同样直观地反映出了北极多年冰从边缘海域逐渐向北极中心消减的趋势，密集度作为海冰研究的敏感指标，更能揭示出多年冰的变化趋势与特点。

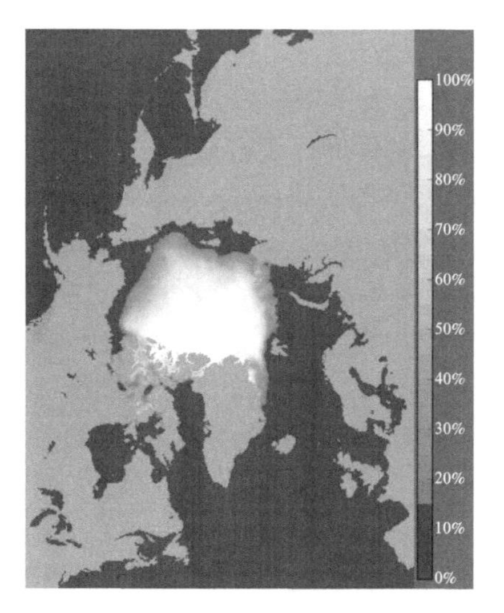

图 16-17　1980—2018 年北极多年冰密集度分布结果

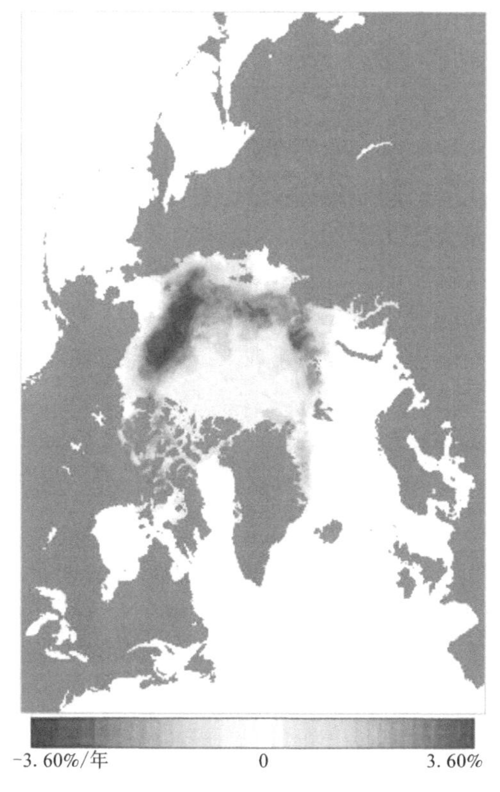

图 16-18　1980—2018 年北极多年冰密集度空间变化率

16.5 三者变化趋势相关性分析

本研究将北极海冰分为整体海冰、一年冰以及多年冰进行研究，前面的章节分别对这三者在1979—2018年间的范围、密集度以及密集度空间变化等层面进行了研究。目前大多数研究都是基于单个海冰参数的讨论，但从定义上来看，整体海冰是一年冰和多年冰的总和，因此一年冰，多年冰以及整体海冰之间必定存在相互影响的关系，且北极整体海冰的变化与一年冰以及多年冰变化的关系程度，需要进行明确的探究，这对更全面地研究北极海冰的变化特点具有重要意义。因此本章节将整体海冰、一年冰以及多年冰的范围进行对比分析得到了图16-19所示的海冰范围雷达图。图16-19中蓝色折线表示的是北极1979—2018年整体海冰范围，橙色折线表示的是北极1979—2018年一年冰范围，灰色折线表示的是1980—2018年多年冰范围。由图16-19可知，整体海冰折线与多年冰折线比较有明显的向内收缩的趋势，与一年冰折线比较有向外扩张的趋势。

1979—2018年整体海冰年平均范围，最大正距平率为7.551%，最大负距平率为-8.160%，距平率的绝对值平均水平为3.547%；1979—2018年一年冰年平均范围，最大正距平率为25.628%，最大负距平率为-16.559%，距平率的绝对值平均水平为5.817%；1980—2018年多年冰年平均范围，最大正距平率为1.631%，最大负距平率为-2.227%，距平率的绝对值平均水平为0.948%；由以上结果可以看出，一年冰波动范围及幅度均最大，整体海冰次之，多年冰最小。

如图16-9所示，1985、1990、2002、2008、2012和2016年为多年冰范围较少的年份（红色直线将三者连接），1984、1988、1997、2006、2010和2014年为多年冰较多的年份（绿色直线将三者连接）。由红色直线可以看出多年冰较少的年份，一年冰反而较多，由绿色直线可以看出多年冰较多的年份，一年冰反而较少。且对一年冰与多年冰年际变化求相关性，相关系数r为-0.73，因此北极多年冰范围与一年冰范围在一定程度上存在负相关的变化关系，多年冰融化较多的年份，气温波动较大，这在一定程度上增加了一年冰的产生。

而对整体海冰范围与多年冰年际变化求相关性，相关系数r为+0.83，这表明北极多年冰与整体海冰有较明显的正相关关系；对整体海冰范围与一年冰年际变化求相关性，相关系数r为-0.41，两者在一定程度上存在的负相关变化。

综上可知，一年冰与多年冰之间存在互相补充的关系，但由于气温升高，大部分的一年冰在夏季会融化殆尽，因此多年冰的补给会受影响，从长期变化趋势来看多年冰减少趋势明显，一年冰呈增加趋势。对北极而言整体海冰与多年冰的变化联系更紧密，这与北极多为一年冰有关。

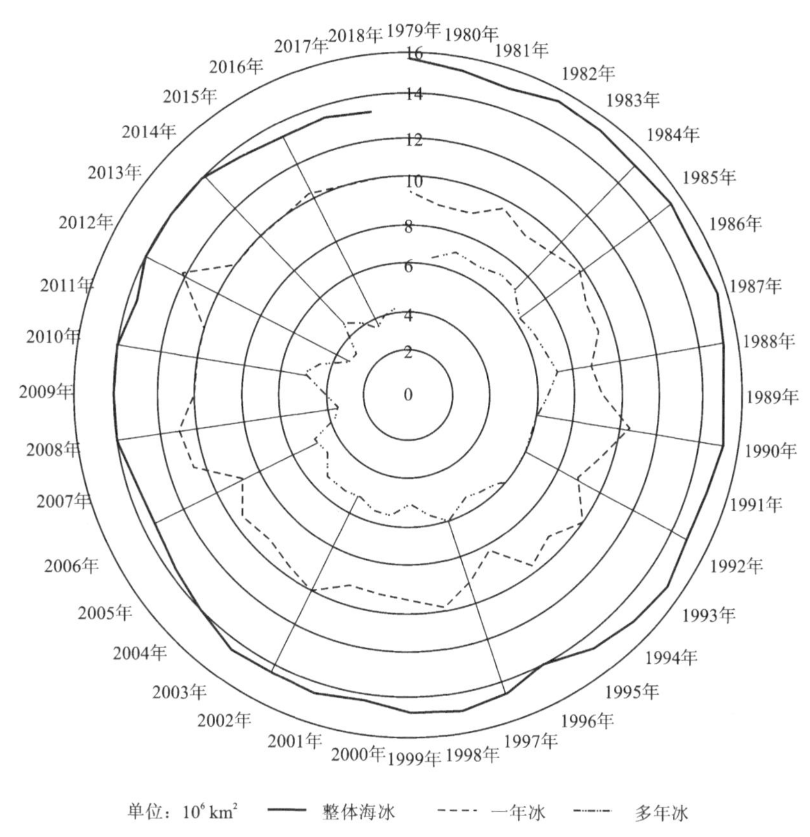

图 16-19　整体海冰、一年冰及多年冰范围对比雷达图

16.6　小结

本章从整体海冰密集度、整体海冰范围、一年冰范围以及多年冰范围等海冰参数方面对 1979—2018 年北极海冰变化趋势与特点进行了相关研究。结果表明，40 年间北极年平均海冰密集度呈减小趋势变化，而密集度空间分布变化率介于-1. 771%/年到 0. 395%/年间，90. 72%的冰区密集度呈减小变化；基于年平均、极值月平均以及极值日平均三个时间尺度对整体海冰范围进行分析，结果表明：1979—2018 年间各指标均呈下降趋势，且 9 月减少速度最大，日平均海冰范围极小值下降趋势最显著；同时海冰融化期以 0. 16 天/年的速度增加，冰冻时长以 0. 16 天/年的速度减少；研究周期内极地在时间尺度上呈现明显的增加趋势，约以每年 0. 0393×10^6 km^2 的速度增多，空间尺度上一年冰的分布向北冰洋中心海域逼近，波弗特海一年冰密集度增加最为明显，巴伦支海一年冰密集度减少最严重；在研究期间内多年冰减少最明显(-19. 03%/10 年)，且最近 10 年减少 25. 45%，而空间分布上向北冰洋中心海域退缩趋势明显，波弗特海域减少趋势最严重；通过对三者的对比发现，多年冰范围与一年冰范围在一定程度上存在负相关的变化关系且谷值与峰值年份表现得最明显，整体海冰范围与其关系不显著。

第17章

南极海冰时空变化分析

目前对于南极海冰的研究工作大多是对其年平均或季节平均的变化趋势进行分析，但基于更小的时间尺度上的分析较少，且对于南极整体海冰、一年冰以及多年冰之间的变化关系研究较少。本章首先分析南极海冰年平均、多年平均的海冰密集度变化趋势以及分布特点；其次从多年平均、年平均、月平均以及日平均多个时间尺度上对南极整体海冰范围进行相关研究；然后对一年冰以及多年冰从时间和空间两个角度进行分析；最后讨论整体海冰范围、一年冰范围以及多年冰范围变化趋势的联系性。

17.1 海冰密集度变化分析

海冰密集度是一个重要的物理参量，可用它计算得到海冰面积、海冰范围等海冰参数，同时也是海冰厚度、积雪深度等估算中的一个重要输入参量。

17.1.1 海冰密集度平均年际变化趋势分析

基于 1979—2018 年日平均海冰密集度数据，得到南极各年平均(图 17-1)以及 40 年平均海冰密集度结果(图 17-2)。为更进一步对比分析年平均海冰密集度变化趋势得到表 17-1 所示的 1979—2018 年南极年平均海冰密集度统计结果以及图 17-3 所示的 1979—2018 年南极年平均海冰密集度变化趋势。

由图 17-1 和图 17-2 可知，南极不同海域密集度差异较大，高密集度海冰主要分布在南极大陆边缘以及威德尔海域，且呈环形特点由高纬度向低纬度海域逐渐降低。40 年的研究期间内南极地区平均海冰密集度为 0.559，其中 2008 年南极平均海冰密集度最高，其值为 0.593；1980 年南极平均海冰密集度最低，其值为 0.528。其中高于 40 年平均水平的年份共有 19 个，低于平均水平的年份有 25 个，且没有连续较长的时间内都保持比平均水平高，或比平均水平低的时期，即年际间的差异变化较大，起伏波动较为明显。图 17-3 为南极年平均海冰密集度变化趋势统计结果，由图 17-3 可知，1979—2018 年南极年平均海冰密集度呈现微弱的上升趋势，以每年 0.0003 的速度增加，但近几年下降明显，其中 2016

年相比于 2015 年密集度减少最为严重，约为 8.63%。

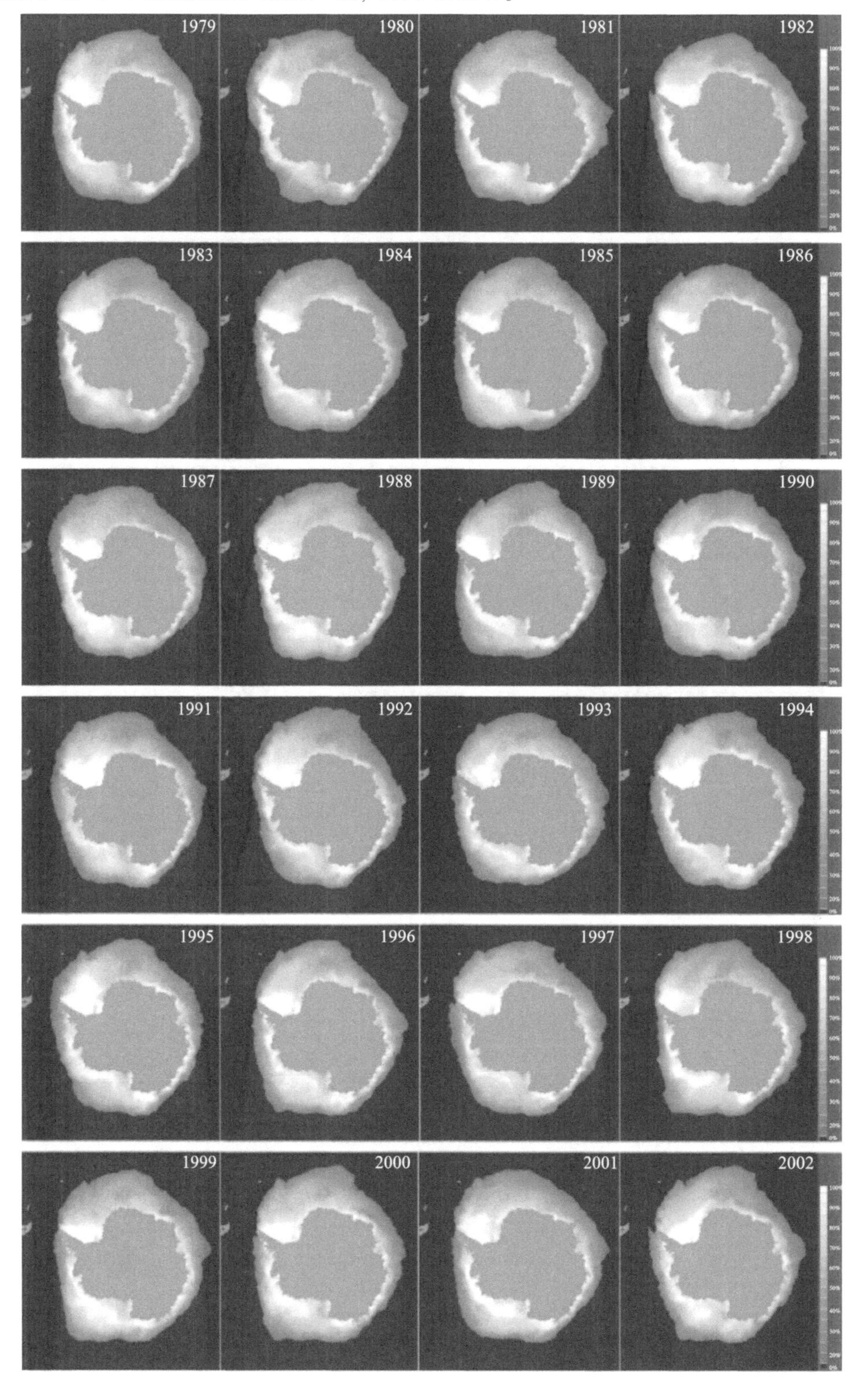

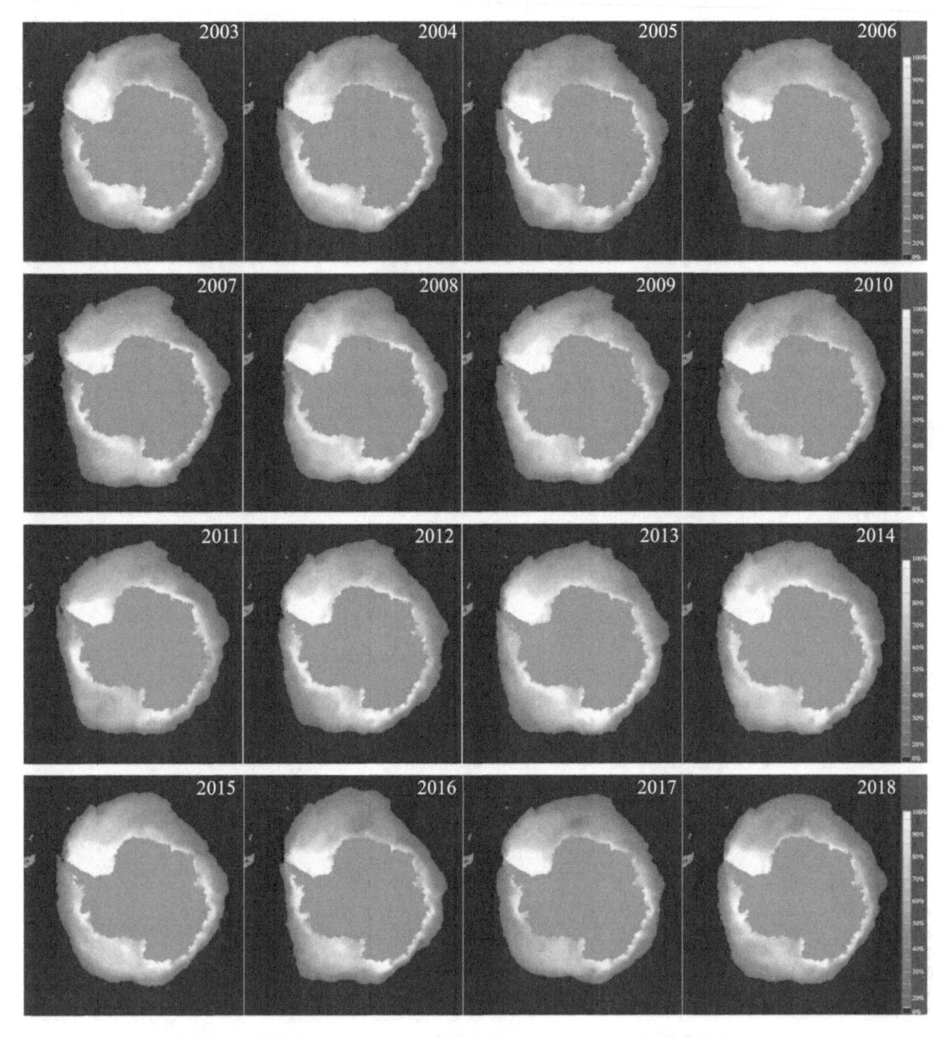

图 17-1　1979—2018 年南极各年份海冰密集度分布结果

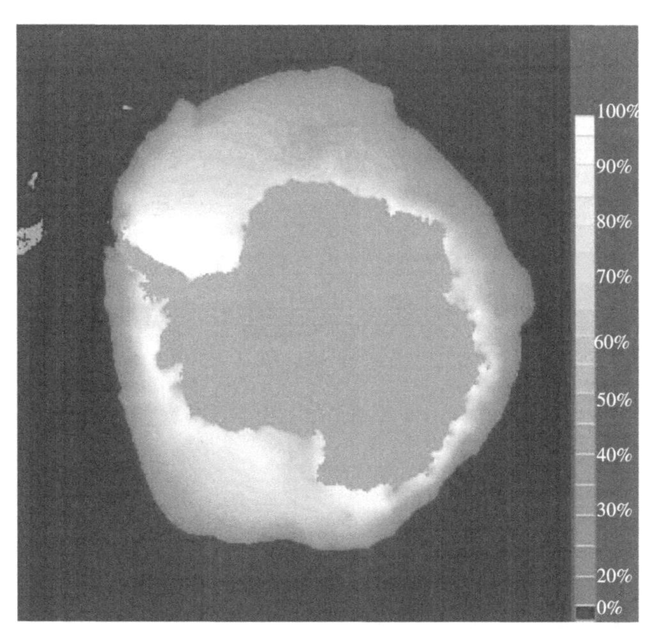

图 17-2　1979—2018 年南极海冰密集度分布结果

表 17-1　1979—2018 年南极年平均海冰密集度统计结果

年份	平均密集度	年份	平均密集度	年份	平均密集度	年份	平均密集度
1979	0. 558	1989	0. 558	1999	0. 563	2009	0. 576
1980	0. 528	1990	0. 560	2000	0. 563	2010	0. 561
1981	0. 547	1991	0. 556	2001	0. 560	2011	0. 551
1982	0. 566	1992	0. 543	2002	0. 551	2012	0. 569
1983	0. 548	1993	0. 556	2003	0. 568	2013	0. 5841
1984	0. 548	1994	0. 570	2004	0. 569	2014	0. 588
1985	0. 559	1995	0. 569	2005	0. 542	2015	0. 591
1986	0. 557	1996	0. 546	2006	0. 541	2016	0. 540
1987	0. 556	1997	0. 555	2007	0. 562	2017	0. 532
1988	0. 584	1998	0. 557	2008	0. 593	2018	0. 538

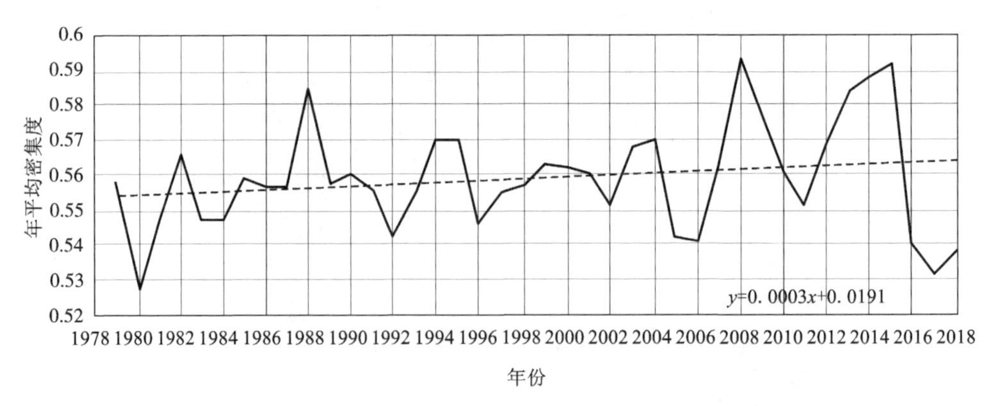

图 17-3　1979—2018 年南极年平均海冰密集度变化趋势

17.1.2　海冰密集度空间分布特征

相对于北极的封闭式海域，南极为环绕南极大陆的开放式海域。整个南极主要由印度洋区域、西太平洋区域、罗斯海区域、别林斯高晋和阿蒙森海区域以及威德尔海区域组成。且各海域之间经度差别较大，因此受地理环境、洋流等因素的影响也大有不同，这也是造成南极各海域海冰分布差异较大的原因。为更进一步地研究南极 40 年平均海冰密集度的空间变化以及不同海域之间的差异，对南极年平均海冰密集度结果进行线性倾向估计回归分析，得到图 17-4 所示的 1979—2018 年南极海冰密集度空间分布变化率。

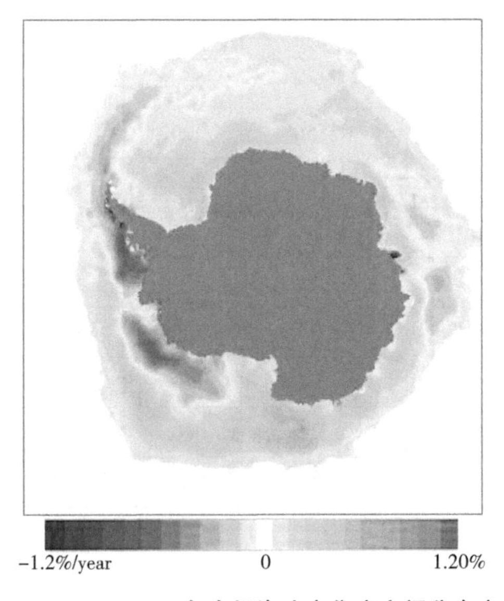

图 17-4　1979—2018 年南极海冰密集度空间分布变化率

由图 17-4 可知，整个南极在 40 年中海冰密集度变化率差异较大，不同海域不同纬度范围变化趋势不尽相同。从宏观上进行分析，整个南极海冰区域内平均海冰密集度变化率为0.123%/年；密集度变化率呈增加趋势的海冰范围占66.22%，平均增加率为0.122%/年，极大增长率为1.007%/年，这部分主要分布在罗斯海域以及威德尔海与西太平洋海域的交界处；密集度变化率呈减小趋势的海冰范围占33.78%，平均减少率为-0.119%/年，极大减小率为-1.115%/年，该部分区域主要分布在别林斯高晋和阿蒙森海区域。

而多位学者对南极海冰密集度的空间变化率进行了研究，结果表明变化率整体介于-1.86%/年至1.33%/年之间，由于研究周期不同得到的结果也略有差异，但均表明威德尔海增加最为明显，别林高斯晋海与阿蒙森海减少较为严重。

17.2　整体海冰范围变化分析

南极冰区是南极大陆与亚南极区域的交接区域，其海冰变化对南极海洋、大陆、大气等环境有着较大的影响。且南极与北极地区不同，南极海冰分布在南极大陆边缘开阔的大洋中，海冰外缘线可向外扩散数十千米。与北极海冰变化趋势不同，1973—1977年南极海冰范围下降趋势明显，而70年代中期左右又增加到最大值，随后又开始迅速下降。因此可看出，南极海冰变化波动性较大，对其变化趋势以及变化特点进行研究，具有非常重要的意义。南极整体海冰范围的研究方法与侧重点与第2章2.7.2小节中对北极整体海冰范围的研究一致。

17.2.1　年平均海冰范围变化趋势分析

1979—2018年南极年平均海冰范围变化趋势如图17-5所示。表17-2为各年份海冰范围具体结果。结合图17-5及表17-2可知，1979—2018年南极整体海冰范围呈现上升趋势，约以0.0106×10^6/年的速度增加，且近几年下降趋势明显，2014—2018年每年平均以2.66%的速度减少。在整个40年中，平均海冰范围为$17.785\times10^6\ km^2$，2014年海冰范围最大，为$18.681\times10^6\ km^2$，1986年海冰范围最小，为$16.767\times10^6\ km^2$。目前的研究表明南极海冰增加主要是由于两种机制，其一臭氧层空洞增大了离岸风，陆地上的冰雪会吹向海面导致海冰增加；其二是由于近年来南极降水增多以及冰架崩塌融化导致淡水增多促进了新冰生成。

表17-2　1979—2018年南极整体海冰范围年平均统计结果

年份	海冰范围 /$\times10^6\ km^2$	年份	海冰范围 /$\times10^6\ km^2$	年份	海冰范围 /$\times10^6\ km^2$	年份	海冰范围 /$\times10^6\ km^2$
1979	17.661	1989	17.484	1999	17.934	2009	17.879
1980	17.950	1990	17.443	2000	18.0784	2010	18.401

续表17-2

年份	海冰范围 $/\times10^6$ km^2	年份	海冰范围 $/\times10^6$ km^2	年份	海冰范围 $/\times10^6$ km^2	年份	海冰范围 $/\times10^6$ km^2
1981	17.693	1991	17.609	2001	17.673	2011	17.899
1982	17.425	1992	17.875	2002	17.439	2012	18.189
1983	17.509	1993	17.691	2003	18.017	2013	18.548
1984	17.588	1994	17.769	2004	18.109	2014	18.681
1985	17.661	1995	17.667	2005	18.374	2015	17.861
1986	16.767	1996	17.661	2006	18.159	2016	17.428
1987	17.774	1997	17.558	2007	17.932	2017	17.121
1988	17.934	1998	18.027	2008	17.666	2018	17.280

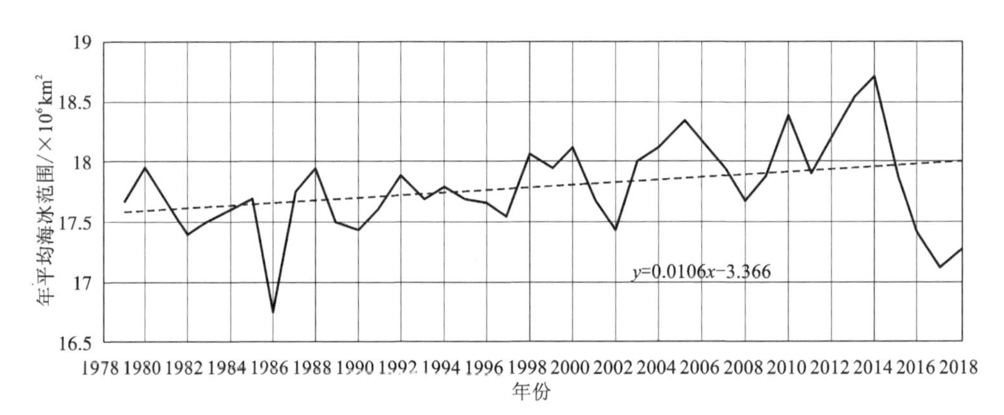

图 17-5 1979—2018 年南极整体海冰范围年平均变化趋势

17.2.2 月平均海冰范围极大值分析

对南极年平均海冰范围的变化统计分析可得到其年际间的变化特点及规律。而对每个年份中海冰范围月平均极大值进行统计分析有利于研究海冰变化的异常情况，且在一定程度上能规避由于季节变化带来的影响。同样对每个年份中海冰范围月平均极小值进行统计分析也有利于研究海冰变化的异常情况，且夏季海冰的变化更为稳定。因此对于海冰范围月平均极小值变化的研究能更进一步揭示南极海冰范围变化的特点。

(1)月平均海冰范围极大值分析

基于日平均海冰密集度数据得到南极每年月平均海冰范围极大值。表 17-3 显示，月平均海冰范围极大值除 2018 年出现在 10 月份，其他 39 年均出现在 9 月份。1989—2018 年海冰范围月均极大值的平均水平为 19.962×10^6 km^2，2014 年 9 月平均海冰范围最大，为 21.426×10^6 km^2，1986 年 9 月份平均海冰范围最小，为 18.962×

10^6 km^2。其中 1980 年、1983 年、1994 年、2000 年、2006 年、2010 年和 2014 年月平均海冰范围极大值均较高；1978 年、1986 年、1988 年、2002 年、2008 年和 2016 年月平均海冰范围极大值均较低。综上可知，南极月平均海冰范围极大值变化趋势没有明显的周期性。由图 17-6 可知，月平均极大值海冰范围约以 0.0107×10^6 km^2/年的速度增加，与南极年平均海冰范围的减少速度基本一致。但 2014—2017 年减少趋势显著，约以每年 3.83%的速度下降，2018 年有稍微回升趋势。图 17-6 为 1979—2018 年南极月平均海冰范围极大值变化趋势结果。

表 17-3　1979—2018 年南极海冰范围月平均极大值统计结果

年份	分布月份	海冰范围 /$\times10^6$ km^2	年份	分布月份	海冰范围 /$\times10^6$ km^2
1979	9	19.545	1999	9	20.190
1980	9	20.266	2000	9	20.363
1981	9	20.059	2001	9	19.471
1982	9	19.692	2002	9	19.382
1983	9	19.981	2003	9	19.690
1984	9	19.774	2004	9	20.252
1985	9	20.119	2005	9	20.406
1986	9	18.962	2006	9	20.576
1987	9	19.914	2007	9	20.464
1988	9	19.917	2008	9	19.592
1989	9	19.324	2009	9	20.372
1990	9	19.473	2010	9	20.479
1991	9	19.713	2011	9	20.042
1992	9	19.579	2012	9	20.570
1993	9	19.783	2013	9	21.018
1994	9	20.072	2014	9	21.426
1995	9	19.790	2015	9	19.750
1996	9	20.064	2016	9	19.583
1997	9	20.274	2017	9	19.031
1998	9	20.244	2018	10	19.295

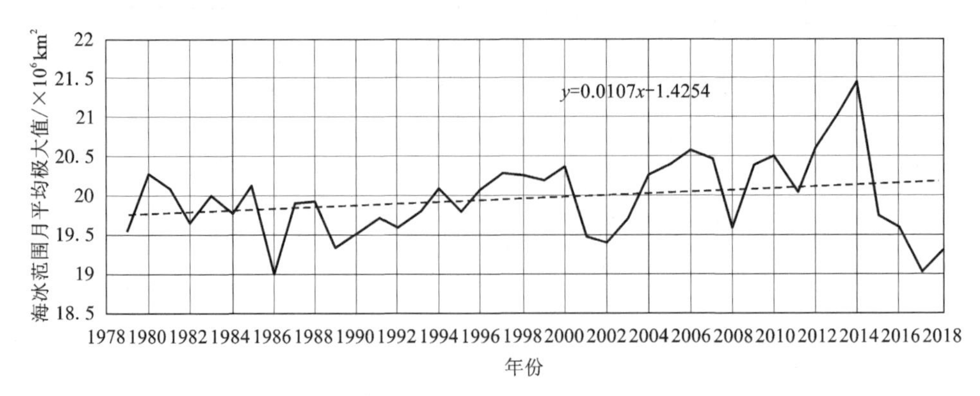

图 17-6　1979—2018 年南极海冰范围月平均极大值变化趋势

(2)海冰范围月平均极小值分析

南极 2 月份海冰范围最小，整个研究周期内，海冰变化起伏较大，尤其是近几年变化幅度较为剧烈，2017 年 2 月为历史最低。以每 5 年一个时期将 1979—2018 年划分为 8 个周期，将每 5 年的 2 月份海冰范围求平均得到其边缘轮廓线，以 2017 年 2 月海冰范围作为基础图层，并将 8 个周期的轮廓线绘制成图，如图 17-7 所示。由图 17-7 可知，不同周期内轮廓线范围差异较大，总体来看 1979—1983 年平均海冰范围最小，1999—2003 年平均海冰范围最大。

基于日平均海冰密集度数据得到南极每年海冰范围月平均极小值。由表 17-4 可知 1979—2018 年南极月平均海冰范围极小值均出现在 2 月份。1979—2018 年海冰范围月均极小值平均水平为 3.406×10^6 km^2，2008 年 2 月平均海冰范围最大 4.254×10^6 km^2，2017 年 2 月份平均海冰范围最小 2.471×10^6 km^2。基本没有长时间的上升或下降趋势，年际间变化幅度较大且近几年起伏波动明显大于前几年。图 17-8 为 1979—2018 年南极海冰范围月平均极小值变化趋势结果。由图 17-8 可知，月平均海冰范围极小值约以 0.0006×10^6 km^2/年的微弱速度增加，但这只能说明一个总体趋势，近几年的变化表现出明显的不稳定特点。而有研究表明，1989—2015 年南极 2 月海冰面积变化趋势为 0.183×10^6 km^2/10 年，导致与本研究的差异原因主要有：一是本研究基于海冰范围进行统计的(海冰面积变化幅度一般高于同期海冰范围变化趋势)，二是研究周期不同，由图 17-8 可知 2016—2018 年 2 月南极海冰范围急剧下降，这严重拉低了平均水平，所以本研究得到的 2 月海冰范围增加速度较为微弱。

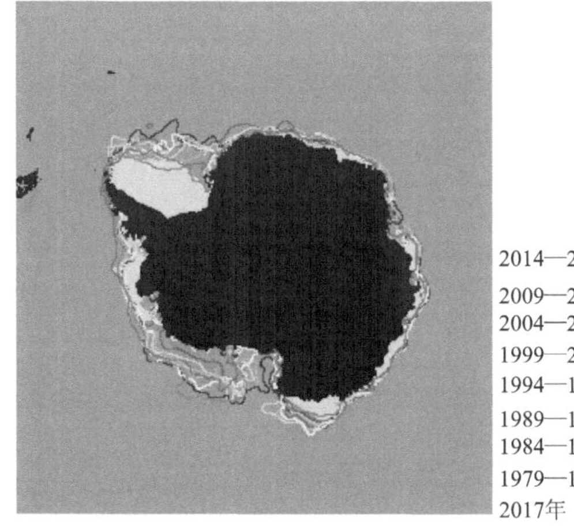

图 17-7　不同时间段内南极 2 月海冰范围外缘线分布图

表 17-4　1979—2018 年南极月海冰范围平均极小值统计结果

年份	分布月份	海冰范围 /×10^6 km^2	年份	分布月份	海冰范围 /×10^6 km^2
1979	2	3.476	1999	2	3.377
1980	2	3.328	2000	2	3.333
1981	2	3.264	2001	2	4.089
1982	2	3.524	2002	2	3.224
1983	2	3.508	2003	2	4.186
1984	2	3.102	2004	2	3.981
1985	2	3.143	2005	2	3.198
1986	2	3.628	2006	2	2.844
1987	2	3.684	2007	2	3.198
1988	2	3.160	2008	2	4.254
1989	2	3.359	2009	2	3.315
1990	2	3.294	2010	2	3.445
1991	2	3.559	2011	2	2.731
1992	2	3.180	2012	2	3.901
1993	2	2.944	2013	2	4.117
1994	2	3.469	2014	2	4.093
1995	2	3.860	2015	2	4.017
1996	2	3.419	2016	2	3.045
1997	2	2.748	2017	2	2.471
1998	2	3.266	2018	2	2.518

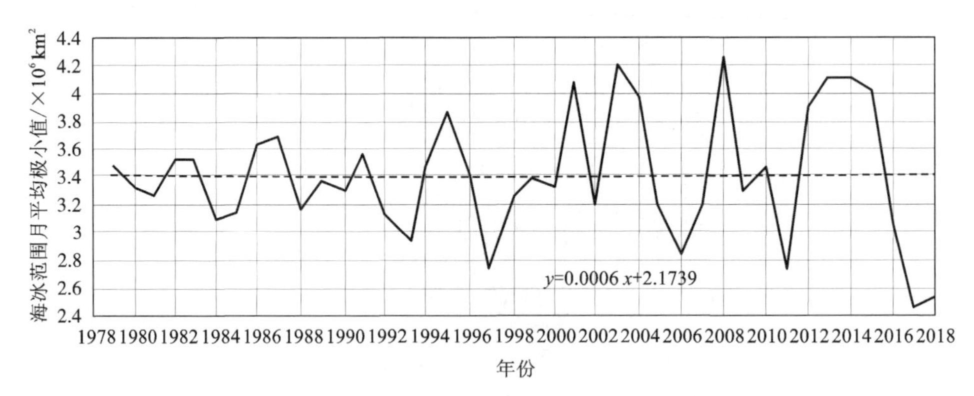

图 17-8　1979—2018 年南极海冰范围月平均极小值变化趋势图

17.2.3　海冰范围日平均极值分析

海冰范围日平均极值即为一年中海冰范围最大和最小的那两天的日平均海冰范围。一般而言，南极出现日平均海冰范围最大的时间在 9 月份左右，而出现日平均海冰范围最小的时间在 2 月份左右。通过对年际间海冰范围日平均极值的统计分析，可更为明显地比较出年际间的海冰变化异常现象。同时计算出每年海冰最大范围与最小范围之间相隔的时间(即海冰融化时长)，再进行年际间的对比分析，这对南极海冰长时间序列的变化研究有重要的意义。

(1)日平均海冰范围极小值分析

对 1979—2018 年各年份的日平均海冰范围极小值进行统计，得到表 17-5 所示结果。由表 17-5 可知 1979—2018 年日平均海冰范围极小值的平均水平为 3.143×10^6 km²，其中 2003 年 2 月 16 日日平均海冰范围极小值最大为 3.880×10^6 km²，2017 年 3 月 1 日日平均海冰范围极小值最小 2.254×10^6 km²。与月平均海冰范围极小值变化基本一致，没有明显的周期，且近几年变化起伏较大。在这 40 年中有 3 个年份日平均海冰范围极小值出现在 3 月，分别是 1981、1986 和 2017 年且均为 3 月上旬；其中有 10 个年份日平均海冰范围极小值出现在 2 月下旬；有 27 个年份日平均海冰范围极小值出现在 2 月中旬。1979—2018 年中日平均海冰范围极小值出现最早的日期为 2 月 13 日，出现最晚的日期为 3 月 6 日，跨度时长为 21 天左右。由以上结果可知，日平均海冰范围极小值主要出现在 2 月份且分布在 2 月中旬居多，下旬次之，基本没有出现在上旬。为更为直观地表示年际间的变化，得到图 17-9 所示的 1979—2018 年南极日平均海冰范围极小值变化趋势图。由图 17-9 可知，日平均海冰范围极小值呈微弱的下降趋势图，约以每年 0.0002×10^6 km² 的速度减少。

表 17-5　1979—2018 年南极日平均海冰范围极小值统计结果

年份	日期	海冰范围 /×10⁶ km²	年份	日期	海冰范围 /×10⁶ km²
1979	02-17	3.309	1999	02-23	3.072
1980	03-01	2.972	2000	02-16	3.044
1981	02-20	3.120	2001	02-19	3.785
1982	02-23	3.293	2002	02-16	3.006
1983	02-22	3.346	2003	02-16	3.880
1984	02-19	2.961	2004	02-20	3.586
1985	02-19	2.919	2005	02-14	3.023
1986	03-06	3.406	2006	02-19	2.674
1987	02-21	3.519	2007	02-16	3.013
1988	02-25	2.919	2008	02-16	3.843
1989	02-20	3.098	2009	02-20	2.958
1990	02-22	3.053	2010	02-13	3.050
1991	02-17	2.941	2011	02-20	2.545
1992	02-21	2.759	2012	02-23	3.503
1993	02-17	2.66	2013	02-19	3.849
1994	02-13	3.381	2014	02-18	3.768
1995	02-15	3.631	2015	02-20	3.865
1996	02-22	3.014	2016	02-16	2.856
1997	02-19	2.464	2017	03-01	2.254
1998	02-22	3.012	2018	02-19	2.360

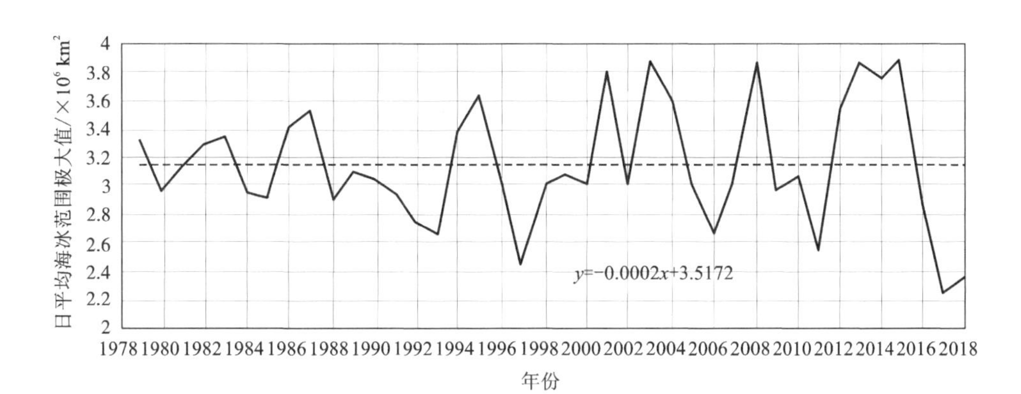

图 17-9　1979—2018 年南极日平均海冰范围极小值变化趋势图

(2) 日平均海冰范围极大值分析

1979—2018 年南极各年份的日平均海冰范围极大值结果见表 17-6。结果表明其 40 年平均水平为 19.801×10^6 km²，其中 2014 年 9 月 19 日平均海冰范围最大为 21.390×10^6 km²，2017 年 8 月 11 日日平均海冰范围极大值最小为 17.783×10^6 km²。这 40 年中除 2014—2017 年有连续显著的下降趋势，其他时间段均表现出波动起伏的特点。

在这 40 年中有 2 个年份日平均海冰范围极大值出现在 8 月，分别是 2016 年 8 月 28 日和 2017 年 8 月 11 日；其中有 32 个年份日平均海冰范围极大值出现在 9 月，且出现在上、中和下旬的年份分别为 5 个、14 个和 13 个；有 6 个年份极大日平均海冰范围出现在 10 月，且出现在上旬和中旬的年份分别为 5 个和 1 个。1979—2018 年中日平均海冰范围极大值出现最早的日期为 8 月 11 日，出现最晚的日期为 10 月 12 日，跨度时长为 60 余天，相比于月平均海冰范围极大值以及日平均海冰范围极小值的时间跨度都较长。由以上结果可知南极日平均海冰范围极大值主要出现在 9 月但年际间的差异较大、日期分布不集中。为了更为直观地表示年际间的变化，得到图 17-10 所示的 1979—2018 年南极日平均海冰范围极大值变化趋势图。由图 17-10 可知，日平均海冰范围极大值呈上升趋势，约以每年 0.0068×10^6 km² 的速度增加。

表 17-6　1979—2018 年南极日平均海冰范围极大值统计结果

年份	日期	海冰范围 /$\times10^6$ km²	年份	日期	海冰范围 /$\times10^6$ km²
1979	10-03	19.302	1999	09-29	19.961
1980	09-23	20.254	2000	09-27	20.208
1981	09-20	19.953	2001	09-21	19.479
1982	09-03	19.531	2002	10-12	19.056
1983	09-20	19.997	2003	10-02	19.757
1984	09-18	19.381	2004	09-20	20.026
1985	09-05	19.816	2005	09-29	20.504
1986	09-18	18.958	2006	09-21	20.498
1987	09-16	19.852	2007	09-28	20.151
1988	10-03	19.941	2008	09-03	19.292
1989	09-22	19.254	2009	09-21	20.287
1990	09-29	19.318	2010	09-04	19.978
1991	09-26	19.804	2011	10-02	19.961
1992	09-13	19.414	2012	09-25	20.532
1993	09-17	19.629	2013	09-15	20.636
1994	09-30	19.713	2014	09-19	21.390

续表17-6

年份	日期	海冰范围/$\times10^6$ km^2	年份	日期	海冰范围/$\times10^6$ km^2
1995	09-19	19.726	2015	10-06	19.891
1996	09-10	19.948	2016	08-28	19.591
1997	09-21	19.827	2017	08-11	17.783
1998	09-15	20.294	2018	09-21	19.119

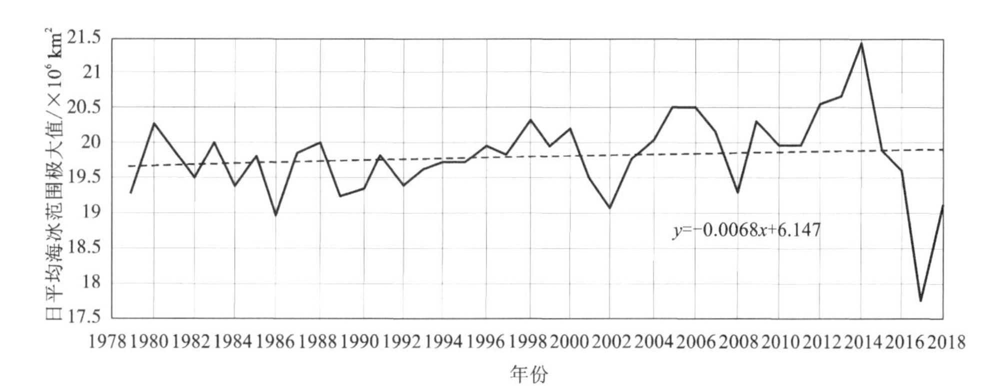

图 17-10　1979—2018 年南极日平均海冰范围极大值变化趋势

(3)南极海冰融化与冻结时间变化对比分析

以每年 1 月 1 日为该年份的第一天统计得到如表 17-7 所示结果。对于南极而言，9 月份海冰范围出现极大值，次年 2 月份出现极小值，因此极小值日期与极大值日期的间隔时间作为当年的海冰冰冻时长，极大值日期与次年的极小值日期间隔作为海冰当年海冰的融化时长，并得到图 17-11 所示结果。40 年间南极融化与冰冻时长平均水平分别为 153 d 和 212 d 相差 59 d；而 1979—2018 年南极海冰冰冻时长以-0.04 天/年的速度缩短，融化时长以 0.04 天/年的速度延长。

以 2018 年全年海冰范围变化为例得到图 17-12 统计结果，由图可知海冰范围冬季变化较慢，夏季变化迅速，7、8 月份融化最快(-0.0908×10^6 km^2/d)，10、11 月份增长最快(0.1168×10^6 km^2/d)。在一年中，南极融化时长与冰冻时长相差较大，平均约为 59 d，且 11 月与 12 月融化速度最快。

表 17-7　1979—2018 年南极日平均极值海冰范围分布天数统计结果

年份	极大值日期分布天数/d	年份	极大值日期分布天数/d	年份	极小值日期分布天数/d	年份	极小值日期分布天数/d
1979	276	1999	272	1979	48	1999	54
1980	266	2000	270	1980	61	2000	47

续表17-7

年份	极大值日期分布天数/d	年份	极大值日期分布天数/d	年份	极小值日期分布天数/d	年份	极小值日期分布天数/d
1981	263	2001	264	1981	51	2001	50
1982	246	2002	285	1982	54	2002	47
1983	263	2003	275	1983	53	2003	47
1984	261	2004	263	1984	50	2004	51
1985	248	2005	272	1985	50	2005	45
1986	261	2006	264	1986	65	2006	50
1987	259	2007	271	1987	52	2007	47
1988	276	2008	246	1988	56	2008	47
1989	265	2009	264	1989	51	2009	51
1990	272	2010	247	1990	53	2010	44
1991	269	2011	275	1991	48	2011	51
1992	256	2012	268	1992	52	2012	54
1993	260	2013	258	1993	48	2013	50
1994	273	2014	262	1994	44	2014	49
1995	262	2015	279	1995	46	2015	51
1996	253	2016	240	1996	53	2016	47
1997	264	2017	223	1997	50	2017	60
1998	258	2018	264	1998	53	2018	50

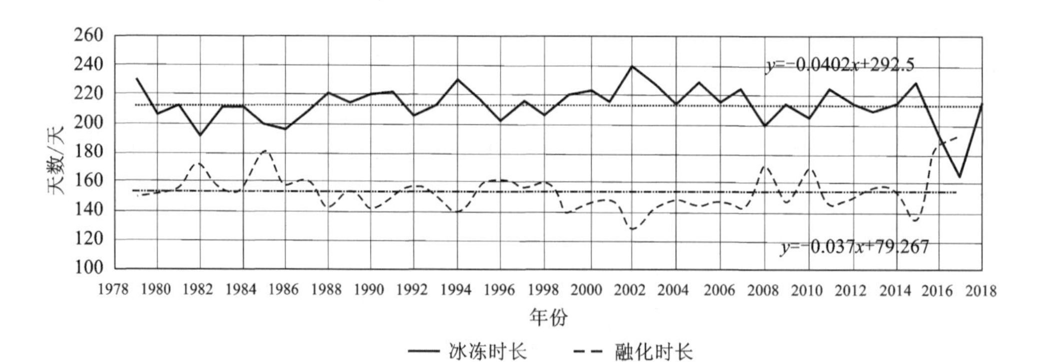

图 17-11　1979—2018 年南极冰冻时长和融化时长变化趋势

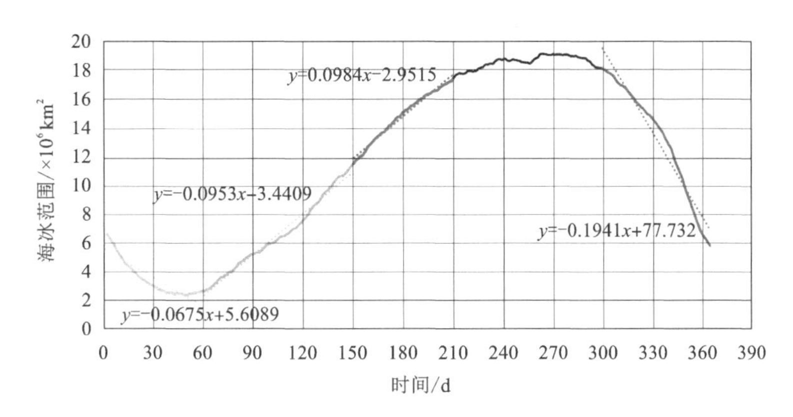

图 17-12　南极 2018 年日平均海冰范围变化趋势

17.3　一年冰范围变化趋势分析

南极季节变化与北极不同，每年 9 月份海冰范围达到最大，次年 2 月达到最小，这期间融化的海冰即为一年冰。因此南极 1979 年的一年冰范围是 1979 年 9 月最大日平均海冰范围与 1980 年 2 月最小日平均海冰范围的差值。以此类推，2017 年的一年冰范围是 2017 年 9 月最大日平均海冰范围与 2018 年 2 月最小日平均海冰范围的差值，由于本研究所用的数据范围是 1979—2018 年，所以求得的南极一年冰的时间分布为 1979—2017 年。对于南极一年冰范围的研究，其方法与侧重点与 16.3 小节中对北极一年冰范围的研究一致。

17.3.1　年际间一年冰范围变化趋势分析

1979—2017 年南极一年冰范围年平均统计结果见表 17-8。由表可知，南极 39 年中一年冰范围的平均水平为 14.607×10^6 km^2，且 1986 年一年冰范围最少为 13.361×10^6 km^2，2006 年一年冰范围最多为 15.483×10^6 km^2。为更为直观的表示南极一年冰的变化趋势，得到图 17-13 所示的变化趋势图。由图 17-13 可知，1979—2017 年南极一年冰范围呈现微弱的增加趋势，约以每年 0.0117×10^6 km^2 的速度增多。其中 1986 年、2008 年和 2015 年出现 3 个极低值，1988 年、1992 年、2006 年、2010 年和 2011 年为一年冰较多年份。

表 17-8　1979—2017 年南极一年冰范围年平均统计结果

年份	海冰范围 /×10^6 km^2	年份	海冰范围 /×10^6 km^2	年份	海冰范围 /×10^6 km^2	年份	海冰范围 /×10^6 km^2
1979	14.346	1989	14.273	1999	14.86	2009	14.918
1980	14.970	1990	14.384	2000	15.028	2010	15.348
1981	14.571	1991	14.089	2001	13.885	2011	15.353
1982	14.134	1992	15.111	2002	14.431	2012	14.679

续表17-8

年份	海冰范围 $/\times 10^6\ km^2$	年份	海冰范围 $/\times 10^6\ km^2$	年份	海冰范围 $/\times 10^6\ km^2$	年份	海冰范围 $/\times 10^6\ km^2$
1983	14.151	1993	15.025	2003	14.143	2013	14.697
1984	14.606	1994	14.367	2004	14.490	2014	14.904
1985	14.714	1995	14.034	2005	15.350	2015	13.989
1986	13.361	1996	14.644	2006	15.483	2016	14.565
1987	14.209	1997	14.954	2007	14.917	2017	14.862
1988	15.006	1998	15.013	2008	13.823	2018	

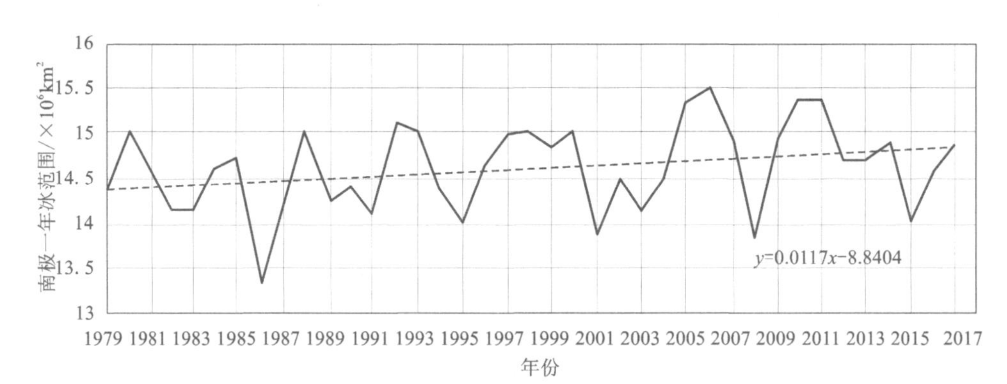

图 17-13 1979—2017 年南极整体一年冰范围年平均变化趋势

17.3.2 一年冰范围空间分布变化分析

基于日平均海冰密集度结果得到图 17-14 所示的 1979—2017 年一年冰密集度平均结果。为更进一步地研究南极 39 年一年冰平均海冰密集度的空间变化，对南极一年冰年平均海冰密集度结果进行线性倾向估计回归分析，得到图 17-15 所示的 1979—2017 年南极一年冰海冰密集度空间分布变化率。图 17-15 中，紧邻南极大陆的部分海域(橙色部分)为非一年冰区域(一年冰密集度<0.15 或多年冰区域)，而其他边缘海域为一年冰的变化区域。由图 17-14 可知，一年冰环绕分布于南极大陆边缘海域，其中别林斯高晋和阿蒙森海区域以及西太平洋区域一年冰数量较少，罗斯海域以及威德尔海域一年冰数量较多。整个南极区域 1979—2017 年一年冰密集度平均为 0.427，且靠近南极大陆边缘海域密集度越低。造成这种结果的原因是，靠近南极大陆边缘的海域原来为多年冰，随着近几年多年冰融化消失，该海域的海冰变为一年冰，因此在整个 39 年间平均密集度较低。而图 17-15 更为直观地反映出一年冰的空间变化特点，整个南极区域一年冰密集度空间变化率差异性较大。其中呈增加趋势的海域范围占 48.4%，最大增长率为 2.20%/年；减少区域的海域范围占 51.6%，最大减少率为-1.72%/年。从具体海域来看，西南极多为密集度增加的一

年冰，东南极多为密集度减少的一年冰。密集度呈增加变化的一年冰主要分布在别林斯高晋和阿蒙森海域，密集度呈减少变化的一年冰主要分布在罗斯海域。

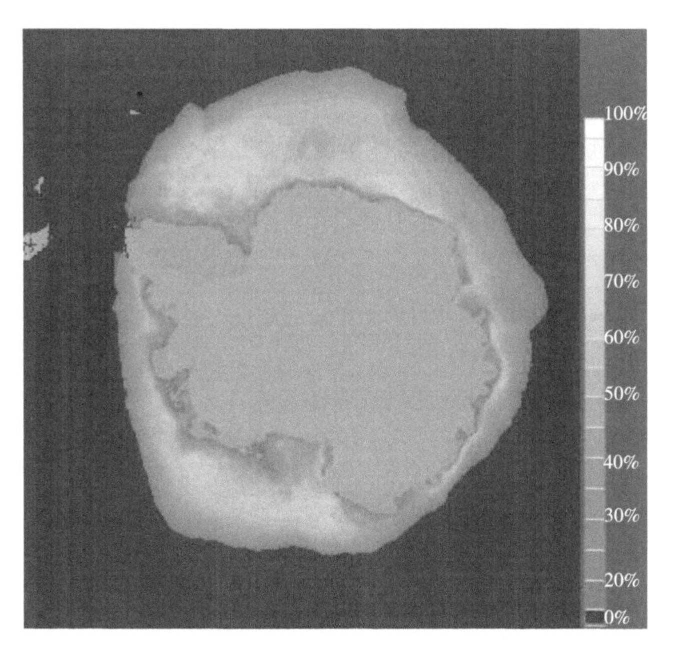

图 17-14　1979—2017 年南极一年冰平均密集度分布结果

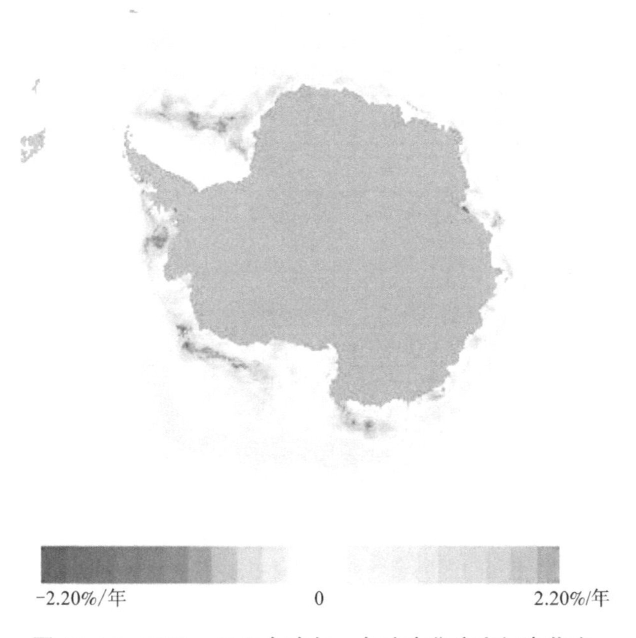

图 17-15　1979—2017 年南极一年冰密集度空间变化率

17.4　多年冰范围变化趋势分析

南极多年冰范围计算方法与北极多年冰计算方法一致。且对于南极多年冰范围的研究方法与侧重点与16.4节中对北极多年冰范围的研究也一致。

17.4.1　年际间多年冰范围变化趋势分析

1980—2018年南极多年冰范围统计结果见表17-9，其中39年的平均水平为2.257×10^6 km^2，2015年多年冰范围最多2.890×10^6 km^2，1998年最少1.538×10^6 km^2。年际间分布差异较大，1993年、1998年、2003年、2011年以及2018年均为多年冰的低峰年限，而1987年、1995年、2005年、2008年以及2015年为多年冰的高峰年限。1980—2018年南极多年冰范围变化趋势如图17-16所示，由图可知南极多年冰约以每年-0.0028×10^6 km^2的速度减少。年际间的波动性较大，尤其是2011—2018年南极多年冰范围从较少增长到较高又重新迅速减少，这种异常变化反映了近年来南极气温波动性增加。

表17-9　1980—2018年南极多年冰范围年平均统计结果

年份	海冰范围 /×10^6 km^2	年份	海冰范围 /×10^6 km^2	年份	海冰范围 /×10^6 km^2	年份	海冰范围 /×10^6 km^2
1979		1989	2.209	1999	1.746	2009	2.286
1980	2.473	1990	2.277	2000	2.263	2010	2.036
1981	2.223	1991	2.358	2001	2.271	2011	1.781
1982	2.523	1992	2.140	2002	1.934	2012	2.234
1983	2.575	1993	1.713	2003	1.855	2013	2.721
1984	2.364	1994	2.079	2004	2.857	2014	2.702
1985	2.239	1995	2.516	2005	2.296	2015	2.890
1986	2.341	1996	2.343	2006	2.256	2016	2.482
1987	2.719	1997	2.028	2007	2.155	2017	1.856
1988	2.443	1998	1.538	2008	2.524	2018	1.774

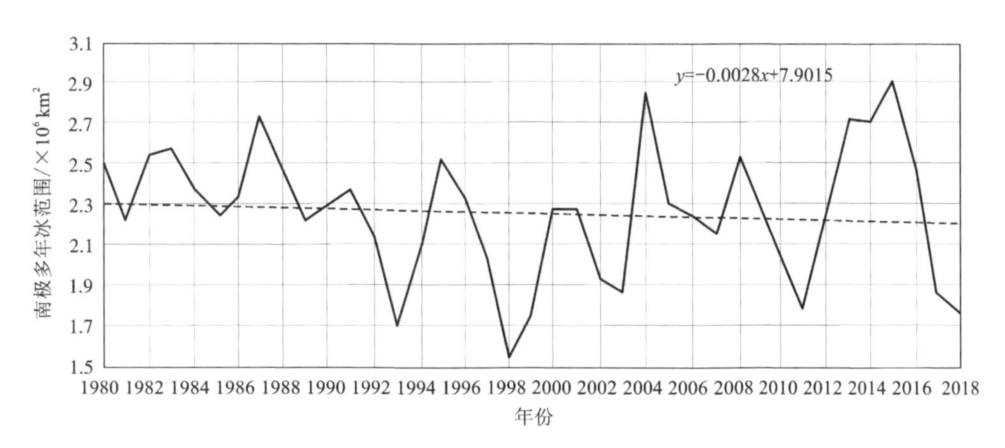

图 17-16　1979—2018 年南极整体多年冰范围年平均变化趋势

17.4.2　多年冰范围空间分布变化分析

基于日平均海冰密集度结果得到图 17-17 所示的 1980—2018 年多年冰密集度平均结果。由图 17-17 可知，整个南极区域多年冰分布不均匀，主要分布在威德尔海域以及阿蒙森海域，西太平洋海域与南极大陆的交界处也分布少量多年冰，印度洋海域多年冰分布最少。且高密集度的多年冰主要集中在威德尔海域，而整个南极多年冰密集度平均为 0. 523。为了更进一步地研究南极 39 年多年冰平均海冰密集度的空间变化，对南极多年冰年平均海冰密集度结果进行线性倾向估计回归分析，得到图 17-18 所示的 1980—2018 南极多年冰海冰密集度空间分布变化率。其中呈增加趋势的海域范围占 59. 7%，最大增长率为 2. 33%/年；减少区域的海域范围占 40. 3%，最大减少率为-2. 76%/年。多年冰密集度的空间变化率分布特征明显，罗斯海域、别林斯高晋和阿蒙森海域减少趋势明显，其他海域呈增加趋势，且威德尔海域多年冰密集度增加最为明显。因此，南极海冰各海域差异较大，西南极海冰减少较为严重，这与西南极本质上的内在不稳定有一定的关系，是大气气候、冰山冰架、气压降水等多种原因综合影响的结果。

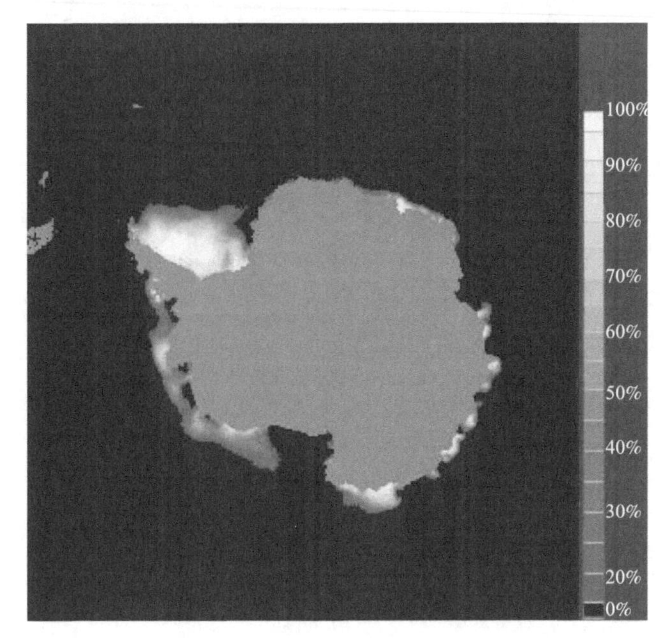

图 17-17　1980—2018 年南极多年冰平均密集度结果

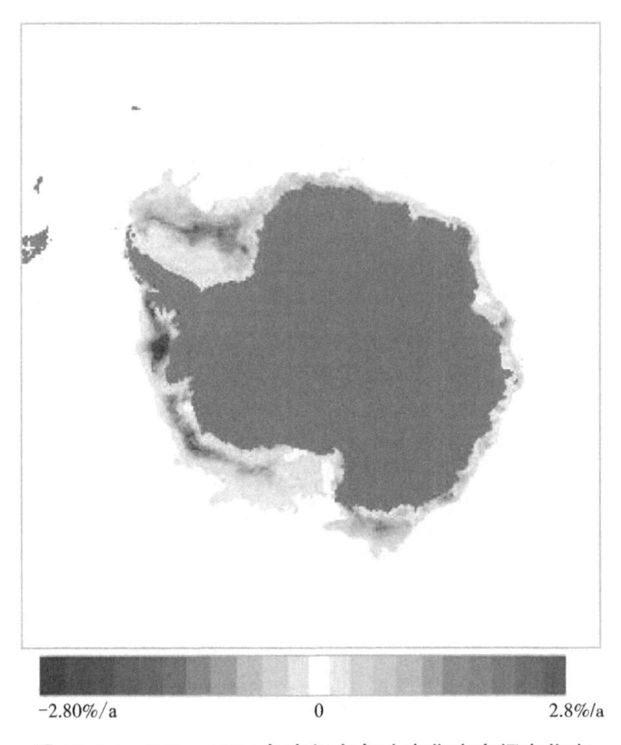

图 17-18　1980—2018 年南极多年冰密集度空间变化率

17.5　三者变化趋势相关性分析

与北极部分一致，为更进一步探究南极整体海冰，一年冰以及多年冰范围之间的关系，得到了图 17-19 所示的海冰范围雷达对比图。图 17-19 中蓝色折线表示的是南极 1979—2018 年整体海冰范围，橙色折线表示的是南极 1979—2017 年一年冰范围，灰色折线表示的是南极 1980—2018 年多年冰范围。由图可知，南极海冰主要是一年冰，多年冰占比较少。1979—2018 年南极整体海冰年平均范围，最大正距平率为 5.039%，最大负距平率为-5.725%，距平率绝对值平均水平为 1.605%；1979—2017 年南极一年冰年平均范围，最大正距平率为 5.994%，最大负距平率为-8.528%，距平率绝对值平均水平为 2.522%；1980—2018 年南极多年冰年平均范围，最大正距平率为 0.633%，最大负距平率为-0.719%，距平率绝对值平均水平为 0.247%；由以上结果可看出，一年冰波动范围及幅度均最大，整体海冰次之，多年冰最小。

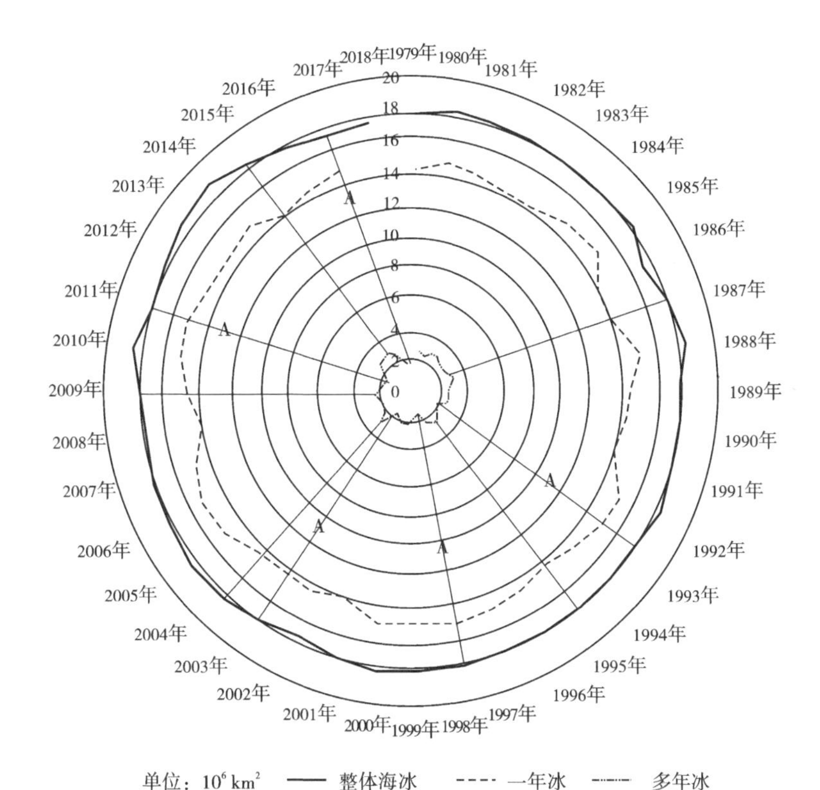

图 17-19　南极整体海冰、一年冰及多年冰范围对比结果图

如图 17-19 所示，1993 年、1998 年、2003 年、2011 年和 2017 年为多年冰范围较少的年份（A 标记的直线所示），1987 年、1995 年、2004 年、2009 年和 2015 年为多年冰较多的年份(其他直线所示)。由红色直线可以看出多年冰较少的年份，一年冰的范围基本比相邻年份要高；多年冰较多的年份，一年冰偏低。对一年冰与多年冰年际变化求相关性，得到相关系数 r 为-0.39，表明 40 年来两者一定程度上存在负相关的变化关系，多年冰融化较多的年份，气温波动较大，这在一定程度上增加了一年冰的产生。而对整体海冰范围与多年冰年际变化求相关性，相关系数 r 为-0.17，这表明南极多年冰与整体海冰没有较为明显的相关关系；对整体海冰范围与一年冰年际变化求相关性，相关系数 r 为+0.57，两者在一定程度上存在正相关变化。综上，对于南极而言，整体海冰的变化与一年冰的变化联系更紧密，这与南极一年冰占比较大有一定的关系。

17.6 小结

本章从整体海冰密集度、整体海冰范围、一年冰范围以及多年冰范围等海冰参数方面对 1979—2018 年南极的海冰变化趋势与特点进行了相关研究。结果表明：40 年间南极年平均海冰密集度呈微弱的上升趋势，空间分布上各海域明显不均匀，其中威德尔海域海冰密集度最高，且增加趋势最明显，别林高斯晋海与阿蒙森海减少较为严重，而密集度空间分布变化率介于-1.86%/年至 1.33%/年之间；对于整体海冰范围从年平均、月平均极值以及日平均极值 3 个时间尺度上进行分析，其中年平均变化趋势、月平均极大与极小值变化趋势以及日平均海冰范围极大值均呈增大趋势，但日平均海冰范围极小值呈微弱的下降趋势，约以每年 $0.0002\times10^{6}\ km^{2}$/年的速度减少，整体海冰范围近 5 年表现出明显的下降趋势；南极冰冻时长与融化时长具有明显的不对称性，冰冻时长明显高于融化时长，且冰冻时长以-0.04 天/年的速度缩短，融化时长以 0.04 天/年的速度延长；而对一年冰分别从空间、时间尺度上进行研究，时间上呈现明显的增加趋势，约以每年 $0.0117\times10^{6}\ km^{2}$ 的速度增多，年际间的波动性较大，空间分布上罗斯海域一年冰密集度主要呈减少变化，别林高斯晋海与阿蒙森海一年冰密集度增加较为明显；多年冰同样表现出区域的差异性，且主要分布在威德尔海域，印度洋海域最少；多年冰密集度空间变化率介于-2.76%/年至 2.33%/年之间，西南极多年冰密集度空间变化率减少趋势明显，东南极主要呈增加变化；从整个研究区间来看，多年冰范围约以每年 $0.0028\times10^{6}\ km^{2}$ 的速度减少，且近几年波动幅度较大；通过对三者的对比发现，南极一年冰波动幅度最大，整体海冰次之，多年冰最小。由于南极多为季节性海冰，多年冰数量较少，所以整体海冰范围与一年冰范围有明显的正相关变化关系，而与多年冰的变化关系不显著，但从低谷与高峰年份来看，多年冰范围与一年冰范围仍有明显的负相关的变化关系。

第18章

南极海冰时空变化分析的新方法

目前的南极海冰时空变化研究主要是对多个海冰变量基于南极海域划分的时空变化研究，这些研究只描述了南极海冰面积、海冰密集度等海冰变量的变化趋势，忽略了南极整体海冰融化开始、持续时间的变化以及多年冰、一年冰和海水共存区域的海冰融化开始、持续时间的时空变化的问题。海冰融化开始时间、海冰持续时间和海冰融化时间的变化是研究南极气候变化的重要指标之一。

本章节基于美国冰雪数据中心提供的1988—2019年日平均海冰密集度数据，采用15%的海冰密集度阈值判别海冰边缘线，并提出了一种定量评估南极海冰融化开始、持续时间的时空变化的方法。该方法揭示了南极整体海冰、多年冰、一年冰和海水共存区域的海冰融化开始、持续时间的变化特征。首先，将南极分为多年冰区域，一年冰和多年冰区域、稳定一年冰区域、一年冰和海水区域、稳定海水区域。然后，针对每个区域的海冰融化开始、持续、结束和融化指数等多个海冰参数进行综合研究，分析其海冰变化特点。

在本章中，由于南极的季节划分与北极不同，本章采用南半球季节的约定标准：夏季(12月至次年2月)、秋季(3—5月)冬季(6—8月)、春季(9—11月)。所以对南极而言，南极从每年冬季的7月1日开始到第二年的6月30日结束为一年。首先，基于1988—2019年的日平均海冰密集度，采用15%的海冰密集度阈值对海冰边缘区域进行判别，统计得到每日海冰分布。然后，依据多年冰和一年冰的定义将研究区域分为稳定多年冰区域、多年冰和一年冰区域、稳定一年冰区域、一年冰和海水区域，如图18-1所示。首先对1988—2019年南极整体海冰的融化开始、持续时间的变化进行研究。其次，针对稳定一年冰区域的海冰融化开始、持续、结束时间进行研究，可以直接反映该区域一年冰的变化规律。然后，针对多年冰和一年冰共存区域的南极海冰融化开始、持续时间和该区域的融化指数进行时空变化研究，详细地揭示南极多年冰和一年冰共存区域海冰的变化特征。最后，针对1988—2019年一年冰和海水的共存区域南极海冰的融化开始、持续时间进行研究，更详细地揭示南极一年冰和海水共存区域的海冰的变化特征。

由图18-1可知，稳定多年冰区域位于南极大陆周围的区域，大部分稳定多年冰存在于威德尔海域，小部分稳定多年冰分布于南极大陆周边。多年冰和一年冰共存区域位于稳定多年冰的外围，大部分分布于威德尔海域和罗斯海域，其他海域分布较少。稳定一年冰

区域处于多年冰和一年冰区域的更外围，大部分稳定一年冰分布于威德尔海域和罗斯海域以及印度洋海域，其他海域的稳定一年冰分布较少。而一年冰和海水区域距离南极大陆周围最远，在各个海域的分布占比差别不大。

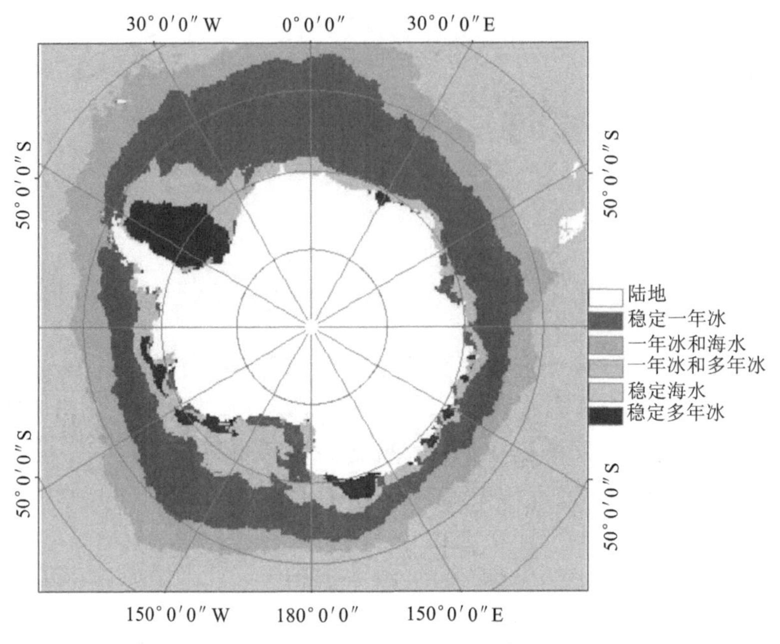

图 18-1　南极海域分区示意图

18.1　南极整体海冰的时空变化

18.1.1　南极整体海冰的融化开始时间的时空变化

基于 1988—2019 年的日平均海冰密集度，本书采用 15%的海冰密集度阈值对海冰边缘区域进行判别，统计南极每一年海冰融化开始时间的年际变化图，如图 18-2 所示。并得到南极整体海冰融化开始时间的空间变化率图，如图 18-3 所示。由图可知：1988—2019 年南极整体海冰融化开始时间呈现推迟的趋势，平均每年海冰融化开始时间推迟 0. 1014 天，最晚的南极海冰融化开始时间出现在 2010、2015 年，第 114 天海冰开始融化，最早的南极海冰融化开始时间出现在 2006 年，第 72 天海冰开始融化。其中，1988—2005 年和 2007—2019 年南极整体海冰融化开始时间呈现比较平稳的变化趋势，分别平均每年海冰融化开始时间提前 0. 0702 天、0. 2967 天。海冰融化开始时间的空间变化率反映了海冰融化开始时间的上升或者下降的速率。由图 18-3 可知：1988—2019 年南极整体海冰融化开始时间的变化率总体呈现环形分层的现象，海冰融化开始时间的年平均空间变化率为 -6. 75 天/年，并且海冰融化开始时间呈现提前趋势的占比区域比融化开始时间呈现推迟

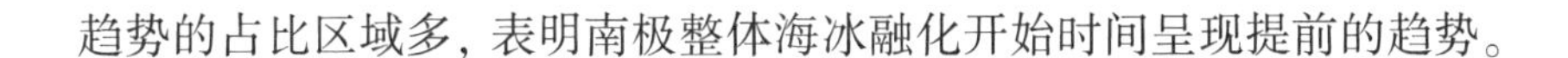
趋势的占比区域多，表明南极整体海冰融化开始时间呈现提前的趋势。

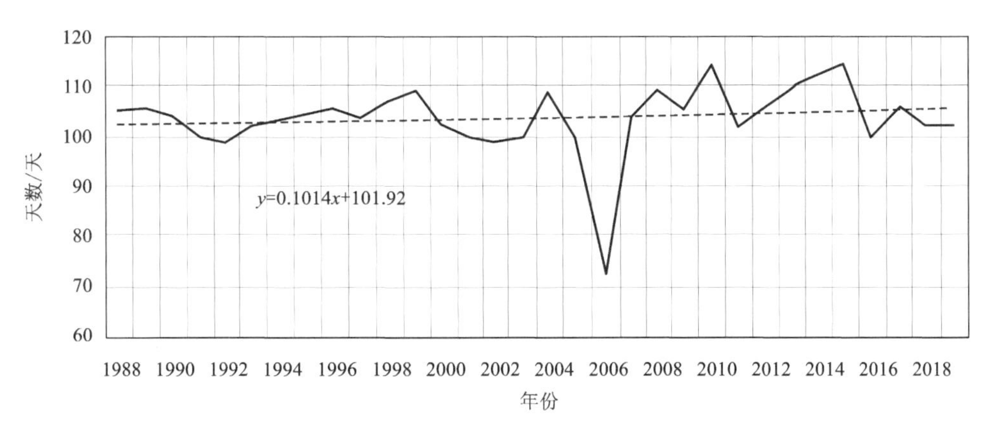

图 18-2　1988—2019 南极整体海冰的融化开始时间的年际变化

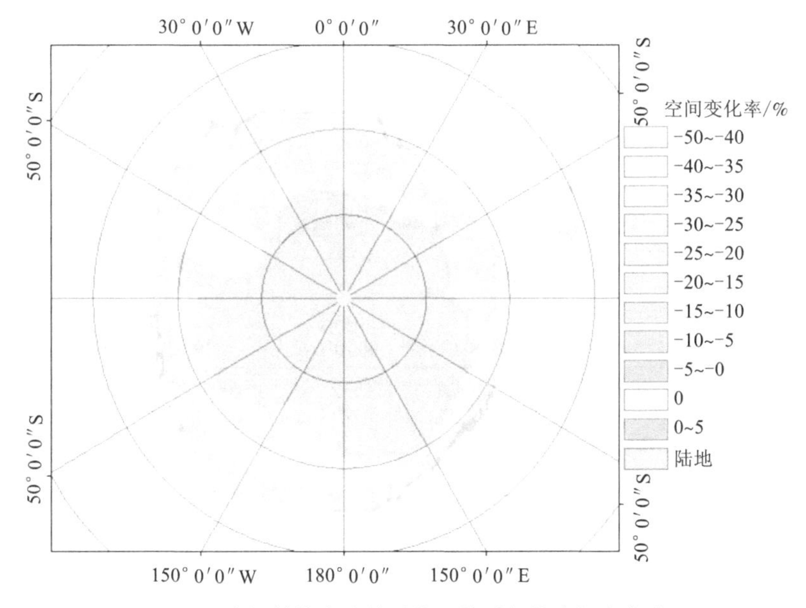

图 18-3　南极整体海冰的融化开始时间的空间变化率图

18.1.2　南极整体海冰的融化持续时间的时空变化

基于 1988—2019 年的日平均海冰密集度，本书采用 15%的海冰密集度阈值对海冰边缘区域进行判别，统计南极每一年海冰持续时间的年际变化图，如图 18-4 所示。并得到南极每一年整体海冰持续时间的空间变化图，如图 18-5 所示。由图 18-5 可知：1988—2019 年南极整体海冰融化持续时间呈小幅减少趋势，平均每年海冰融化持续时间减少 0.0935 天，1988—2019 年南极整体海冰的年平均海冰融化持续时间是 181.75 天，最长的海冰融化持续时间出现在 2016 年，海冰融化持续时间为 198 天，最短的海冰融化持续时间

出现在 2006 年，海冰融化持续时间为 105 天。其中，1988—2005 年和 2007—2019 年南极整体海冰融化持续时间呈现比较平稳的变化趋势，平均每年海冰融化持续时间分别延长 0.1889 天、0.7198 天。海冰融化开始时间的空间变化率反映了海冰融化开始时间的上升或者下降的速率。由图 18-5 可知：1988—2019 年南极整体海冰融化持续时间的变化率总体呈现环形分层的现象，海冰融化持续时间的年平均空间变化率为-8.698 天/年，并且海冰融化持续时间呈现减少趋势的占比区域比融化持续时间呈现增加趋势的占比区域多，表明南极整体海冰融化持续时间呈现减少的趋势。

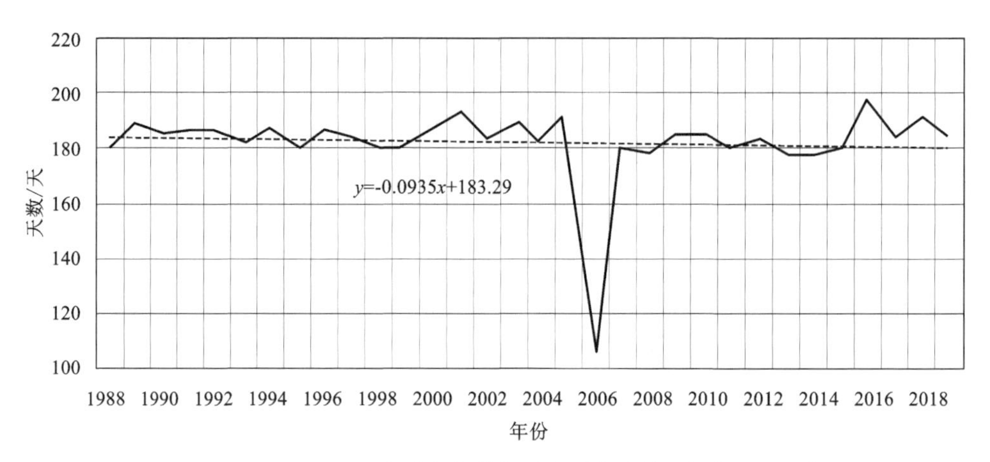

图 18-4　1988—2019 年南极整体海冰的融化持续时间的年际变化

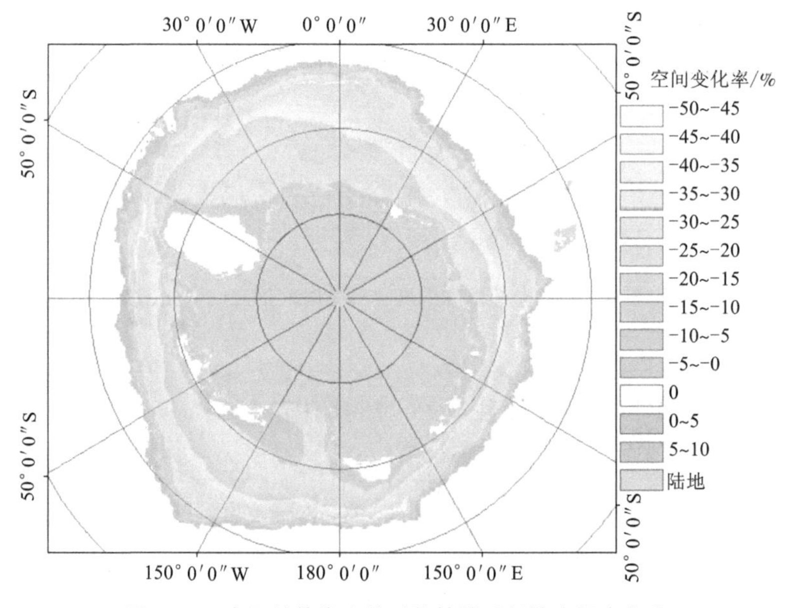

图 18-5　南极整体海冰的融化持续时间的空间变化率

18.2　稳定一年冰区域的海冰时空变化

18.2.1　南极稳定一年冰区域海冰融化开始时间的时空变化

基于1988—2019年的日平均海冰密集度，本书采用15%的海冰密集度阈值对海冰边缘区域进行判别，统计每一年海冰融化开始时间并得到稳定一年冰区域的海冰融化开始时间的年际变化图，如图18-6所示。并得到稳定一年冰区域的海冰融化开始时间的空间变化图，如图18-7所示。由图18-6可知：1988—2019年南极稳定一年冰区域的海冰融化开始时间呈现推迟的趋势，平均每年海冰融化开始时间推迟0.2504天，最晚的南极海冰融化开始时间出现在2014年，第135天海冰开始融化，最早的南极海冰融化开始时间出现在1992年，第99天海冰开始融化。其中，1988—2009年期间，南极稳定一年冰区域的海冰融化开始时间呈现平稳的推迟趋势，平均每年推迟约为0.4274天，而2010—2019年期间，南极稳定一年冰区域的海冰融化开始时间年际间的差异变化剧烈，起伏波动较为明显。

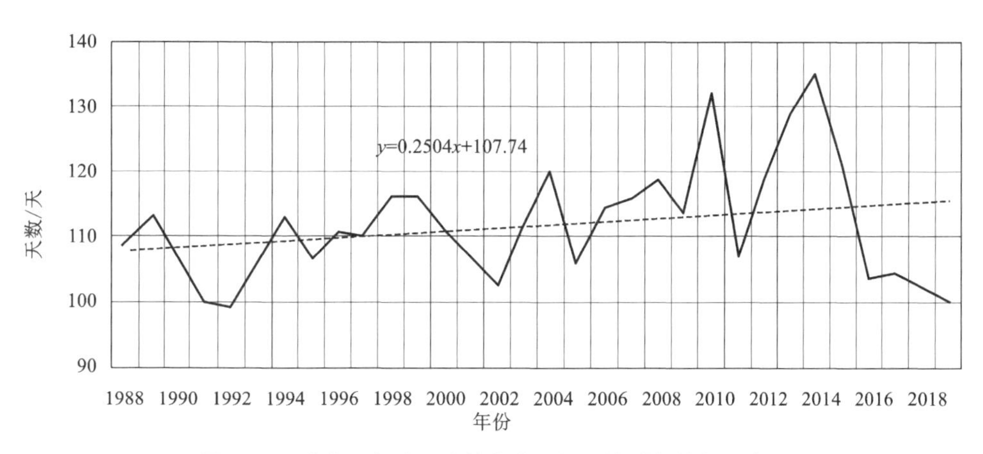

图18-6　稳定一年冰区域的海冰融化开始时间的年际变化

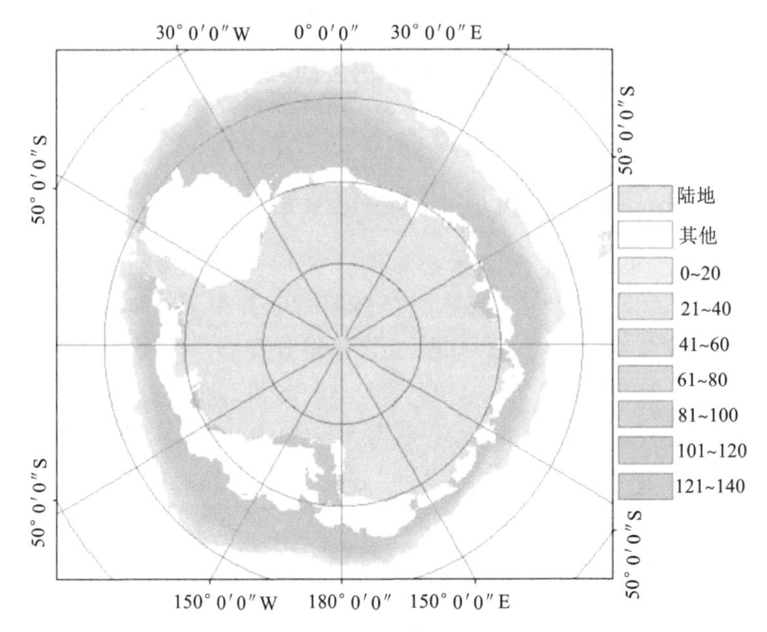

图 18-7　稳定一年冰区域的年平均海冰融化开始时间的空间变化

由 18-7 可知：1988—2019 年南极稳定一年冰区域的海冰融化开始时间从靠近南极大陆区域向低纬度区域以环行递减的方式呈现明显提前的趋势。海冰开始融化的时间越晚，说明海冰的存在时间较长，较长的海冰融化时间普遍靠近多年冰和一年冰共存的区域，说明该区域的海冰融化开始时间较晚；而 1988—2019 年南极稳定一年冰区域的海冰融化开始时间较早的区域分布在靠近一年冰与海冰共存的区域，说明这个区域的海冰融化开始时间较早，海冰最早开始融化。

18.2.2　南极一年冰区域海冰融化持续时间的时空变化

基于 1988—2019 年的日平均海冰密集度，本书采用 15%的海冰密集度阈值对海冰边缘区域进行判别，统计每一年海冰融化持续的时间并得到稳定一年冰区域的海冰持续时间年际变化图，如图 18-8 所示。稳定一年冰区域的海冰持续时间的空间变化图，如图 18-9 所示。由图 18-8 可知：1988—2019 年南极稳定一年冰区域的海冰融化持续时间呈小幅减少趋势，平均每年海冰融化持续时间减少 0.0863 天，1988—2019 年南极稳定一年冰区域的年平均海冰融化持续时间是 174 天，最长的海冰融化持续时间出现在 2016 年，海冰融化持续时间为 193 天，最短的海冰融化持续时间出现在 2014 年，海冰融化持续时间为 152 天。其中，1988—2006 年期间南极稳定一年冰区域的海冰融化持续时间呈现较为平稳的减少趋势，并且以 0.2035 天/年的速度减少。2007—2019 年南极稳定一年冰区域的海冰融化持续时间起伏变化波动明显，并且以 1.989 天/年的速度呈现微弱的增加趋势。

由图 18-9 可知：1988—2019 年南极稳定一年冰区域的海冰融化持续时间从靠近南极大陆区域向低纬度区域以环行递增的方式呈现明显增加的趋势。海冰持续融化的时间越

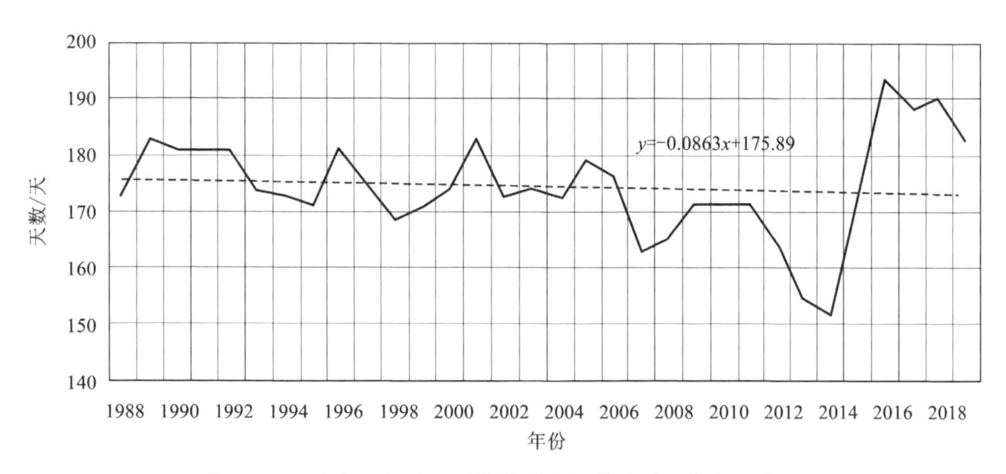

图 18-8　稳定一年冰区域的海冰融化持续时间的年际变化

长，大部分时间海冰处于融化期，即说明海冰的存在时间较短。而南极较长的海冰持续时间普遍靠近一年冰与海冰共存的区域，说明该区域的海冰在较长的时间内一直处于融化期。而较短的海冰融化持续时间分布靠近多年冰和一年冰共存的区域，说明这个区域的海冰的存在时间较长，海冰存在较为稳定。

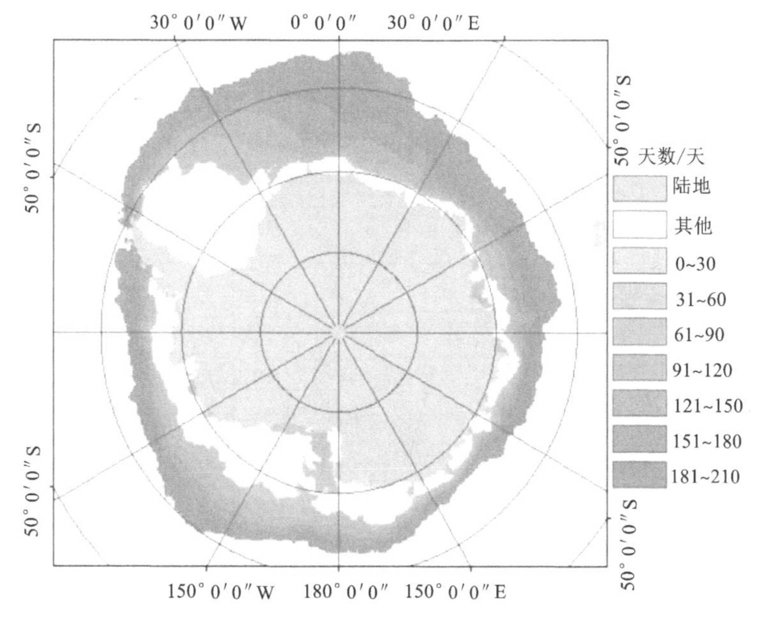

图 18-9　稳定一年冰区域的年平均海冰融化持续时间的空间变化

18.3 多年冰和一年冰区域海冰的时空变化

18.3.1 南极多年冰和一年冰区域海冰融化开始时间的时空变化

基于1988—2019年的日平均海冰密集度，本书采用15%的海冰密集度阈值对海冰边缘区域进行判别，统计得到1988—2019年多年冰和一年冰区域的海冰融化开始时间的时间和空间变化图，如图18-10和图18-11所示。由图18-10可知：1988—2019年南极多年冰和一年冰区域的海冰融化开始时间呈现小幅度的推迟趋势，平均每年海冰融化开始时间推迟0.051天，年平均南极海冰融化开始时间为第197.25天，最晚的南极海冰融化开始时间出现在2014年，第206天海冰开始融化，最早的南极海冰融化开始时间出现在2010年，第186天海冰开始融化。其中1988—2000年南极海冰融化开始时间呈现较为平稳的变化，平均每年海冰融化开始时间提前0.0989天，2001—2019年南极海冰融化开始时间年际变化差异较大，平均每年海冰融化开始时间推迟0.0719天，1988—2019年南极海冰融化开始时间的年际间的差异变化较大，起伏波动较为明显。由图18-11可知：1988—2019年南极多年冰和一年冰区域海冰融化开始时间的空间变化率从靠近南极大陆区域向低纬度区域以环形递减的方式呈小幅减少的趋势。较高的南极海冰融化开始时间的空间变化率所占区域靠近稳定多年冰区域，说明这个区域的海冰融化开始时间的年际空间变化较小，即说明该区域的多年冰占比较小，而一年冰的占比较高。而较小的南极海冰融化开始时间的空间变化率占比较多，且较小的南极海冰融化开始时间的空间变化率所占区域靠近稳定一年冰区域，说明这个区域的海冰融化开始时间的年际空间变化较大，即该区域的多年冰占比较小，而一年冰的占比较高。

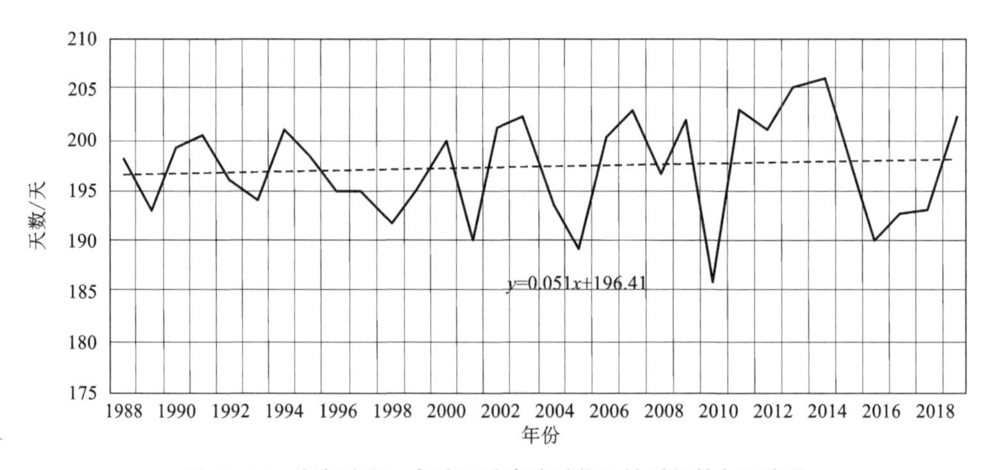

图18-10 多年冰和一年冰区域海冰融化开始时间的年际变化

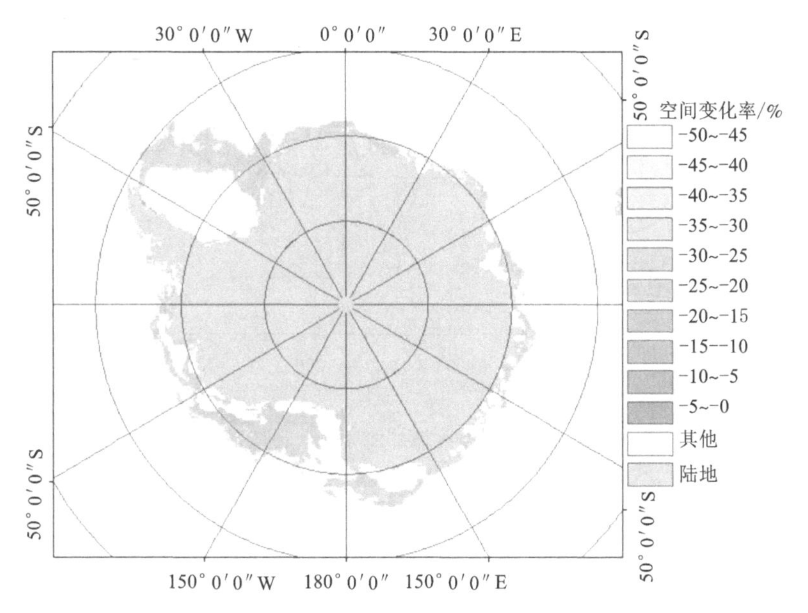

图 18-11　多年冰和一年冰区域海冰融化开始时间的空间变化率

18.3.2　南极多年冰和一年冰区域海冰融化持续时间的时空变化

基于 1988—2019 年的日平均海冰密集度，本书采用 15%的海冰密集度阈值对海冰边缘区域进行判别，统计得到 1988—2019 年多年冰和一年冰区域的海冰融化持续时间的时间和空间变化率图，如图 18-12 和图 18-13 所示。由图 18-12 可知：1988—2019 年南极多年冰和一年冰区域的海冰融化持续时间呈小幅增加趋势，平均每年海冰融化持续时间增加 0.1122 天，1988—2019 年南极多年冰和一年冰区域的年平均海冰融化持续时间是 62.75 天，最长的海冰融化持续时间出现在 2010 年，融化持续时间为 84 天，最短的海冰融化持续时间出现在 2014 年，融化持续时间为 49 天。1988—2019 年南极多年冰和一年冰区域的海冰融化持续时间起伏变化波动明显，而且没有连续较长时间的平稳变化。由图 18-13 可知：1988—2019 年南极多年冰和一年冰区域海冰融化持续时间的空间变化率从靠近南极大陆区域向低纬度区域以环形递减的方式呈小幅减少的趋势。较高的南极海冰融化持续时间的空间变化率所占区域靠近稳定多年冰区域，说明这个区域的海冰融化持续时间的年际空间变化较小。而较小的南极海冰融化持续时间的空间变化率所占区域靠近稳定一年冰区域，说明这个区域的海冰融化持续时间的年际空间变化较大。

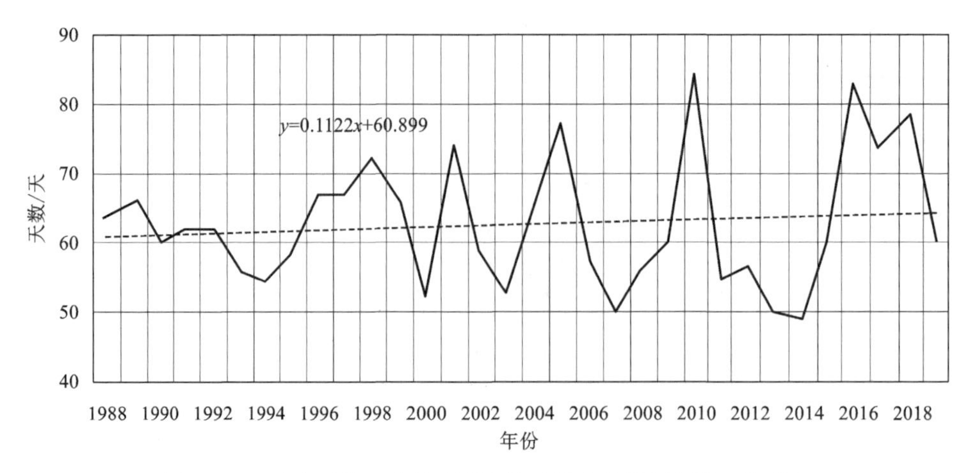

图 18-12　多年冰和一年冰区域的海冰融化持续时间的年际变化

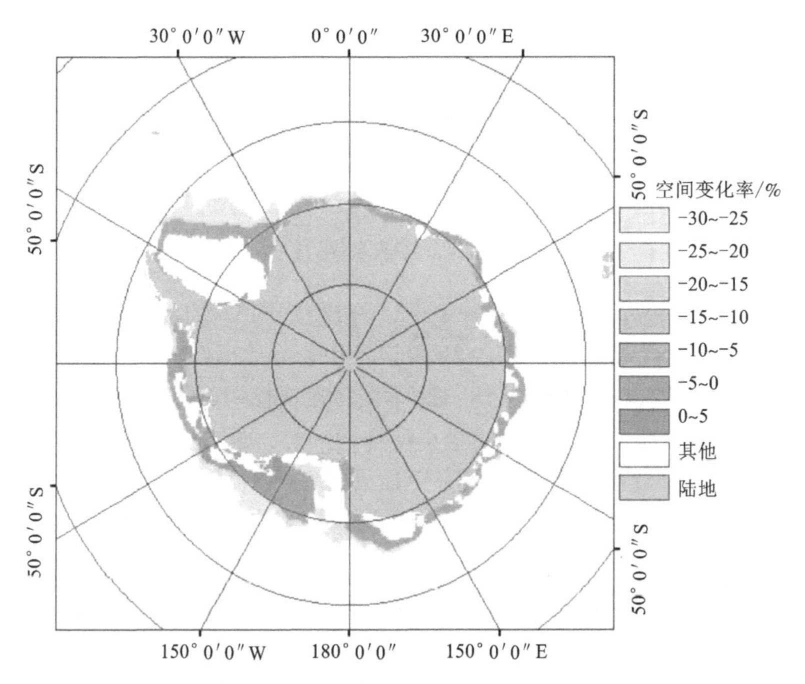

图 18-13　多年冰和一年冰区域的海冰融化持续时间的空间变化率

18.3.3　南极多年冰和一年冰区域融化指数的时空变化

融化指数(是指融化天数乘融化面积)也是用来描述海冰年际变化的重要参数之一。基于 1988—2019 年的日平均海冰密集度，本书采用 15%的海冰密集度阈值对海冰边缘区域进行判别，统计多年冰和一年冰区域的海冰融化指数随时间和空间变化的特征，如图 18-14 和图 18-15 所示。由图 18-14 可知：1988—2019 年南极多年冰和一年冰区域的海冰融化指数呈小幅上升趋势，平均每年增加约 0.0043×10^{4}d · km^{2}；南极多年冰和一年冰区域的年平均海冰融化指数为 2.213×10^{14}d · km^{2}，最大值出现在 2016 年，融化指数约为

$2.45 \times 10^{14} d \cdot km^2$，最小值出现在 2014 年，融化指数约为 $1.924 \times 10^{14} d \cdot km^2$。其中 1988—2004 年期间，南极海冰融化持续时间呈现较为平稳的减少趋势，并且以 $0.0046 \times 10^{14} d \cdot km^2$/年的速度减少。2007—2019 年南极海冰融化持续时间年际间的差异变化较大，起伏波动较为明显，并且以 $0.0134 \times 10^{14} d \cdot km^2$/年的速度呈现明显的增加趋势。由图 18-15 可知：1988—2019 年南极海冰融化指数从靠近南极大陆区域向低纬度区域以环形递减的方式小幅减少。海冰融化指数的空间变化率为减少趋势，说明海冰的融化期正在减少，即说明海冰的存在时间正在变长。而海冰融化指数的空间变化率呈现增加趋势，说明海冰的融化期正在增加，即说明海冰的存在时间正在变短。南极海冰融化指数的空间变化率呈现增加趋势的区域处于罗斯海域，且呈现增加趋势的海冰融化指数区域占比较少，即说明这部分海域的海冰的存在时间正在变短。南极海冰融化指数的空间变化率呈现减少趋势的区域占比较大，即说明这个区域的海冰的存在时间较长，海冰存在较为稳定。

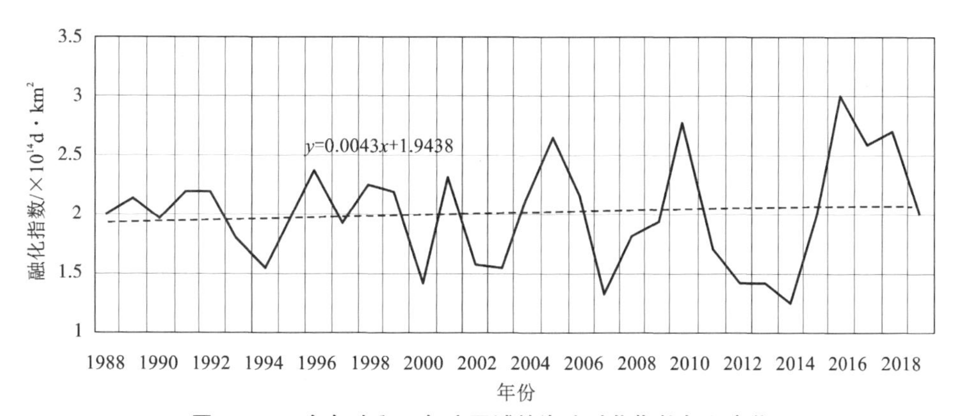

图 18-14 多年冰和一年冰区域的海冰融化指数年际变化

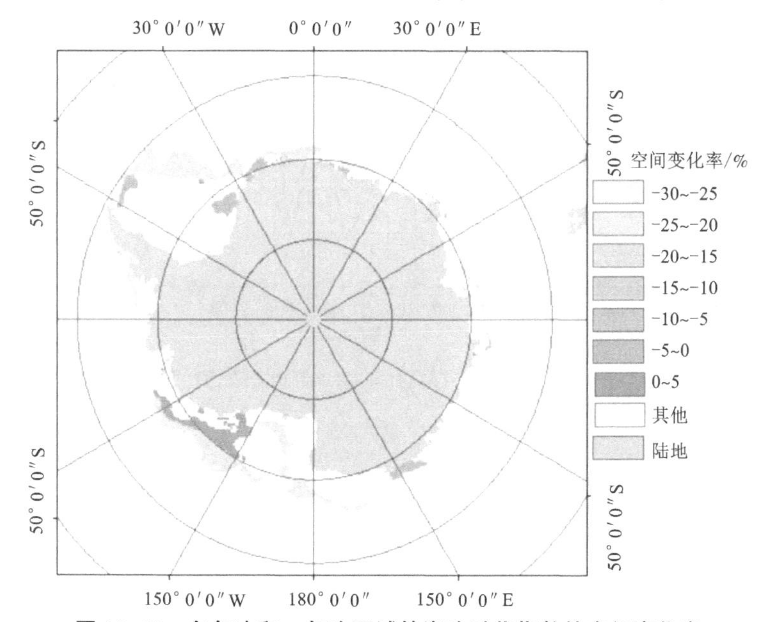

图 18-15 多年冰和一年冰区域的海冰融化指数的空间变化率

18.4 一年冰和海水共存区域的海冰时空变化

18.4.1 南极一年冰和海水区域海冰融化开始时间的时空变化

基于 1988—2019 年的日平均海冰密集度，本书采用 15%的海冰密集度阈值对海冰边缘区域进行判别，统计得到 1988—2019 年南极一年冰和海水共存区域的海冰融化开始时间的时间和空间变化图，如图 18-16 和图 18-17 所示。由图 18-16 可知：1988—2019 年南极一年冰和海水共存区域的海冰融化开始时间呈现小幅度提前的趋势，平均每年海冰融化开始时间提前 0.0202 天，年平均南极海冰融化开始时间为第 2.875 天，最晚的南极海冰融化开始时间出现多次，分别为 1992 年、1995 年、2007 年、2015 年，第 6 天海冰开始融化，最早的南极海冰融化开始时间出现在 1989 年、1993 年、2004 年、2006 年、2008 年、2016 年、2017 年、2019 年，第 1 天海冰开始融化。1988—2019 年南极海冰融化开始时间的年际间的差异变化较大，起伏波动较为明显。由图 18-17 可知，1988—2019 年南极一年冰和海水共存区域南极海冰融化开始时间的空间率从靠近南极大陆区域向低纬度区域以环形递减的方式呈小幅减少的趋势。较高的南极海冰融化开始时间的空间率分布在靠近稳定一年冰区域，说明这个区域的海冰融化开始时间的空间率变化较小。而较低的南极海冰融化开始时间的空间率分布在靠近稳定海冰存在的区域。

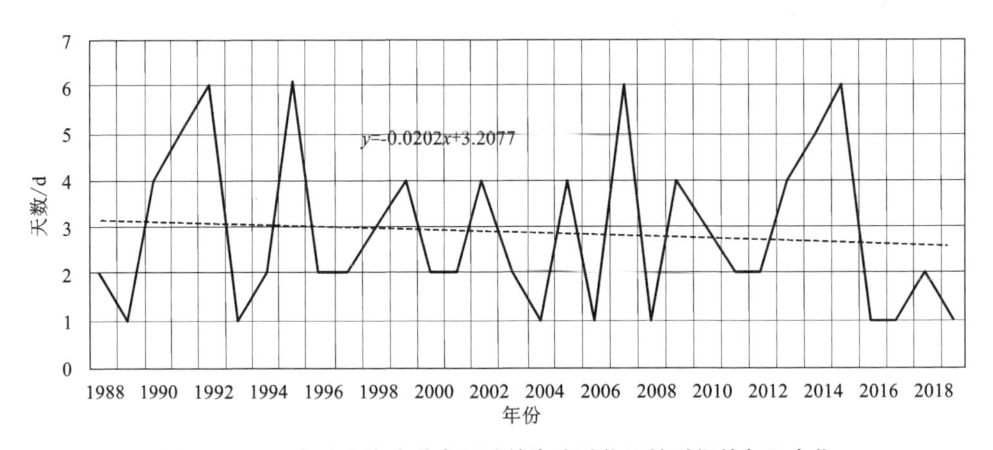

图 18-16 一年冰和海水共存区域的海冰融化开始时间的年际变化

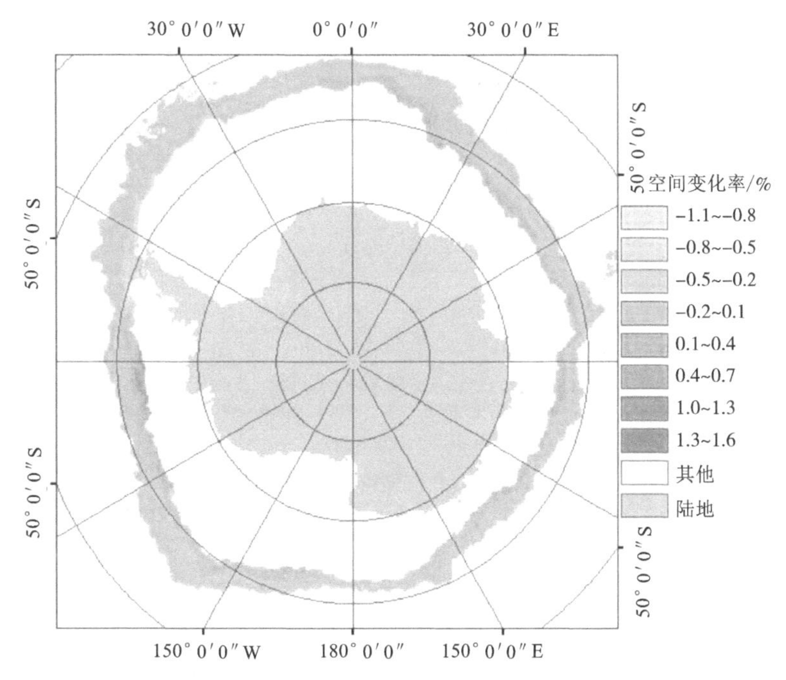

图 18-17　南极一年冰和海水共存区域的海冰融化开始时间的空间变化率

18.4.2　南极一年冰和海水共存区域海冰融化持续时间的时空变化

基于 1988—2019 年的日平均海冰密集度，本书采用 15%的海冰密集度阈值对海冰边缘区域进行判别，统计得到 1988—2019 年南极一年冰和海水共存区域的海冰融化持续时间的时间和空间变化图，如图 18-18 和图 18-19 所示。由图 18-18 可知：1988—2019 年南极一年冰和海水共存区域的海冰融化持续时间呈小幅减少趋势，平均每年海冰融化持续时间减少 0.00658 天，1988—2019 年南极一年冰和海水共存区域的年平均海冰融化持续时间是 319.65 天，最长的海冰融化持续时间出现在 2019 年，为 331 天，最短的海冰融化持续时间出现在 2010 年，为 302 天。其中，1988—2009 年期间南极一年冰和海水共存区域的海冰融化持续时间呈现较为平稳的减少趋势，并且以 0.1327 天/年的速度减少。2010—2019 年南极一年冰和海水共存区域的海冰融化持续时间起伏变化波动明显，并且以 2.0727 天/年的速度呈现明显的增加趋势。由图 18-19 可知：1988—2019 年南极一年冰和海水共存区域海冰融化持续时间的空间率从靠近南极大陆区域向低纬度区域以环形递增的方式呈现明显的增加趋势。较高的南极海冰融化持续时间的空间率分布在靠近稳定海水区域，说明这个区域的海冰融化开始时间的空间率变化较大。而较低的南极海冰融化持续时间的空间率分布在靠近稳定一年冰区域。

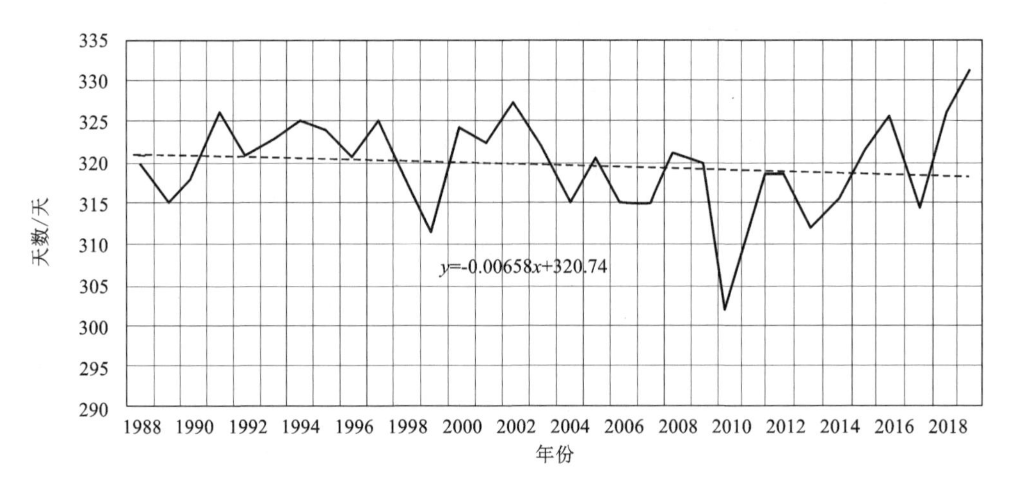

图 18-18　一年冰和海水共存区域海冰融化持续时间的年际变化

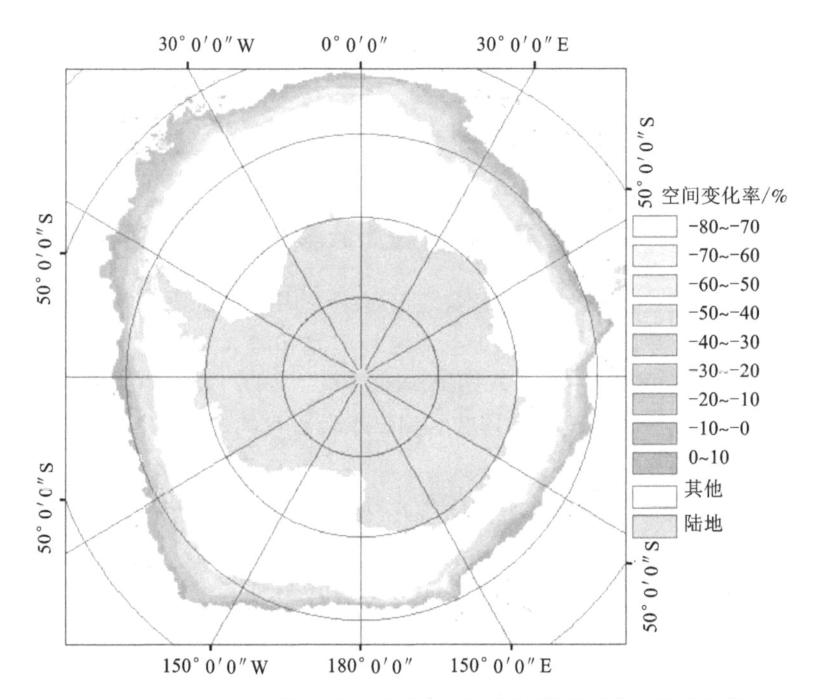

图 18-19　一年冰和海水共存区域海冰融化持续时间的空间变化率

18.5 小结

本章节基于美国冰雪数据中心提供的 1988—2019 年的日平均海冰密集度，采用 15% 的海冰密集度阈值对海冰边缘区域进行判别。并将南极区域分为稳定多年冰区域、多年冰和一年冰区域、稳定一年冰区域、一年冰和海水区域和稳定海水区域，进而得到南极海冰的时间、空间变化特征，得出以下结论：

(1)南极整体海冰区域：1988—2019 年南极整体海冰融化开始时间呈现推迟的趋势，并且 1988—2019 年南极整体海冰融化开始时间的变化率总体呈现环形分层的现象，海冰融化开始时间呈现提前趋势的占比区域比融化开始时间呈现推迟趋势的占比区域多；1988—2019 年南极整体海冰融化持续时间呈小幅减少趋势，1988—2019 年南极整体海冰融化持续时间的变化率总体呈现环形分层的现象，并且海冰融化持续时间呈现减少趋势的占比区域比融化持续时间呈现增加的趋势的占比区域多。

(2)稳定一年冰区域：1988—2019 年南极一年冰区域海冰融化开始时间呈小幅推迟的趋势，平均每年海冰融化开始时间推迟 0.2504 天；1988—2019 年南极海冰融化持续时间呈小幅下降趋势，平均每年海冰融化持续时间减少 0.0863 天，1988—2019 年南极稳定一年冰区域的年平均海冰融化持续时间是 174 天；1988—2019 年南极一年冰区域海冰融化结束时间呈小幅提前的趋势，海冰融化结束时间平均每年提前约 0.0524 天。1988—2019 年南极一年冰区域海冰融化开始时间从靠近南极大陆区域向低纬度区域以环形的方式呈明显提前的趋势；1988—2019 年南极稳定一年冰区域的海冰融化持续时间从靠近南极大陆区域向低纬度区域以环形递增的方式呈现明显增加的趋势；1988—2019 年南极稳定一年冰区域的海冰融化结束时间从靠近南极大陆区域向低纬度区域以环形递增的方式呈小幅推迟的趋势。

(3)多年冰和一年冰区域：1988—2019 年南极多年冰和一年冰区域的海冰融化开始时间平均每年推迟 0.051 天，并且该区域的南极海冰融化开始时间的空间变化率从靠近南极大陆区域向低纬度区域以环形递减的方式呈小幅减少的趋势；1988—2019 年南极多年冰和一年冰区域的海冰融化持续时间平均每年增加 0.1122 天，并且该区域的南极海冰融化持续时间的空间变化率从靠近南极大陆区域向低纬度区域以环形递减的方式呈小幅减少的趋势；1988—2019 年南极多年冰和一年冰区域的海冰融化指数呈小幅上升趋势，平均每年增加约 $0.0043\times10^{14}\mathrm{d}\cdot\mathrm{km}^2$，并且该区域的南极海冰融化指数从靠近南极大陆区域向低纬度区域以环形递减的方式小幅减少。

(4)一年冰和海水区域：1988—2019 年南极一年冰和海水共存区域的海冰融化开始时间呈现小幅度提前的趋势，并且该区域的南极海冰融化开始时间的空间率从靠近南极大陆区域向低纬度区域以环形递减的方式呈小幅减少的趋势；1988—2019 年南极一年冰和海水共存区域的海冰融化持续时间呈小幅减少趋势，并且该区域的南极海冰融化持续时间的空间率从靠近南极大陆区域向低纬度区域以环形递增的方式呈现明显的增加趋势。

第19章

南北极海冰变化对比分析

南北两极受海陆分布状况、温度、洋流以及太阳辐射等多种因素影响，海冰变化会有所差异。近年来南北极两极海冰变化波动均较大，目前大多数研究表明，从长期变化来看南北极海冰总体变化趋势相反，但在更为敏感的海冰参数变量上，在更小的时间尺度上，以及最近的研究周期中南北极各自的变化特征以及趋势的异同性，仍具有较高的研究价值和意义。而相对于整体海冰范围，一年冰与多年冰范围的变化更为敏感，且近 10 年以及近 5 年南北极海冰的变化更为异常。而本章将从海冰密集度、密集度空间变化率、整体海冰范围、一年冰范围及多年冰范围等方面对南北极海冰变化进行对比研究，重点对比 1979—2018 年、2009—2018 年和 2014—2018 年 3 个时期的海冰变化异同，进而更全面地反映两极海冰的变化特点。

19.1 整体海冰密集度对比分析

由于地理环境等各种因素的影响，南北两极的海冰密集度分布差异较大。在时间维度上，对比南北极海冰密集度的相关性，并对比不同时期的变化特征；在空间维度上，基于密集度的空间变化率结果对两极变化的差异进行比较；并基于 1979—2018 年 40 年平均密集度结果，对不同密集度段的海冰范围进行对比分析，进而探讨南北极海冰的特点。

对 1979—2018 年间的年平均海冰密集度进行平均，得到南北两极 40 年海冰密集度的平均水平，求得的相关系数 r 为-0.183，2009—2018 年无偏相关系数 r^* 为 0.272，2014—2018 年 r^* 为 0.447，由上可知，从 40 年尺度来看，两者变化呈负相关，但相关性不明显，而近 10 年以及近 5 年，两者呈正相关，且相关系数绝对值有所增加。将整个密集度分布分割成 0~0.15、0.15~0.3、0.3~0.4、0.4~0.5、0.5~0.6、0.6~0.7、0.7~0.8、0.8~0.9 以及 0.9~1.0 9 个区间，并对每个区间的海冰数量进行统计分析，如图 19~1 和 19~2 所示。结果表明南北两极不同密集度段的海冰分布特征均表现为沿纬度降低的方向密集度呈减少分布。但南极海冰密集度的分布除了受纬度的影响，不同海域的分布差异也较大。其中罗斯海域以及威德尔海域密集度较高；西太平洋海域海冰数量最少、密集度低；印度洋海域海冰数量较多但密集度较低；别林斯高晋和阿蒙森海域海冰数量较少，但不同密集度段的海冰分布较全。而北极高密集度海冰明显多于南极，且高密集度海冰主要分布在北冰洋中心区域，其他边缘海域随纬度的降低海冰密集度分布也随之降低，总体来看，北极地区不同海域的差异性较小。

图 19-2 为南北两极各密集度段海冰范围对比分析结果，其中左侧横向柱状图为南极不同密集度段的海冰范围，右侧为北极不同密集度段海冰范围。其中 1979—2018 年北极密集度 0.15 以上的海冰范围为 $14.574\times10^6\ km^2$，南极为 $17.787\times10^6\ km^2$。北极地区密集度为 0.9~1.0 的海冰数量最多，约占 33.49%，密集度为 0.4~0.5 的海冰范围占比最小约为 5.39%；其中密集度 0.7 以上的海冰占 56.99%，密集度低于 0.5 的海冰仅占 22.68%。南极地区密集度为 0.6~0.7 的海冰数量最多，约占 16.47%，密集度为 0.9~1 的海冰范围占比最小约为 5.47%；其中密集度 0.7 以上的海冰仅占 28.44%，密集度低于 0.5 的海冰占 41.26%。综上可知，南极海冰总范围虽然大于北极，但高密集度海冰远低于北极，且低于 0.5 的低密集度海冰数量远高于北极。

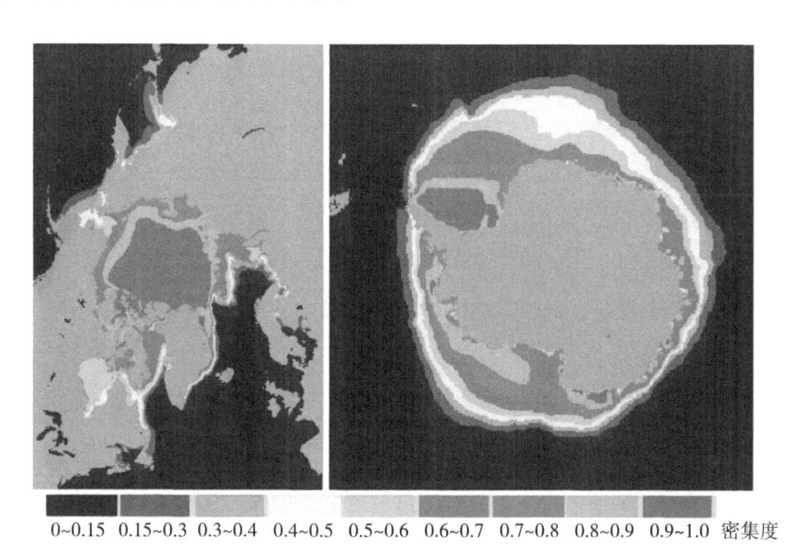

图 19-1　1979—2018 年南北两极各密集度段海冰分布示意图

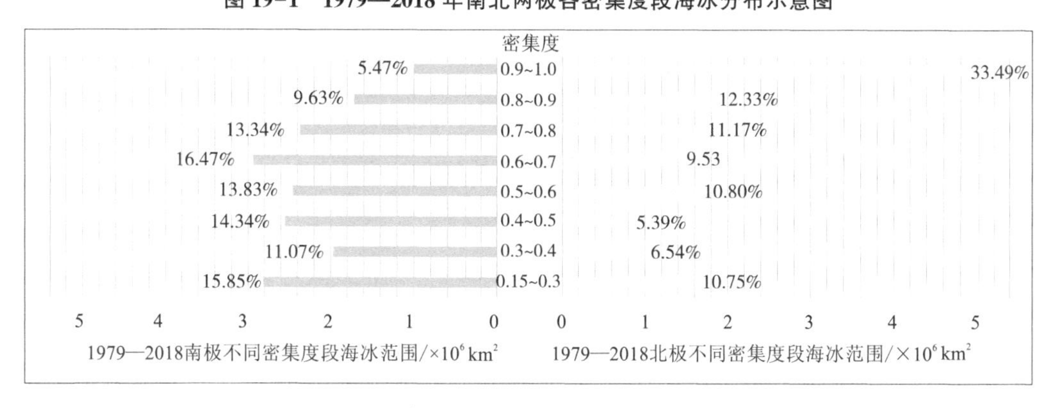

图 19-2　1979—2018 年南北两极各密集度段海冰范围对比分析结果

对南北两极1979—2018年整体海冰密集度空间变化率进行统计分析得到图19-3所示结果。柱形图统计得到了整个南极和北极区域密集度空间变化率均值、密集度最大正变化率、密集度正变化率均值、密集度最大负变化率以及密集度负变化率均值5个量，饼状图统计得到了南北两极密集度正负变化的海冰范围比例。由图可知，北极地区密集度呈降低变化的海冰占比远高于南极，南极海域密集度增加的海冰范围大于降低的范围。北极整体表现为负变化，南极整体表现为正变化，北极的变化率是南极的2倍左右；南极最大正变化率为1.007%/年，远高于北极的0.395%/年，同样南极的正变化率均值是北极的5倍左右；而最大负变化率北极为-1.771%/年稍高于南极的-1.115%/年，北极的负变化率均值约是南极的2倍。北极海冰密集度空间变化率虽然整体呈负变化，但最大负变化率以及负变化率均值两个指标领先南极并不是太高；而南极海冰密集度空间变化率整体呈正变化，但最大正变化率以及正变化率均值两个指标均高于北极。

综上可知，1979—2018年中，北极海冰密集度呈下降变化，南极呈上升变化，但2014—2018年间两极均下降明显；在40年平均水平中，北极海冰密集度高于南极，且北极多为高密集度海冰，南极密集度介于0.6~0.7的海冰数量最多；从密集度空间变化率来看，北极大部分海冰密集度空间变化率减小明显，而南极约有66%的海冰密集度呈增加变化。

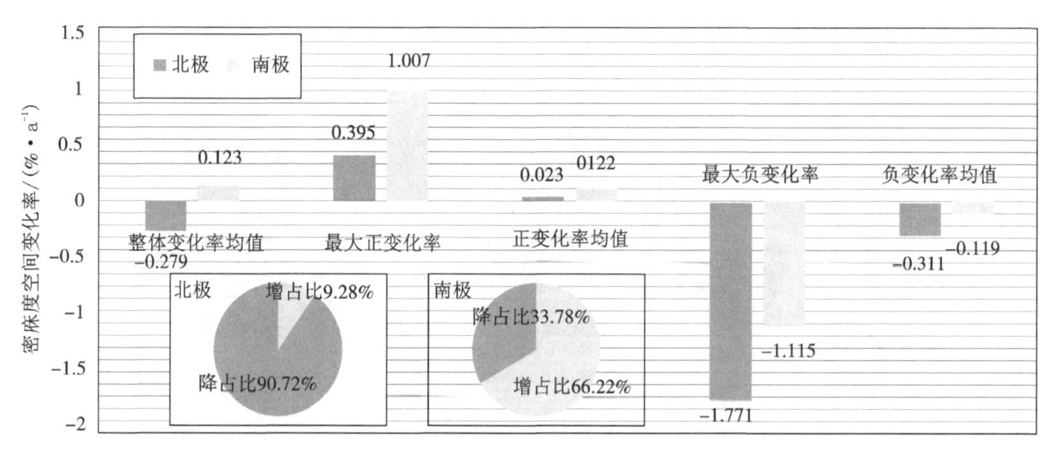

图19-3　1979—2018年南北极空间密集度变化率对比分析

19.2　整体海冰范围年平均变化对比分析

从整体海水范围变化趋势来看，1979—2018年南北两极变化趋势相反，南极呈现微弱的增长趋势，北极表现出较为明显的下降趋势。对南北两极40年整体海冰范围的年平均值，求得的相关系数r为-0.245，2009—2018年r^*为0.816，2014—2018年r^*为0.954，由上可知，从40年尺度来看，两者变化呈负相关，但相关性不明显，而近10年两者变化呈正相关且相关系数高达0.816，尤其是近5年表现出显著的正相关性。

将南北极整体海冰范围其他的多个参数变量进行统计分析(表 19-1)。从海冰范围的多年平均水平、年平均极大值以及极小值来看，南极整体海冰范围略高于北极，且极值出现的时间不同步。将 40 年的整体海冰范围年平均数据求方差，北极结果为 0.365，南极为 0.137，这在一定程度上表明，北极整体海冰范围波动性更大。

表 19-1　南北极整体海冰范围各参数变量对比分析

参数变量	北极	南极
40 年平均水平/10^6 km^2	14.62	17.785
年平均极大值年份	1979	2014
极大值海冰范围/10^6 km^2	15.724	18.681
年平均极小值年份	2018	1986
极小值海冰范围/10^6 km^2	13.427	16.767
方差	0.365	0.137
变化趋势	降低	增加
变化速度/10^6 km^2 · a^{-1}	-0.0478	0.0106

基于整体海冰范围年平均距平值结果，对南北极整体海冰范围进行对比分析，时间尺度上采取大尺度整体对比，小尺度详细讨论；空间尺度上重点分析南北两极各海域变化的异同情况。将年平均整体海冰范围求平均，得到图 19-4 和图 19-5 所示的结果。其中图 19-4 是 1979—2018 年北极整体海冰范围距平结果。由图 19-4 可知，1979—1995 年距平均为正值，2004—2018 年距平值为负值，1996—2003 年为上下波动时期。2015—2018 年整体海冰范围远低于平均水平。40 年间 1979 年正距平率最大为 7.551%，2018 年负距平率最大，为-8.160%，距平率的绝对值平均水平为 3.547%。

图 19-5 是 1979—2018 年南极整体海冰范围距平结果。由图 19-5 所知，1979—1997 年距平均值除 1980 年、1988 年以及 1992 年之外其他年份均为负值；1998—2015 年距平值多为正值，2016—2018 年距平值为负。40 年间 2014 年正距平率最大 5.039%，1986 年负距平率最大-5.725%，距平率的绝对值平均水平为 1.605%。

虽然 1979—2018 年南北极整体海冰范围变化趋势截然相反(北极以 0.0478×10^6 km^2/年的速度减少，南极以 0.0106×10^6 km^2/年的速度增加)，但 2014—2018 年南北极整体海冰范围均表现出下降趋势。由图 19-6 可以直观地看出 2014—2018 年，南极以 0.1506×10^6 km^2/年的速度减少，北极以 0.3542×10^6 km^2/年的速度减少。

综上可知，从距平值统计来看，北极海冰变化有明显的趋势分布，虽然年际间的海冰范围仍有波动，但从 40 年的跨度来看，北极下降更为明显；而南极海冰的变化从距平值来看没有明显的趋势性，波动性大于北极。虽然在 40 年的周期内变化趋势不同，但 2014—2018 年两者均减少，且南极的减少速度明显大于北极。

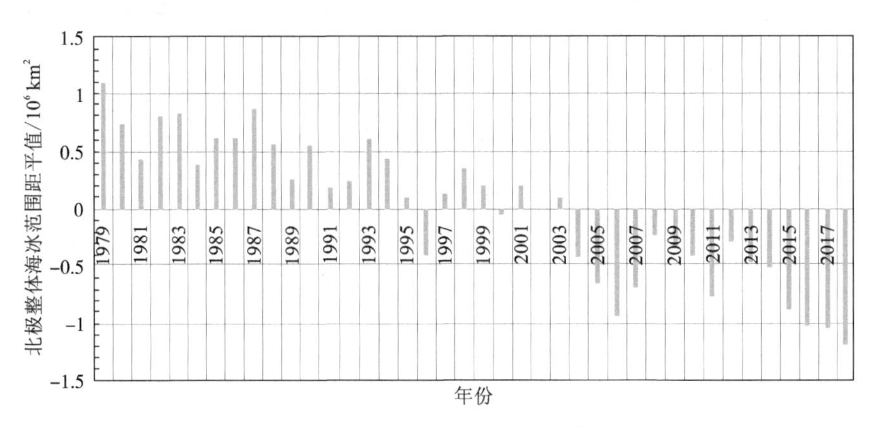

图 19-4　1979—2018 年北极整体海冰范围距平图

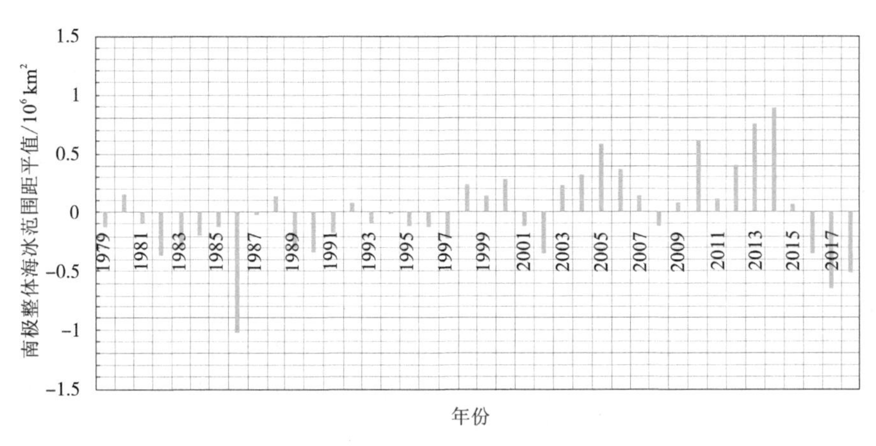

图 19-5　1979—2018 年南极整体海冰范围距平图

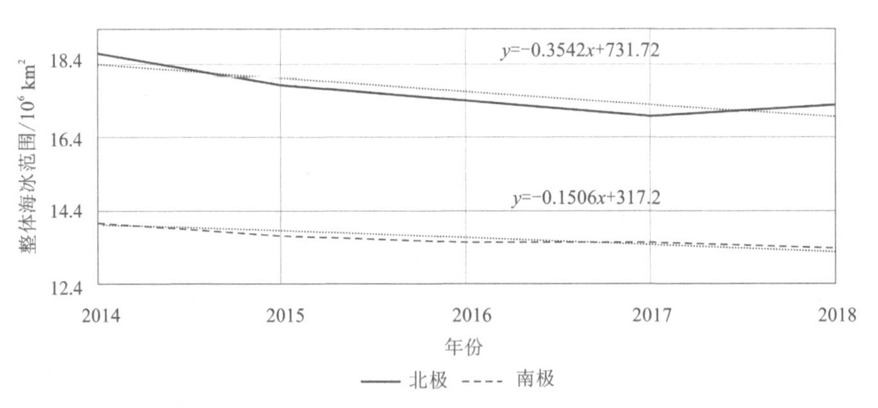

图 19-6　2014—2018 年南北极整体海冰范围变化趋势

19.3　月平均极值与日平均极值对比分析

南北极整体海冰范围的年平均变化趋势对比分析，可宏观地看出两极变化的差异性，但南北两极不同季节的变化异同仍需进一步讨论，而基于海冰范围月平均极大、极小值，以及日平均海冰范围极大、极小值的对比分析便可更进一步得到南北两极海冰变化的特性。

由表 19-2 可知，南极出现极大极小值的月份分别为 9 月与 2 月，北极为 3 月与 9 月，这表明南北两极季节变化的不对称性；而从极大月与极小月海冰变化趋势来看，北极 9 月份海冰流失速度最大，南极 2 月份海冰流失速度最大，这表明南北两极虽然变化趋势相反，但北极的变化幅度更大；从极大日与日平均海冰范围极小值来看，发现一个不一样的现象是南极日平均海冰范围极小值与北极变化趋势一致，均为负增长，虽然南极日平均海冰范围极小值减小速度较弱，但也能反映出近年来南极整体海冰范围变化的特点，即月平均海冰范围极大值增长速度最大，年平均海冰范围增长速度次之，月平均海冰范围极小值增长速度最小，日平均海冰范围极小值为负增长；而从极大日与极小日出现的日期分布变化趋势来看，南北两极出现日平均海冰范围极小值的日期均前移，这充分表明近年来南北极年均融化期加快，且北极最为明显。

表 19-2　南北极月平均与日平均极值各指标统计结果

分析指标	北极	南极
月平均极大值分布月份	3 月	9 月
月平均极大值海冰范围变化趋势	-0.0503×10^{6} km^{2}/年	0.0107×10^{6} km^{2}/年
极小月平均分布月份	9 月	2 月
月平均海冰范围极小值变化趋势	-0.0863×10^{6} km^{2}/年	0.0006×10^{6} km^{2}/年
极大日平均分布旬(频率最高)	3 月上旬	9 月中旬
极大日平均海冰范围变化趋势	-0.0527×10^{6} km^{2}/年	0.0068×10^{6} km^{2}/年
极小日平均分布旬(频率最高)	9 月中旬	2 月中旬
日平均海冰范围极小值变化趋势	-0.0886×10^{6} km^{2}/年	-0.0002×10^{6} km^{2}/年
冰冻时长变化趋势	-0.16 天/年	-0.04 天/年
融化时长变化趋势	0.16 天/年	0.04 天/年

19.4 一年冰范围对比分析

从整体变化趋势来看，1979—2018 年南北两极一年冰范围变化趋势相同，均表现为上升趋势，但相关性不明显，求得的相关系数 r 仅为 0.025。而将南北极一年冰范围其他多个参数变量进行统计分析(表 19-3)。从整体变化趋势来看，南北两极一年冰变化趋势均为增加，且北极的年平均增加速度大于南极，是南极的 3 倍左右。从一年冰范围的多年平均水平、年平均极大值以及极小值来看，南极一年冰范围略高于北极，且极值出现的时间不同步。将一年冰范围年平均数据求方差，北极结果为 0.544，南极为 0.227，这在一定程度上表明，北极一年冰范围波动性更大。

表 19-3 南北极一年冰范围各参数变量对比分析

参数变量	北极	南极
多年平均水平/10^6 km^2	9.794	14.607
年平均极大值年份	2012	2006
极大值范围/10^6 km^2	12.304	15.483
年平均极小值年份	1996	1986
极小值范围/10^6 km^2	8.173	13.361
方差	0.544	0.227
变化趋势	增	增
变化速度/(10^6 km^2 · 年$^{-1}$)	0.0393	0.0117

将年平均一年冰范围求距平均，得到图 19-7 和图 19-8 所示的结果。其中图 19-7 是 1979—2018 年北极一年冰范围距平结果。由图 19-7 所知，1979—2006 年距平均大多数为负，个别年份为正，但并未高于平均水平太多；2007—2018 年距平均为正值，且远高于平均水平。40 年间 2012 年正距平率最大为 25.628%，1996 年负距平率最大-16.559%，绝对值距平率平均水平为 5.818%。

图 19-8 是 1979—2017 年南极一年冰范围距平结果。由图 19-8 所知，距平值正负波动性较大，没有明显的周期性与聚集性。39 年间 2006 年正距平率最大 5.994%，1986 年负距平率最大-8.528%，距平率的绝对值平均水平为 3.433%。

综上可知，从距平值统计来看，北极一年冰距平变化有明显的趋势分布，虽然年际间的海冰范围仍有波动，但从 40 年的跨度来看，北极上升更为明显；而南极一年冰的变化从距平值来看没有明显的趋势性，波动性较为明显。而北极一年冰的方差大于南极，这表明北极一年冰变化幅度较大，同时增加趋势也大于南极。

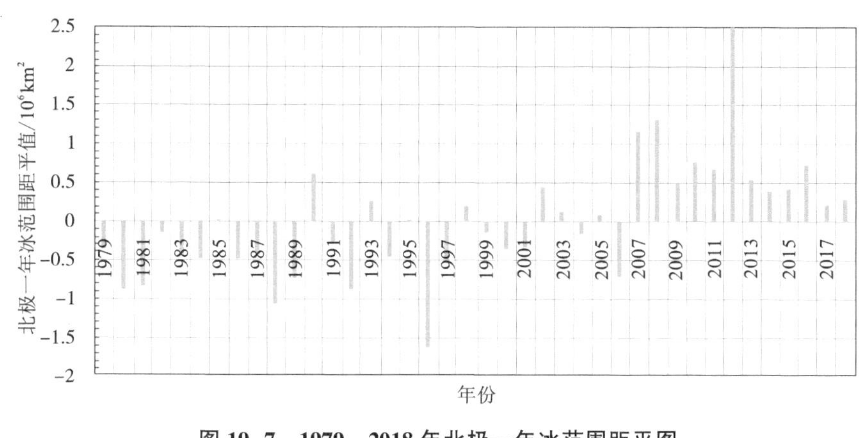

图 19-7　1979—2018 年北极一年冰范围距平图

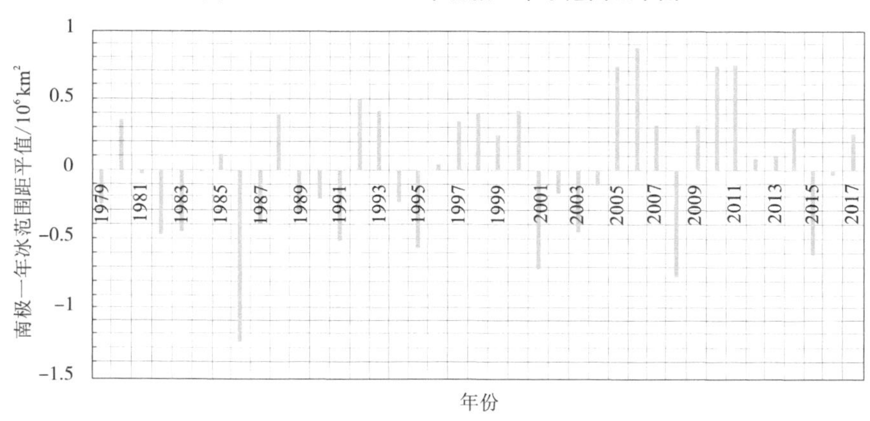

图 19-8　1979—2017 年南极一年冰范围距平图

19.5　多年冰范围对比分析

从整体变化趋势来看，研究时期内南北两极多年冰范围变化趋势相同，均表现为下降趋势，但相关性不明显，求得的相关系数 r 仅为 0.014，而求得的 2009—2018 年无偏相关系数 r^* 为−0.268，求得的 2014—2018 年 r^* 为 0.326，虽然相关性仍不明显，但可以看出近年来相关性有所趋近。

而将南北极多年冰范围的其他多个参数变量进行统计分析，得到表 19-4 所示的结果。从整体变化趋势来看，南北两极多年冰变化趋势均为减，北极的年平均减少速度为 -0.0927×10^6 km^2/年远大于南极 -0.0028×10^6 km^2/年。从多年冰范围的多年平均水平、年平均极大值以及极小值来看，北极多年冰范围高于南极，且极值出现的时间不同步。将多年冰范围年平均数据求方差，北极结果为 1.282，南极为 0.102，这在一定程度上表明，北极多年冰范围波动性更大。

表 19-4　南北极多年冰范围各参数变量对比分析

参数变量	北极	南极
多年平均水平/10^6 km^2	5.439	2.257
年平均极大值年份	1981	2015
极大值范围/10^6 km^2	7.071	2.89
年平均极小值年份	2013	1998
极小值范围/10^6 km^2	3.213	1.538
方差	1.282	0.102
变化趋势	降低	降低
变化速度/(10^6km^2·年$^{-1}$)	-0.0927	-0.0028

将年平均多年冰范围求距平均，得到图 19-9 和图 19-10 所示的结果。其中图 19-9 是 1980—2018 年北极多年冰范围距平结果。由图 19-9 所知，1980—2004 年距平值除 1999 年外，其他均为正，且 2002—2004 年北极年平均多年冰范围与 39 年平均水平相差不大；而 2005—2018 年距平均值均为负，且远低于平均水平。39 年间 1981 年正距平率最大为 1.631%，2013 年负距平率最大-2.227%，距平率的绝对值平均水平为 0.948%。

图 19-10 是 1980—2018 年南极多年冰范围距平结果。由图 19-10 所知，距平值正负波动性较大，没有明显的周期性与聚集性，这在一定程度上表明南极多年冰范围年际间差异较大，在平均水平附近上下波动较多。39 年间 2015 年正距平率最大，为 0.633%，1998 年负距平率最大，为-0.719%，距平率的绝对值平均水平为 0.248%。

综上可知，从距平值统计来看，北极多年冰距平值变化有明显的趋势分布，虽然年际间的多年冰范围仍有波动但从 39 年的跨度来看，北极下降更为明显；而南极多年冰范围的变化从距平值来看没有明显的趋势性，年际间的起伏变化较大，年际间多年冰范围发生忽增忽减比北极更为频繁，这也是南极多年冰年际间变化趋势弱于北极的原因。

虽然 1980—2018 年南北极多年冰范围从距平值的变化来看差异较大，且平均变化速度在数值上也有较大差异（北极以-0.0927×10^6 km^2/年的速度减少，南极以-0.0028×10^6 km^2/年的速度减少），但 2014—2018 年南北极多年冰范围均表现出下降趋势。由图 19-11 可知，2014—2018 年北极多年冰范围以-0.1144×10^6 km^2/年的速度减少，南极以-0.289×10^6 km^2/年的速度减少。虽然在 39 年间北极多年冰减少速度远大于南极水平，但在 2014—2018 年中南极多年冰的减少速度大于北极。这从一定程度上反映出，南极多年冰近几年在急剧减少。

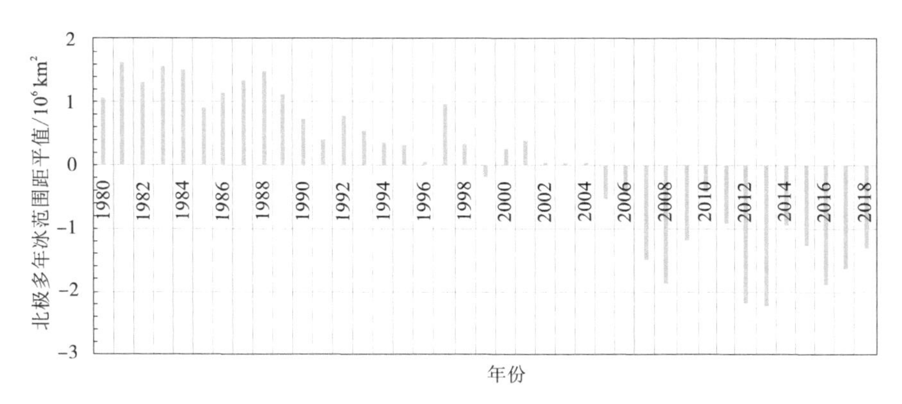

图 19-9 1980—2018 年北极多年冰范围距平图

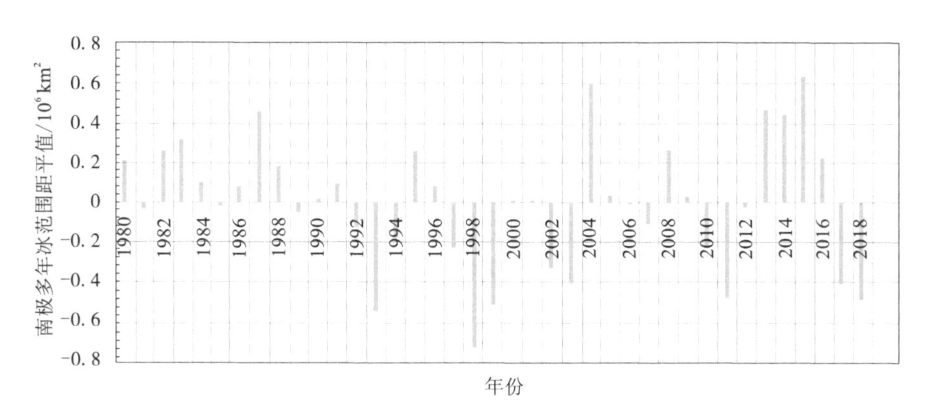

图 19-10 1980—2018 年南极多年冰范围距平图

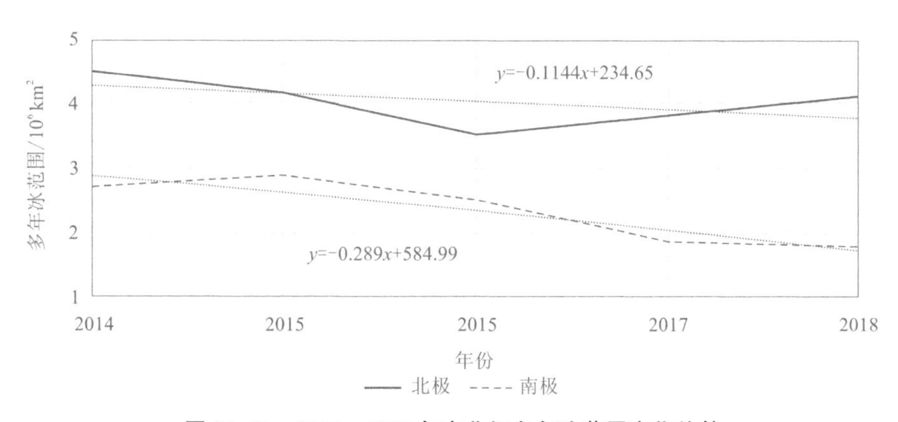

图 19-11 2014—2018 年南北极多年冰范围变化趋势

19.6 小结

本章从整体海冰密集度、整体海冰、一年冰以及多年冰的变化方面对南北极进行了对比分析：1979—2018 年南北极平均密集度分别为 0.559 和 0.704，且北极多为高密集度海冰，密集度为 0.9~1 的海冰北极占比 33.49%，南极仅占 5.47%；而从 40 年间密集度的空间变化率来看，北极整体表现为下降，南极整体表现为上升，北极的均值变化率是南极的 2 倍左右，且南极密集度空间变化率正负分布振幅较大，空间差异性远大于北极。而整体海冰范围 40 年间南北极呈相反趋势变化，但 2014—2018 年均表现出明显的下降趋势，而从距平统计结果来看，南极整体海冰年际间震荡性大于北极；南北极海冰范围季节性变化表现出明显的不对称性，且一年中南极冰冻周期明显比融化周期长，但北极两者差别不明显。40 年中南北极冰冻时长均缩短，融化时长均有所延长，且北极的变化幅度大于南极。虽然南北极整体海冰变化趋势表现出明显的差异性，但从每年最小海冰范围变化来看，两者均表现为下降。而对一年冰范围进行对比发现，南极一年冰数量多于北极，但研究期间内变化趋势一致，且北极增加速度大于南极。通过对比发现北极多年冰数量多于南极，均呈减少趋势变化，且北极减少速度远大于南极。但 2014—2018 年多年冰范围均表现为明显的下降趋势，且南极多年冰范围减少速度高出北极减少速度 8.16%。因此南北极海冰虽然整体看存在差异性，但从局部看又存在一致性，且近几年更为明显。

第20章

极地海冰变化整体分析

目前关于两极海冰范围变化的研究，大多是先对南北极进行分别研究，再比较其变化趋势。两极是全球海冰分布的主要区域，将两极海冰进行统一研究是非常有意义的，虽然已有学者在这方面开展了部分工作，但大多是基于单个海冰参数进行分析的。本章从整体海冰范围、多年冰范围以及一年冰范围 3 个海冰参数方面对极地进行综合研究，分析其海冰变化特点。本研究在对极地整体海冰范围、一年冰范围以及多年冰范围的变化特点上，采用年均值和距平值两个统计变量来进行分析。年均值的变化可以较为鲜明地反映出整体的变化趋势，而距平变化可以更好地展现长时间序列数据的变化特征以及异常情况。

20.1 极地整体海冰范围变化趋势分析

分别求出南北两极整体海冰范围的年平均值，再进行相加得到极地年平均整体海冰范围。由表 20-1 可知，整个极地整体海冰范围 40 年平均水平为 $32.405\times10^6\ km^2$，其中 1979 年极地整体海冰范围最大，其值为 $33.385\times10^6\ km^2$，而 2017 年整体海冰范围最小，其值为 $30.699\times10^6\ km^2$，两者相差 8.05%。由图 20-1 可知，在这 40 年中，极地整体海冰范围年际间波动较为频繁。对极地整体海冰范围年平均数据进行线性拟合，可以看出极地海冰范围约以每年 $0.0372\times10^6\ km^2$ 的速度下降(-1.38%/10 年)。尤其是 2014—2018 年整体海冰范围骤减，以 2.16%/年的速度减少。将年平均极地整体海冰范围求距平均，得到图 20-2 所示结果。2002 年之前多为正，高于平均水平，而 2002 年以后低于平均水平的年份较多，且 2015—2018 年均明显低于平均水平。这 40 年间最大正距平率为 3.025%，最大负距平率为-5.264%，绝对值距平率平均水平为 1.481%。

综上可知，极地整体海冰范围呈下降变化，且近几年减少较为明显。而从距平值变化来看 1986 年、1996 年、2002 年以及 2011 年变化较为异常，年际间的波动较大，且近年来尤为明显。

表 20-1　1979—2018 年极地整体海冰范围年平均统计结果

年份	海冰范围 /×10⁶ km²	年份	海冰范围 /×10⁶ km²	年份	海冰范围 /×10⁶ km²	年份	海冰范围 /×10⁶ km²
1979	33.385	1989	32.365	1999	32.754	2009	32.138
1980	33.309	1990	32.622	2000	32.645	2010	32.604
1981	32.741	1991	32.414	2001	32.493	2011	31.752
1982	32.857	1992	32.739	2002	32.052	2012	32.523
1983	32.965	1993	32.922	2003	32.736	2013	32.707
1984	32.600	1994	32.826	2004	32.296	2014	32.783
1985	32.903	1995	32.386	2005	32.331	2015	31.595
1986	32.000	1996	31.874	2006	31.838	2016	31.026
1987	33.264	1997	32.312	2007	31.868	2017	30.699
1988	33.123	1998	33.005	2008	32.054	2018	30.707

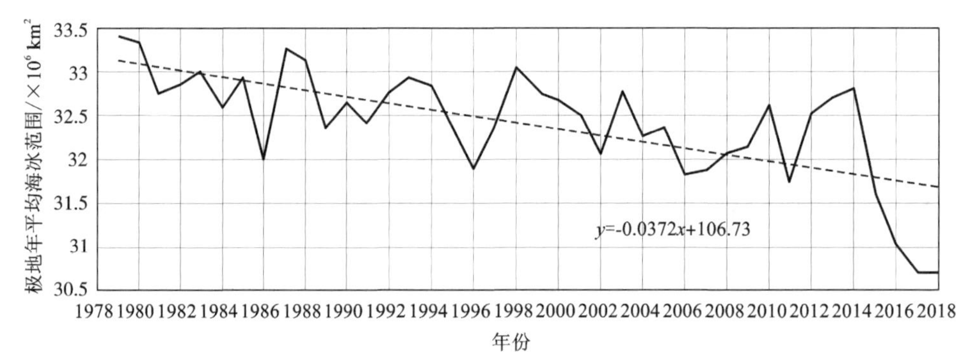

图 20-1　1979—2018 年极地整体海冰范围变化趋势

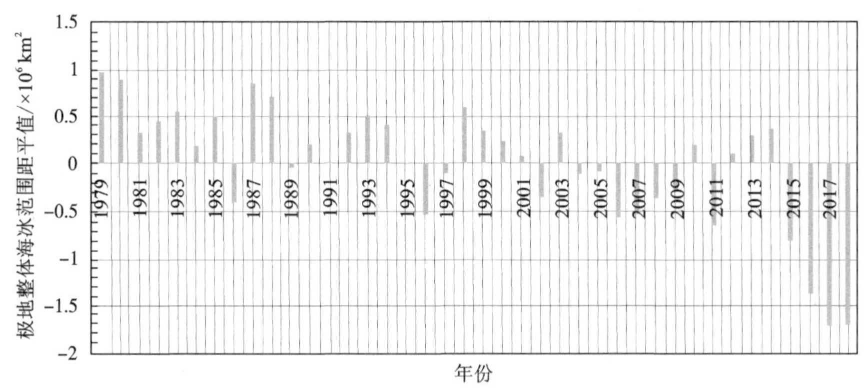

图 20-2　1979—2018 年极地整体海冰范围距平结果

20.2　极地一年冰范围变化趋势分析

分别得到南北两极一年冰范围的年平均值，再进行相加得到极地年平均一年冰范围。年际间统计结果如表 20-2 所示，年平均变化趋势如图 20-3。由表 20-2 可知，整个极地一年冰范围 39 年平均水平为 24.394×10^6 km^2，其中 2012 年整个极地一年冰范围最大，为 26.983×10^6 km^2，而 1986 年一年冰范围最小，为 22.664×10^6 km^2，两者相差 19.057%。由图 20-3 可知，在这 39 年中，极地一年冰海冰范围年际间起伏波动较大。对极地一年冰海冰范围年平均数据进行线性拟合，可以看出一年冰范围约以 0.0529×10^6 km^2/年的速度上升(2.303%/10 年)。

将年平均极地一年冰范围求距平均，得到图 20-4 所示的结果。由图 20-4 可知，1979—1997 年间除个别年份外，大多数年份均低于平均水平；2005—2017 年间，除 2015 年之外，其他年份均高于平均水平，且 2007—2012 年高于平均水平较多，这几年间一年冰数量急剧增多。这 39 年间 2012 年正距平率最大，为 10.613%，1986 年负距平率最大 -7.091%，距平率的绝对值平均水平为 2.998%。

综上可知，极地一年冰范围呈上升变化，但近几年有下降态势。而从距平值变化来看，除 1986 年、1996 年和 2012 年较为异常外，其他时间段内均呈波动变化稳步上升的特点。

表 20-2　1979—2017 年极地一年冰范围年平均统计结果

年份	海冰范围/×10^6 km^2	年份	海冰范围/×10^6 km^2	年份	海冰范围/×10^6 km^2	年份	海冰范围/×10^6 km^2
1979	23.772	1989	23.322	1999	24.509	2009	25.208
1980	23.882	1990	24.789	2000	24.464	2010	25.905
1981	23.526	1991	23.612	2001	23.344	2011	25.832
1982	23.783	1992	24.021	2002	24.669	2012	26.983
1983	23.493	1993	25.094	2003	24.071	2013	25.033
1984	23.916	1994	23.695	2004	24.118	2014	25.100
1985	24.540	1995	23.838	2005	25.235	2015	24.213
1986	22.664	1996	22.817	2006	24.558	2016	25.092
1987	23.579	1997	24.221	2007	25.885	2017	24.888
1988	23.731	1998	25.014	2008	24.944	2018	

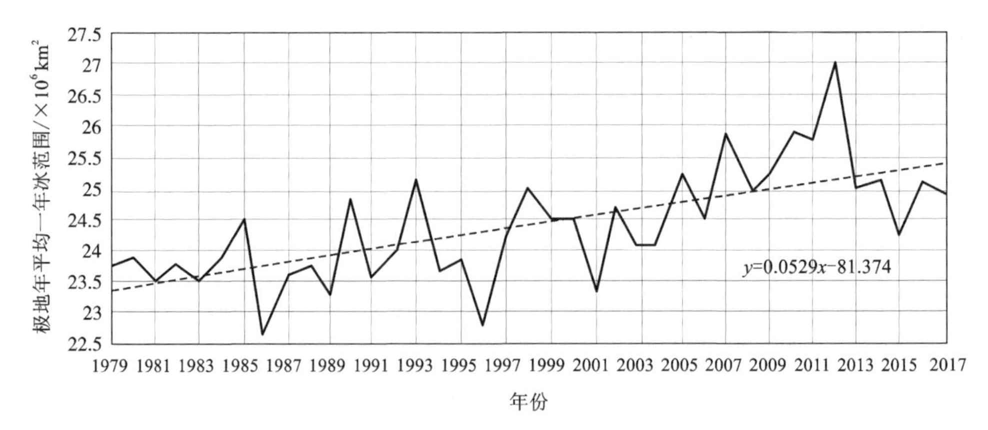

图 20-3　1979—2017 年极地一年冰范围变化趋势

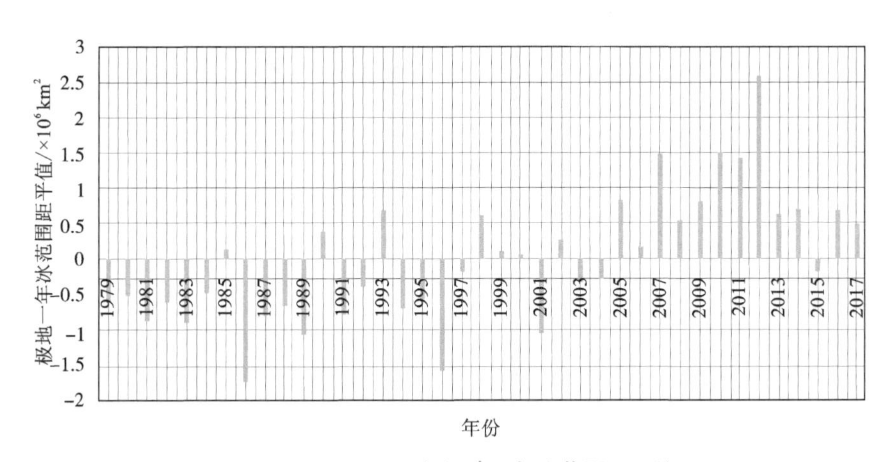

图 20-4　1979—2017 年极地一年冰范围距平结果

20.3　多年冰范围变化趋势分析

分别得到南北两极多年冰范围的年平均值，再进行相加得到极地年平均多年冰范围，其年平均结果如表 20-3 所示，年际间变化趋势如图 2-100 所示。由表 20-3 可知，整个极地多年冰范围 39 年平均水平为 7.697×10^6 km^2，其中 2012 年整个极地多年冰范围最小 5.478×10^6 km^2，而 1983 年多年冰范围最大 9.586×10^6 km^2。由图 20-5 可知，在这 39 年中，极地多年冰范围年际间起伏波动较大。对极地多年冰范围年平均数据进行线性拟合，由图可知，总体表现出减少的趋势，约以每年 0.0955×10^6 km^2(−23.538%/10 年)的速度下降。

将年平均极地多年冰范围求距平均，得到图 20-6 所示的结果。由图 20-6 可知，1980—1997 年极低多年冰范围距平均为正值，2005—2018 年距平均为负值，1998—2004 年间出现几次正负交替现象。总体而言，近几年多年冰消失最为严重，远远低于平均水平。39 年间 1983 年正距平率最大，为 19. 706%，2012 年负距平率最大，为-40. 514%，距平率的绝对值平均水平为 13. 766%。与整体海冰以及一年冰相比，多年冰距平率变化幅度最大。

综上可知，极地多年冰在整个研究周期内，呈下降变化，且近几年减少更为严重。而从距平值特征来看，基本没有特别异常的年份，虽有年际间的波动，但始终表现出较为稳固的下降态势。

表 20-3　1979—2018 年极地多年冰范围年平均统计结果

年份	海冰范围 $/\times10^6$ km^2	年份	海冰范围 $/\times10^6$ km^2	年份	海冰范围 $/\times10^6$ km^2	年份	海冰范围 $/\times10^6$ km^2
1979		1989	8. 782	1999	6. 996	2009	6. 541
1980	8. 983	1990	8. 452	2000	7. 967	2010	7. 155
1981	9. 294	1991	8. 209	2001	8. 112	2011	6. 301
1982	9. 274	1992	8. 378	2002	7. 395	2012	5. 478
1983	9. 586	1993	7. 711	2003	7. 344	2013	5. 934
1984	9. 319	1994	7. 878	2004	8. 334	2014	7. 194
1985	8. 612	1995	8. 268	2005	7. 213	2015	7. 039
1986	8. 928	1996	7. 841	2006	7. 241	2016	6. 037
1987	9. 505	1997	8. 439	2007	6. 099	2017	5. 645
1988	9. 380	1998	7. 327	2008	6. 094	2018	5. 887

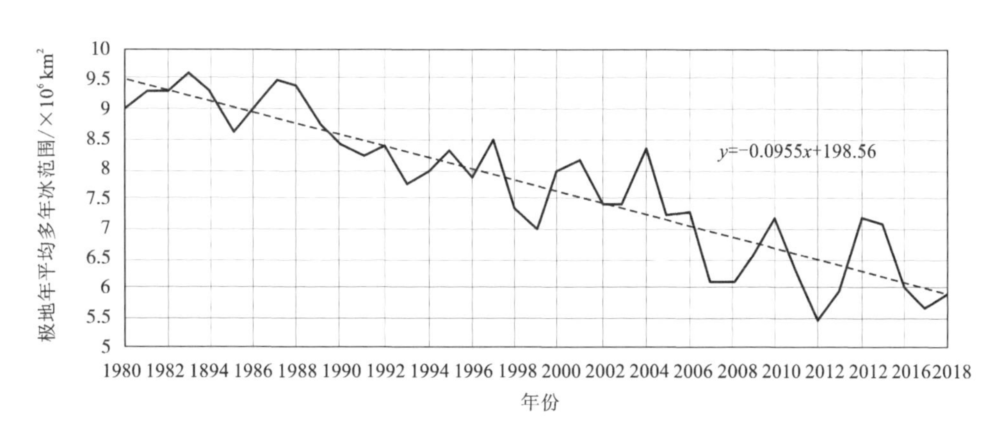

图 20-5　1979—2018 年极地多年冰范围变化趋势

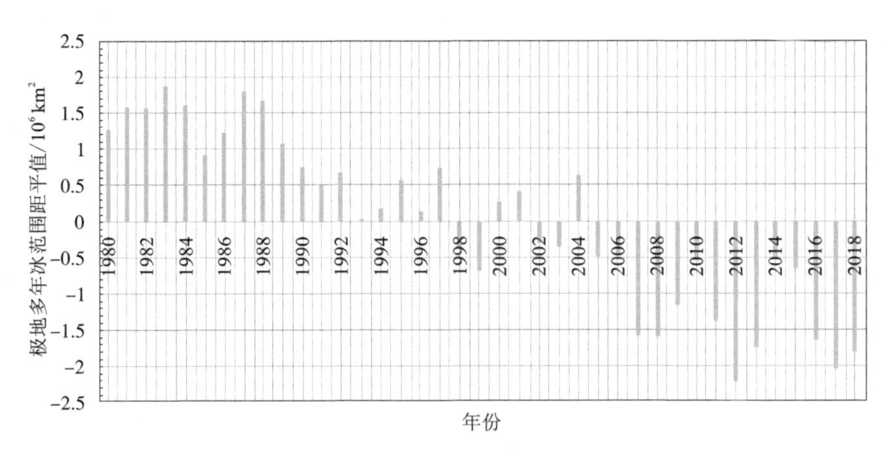

图 20-6　1979—2018 年极地多年冰范围距平结果

20.4　小结

将南北极进行整体分析，并从整体海冰范围、一年冰范围以及多年冰范围 3 个参数方面对极地海冰变化进行了分析研究。结果表明：1979—2018 年极地整体海冰范围年际间波动较为频繁，总体表现出减少的趋势，约以每年 0.0372×10^6 km^2(−1.38%/10 年)的速度下降，尤其是 2014—2018 年整体海冰范围骤减趋势明显；而极地一年冰范围总体表现出增加的趋势，约以每年 0.0529×10^6 km^2 的速度上升，平均每 10 年增加 2.303%，2012 年一年冰范围最大，1986 年最小，两者相差 19.057%。极地多年冰总体表现出减少的趋势，约以每年 0.0955×10^6 km^2 的速度下降，平均每 10 年减少 23.538%，其中 2012 年极地多年冰范围最小，1983 年多年冰范围最大，相差 74.99%。而从年均值距平率来看，1979—2018 年整体海冰范围、一年冰范围和多年冰范围距平率的绝对值平均水平分别为 1.481%、2.998%和 13.766%，由此可知，多年冰距平率变化幅度最大，但一年冰距平值上下波动最为明显。

第三部分

极地冰雪监测软件系统

第21章

极地遥感数据管理系统

21.1 系统功能架构设计和模块分析

21.1.1 系统总体设计

本系统主要分为三层：表示层、业务逻辑层、数据层。

(1)表示层：表示层也就是用户在浏览器上看到的一层。用户在页面表单输入数据，为用户提供一种与后台交互的窗口和方式，表示层由css+html+jsp构成。jsp负责整体的框架，html负责各种表单和按钮的编写，css则负责将html写的表单修饰得好看一些。

(2)业务逻辑层：建立业务逻辑层的想法和目的是分析和解决业务逻辑上的需求，比如说，前台表单页面需要表单回显，但是从数据库里查出来的大部分数据都是重复的，如果我们让表单回显大部分都是重复的数据，这显然不太合理，所以我们有必要对数据进行去重，这就是对应的业务逻辑。又或者用户登录了，但密码不一定是正确的，用户名也不一定存在，所以要在后台判断用户名和密码是否正确，是否和数据库里存储的数据一致，所以需要在后台进行逻辑判断。判断这个用户和密码是否正确。这就是建立业务逻辑层的原因。通过再一次地分层将领域层和业务逻辑层进行分离以达到模块化可插拔的目的。业务逻辑层在三层架构中起到了至关重要的作用，它处于前台页面展示层和后台数据库层的中间。底层不知道上层所做的动作，如果将上层进行修改，对于下层似乎没有什么影响，所以需要把中间层尽量设计成模块化可插拔形式。中间的业务逻辑层有两个重要的角色，对于数据库层它是调用者，对于展示层来说，它是被调用者，插拔关系和被插拔关系都集中在业务逻辑层上。要实现模块化可插拔的功能，就必须设计好业务逻辑层。

(3)数据层：也通常被称为持久层，主要负责访问数据库。简单地说，数据库访问层是对数据表的增加、删除、修改、查询的一系列操作。如果要加入适当的rom对象，那就会关联到数据之间的mapping，还会关联到数据的持久化。

21.1.2 系统模块设计

(1)用户模块

用户登录系统拥有自己的账号，不同的角色拥有不同的权限，所能看到的页面，操作的数据也不一样。不同的用户权限只可对自己权限下的功能进行操作，不能越级操作。用户模块具有新建用户，删除已有用户，修改现有用户的资料和修改用户的密码的功能。并对用户赋予权限，也就是给用户增加对应的角色功能，每一个用户都有对应的部门，便于用户的管理。每一个用户有对应的岗位，也可以同时对应多个岗位，比如一位员工同时是技术员也是经理，那么他就可以同时拥有技术员和经理的岗位。

在新建用户过程中，因为用户和部门关联在一起，所以在新建用户时可选择用户所在的部门，部门可实时从数据库里查出，用到了表单回显技术和递归查询技术。

递归查询技术：先从数据库中找出所有的顶点部门，也就是上级部门为空的部门，这就须在部门中建立了一个字段，当为空时就表示此部门为顶点部门，然后再将所用顶点部门进行循环，查找下级部门。实现这个技术的原理是查找所有为当前部门的部门，找到这些部门的下级部门，将查找出来的下级部门再次进行递归查询，以此查到所有的部门。

表单回显技术：将数据库中的数据查找出来转为需要的类型，再放到一个定义好的值栈里，在这里用特有的标签来获取。特有的值栈和对象栈对于后台到前台传值起着很大的帮助。特有的值栈和对象栈可以传单个的属性，只需要将属性定义为私有的属性和使用方法，将里标签里的属性定义为属性名，就可以轻松得到前台传到后台的值，还可以传到对象里，再以对象.属性名的格式来获取具体的属性，大大减少了编程人员的工作量。

在录入登录名的时候加了表单验证功能，用到了异步请求和正则表达式，异步请求的作用是实时将数据库里的数据查出来进行比对，如果发现输入的登录名和数据库里已有的登录名不一致，则给予提醒：登录名要唯一。正则表达式的作用是判断此登录名的格式是否正确。

在录入姓名的时候也加了必填的表单验证，当点击提交的时候会触发函数去判断姓名是否为空，若为空则不能通过校验，回显信息为必填项不能为空。

可以为用户选择岗位，岗位也就是角色。一个角色的权限是事先定义好的，将此角色赋予这个用户就表示这个用户拥有什么样的权限。当其他的用户需要赋予权限时只需要选定一个岗位就可以了。这极大方便了管理人员的操作。

可以为用户修改密码，在修改密码的时候用到了加密方法，存到数据库里的是转换后的密文。此密文只可正向转换不可以逆向转换，以此保证用户的安全。

用户列表使用了分页显示技术。在此分页里没有使用带参数的分页。前台只需要向后台传递两个参数便可以实现分页。一个参数是当前页码数，也就是当前正在第几页，另一个参数是每页显示的条目数。其他的参数是根据这两个参数在数据库里查出来的。数据库里的总记录是预先从数据库里查出来的。每页显示条目数不必人工输入，是在配置文件里配置的，用配置文件来定义的目的是解耦合，若想改变每页显示的条目数只需要在特定的配置文件里改变值的大小便可。在后台用了原生的分页方法，只需要配置开始条目数和每页显示的条目数便可。数据库使用技术来实现分页，由于有此管理，便可以使得编程人员可以不用关注数据库层是如何实现的，只需要将精力用于业务逻辑层，减轻了开发人员的负担。

在这里做了一些分页的优化，如果是当前页就让这一页的图标不可以点击，再将当前页的图标显示为空色。在显示页码的时候设定显示的是页，显示当前页的前行和后行。也用了下拉列表来显示页码。

在用户登录之初要对用户进行权限判断。判断依据：一个用户被赋予了特定的角色，而角色是带有权限的。那么这些权限就自动被赋予了用户。用户登录后会先到数据库里查询权限，如果此用户有此权限则让权限所对应的模块可以显示，也就是让用户可以操作。如果用户没有此权限则用户不可以操作，对此也进行了封锁。

(2)角色功能模块

角色也是岗位，代表着在这个岗位的员工，我们将权限分配给对应的角色，在创建用户时直接给用户赋予对应的岗位，就无须在烦琐的权限里一个一个地进行配置，简化了操作并确保正确性。

新建岗位需要输入岗位名称和岗位说明，在输入岗位名称的时候也加了必填的表单验证，当点击提交的时候会触发函数去判断姓名是否为空，若为空则通不过校验，回显信息为必填项不能为空。

修改角色信息的时候也只需要填写两个字段的信息，一个是岗位名称，另一个是岗位说明，这两个数据用到了表单回显技术，大大减少了编程人员的工作量。

当回显数据经过值栈和对象栈传回前台页面时，用了树状结构显示技术将角色权限显示出来。实现原理：当选中某一个选项后，会判断此选项是在哪一个系列里，如果是属于这个权限的父权限则也会被跟着选中，是当前权限的子权限也会被跟着选中，而同级的权限不会被选中。如果选中的是顶级的权限，则其下的全部选项都会被选中。如果当前选中的选项是最底层的权限，则当前权限的所有上级权限都会被选中。在显示出子级权限时用到了迭代，迭代出所有下级的权限。

页面中有一个全选的按钮，当选中后会默认把全部权限都选中，对于权限的赋值也是一个小小的优化。

角色列表使用了分页显示技术，在此分页里没有使用带参数的分页。前台只需向后台传递两个参数便可以实现分页。一个参数是当前页码数，也就是当前正在第几页，另一个参数是每页显示的条目数。其他的参数是根据这两个参数在数据库里查出来的。数据库里的总记录是预先从数据库里查出来的。每页显示条目数不必人工输入，是在配置文件里配置的，用配置文件来定义的目的是解耦合，若想改变每页显示的条目数只需要在特定的配置文件里改变值的大小便可。在后台用了原生的分页方法，只需要配置开始条目数和每页显示的条目数便可。由于有的管理。便可以使得编程人员可以不用关注数据库层是如何实现的，只需要将精力用于业务逻辑层。减轻了开发人员的负担。

在这里做了一些分页的优化，如果是当前页就让这一页的图标不可以点击，再将当前页的图标显示为空色。在显示页码的时候设定显示的是页，显示当前页的前行和后行。也用了下拉列表来显示页码。

(3)部门功能模块

部门功能模块是为了将用户归类，让用户不再是零散的用户，而是隶属于某个部门。部门的关联关系是和部门自关联，实现了部门之间的上下级显示。部门和员工之间是一对多关系，一个部门对应多个员工，一个员工只能归属于某一个部门。列表页面只显示一层的(同级的)部门数据，默认显示顶级的部门列表。点击部门名称可查看此部门相应的下级部门列表。删除部门时，同时删除此部门的所有下级部门。

在页面显示的部门列表里，部门名称可添加一个超链接，当点击当前部门时，会跳到当前部门的所有子部门里。当跳进子部门列表里后可点击返回上一级按钮来返回刚才的上级部门。这一实现的原理是将部门表进行了自关联。在表里增加了 parentID 这一字段，当点击当前部门时会发起一个请求到后台并传递 parentID 到后台。后台进行业务处理，带着这个 parentID 到数据库里进行查询，查询的条件是查询所有上级部门的 ID 为传过来的 parentID。找出所有子部门。再带到前台进行展示。返回上一级部门的实现原理：当前所有的部门的 parentID 都是用一个值，只需要这个值到后台查询出上级部门就可以，再把数据带回 jsp 里显示。

在修改上级部门时运用到了表单回显技术，将查找出来的下级部门再次进行递归查询，以此查到所有的部门。

在删除部门时用到了级联删除，这项技术是 hibernate 自带的一项功能，在表里要设置相关的字段用于级联删除功能。

(4)遥感数据功能模块

遥感数据模块提供新增数据、修改数据、删除数据、按年月查询数据、导入文件等功能。新增数据是将文件一起保存进数据库，点击页面中的“新建”便进入到新增页面。

在新增页面中可以编辑信息的数据来源、年份、月份，还有要上传的文件。创建时间由系统自动给出，不可由人工进行编辑，更新时间也默认为当前时间。

可以按年份和月份进行联合检索，检索出来的数据按分页进行显示，每页显示 10 条数据，每页显示条数可在配置文件中进行修改，在这里采用了 hibernate 的分页查询，根据 oracle 中 rownum 每页次从数据库中查询 10 行数据。

页码是由后台数据库回显至表单，数据库里有多少页就显示多少页码。遥感数据模块的分页是带有查询条件的分页，前台将查询条件传到后台，后台首先是调用一个构造方法来传递实体类和实体类的别名，构造会在类被加载时就被创建，所以选择用构造方法来传递实体类和实体类的别名。再调用特定类的添加参数的方法，这个参数的方法是抽取出来的，可添加多个参数或者一个参数也不添加。添加完参数后便调用 service 到后台数据库进行查询。将查询出来的结果返回到 action 页面，封装到 struts 的 map 里，再传值到前台，一次分页查询就算结束了。

21.2 数据库设计与说明

本系统选用Oracle数据库对系统需要的数据表进行设计，数据库表结构如表21-1所示：

表21-1　用户信息表

字段名	数据类型	字段大小/bit	主键	是否为空	说明
id	varchar	20	是	否	id
department	varchar	20	否	否	部门名称
describe	varchar	20	否	是	描述
loginname	varchar	50	否	是	登录名
password	varchar	20	否	是	密码
name	varchar	20	否	否	名字
gender	varchar	20	否	否	性别
phonenumber	varchar	20	否	否	电话
email	varchar	20	否	否	邮箱

用户基本信息表实现对基本信息的录入，主要字段包括：用户、所属部门、所拥有的权限、登录名、登录密码、名字、性别、电话号码、电子邮件和备注信息说明等。其中“所属部门”属性的作用是将用户信息表和部门表关联，以此来实现用户所属于哪个部门。“所拥有的权限”这个信息的主要功能是将用户表和角色表进行关联，将角色提供给指定的用户，让用户拥有一定的权限，进而进行访问指定的模块，从而保证了系统的安全性。

用户表的设计思路：id为主键，但是考虑到id作为一个重要的字段信息，不应该暴露给用户人员，所以将id设计为自增。即不让用户添加或修改id，而是让数据库为id自动增加。设计department属性的目的是让用户表和部门表关联起来。roles属性的类型为hashset<role>，hashset的特性是无序且不重复，保证了role值的唯一性。

部门基本信息表(表21-2)是部门基本信息录入内容，主要字段包括：部门、拥有的用户、上级部门、下级部门、部门名称和部门描述。字段为部门表的唯一主键，为该表提供唯一识别标志，满足建表的第一范式。“用户”字段的作用是将部门表和用户表进行关联，实现将用户归于某个部门下，使用户不再是零散的。“部门描述”字段的作用是将部门表进行自关联，实现子部门和父部门的功能，可将当前部门归入某一部门下，在删除当前部门时会将子部门一并删除。

表 21-2　部门基本信息表

字段名	数据类型	字段大小	主键	是否为空	说明
id	varchar	20	是	否	id
user	varchar	20	否	否	对应用户
parent	varchar	20	否	是	上级部门
children	varchar	50	否	是	下级部门
department	varchar	4	否	是	部门名称
describe	varchar	20	否	否	描述

部门表的设计思路：id 为主键，但是考虑到 id 作为一个重要的字段信息，不应该暴露给用户人员看到，所以将 id 设计为自增。不让用户添加或修改 id，而是让数据库为 id 自动增加。设计 department 属性的目的是让部门实现自关联，一个部门应该有上级和下级，这个功能就依赖此属性。

角色基本信息的录入内容见表 21-3，主要字段包括：角色表、角色名、具体描述、所关联的用户，所关联的权限。字段为表的唯一主键，为该表提供唯一识别标志，满足建表的第一范式。“角色名字”用来标注权限的功能，“具体描述”用来补充角色的其他信息，“关联用户”将用户表与角色表进行关联，将角色赋予某个用户，角色所带有的权限就自动带给了用户，实现了系统的安全化管理。

表 21-3　角色基础信息表

字段名	数据类型	字段大小	主键	是否为空	说明
id	varchar	20	是	否	id
rolename	varchar	20	否	否	角色名
describe	varchar	20	否	是	描述
user	varchar	50	否	是	用户
privilege	varchar	4	否	是	权限

角色表的设计思路：id 为主键，考虑到 id 作为一个重要的字段信息，不应该暴露给用户人员看到，所以将 id 设计为自增。不让用户添加或修改 id，而是让数据库为 id 自动增加。一个角色表的存在意义就是为了附加权限，然而权限是赋给用户的。因角色表一定得和用户表相关联，因为一个角色可以赋给多个用户，所以角色和用户的对应关系是一对多的关系。角色表里主要的就是权限信息，所以应该和权限表相关联，一个角色可以对应多个权限，一个权限也可以和多个角色相对应，所以权限和角色也是多对多的关系。

权限基础信息表(表 21-4)是进度信息的录入内容，主要字段包括：绝对路径、权限名称、用户、父类权限和子类权限。其中字段为表的唯一主键，为该表提供唯一识别标志，满足建表的第一范式。“绝对路径”的作用是将权限对应的路径存储到数据库里，“权限名称”的作用是用来标注权限，“用户”的作用是用来标注该权限属于哪些用户，“父类权限”的作用是将权限做上下级关联，“子类权限”的作用是将权限做上下级关联。

表 21-4　权限基础信息

字段名	数据类型	字段大小	主键	是否为空	说明
id	varchar	20	是	否	id
user	varchar	20	否	否	对应用户
name	varchar	20	否	是	名称
privilegen	varchar	50	否	是	权限
top	varchar	15	否	是	顶级权限
under	varchar	20	否	否	下级权限

分页基础信息表(表 21-5)，主要字段包括：当前页、每页显示条数、总记录数、本页的数据列表、总页数、页码列表的开始索引和结束索引。“当前页”的作用是显示当前页码是第几页，“每页显示条数”的作用是每一页显示的数据条数，“总记录数”的作用是查看当前表中有多少条数据。“本页的数据列表”的作用是将当前页的信息向前台页面展示。“总页数”的作用是查询当前表中要显示多少页，“页码列表的开始索引”是表示从第几页开始。“页码列表的结束索引”的作用是表示到第几页结束。

表 21-5　分页基础信息表

字段名	数据类型	字段大小	主键	是否为空	说明
id	varchar	20	是	否	id
currentpag	varchar	20	否	否	当前页
pagesize	varchar	20	否	是	页大小
list	varchar	50	否	是	集合
recordlist	varchar	20	否	是	列表集合
pagecount	varchar	20	否	是	总页数
endindex	varchar	20	否	是	结束页码

遥感数据基础信息表(表 21-6)，主要字段包括：遥感数据、文件名称、数据来源、创建时间、更新时间、创建年份、创建月份和文件路径。其中字段为表的唯一主键，为该表提供唯一识别标志，满足建表的第一范式。“文件名称”的作用是标注该文件的名字，“数据来源”是标注该文件的数据来源，“创建时间”的作用是标注文件的创建时间，“更新时间”的作用是标注文件的更新时间，“创建年份”的作用是用于按年份进行检索，“创建月份”的作用是用于按月份进行检索，“文件路径”的作用是用于查看文件所存储的路径。

表 21-6　遥感数据信息表

字段名	数据类型	字段大小	主键	是否为空	说明
id	varchar	20	是	否	id
filepath	varchar	20	否	是	路径
createtime	varchar	50	否	是	创建时间
yearsta	varchar	50	否	是	年
monthsta	varchar	20	否	是	月
daySta	varchar	20	否	是	日

21.3　系统实现与测试

用户打开本系统，会进入到登录界面，输入分配的账号和密码，到数据库进行验证，密码在录入数据库之前进行了加密，使用的是加密技术，密码只能正向翻译，不可逆向翻译。将用户输入的密码翻译后到数据库进行比对，验证成功，界面在相应的权限用户下会显示相应的操作，如图 21-1 所示。

图 21-1　用户登录界面

21.3.1　用户操作界面

不同用户被赋予的权限不同，需要做的事不同，相应的操作页面也不同。这样能够防止越权操作，出现错误(图 21-2)。

图 21-2　数据管理员操作界面

当角色为总裁时，登录后则显示如下页面(图 21-3)，可查看所有的操作。

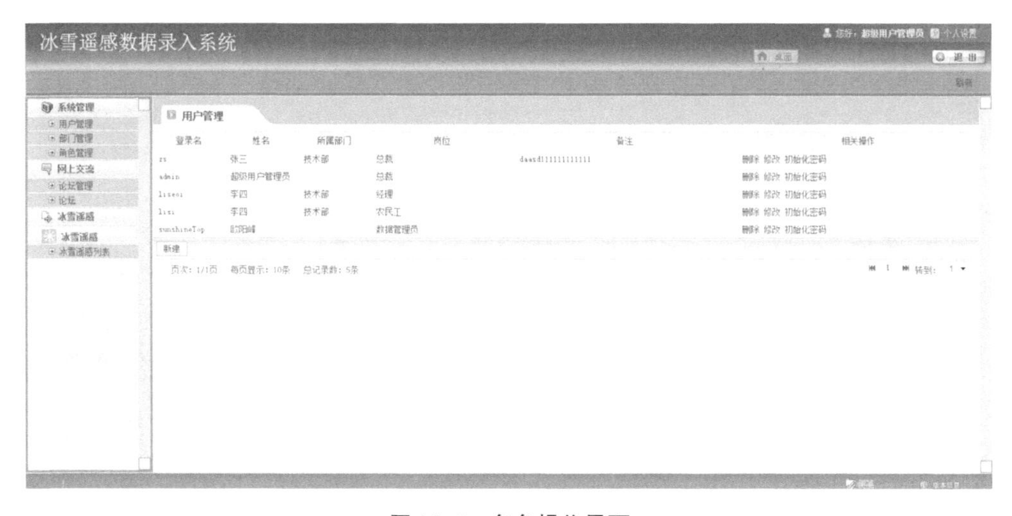

图 21-3　角色操作界面

21.3.2　角色编辑界面

本系统可创建角色(图 21-4 和图 21-5)，并给角色赋予对应的权限(图 21-6)。

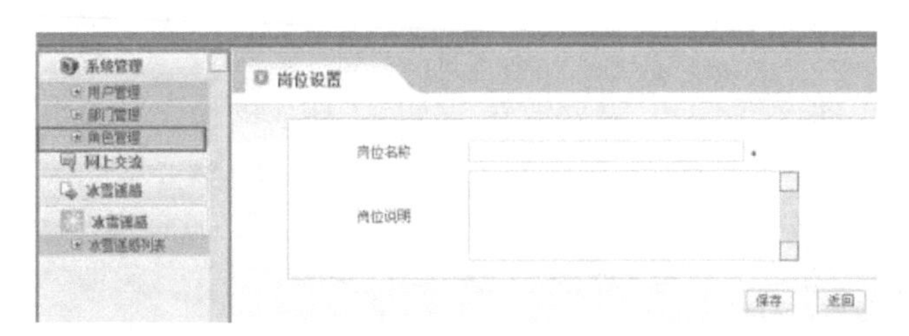

图 21-4　角色编辑界面

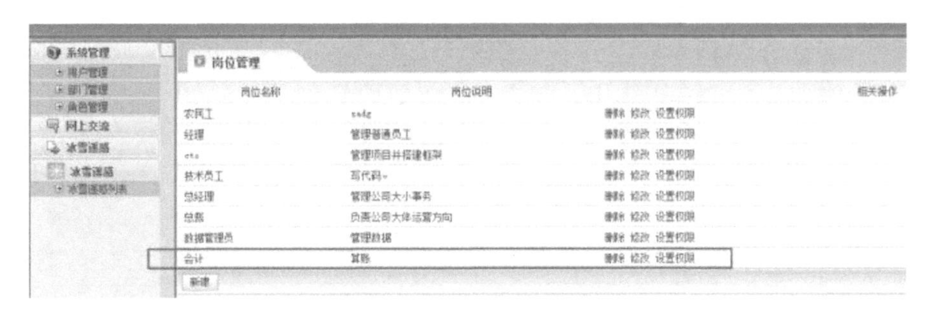

图 21-5　角色编辑界面

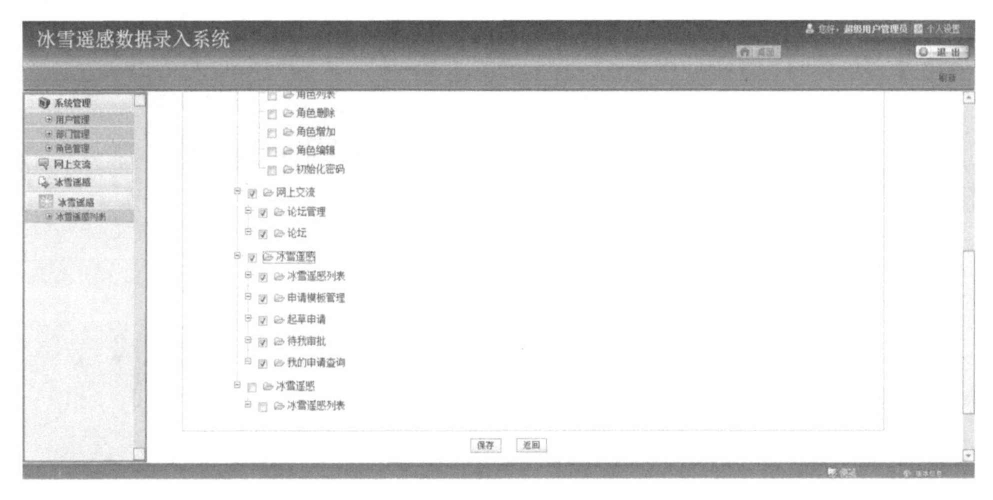

图 21-6　权限添加编辑界面

21.3.3　遥感资料管理编辑界面

遥感资料管理编辑界面如图 21-7 所示。

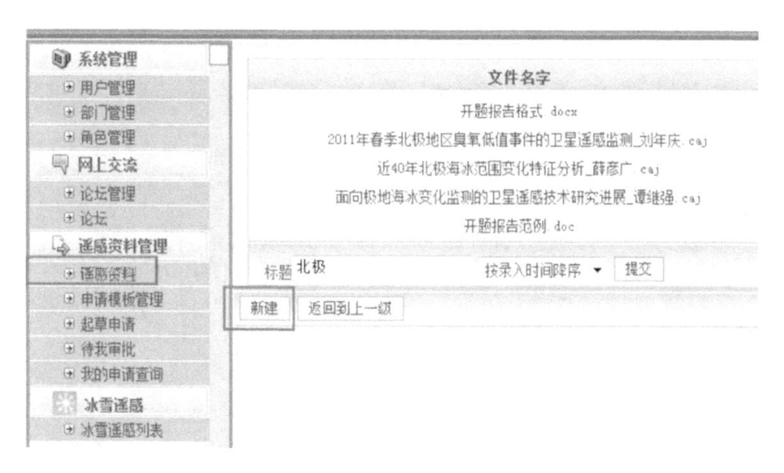

图 21-7　遥感资料管理编辑界面

选择要上传的遥感资料，如图 21-8 所示。

图 21-8　资料添加界面

按标题进行模糊查询如图 21-9 所示。

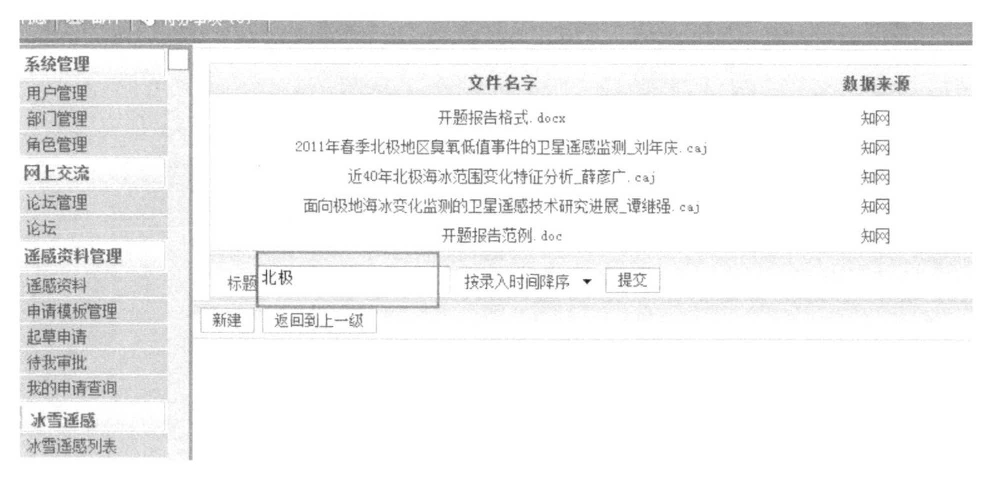

图 21-9　资料查询界面

遥感数据可按照年、月、日和文件类型进行查询，如图 21-10 所示。

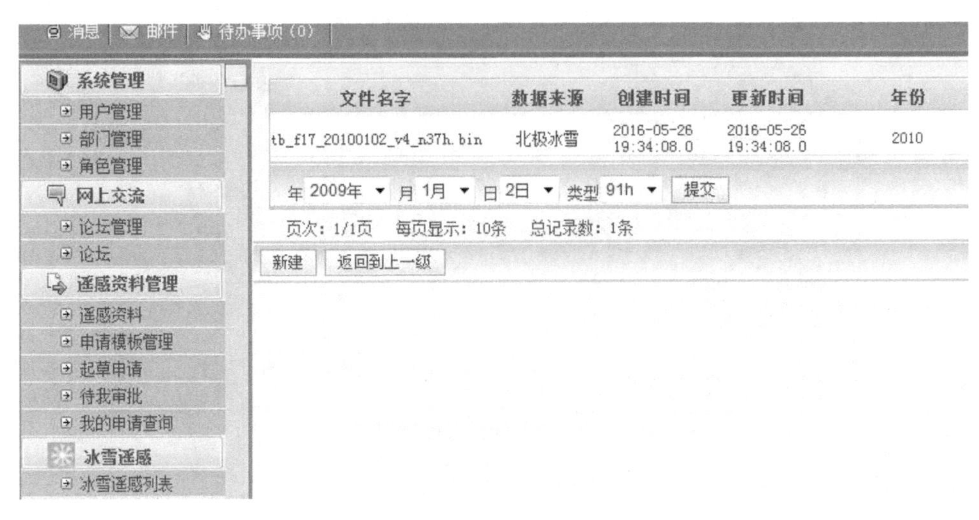

图 21-10 数据查询界面

21.3.4 系统测试

软件测试是提高软件质量的主要驱动力，根据系统性的排查，可降低半成品的概率，因此测试成了开发的一个重要环节。

测试主要采用了两种测试方法：白盒测试和黑盒测试。白盒测试的前提条件是了解程序的主要业务流程，在此基础上进行漏洞查找。黑盒测试是在白盒测试的基础上完成的。黑盒测试是在知道了软件应该实现哪些基本功能的前提下做的工作，找出软件的漏洞。就好比一个要运行大数据的软件在测试的时候一定要考虑到大量数据的问题，要构建很多的数据来测试，不然测不出软件的真实质量。

第22章

极地冰雪遥感监测系统

软件的框架设计主要采用简单式结构框架设计图，从而根据科研小组需求制定出软件最终达到的需求目标。以软件框架图为基础，对各个模块再进行细分与设计，最终实现设计要求。框架图包括四层，即数据层、分析处理与视图层、输出层、产品发布层。数据层主要是对冰雪雪融算法需要的原始数据的收集与整理；分析层与视图层包括的模块比较多，主要是对数据的管理、数据的显示和冰雪雪融算法的分析；输出层是实现原数据的转存和图像的生成以及冰雪雪融算法分析的结果数据和产品图像的生成存储；产品发布层主要是对产品生成的数据及图像产品的信息发布，包括产品发布与产品网络发布。

软件的实现基于框架各层模块功能逐一实现，在实现过程中根据实际需求进行设计的更改与更新完善设计文档，为以后科研小组或其他个人与组织设计类似软件做参考与范例，使整个相关软件设计不断完善，应用更方便。

22.1 系统构建

22.1.1 系统框架构建

整个系统框架的构建基于对遥感图像及遥感数据的处理及应用。框架包括四层：即数据层、分析处理与视图层、输出层、产品发布层(图22-1)。数据层主要是对遥感图像及遥感数据的原始数据的收集与整理；分析与视图层包括的模块比较多，主要是对数据的管理、数据的显示和相关算法的分析；输出层是实现原数据的转存和图像的生成以及相关算法分析的结果数据和产品图像的生成存储；产品发布层主要是对产品生成的数据及图像产品的信息发布，包括产品发布与产品网络发布。

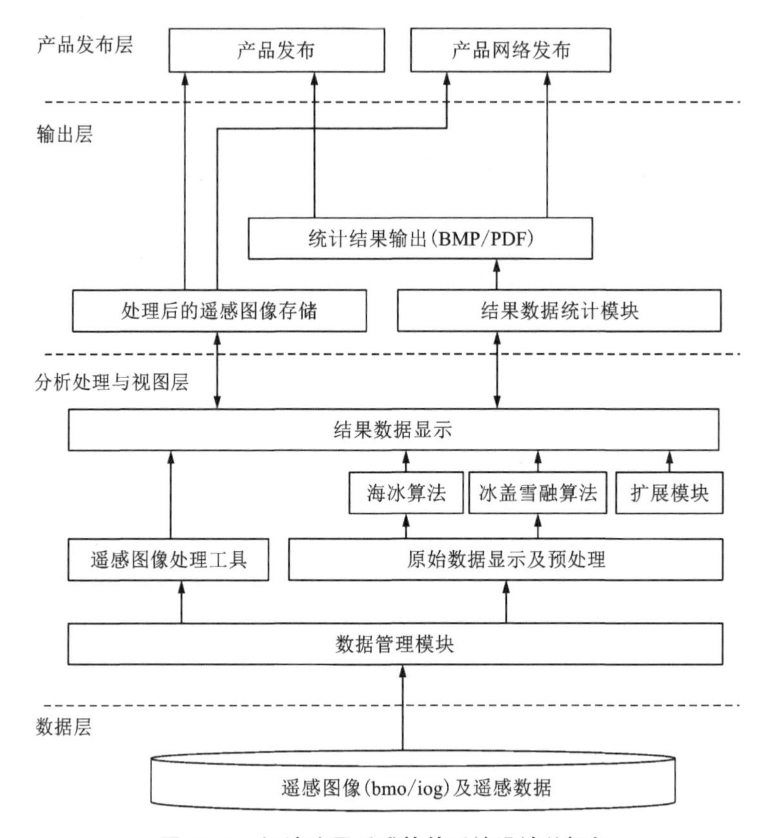

图 22-1　极地冰雪遥感软件系统设计总框架

22.1.2　系统模块分析

数据层中最重要的是对原始数据以及生成产品结果数据的分析整理，为了使用户和开发人员对相应原始数据与生成产品数据能有效访问及应用，应对数据按一定的规则整理并设计其在计算机上的存储结构组织。

分析处理与视图层实现软件系统对数据的管理与相关的高效操作，比如原始数据的信息视图与信息转存及提取。根据用户需求设计各种数据信息操作工具，使用户更好地对自己需求的数据信息进行提取与视图。由于原始数据在整理中可能因为某种原因造成数据的缺失或丢失，在对数据做算法分析时应及时对数据进行检索预处理，包括手动补齐缺失或丢失数据和设计软件自动检索预处理原数据文件操作，方便用户对数据的分析与操作。在数据完整后可以针对各种数据进行各种算法处理，首先设计良好的算法用户界面，以方便用户。在输出层中主要包括原始数据的图像及经算法处理后的结果数据与图像输出，生成产品图像的各种格式以满足用户的需求。

产品发布层是开发该软件系统的最终目的，主要包括产品发布与产品网络共享，这里涉及的网络共享可以是今后软件升级时或今后要通过二次开发或借用第三方软件产品的网络发布。满足更多用户的需求，让用户提出更多的宝贵建议，作为以后对该软件扩展和更多次重新开发的用户需求基础，不断完善本软件功能，方便用户和研究人员更好地应用。

系统软件分析不仅仅是当前针对其客户及用户需求的分析，而且也为今后对软件功能的完善与扩充打下了基础，使今后能更方便地改善软件各模块功能并且也为其他相关用途软件设计提供参考与借鉴。整体来讲系统模块的设计是开发软件中非常重要的部分与阶段。

22.1.3　系统软件开发与运行环境

(1)系统软件开发环境

操作系统平台：windows 8。

开发工具 IDE：Visual C++ 6.0。

开发编程语言：C、C++、MFC 类库。

开发需链接库：GDIPLUS、LIBGEOTIFF、OPENCV、OPENGL。

(2)系统软件运行环境

软件运行支持操作系统平台：windows XP/windows 7/windows 8

22.2　系统模块说明和具体设计

22.2.1　数据层说明与设计

由于原始数据量很大，首先得准备大容量物理存储设备，然后把数据按照上述物理存储整理方法有序整理好原始数据，才能更好地对数据进行各种操作与管理。以微波辐射计的物理存储为例，AMSR-E：目录→radiometer→amsre→year→sir→(Amh/Amv/Anh/Anv)→Ant→day→(a)→sir 原始数据文件。SMMR/SSM/I：目录→radiometer→smmr/smmi→year→bin 二进制文件。

22.2.2　分析处理与视图层说明与设计

遥感图像处理工具模块主要是实现对遥感图像的处理功能，主要对遥感图像进行放大、缩小，获取某点的坐标及该点的 RGB，测量两点的距离，以及对该图像进行滤波处理(高通滤波、低通滤波、中值滤波)等操作。

遥感图像处理模块设计的基本步骤如下：

①加载需处理的遥感图像；

②选择相应的处理工具；

③生成处理结果。

(1)数据显示及预处理说明与设计

通过原始数据的显示，可更好地了解原始数据是否符合理论要求，同时也为预处理做准备。主要包括各个字节的二进制遥感数据的显示以及裁剪、掩膜。原始数据显示模块设计的基本方案如下：

①加载需要处理的遥感数据；

②输入相应参数；

③生成处理结果。

(2)数据预处理模块

有些原始数据可能会因为某种原因而缺失，基于算法的要求，可能因为原数据的缺失而分析结果误差较大，因此在进行雪融算法分析之前需要对运算文件作数据预处理。主要包括裁剪、掩膜等功能。数据预处理模块的具体设计方案如下：

①在做算法分析前做文件检索；

②对文件作数据预处理；

③进行雪融算法分析。

(3)算法说明与设计

针对不同的算法步骤和算法要求设计不同的相应算法对话框，冰雪反演算法分析是软件设计中最重要的部分，冰雪反演算法模块设计方案如下：

①创建对应不同算法的对话框；

②在对话框中实现算法需用到数据文件的检索；

③对检索出来的文件进行相应的算法运算；

④在运算时弹出结构图像类型对话框，选择生成结果图像类型；

⑤保存算法结果数据和图像。

(4)扩展模块

扩展模块主要是实现对冰雪结果的处理功能，主要用于对遥感图像加经纬度(可去除和编辑间隔)、加图例、感兴趣区的编辑等操作。

(5)结果显示模块

数据显示分为基本数据的信息显示和结果信息的显示，主要显示数据中各种相应的信息显示视图，比如数据中文件描述视图即文件头、数据的地理信息视图、数据值的视图以及数据图像的视图等。

数据显示模块的设计主要是在数据视图模块下实现的，主要是在 VC 框架视图中实现对数据各种信息的数据显示功能。

22.2.3 输出层说明与设计

处理后的遥感图像存储包括对遥感图像的放大、缩小，获取某点的坐标及该点的 RGB，测量两点的距离，以及对该图像进行滤波处理(高通滤波、低通滤波、中值滤波)等，将结果通常保存为 BMP 图片。另外，该软件也可对结果数据进行统计，生成结果数据的统计图并以 PDF 形式输出。图像的处理也可以用专业的图像处理软件进行处理，也可以在雪融软件中添加图像处理模块。

22.2.4 产品发布层

产品最终需要发布，产品发布之前先进行有序的整理，应该能够与软件实现动态结合，比如软件可以及时生成用户所需产品。由于产品的数据繁多，产品要实现发布，应首先准备大容量的物理存储设备，然后利用雪融软件生成用户需要的产品。

为了实现与满足更多用户对产品的需求，需要对产品通过联网网络发布。使网络用户共享原数据以及产品数据与图像。

22.3　系统模块设计实现

22.3.1　图像处理工具模块实现

(1)加载图片

图 22-2 为软件开始界面，点击“文件—打开”，出现打开图片对话框，选择一幅图片 lena，如图 22-3 所示，点击“打开”。

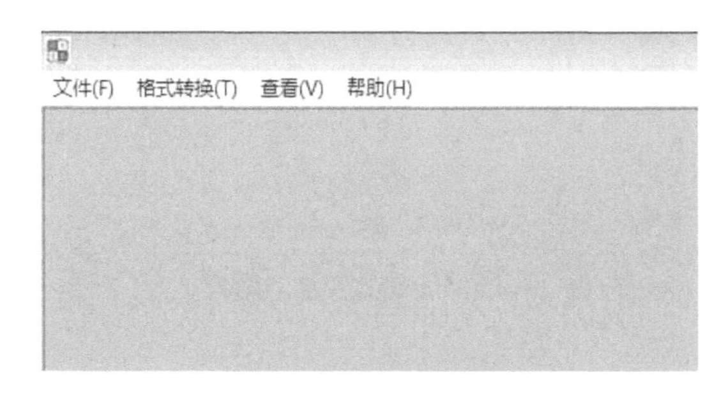

图 22-2　软件开始界面

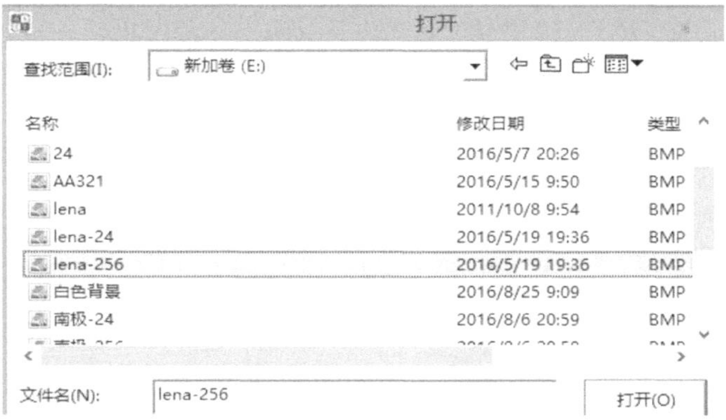

图 22-3　打开图片对话框

(2)滤波(高通滤波、低通滤波、中值滤波)

以高通滤波为例，其他两种滤波操作类似。点击“滤波—空间域锐化—3 * 3 高通滤波(H)”，选择算子，如图 22-4 所示。

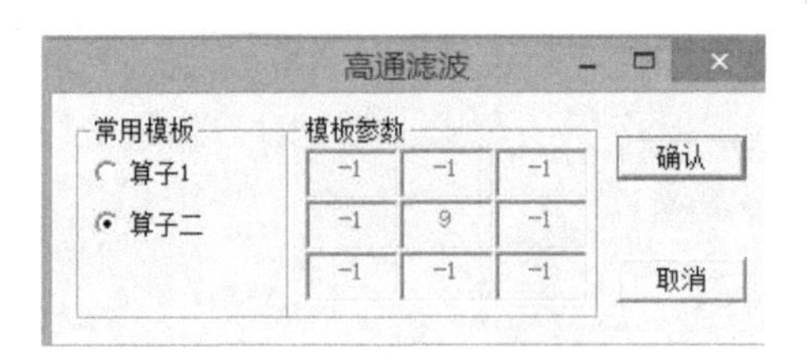

图 22-4　算子选择

(3)缩放

点击“缩放”按钮，弹出缩放变换对话框，可输入相应的参数，如图 22-5 所示。在对话框中按照指定比例缩放填入“5”，即放大 5 倍，如图 22-6 所示。

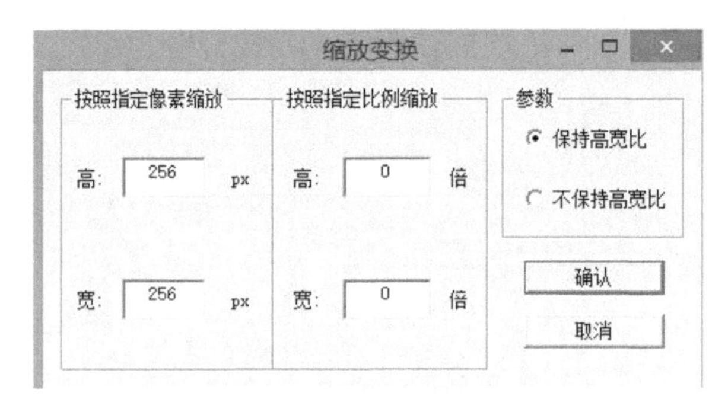

图 22-5　缩放变换对话框

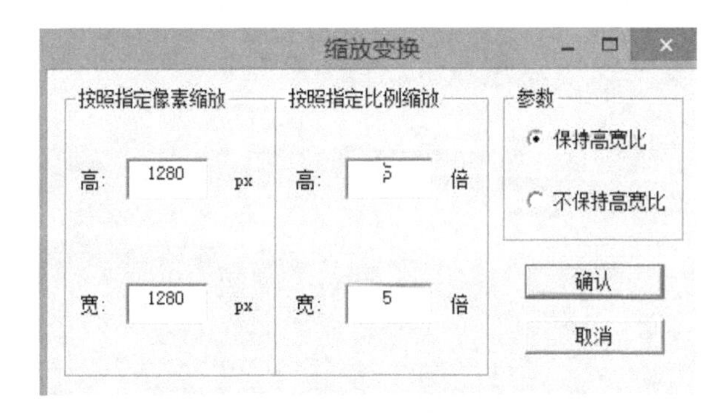

图 22-6　填入相应参数

(4)计算距离

点击“计算距离(1)”，弹出计算距离的对话框，如图 22-7 所示。在图像中选取任意两点，将坐标数值填入对话框，点击“竖直边”“水平边”“斜边”，得到结果，如图 22-8 所示。

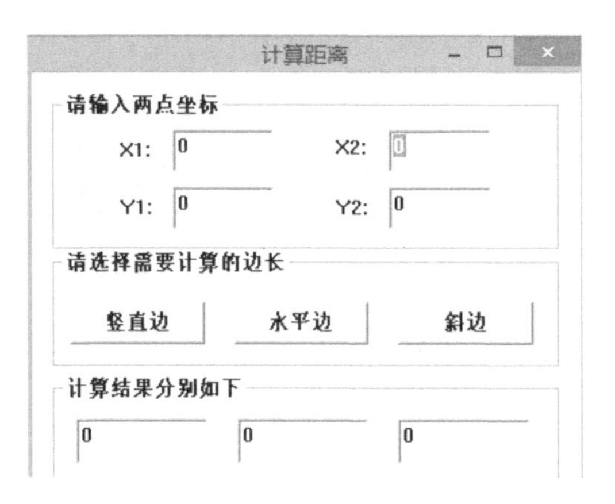

图 22-7　计算距离对话框

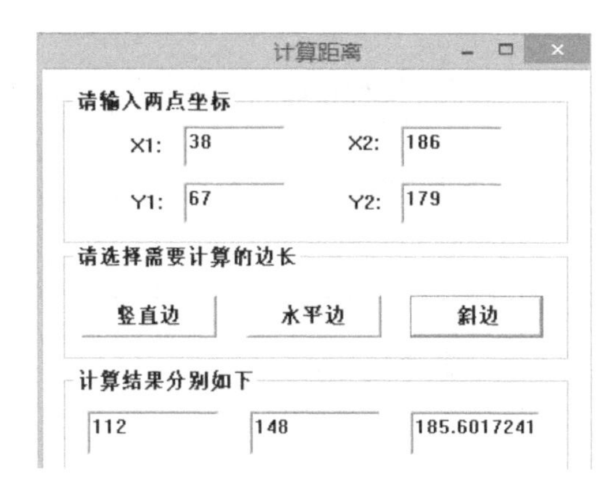

图 22-8　计算结果

或者直接在图像中点击两点，出现一条直线，如图 22-9 所示。点击“计算距离(2)—计算距离”，弹出对话框，显示计算结果，如图 22-10 所示。如果需要清除，点击“清除”。

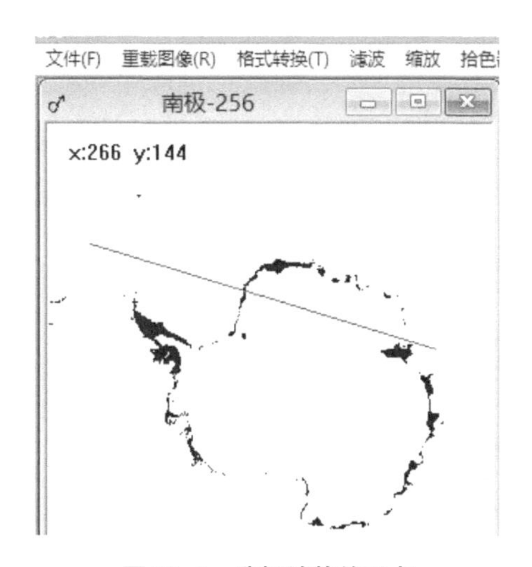

图 22-9　选择计算的两点

竖直边是：67　水平边是：236　斜边是：245.326313

确定

图 22-10　计算结果

22.3.2 原始数据显示及预处理模块实现

(1)二进制文件读取

点击“读取二进制文件”按钮，弹出读取数据文件对话框，如图 22-11 所示。在对话框中选择要处理的文件，以及行列号及数据类型，如图 22-12 所示。结果如图 22-13 所示。

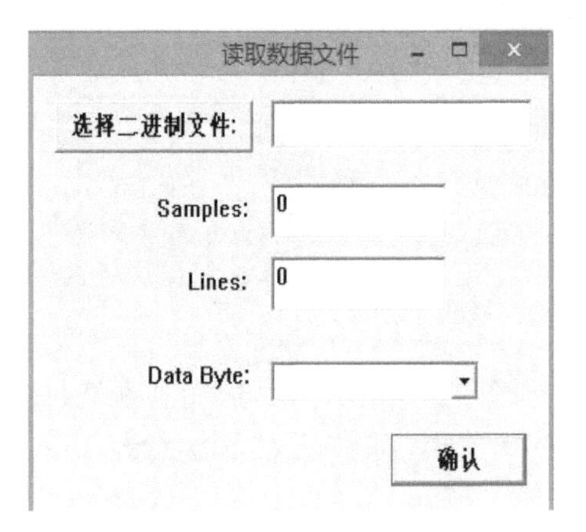

图 22-11 读取数据文件对话框

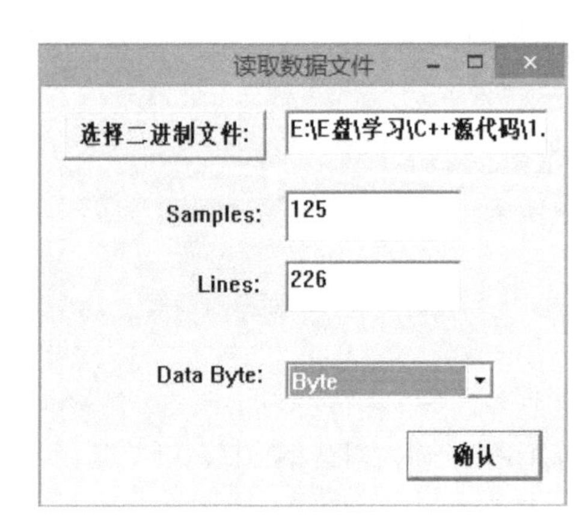

图 22-12 填入相关参数

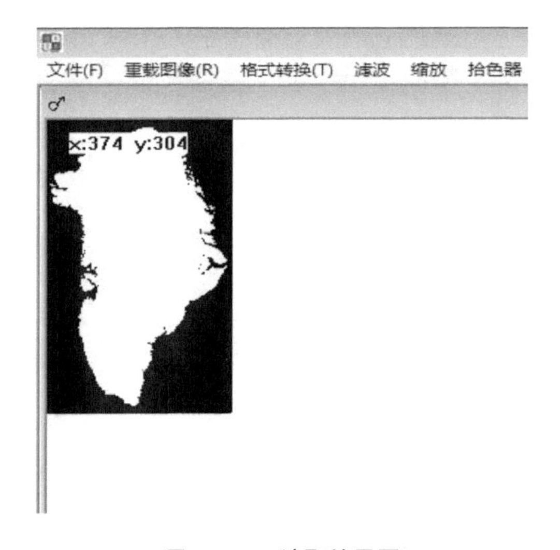

图 22-13 读取结果图

(2)裁剪、掩膜功能

点击“裁剪”弹出对话框，先进行多文件裁剪，填写相应参数，选择多文件裁剪，如图 22-14 所示，点击“裁剪”，如图 22-15 所示。单文件裁剪时只需选择一个文件。

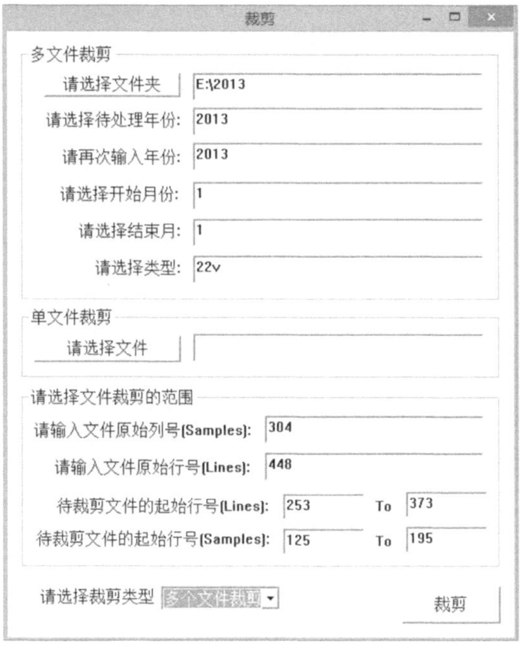

裁剪

多文件裁剪

请选择文件夹　E:\2013

请选择待处理年份:　2013

请再次输入年份:　2013

请选择开始月份:　1

请选择结束月:　1

请选择类型:　22v

单文件裁剪

请选择文件

请选择文件裁剪的范围

请输入文件原始列号(Samples):　304

请输入文件原始行号(Lines):　448

待裁剪文件的起始行号(Lines):　253　To　373

待裁剪文件的起始行号(Samples):　125　To　195

请选择裁剪类型　多个文件裁剪　裁剪

图 22-14　多文件裁剪

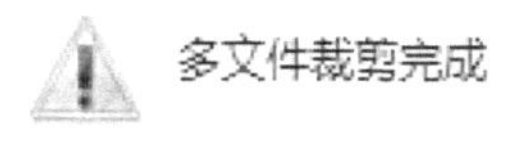

确定

图 22-15　多文件裁剪成功

点击“掩膜”，弹出对话框，输入相应参数，选择多文件掩膜，此处不需要选择掩膜数据，因为掩膜数据已经内置，如图 22-16 所示，点击“掩膜”，提示成功。

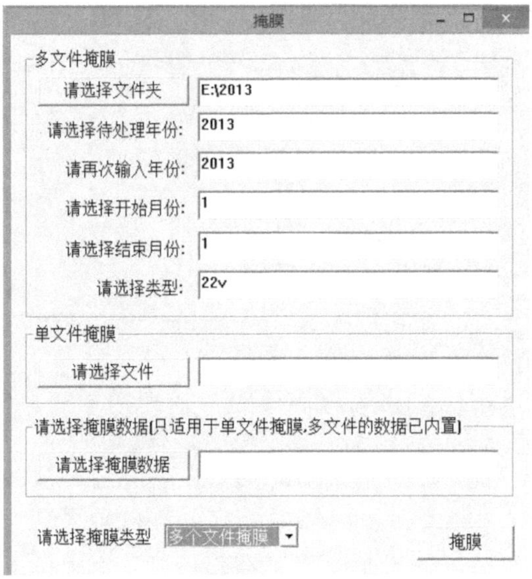

图 22-16　多文件掩膜

22.3.3　算法实现

(1)海冰检测

经过对遥感数据的预处理，打开海冰分布操作对话框，如图 22-17 所示，支持任意天数的海冰检测，图 22-18(某一天)和图 22-19(一段时间)为海冰分布图。其中，黑色为陆地、白色为水、灰色为冰。

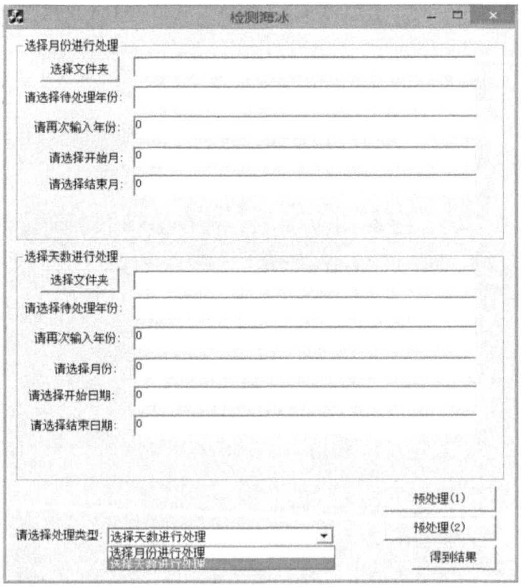

图 22-17　海冰分布操作对话框

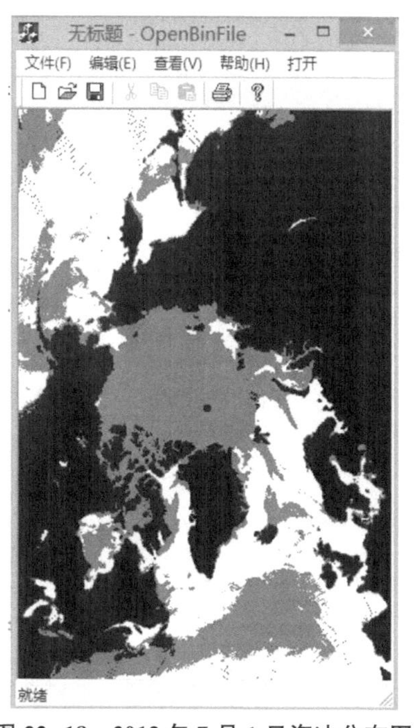

图 22-18　2013 年 7 月 1 日海冰分布图

图 22-19　2013 年 8 月海冰分布图

（2）冰盖雪融检测

经过对遥感数据的预处理，选择 XPGR 冰盖雪融探测模型，图 22-20 为冰盖雪融分布操作对话框（支持任意天数的海冰检测），图 22-21 为冰盖雪融分布图。黑色为陆地、白色为冰、灰色为海水。

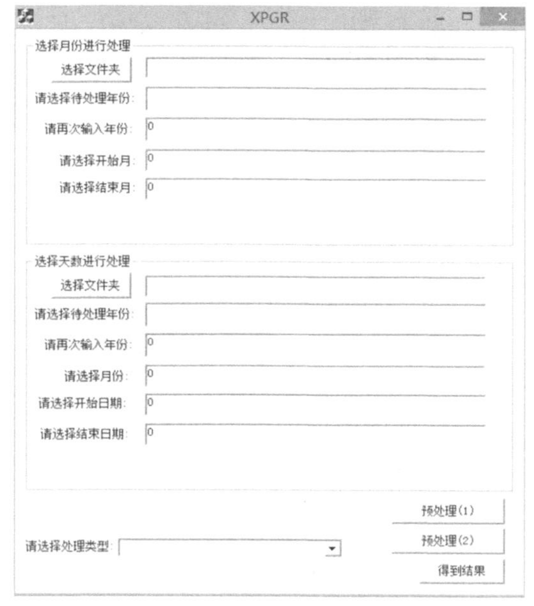

图 22-20　冰盖雪融分布操作对话框

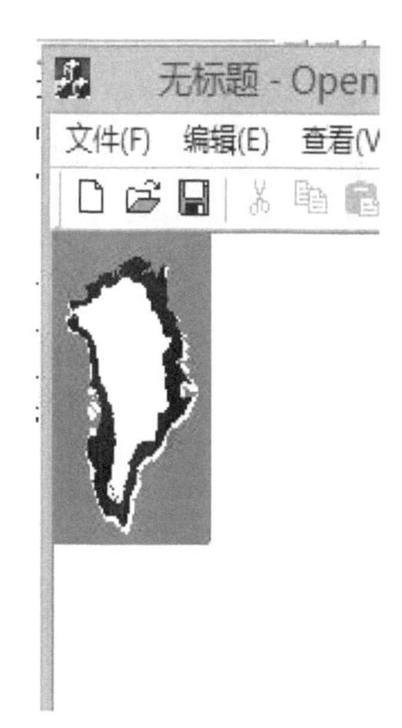

图 22-21　2013 年 7 月 10 日冰盖雪融分布图

22.3.4　扩展模块实现

加经纬度时分为南极和北极，间隔大小是固定可选的（图 22-22、图 22-23），图 22-24 为南极加经纬度的效果图，图 22-25 为北极加经纬度的效果图。

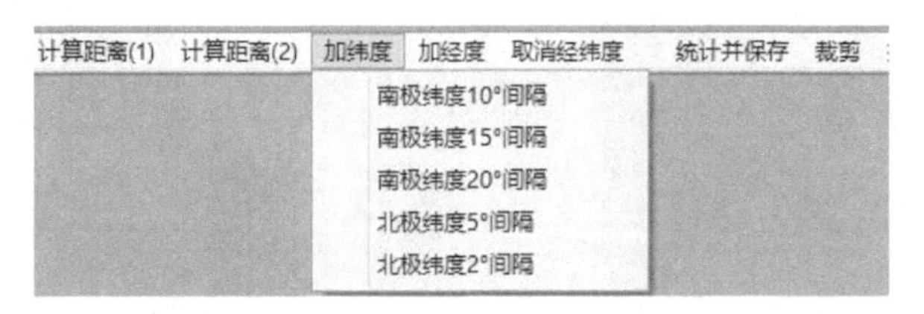

图 22-22　加纬度

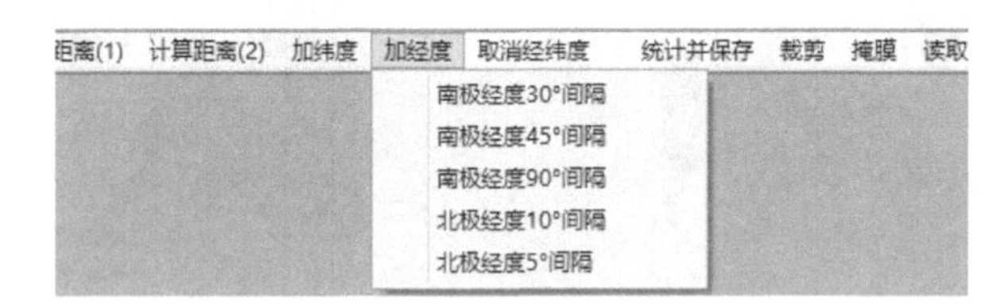

图 22-23　加经度

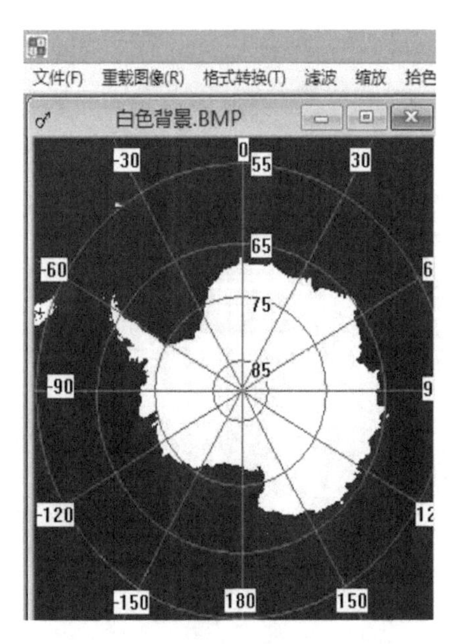

图 22-24　南极加经纬度效果图

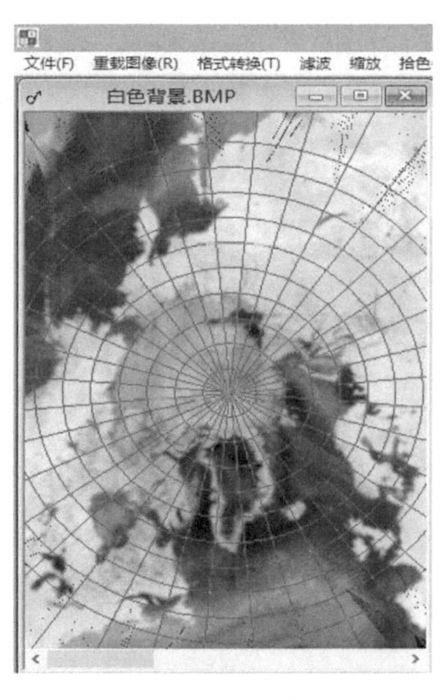

图 22-25　北极加经纬度效果图

22.3.5　输出层实现

(1)结果数据统计模块实现

该模块对结果数据进行统计，如图 22-26 所示。可将结果以 PDF 格式输出。

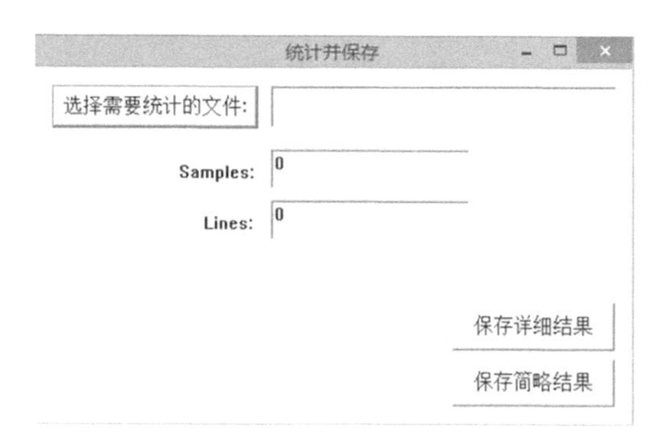

图 22-26　结果数据的统计

(2)画统计图

选择打开. txt 文件后，点击“画统计图”，结果如图 22-27。点击“画图方式”，可将连线改为黑色、绿色，结点可改为圆点、方点、无点。设置绿线、圆点，则结果如图 22-28。如果想给坐标轴加名称，点击“坐标名称”，弹出对话框，如图 22-29 所示。输入信息，如 X、Y，点击确定，效果见图 22-30。

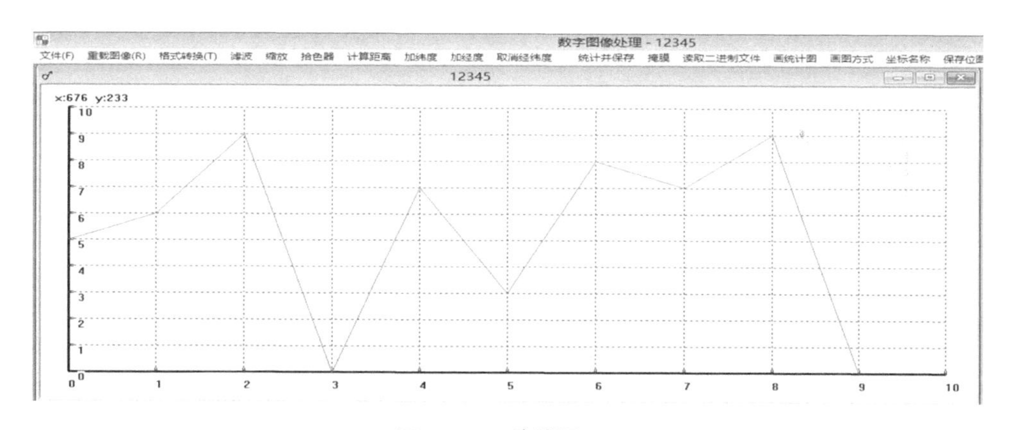

图 22-27　统计图(1)

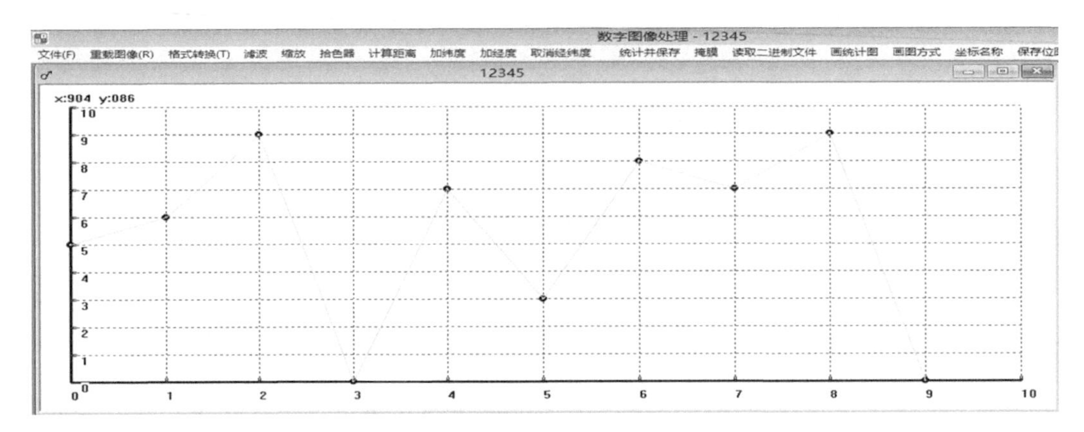

图 22-28　统计图(2)

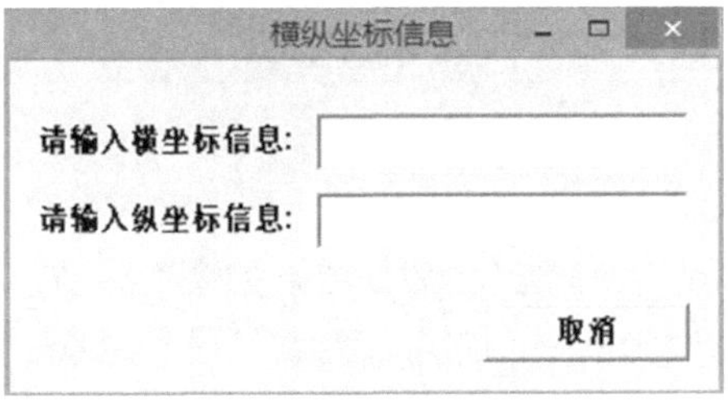

横纵坐标信息

请输入横坐标信息:

请输入纵坐标信息:

取消

图 22-29　输入坐标信息

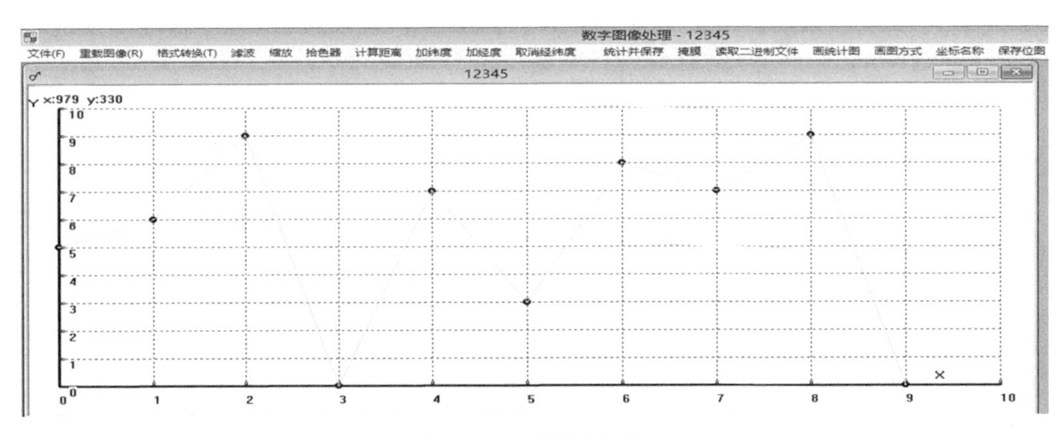

图 22-30　统计图(3)

(3)统计结果输出模块实现

点击“保存位图”，弹出对话框，输入名字，点击“保存”，如图 22-31 所示。将图形保存为 BMP 格式的图片，见图 22-32。

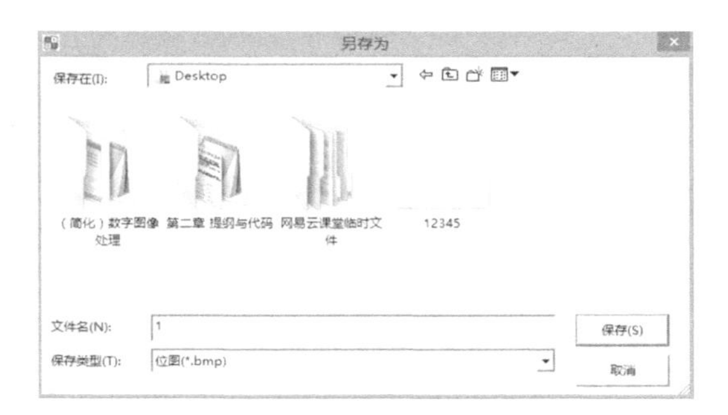

图 3-31　将图像另存为其他文件

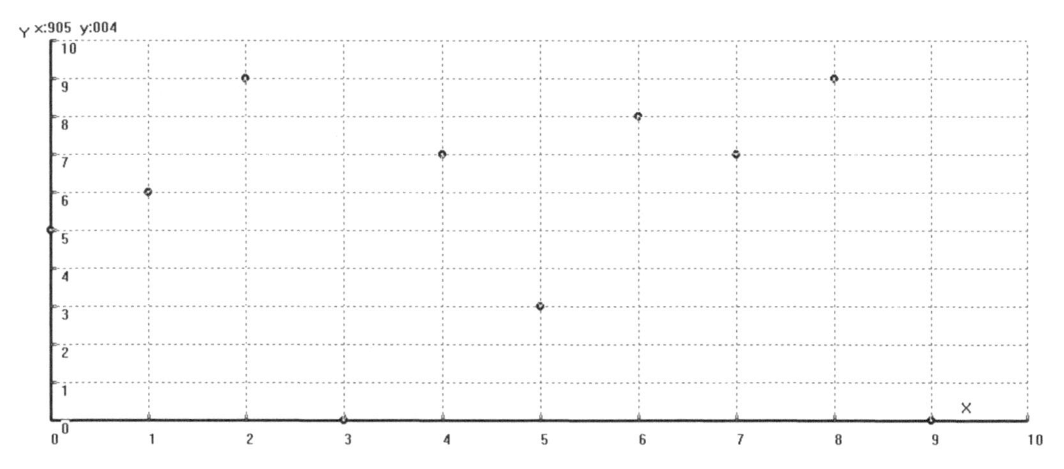

图 22-32　将图形保存为 BMP 格式的图片

参考文献

[1]叶笃正，符淙斌，董文杰. 全球变化科学进展与未来趋势[J]. 地球科学进展. 2002，17(4)：467-469.

[2] 陆龙骅，卞林根，程彦杰. 中国南极气象考察与全球变化研究[J]. 地学前缘. 2002，9 (2)：255-261.

[3] 秦大河，任贾文，效存德. 揭示气候变化的南极冰盖研究新进展[J]. 地理学报. 1995，50 (2)：178-182.

[4] 秦大河，任贾文. 南极冰川学[M]. 北京：科学出版社，2001.

[5] Long D G, Drinkwater M R. Cryosphere applications of NSCAT data [J]. IEEE Transaction on Geoscience and Remote Sensing, 1999, 37 (3): 1671-1684.

[6] Long D G, Drinkwater M R. Azimuth variation in Microwave scatterometer and radiometer data over Antarctica [J]. IEEE Transactions on Geoscience and Remote Sensing, 2000, 38 (4): 1857-1870.

[7] Mote T L, Anderson M R, Kuivinen K C, et al. Passive microwave-derived spatial and temporal variations of summer melt on the Greenland and Ice-sheet [C]. 1992 International Symposium on Remote Sensing of Snow and Ice. 1993, 17: 233-238.

[8] Zwally H J, Fiegles S. Extent and duration of Antarctic surface melting [J]. Journal of Glaciology. 1994, 40 (136): 463-476.

[9] Steffen K, Abdalati W, Stroeve J. Climate sensitivity studies of the Greenland Ice Sheet Using Satellite AVHRR, SMMR, SSM/I and in Situ Data [J]. Meteorology and Atmospheric Physics. 1993, 51 (3-4): 239-258.

[10] Abdalati W, Steffen K. Passive Microwave-derived snow melt regions on the Greenland Ice Sheet [J]. geophysical research letters, 1995, 22(7): 787-790.

[11] Abdalati W, Steffen K. Snowmelt on the Greenland Ice Sheet as Derived from Passive Microwave Satellite Data [J]. Journal of Climate, 1997, 10: 165-175.

[12] Anderson M R. Determination of a Melt-onset Date for Arctic Sea-ice Regions Using Passive-microwave Data[J]. Annals of Glaciology. 1997, 25: 382-387.

[13] Joshi M, Merry C J, Jezek K C, et al. An Edge Detection Technique to Estimate Melt Duration, Season and Melt Extent on the Greenland Ice Sheet Using Passive Microwave Data[J]. Geophysical Research Letters. 2001, 28 (18): 3497-3500.

[14] Liu H, Wang L, Jezek K. Wavelet-transform Based Edge Detection Approach to Derivation of Snowmelt Onset, End and Duration from Satellite Passive Microwave Measurements [J]. International Journal of Remote Sensing. 2005, 26(21): 4639-4660.

[15] Liu H, Wang L, Jezek K. Spatiotemporal Variations of Snowmelt in Antarctica Derived from Satellite Scanning Multichannel Microwave Radiometer and Special Sensor Microwave Imager Data (1978—2004)

[J]. Journal of Geophysical Research. 2006, 11 (1): 1-20.

[16] Ashcraft I S, Long D G. Comparison of Methods for Melt Detection over Greenland Using Active and Passive Microwave Measurements [J]. International Journal of Remote Sensing, 2006, 27(12): 2469-2488.

[17] Picard G. , Fily M. , Surface Melting Observation in Antarctic by Microwave Radiometers: Correcting 26-year Time Series from Changes in Acquisition Hours [J]. Remote Sensing of Environment, 2006, 104 (3): 325-336 .

[18] Nghiem S V, Steffen K, Kwok R, et al. Detection of Snowmelt Regions on the Greenland Ice Sheet Using Diurnal Backscatter Change [J]. Journal of Glaciology, 2001, 47 (159): 539-547.

[19] Bartsch A, KiddR A, WagnerW, et al. Temporal and Spatial Variability of the Beginning and End of Daily Spring Freeze/Thaw Cycles Derived from Scatterometer Data [J]. Remote Sensing of Environment, 2007, 106(3): 360-374.

[20] Wismann V. Monitoring of Seasonal Snowmelt on Greenland with ERS Scatterometer Data [J]. IEEE Transactions on Geoscience and Remote Sensing, 2000, 38 (4): 1821-1826.

[21] Kimball J S, Mcdonald K C, Frolking S, et al. Radar Remote Sensing of the Spring Thaw Transition Across a Boreal Landscape [J]. Remote Sensing of Environment, 2004, 89 (2): 163-175.

[22] Wang L, Derksen C, Brown R. Detection of Pan-Arctic Terrestrial Snowmelt from Quik SCAT, 2000—2005 [J]. Remote Sensing of Environment, 2008, 112 (10): 3794-3805.

[23] Wang L, Sharp M, Rivard B, et al. Melt Season Duration and Ice Layer Formation on the Greenland Ice Sheet, 2000—2004 [J]. Journal of Geophysical Research-earth Surface, 2007, 112 (F4): DOI: 10.1029/2007JF000760.

[24] Kimball J S, Mcdonald K C, Keyser A R, et al. Application of the NASA Scatterometer (NSCAT) for Determining the Daily Frozen and Nonfrozen Landscape of Alaska [J]. Remote Sensing of Environment. 2001, 75 (1): 113-126.

[25] Brown R, Derksen C, Wang L. Assessment of Spring Snow Cover Duration Variability over Northern Canada from Satellite Dataset [J]. Remote Sensing of Environment, 2007, 111 (2-3): 367-381.

[26] Kunz L B, Long D G. Melt Detection in Antarctic Ice Shelves Using SpaceborneScatterometers and Radiometers [J]. IEEE Transactions on Geoscience and Remote Sensing, 2006, 44 (9): 2461-2469.

[27] Aschraft I S. , Long D. G. Comparison of Methods for Melt Detection over Greenland Using Active and Passive Microwave Measurements [J]. International Journal of Remote Sensing, 2006, 27 (12): 2469-2488.

[28] Rott H, Sturm K. Active and Passive Microwave Signatures of Antarctic Firn by Means of Field Measurements and Satellite Data [J]. Ann. Glaciol, 1993, 17: 337-343.

[29] 颜其德. 南极——全球气候变暖的“寒暑表”[J]. 自然杂志. 2008(5): 259-261.

[30] 孙立广. 地球与极地科学[M]. 合肥: 中国科学技术大学出版社, 2003.

[31] Doake J, Duncan I. Amber Metrics for the Testing & Maintenance of Object-oriented Designs [J]. Second Euromicro Conference on Software Maintenance and Reengineering, Proceedings[J]. 1998: 205-208.

[32] 王星东, 李新武, 熊章强等. 基于改进的交叉极化比率算法的南极冻融探测[J]. 吉林大学学报(地球科学版), 2013, 43(1): 237-343.

[33] 赵英时. 遥感应用分析原理与方法[M]. 北京: 科学出版社, 2003.

[34] 程晓. 基于星载微波遥感数据的南极冰盖信息提取与变化监测研究[C]. 北京: 中国科学院遥感应用研究所, 2004.

[35] 叶玉芳. 基于 TIMESAT 算法的南极冰盖冻融探测研究[C]. 北京: 北京师范大学, 2011 .

[36] 程晓，张艳梅. 基于 SAAS 与 NSCAT 后向散射差异的南极冰盖变化监测[J]. 极地研究. 2004, 16 (2)：106-113.

[37] 崔祥斌. 基于冰雷达的南极冰盖冰厚和冰下地形探测及其演化研究[C]. 浙江：浙江大学，2010.

[38] 韩念龙. 利用 AMSR-E 数据反演裸露地表土壤水分[C]. 吉林：吉林大学，2008.

[39] 龙继恩. 微波遥感技术的应用现状综述[J]. 科技资讯. 2006 (12)：9-10.

[40] Drinkwater M. LIMEX′ 87 Ice Surface Characteristics：Implications for C-band SAR Backscatter Signatures [J]. IEEE Transactions on Geoscience and Remote Sensing, 1989, 27：501-513.

[41] Drinkwater M R, Long D G, Early D S. Enhanced Resolution ERS-1 Scatterometer Imaging of Southern Ocean Sea Ice [J]. Eos Journal, 1993, 17(4)：307-322.

[42] Drinkwater M R, Lin C C. Introduction to the Special Section on Emerging Scatterometer Applications[J]. IEEE Transactions on Geoscience and Remote Sensing, 2000, 38(4)：1763-1764.

[43] Drinkwater M R, Liu X. Seasonal to Interannual Variability in Antarctic Sea-ice Surface Melt [J]. IEEE Transactions on Geoscience and Remote Sensing, 2000, 38 (4)：1827-1842.

[44] Drinkwater M R, Long D G, Bingham A W. Greenland Snow Accumulation Estimates from Satellite Radar Scatterometer Data [J]. J Geophys. Res. , PARCA Special Issue, 2001, 106 (D24)：33935-33950.

[45] Bingham A W, Drinkwater M R. Recent Change in the Properties of the Antarctic Ice Sheet[J]. IEEE Transactions on Geoscience and Remote Sensing, 2000, 38 (4)：1810-1820.

[46] Long D G, Hardin P J, Whiting P T. Resolution Enhancement of Spaceborne Scatterometer Data [J]. IEEE Transactions on Geoscience and Remote Sensing, 1993, 32(3)：700-715.

[47] Long D G, Drinkwater M R. Cryosphere Applications of NSCAT Data[J]. IEEE Transactions on Geoscience and Remote Sensing, 1999, 37(3)：1671-1684.

[48] Long D G, Drinkwater M R. Azimuth Variation in Microwave Scatterometer and Radiometer Data over Antaretica[J]. IEEE Transactions on Geoscience and Remote Sensing, 2000, 38(4)：1857-1870.

[49] Long D G, Drinkwater M R, Holt B, et. al. Global Ice and Land Climate Studies Using Scatterometer Image Data[C]. Eos Trans, AGU, 2001, 82(43) October 23, 2001.

[50] Remund Q, Long D G. Sea-ice Extent Mapping Using Ku-band Seatterometer Data[J]. Geophys. Res, 1999, 104(C4)：11515-11527.

[51] Remund Q P, Long D G, Drinkwater M R. An Iterative Approach to Multisensor Sea Ice Classification[J]. IEEE Transactions on Geoscience and Remote Sensing, 2000, 38(4)：1843-1856.

[52] Sheng Y, Laurence C S, Karen E F, et al. A High Temporal-resolution Dataset of ERS Scatterometer Radar Backscatter for Research in Arctic and Sub - Arctic Regions [J]. Polar Record 38 (205), 2002, 205：115-120.

[53] 车涛，李新. 被动微波遥感估算雪水当量研究进展与展望[J]. 地球科学进展，2004 (2)：204-210.

[54] 董庆，郭华东，李震. 利用专题微波辐射成像仪(SSM/I)检测东南极陆面亮温变化[J]. 海洋通报，2004 (2)：8-12.

[55] 陈修治，陈水森，李丹，等. 被动微波遥感反演地表温度研究进展[J]. 地球科学进展，2010 (8)：827- 835.

[56] 毛克彪，覃志豪，李满春，等. AMSR 被动微波数据介绍及主要应用研究领域分析[J]. 遥感信息，2005 (3)：63-65.

[57] Allison I. Climatology of the East Antarctic Ice Sheet (100 E to 140 E) Derived from Automatic Weather Stations[J]. Journal of Geophysical Research. 1998, 27：515-520.

[58] Allison I, Wendler G, Radok U. Climatology of the East Antarctic Ice Sheet (100°E to 140°E) Derived

From Automatic Weather Stations[J]. Journal of Geophysical Research, 1993, 98 (D5): 8815-8823.

[59] Broeke M B, Carleen R, Dirk V S, et al. Seasonal Cycles of Antarctic Surface Energy Balance from Automatic Weather Stations [J]. Annals of Glaciology, 2005, 41 (1): 131-139.

[60] Broeke MRVd B, Reijmer C H, Wal R S W V d. A Study of the Surface Mass Balance in Dronning Maud Land, Antarctica, Using Automatic Weather Stations [J]. Journal of Glaciology, 2004, 50 (171): 565-582.

[61] Renfrew I A, Anderson P S. The Surface Climatology of an Ordinary Katabatic Wind Regime in Coats Land, Antarctica [J]. Tellus Series A: Dynamic Meteorology and Oceanography, 2002, 54 (5): 463-484.

[62] Stearns C R, Wendler G. Research Results from Antarctic Automatic Weather Stations[J]. Reviews of Geophysics. 1988, 26(1): 45-61.

[63] Liu H, Jezek K C. A Complete High-resolution Coastline of Antarctica Extracted from Orthorectified Radarsat SAR Imagery[J]. Phototgrammetric Engineering & Remote Sensing. 2004, 70(5): 605-616.

[64] Scambos T A, Haran T M, Fahnestock M A, et al. MODIS-based Mosaic of Antarctica (MOA) Data Sets: Continent-wide Surface Morphology and Snow Grain Size [J]. Remote Sensing of Environment. 2007 (111): 242-257.

[65] Ulaby F T, Moore R K, Fung A K. Microwave Remote Sensing. Volume Ⅲ [M]. Londan: Artech House, 1986.

[66] Fung A K. Microwave Scattering and Emission Models and Their Applications[M]. Norwood, MA: Artech House. 1994: 1-573.

[67] Mätzler C. Microwave Permittivity of Dry Snow [J]. IEEE Transactions on Geoscience and Remote Sensing. 1996, 34 (2): 317-325.

[68] Mätzler C. Microwave Permittivity of Dry Snow [J]. IEEE Transactions on Geoscience and Remote Sensing, 1996, 34 (2): 317-325.

[69] Kendra J R, Ulaby F T, Sarabandi K. Snow Probe for in Situ Determination of Wetness and Density [J]. IEEE Transactions on Geoscience and Remote Sensing. 1994, 32 (6): 1152-1159.

[70] Mätzler C, Strozzi T, Weise T. Microwave Snowpack Studies Made in the Austrian Alps during the SIR-C/X-SAR Experiment [J]. International Journal of Remote Sensing. 1997, 18(12): 2505-2530.

[71] Denoth A. Snow Dielectric Measurements[J]. Advances in Space Research. 1989, 9 (1): 233-243.

[72] Mätzler C. Applications of the Interaction of Microwaves with the Natural Snow Cover [J]. Remote Sensing Reviews. 1987(2): 28.

[73] Ulaby F T, Moore R K, 冯健超. 微波遥感(第一卷)微波遥感基础和辐射测量学 [M]. 北京: 科学出版社, 1987.

[74] Ulaby F T, Moore R K, 冯健超, 微波遥感(第二卷)雷达遥感和面目标的散射、辐射理论 [M]. 北京: 科学出版社, 1987.

[75] Shi J, Dozier J, Estimation of Snow Water Equivalence Using SIR-C/X-SAR. Part I: Inferring Snow Density and Subsurface Properties [J]. IEEE Transactions on Geoscience and Remote Sensing, 2000, 38 (6): 2465-2474.

[76] Shi J, Dozier J. Estimation of Snow Water Equivalence Using SIR-C/X-SAR, Part Ⅱ: Inferring SHOW Depth and Particle Size [J]. IEEE Transactions on Geoscience and Remote Sensing, 2000, 38(6): 2475-2488.

[77] Elachi C. Spaceborne Imaging Radar Research in the 1990s-an Overview [J]. Johns Hopkins APL Technical Digest. 1987, 8 (1): 60-64.

[78] 舒宁. 微波遥感原理[M]. 武汉: 武汉大学出版社, 2003.

[79] Hallikainen M, Ulaby F T, Abdelrazik M. Dielectric Properties of Snow in the 3 to 37 GHz Range [J]. Antennas and Propagation, IEEE Transaction on. 1986, 34(11): 1329-1340.

[80] Stiles W H, Ulaby F T. Dielectric Properties of Snow [R]. Kansas: University of Kansas Center for Research, 1980.

[81] Abdalati, Steffen. Passive Microwave-derived Snow Melt Regions on theGreenland Ice Sheet [J]. Geophysical Research Letters, 1995, 22(7): 787-790.

[82] Ulaby F T, Moore R K, Fung A K. Microwave Remote Sensing [M]. Massachusetts: Addison-Wesly Pbulishing Company, 1982.

[83] Abdalatia W, Steffena K, Ottob C, et al. Comparison of Brightness Temperatures from SSMI Instruments on the DMSP F8 and FⅡ Satellites for Antarctica Greenland Ice Sheet [J]. International Journal of Remote Sensing. 1995, 16(7): 1223-1229.

[84] Gough S. ALow Temperature Dielectric Cell and the Permittivity of Hexagonal Ice to 2 K [J]. Can J Chem. 1972, 50: 3046-3051.

[85] Ramage J M, Isacks B L. Interannual Variations of Snowmelt and Refreeze Timing in Southeast Alaskan Iceshields Using SSM/I Diurnal Amplitude Variations [J]. Journal of Glaciology, 2003, 49 (164): 102-116.

[86] Takala M, Pulliainen J, Huttunen M, et al. Estimation of the Beginning of Snow Melt Period Using SSM/I Data [C]. 23rd International Geoscience and Remote Sensing Symposium (IGARSS 2003), 21-25.

[87] Takala M, Pulliainen J, Metsämäki S J, et al. Detection of Snowmelt Using Spaceborne Microwave Radiometer Data in Eurasia From 1979 to 2007 [J]. IEEE Transactions on Geoscience and Remote Sensing. 2009, 47(9): 2996-3007.

[88] Torinesi O, Fily M, Genthon C. Interannual Variability and Trend of the Antarctic Summer Melting Period from 20 years of Spaceborne Microwave Data [J]. Journal of Climate, 2003, 16(7): 1047-1060.

[89] Tedesco M, Abdalati W, Zwally H J. Persistent Surface Snowmelt over Antarctica (1987—2006) from 19. 35 GHz Brightness Temperatures [J]. Geophysical Research Letters. 2007, 34 (18) L18504, doi: 10. 1029/2007GL031199.

[90] Tedesco M. Assessment and Development of Snowmelt Retrieval Algorithms over Antarctica from K-band Space Borne Brightness Temperature (1979—2008) [J]. Remote Sensing of Environment. 2009, 113: 979-997.

[91] Mätzler C, Wiesmann A. Extension of the Microwave Emission Model of Layered Snowpacks to Coarse-grained Snow [J]. Remote Sensing of Environment. 1999, 70 (3): 307-316.

[92] Takala M, Pulliainen J, Huttunen M, et al. Detecting the Onset of Snow-melt Using SSM/I Data and the Self-organizing Map [J]. International Journal of Remote Sensing. 2008, 29(3): 755-766.

[93] Nghiem S V, Steffen K, Neumann G, et al. Mapping of Ice Layer Extent and Snow Accumulation in the Percolation Zone of the Greenland Ice Sheet [J]. Journal of Geophysical Research. 2005. 110 (F2): 1-13.

[94] 王星东，熊章强，李新武等. 基于改进的小波变换的南极冰盖冻融探测[J]. 电子学报，2013，41(2)：402-406.

[95] Mallat S. A Wavelet Tour of Signal Processing: Second Edition[M]. London: Academic Press, 1999.

[96] Mallat S, Hwang W L. Singularity Detection and Processing with Wavelets [J]. IEEE Transactions on Information Theory, 1992, 38 (2): 617—643..

[97] Mallat S, Zhong S. Characterization of Signals from Multiscale Edges [J]. IEEE Transactions on Pattern Analysis and Machine Intelligence, 1992, 14 (7): 710—732..

[98] 梁雷. 基于小波的随时间变化图像的边缘检测 [M]. 北京：北京交通大学，2010.

[99] 张尧庭，方开泰. 多元统计分析引论［M］. 北京：科学出版社，1999.

[100] Kittler J, Illingworth J. Minimum Error Thresholding [J]. Pattern Recognition, 1986, 19: 41-47.

[101] Sharifi K, Leon - Garcia A. Estimation of Shape Parameter for Generalized Gaussian Distributions in Subband Decomposition of Video [J]. IEEE Transaction on Circuit and Systemsfor Video Technology, 1995, 5 (1): 52-56.

[102] Doake J, Duncan I. Amber metrics for the testing & maintenance of object-oriented designs[J]. Second Euromicro Conference on Software Maintenance and Reengineering, Proceedings, 1998: 205-208.

[103] Bazi Y, Bruzzone L, Melgani F. An Unsupervised Approach Based on the Generalized Gaussian Model to Automatic Change Detection in Multitemporal SAR Images[J]. IEEE Transactions on Geoscience and Remote Sensing, 2005, 43(4), 874-887.

[104] Sharifi K, Leon-Garcia A. Estimation of shape parameter for generalized Gaussian distributions in subband decomposition of video[J]. IEEE Transaction on Circuit and Systemsfor Video Technology, 1995, 5 (1), 52-56.

[105] Abdalati W, Steffen K. Snowmelt on the Greenland ice sheet as derived from passive microwave satellite data. Journal of Climate, 1997, 10: 1651175.

[106] Liu H, Wang L, Jezek K C. Wavelet-transform based edge detection approach to derivation of snowmelt onset, end and duration from satellite passive microwave measurements [J]. International Journal of Remote Sensing, 2005, 26(21): 463914660.

[107] Liu H, Wang L, Jezek K C. Spatiotemporal variations of snowmelt in Antarctica derived from satellite scanning multichannel microwave radiometer and Special Sensor Microwave Imager data (1978—2004) [J]. Journal of Geophysical Research, 2006, 111, F01003: 1-20.

[108] 黄永辉，吴季，董晓龙. 综合孔径微波辐射计顺轨方向亮温反演算法的研究[J]. 电子学报，2000，28 (12)：108-111.

[109] HUANG Y H, WU J, DONG X L. Brightness temperature reconstruction in the along-track direction of a synthetic aperture microwave radiometer[J]. Acta Electronica Sinica, 2000, 28 (12): 108-111. (in Chinese).

[110] 连可，王厚军，龙兵. 一种基于小波变换模极大值的估计 Lipschitz 指数新方法[J]. 电子学报，2008，36(1)：106-110.

LIAN Ke, WANG Hou-jun, LONG Bing. A novel method of measuring Lipschitz exponent based on wavelet transform modulus maxima[J]. Acta Electronica Sinica, 2008, 36(1): 106-110. (in Chinese).

[111] Kittler J, Illingworth J. Minimum error thresholding [J]. Pattern Recognition, 1986, 19 (1): 41-47.

[112] Sharifi K, Leongarcia A. Estimation of shape parameter for generalized Gaussian distributions in subband decompositions of video [J]. IEEE Transactions on Circuit and Systemsfor Video Technology, 1995, 5 (1): 52-56.

[113] Bazi Y, Bruzzone L, Melgani F. An unsupervised approach based on the generalized Gaussian model to automatic change detection in multitemporal SAR images [J]. IEEE Transactionson Geoscience and Remote Sensing, 2005, 43(4): 874-887.

[114] Tamura T, Ohshima K I. Mapping of sea ice production in the Arctic coastal polynyas[J]. Journal of Geophysical Research Oceans, 2011, 116: C07030 (DOI: 10. 1029/2010JC006586).

[115] Lazzara M A, Weidner G A, Keller L M, et al. Antarctic automatic weather stationprogram: 30 years of polar observations[J]. Bull. Am. Meteorol. Soc. 2012, 93: 1519-1537.

[116] Greenwald, Thomas J. Further developments in estimating cloud liquid water over land using microwave

and infrared[J]. Journal of Applied Meteorology, 1997, 36: 389-405.

[117] Mote T L, Anderson M R, Kuivinen K C, et al. Passive microwave-derived spatial and temporal variations of summer melt on the Greenland ice sheet[J]. Annals of Glaciology, 1993, 17(17): 233-238.

[118] Van Broeke M D, Bus C, Ettema J, et al. Temperature thresholds for degree-day modelling ofGreenland ice sheet melt rates[J]. Geophys. Res. Lett. 2010, 37: L18501.

[119] Mote T L, Anderson M R, Kuivinen K C, et al. Passive microwave-derived spatial and temporal variations of summer melt on the Greenland ice sheet[J]. Annals of Glaciology, 1993, 17(17): 233-238.

[120] Lazzara M A, Weidner G A, Keller L M, et al. Antarctic automatic weather stationprogram: 30 years of polar observations[J]. Bull. Am. Meteorol. Soc. 2012, 93: 1519-1537.

[121] Iwamoto K, Ohshima K I, Tamura T, et al. Estimation of thin ice thickness from AMSR-E/AMSR-2 data in the Chukchi Sea[J]. International Journal of Remote Sensing, 2013, 34(2): 468-489.

[122] Steffen K, Abdalati W, Stroeve J. Climate sensitivity studies of the Greenland ice sheet using satellite AVHRR, SMMR, SSM/I and in situ data[J]. Meteorology and Atmospheric Physics, 1993, 51(3): 239-258.

[123] 谭继强, 詹庆明, 殷福忠, 等. 面向极地海冰变化监测的卫星遥感技术研究进展 [J]. 测绘与空间地理信息, 2014, 37 (4): 23-31.

[124] 李振福, 尤雪, 王文雅, 等. 北极东北航线集装箱运输的经济性分析 [J]. 集美大学学报(哲社版), 2015, 18 (1): 34-40.

[125] 白春江, 李志华, 杨佐昌. 北极航线探讨 [J]. 航海技术, 2009(5): 7-9.

[126] Shi W, Wang M H. Sea ice optical properties in the Bohai Sea measured by MODIS-Aqua: 1. Satellite algorithm development [J]. Journal of Marine Systems, 2012, 95 (1): 32-40.

[127] Bazi Y, Bruzzone L, Melgani F. An Unsupervised Approach Based on the Generalized Gaussian Model to Automatic Change Detection in Multitemporal SAR Images [J]. IEEE Transactions on Geoscience and Remote Sensing, 2005, 43 (4): 874-887.

[128] Wang L, Sharp M J, Rivard B, et al. Melt Season Duration on Canadian Arctic Ice Caps, 2000—2004 [J]. Geophysical Research Letters, 2005, 32 (19): L19502.

[129] Bartsch A, Wagner W, Kidd R. Environmental Change in Siberia: Earth Observation, Field Studies and Modelling [C]. Advances in Global Change Research ed H Balzter (Dordrecht: Springer) 2010.

[130] Nghiem S V, Steffen K, Neumann G, et al. Mapping of Ice Layer Extent and Snow Accumulation in the Percolation Zone of the Greenland Ice Sheet [J]. Journal of Geophysical. Research-earth Surface, 2005, 110 (F2): 1-13.

[131] Wang L, Derksen C, Brown R. Detection of Pan-Arctic Terrestrial Snowmelt from Quik SCAT, 2000—2005 [J]. Remote Sensing of Environment, 2008, 112 (10): 3794-3805.

[132] Wang L, Sharp M, Rivard B, et al. Melt Season Duration and Ice Layer Formation on the Greenland Ice Sheet, 2000—2004 [J]. Journal of Geophysical Research-earth Surface, 2007, 112 (F4): 1-15.

[133] Sharp M, Wang L. A five-year record of summer melt on Eurasian Arctic ice caps [J]. Journal of Climate, 2009, 22 (1): 33-45.

[134] 唐常青. 吕宏伯, 黄铮, 等. 数学形态方法及其应用[M]. 北京: 北京科学出版社, 1990.

[135] Ke L J S J, Haralics R M. Morphology Edge Detection [J]. IEEE Transaction on Robodtics Automatic, 1987, 21 (3): 140-156..

[136] 林湘宁, 刘沛, 高艳. 基于故障暂态和数学形态学的超高速线路方向保护[J]. 中国电机工程学报, 2005, 25(4): 13-18.

[137] 王伟, 毛一之, 李冬梅. 数学形态学在变压器局部放电中的应用研究 [J]. 电工电气, 2010

(11): 28-30.

[138] Early D S, Long D G. Image Reconstruction and Enhanced Resolution Imaging from Irregular Samples [J]. IEEE Transactions on Geoscience and Remote Sensing, 2001, 39 (2): 291-302.

[139] 程晓，鄂栋臣，邵芸，等. 星载微波散射计技术及其在极地的应用 [J]. 极地研究，2003, 15 (2): 151-159.

[140] Wang L. Deriving spatially varying thresholds for real-time snowmelt detection from space-borne passive microwave observations [J]. Remote Sensing Letters, 2012, 3 (4): 305-313.

[141] Doake J, Duncan I. Amber metrics for the testing & maintenance of object-oriented designs[J]. Second Euromicro Conference on Software Maintenance and Reengineering, Proceedings, 1998: 205-208.

[142] 乔平林，张继贤，王翠华. 应用 AMSR-E 微波遥感数据进行土壤湿度反演[J]. 中国矿业大学学报，2007, 36 (2): 262-265.

[143] 王坚，高井祥，曹德欣，等. 动态变形信号二进小波提取模型研究[J]. 中国矿业大学学报，2007, 36 (1): 116-120.

[144] 陆龙骅. 中国南极气象考察与全球变化研究[J]. 地学前缘，2002, 9(2): 8.

[145] 秦大河，任贾文. 南极冰川学[M]. 北京：科学出版社，2001.

[146] 秦大河，任贾文，效存德. 揭示气候变化的南极冰盖研究新进展[J]. 地理学报，1995, 50(2): 7.

[147] 孙立广. 地球与极地科学[M]. 合肥：中国科学技术大学出版社，2003.

[148] Ashcraft I S, Long D G. Observation and Characterization of Radar Backscatter Over Greenland[J]. IEEE Transactions on Geoscience and Remote Sensing, 2005, 43(2): 225-237.

[149] Ashcraft I S, Long D G. Differentiation between Melt and Freeze Stages of the Melt Cycle Using SSM/I Channel Ratios[J]. IEEE Transactions on Geoscience and Remote Sensing, 2005, 43(6): 1317-1323.

[150] David S E, David G L. Image Reconstruction and Enhanced Resolution Imaging from Irregular Samples [J]. IEEE Transactions on Geoscience and Remote Sensing, 2001, 39(2): 291-302.

[151] Ramage J M, Isacks B L. Interannual Variations of Snowmelt and Refreeze Timing in Southeast Alaskan Iceshields Using SSM/I Diurnal Amplitude Variations[J]. Journal of Glaciology, 2003, 49(164): 102-116.

[152] Rawlins M, McDonald K, Frolking S, et al. Remote Sensing of Pan-Arctic Snowpack Thaw Using the Sea Winds Scatterometer[J]. Journal of Hydrology, 2005, 312: 294-311.

[153] Tedesco M. Snowmelt Detection over the Greenland Ice Sheet from SSM/I Brightness Temperature Daily Variations[J]. Geophysical Research Letters, 2007, 34, L02504.

[154] 中华人民共和国国务院新闻办公室中国的北极政策[M]. 北京：人民出版社，2018.

[155] Hall A. The Role of Surface Albedo Feedback in Climate[J]. Journal of Climate, 2004, 17(7): 1550-1568.

[156] Laine V. Arctic sea ice regional albedo variability and trends, 1982—1998[J]. Journal of Geophysical Research, 2004, 109(C6).

[157] Xiong X, Stamnes K, Lubin D. Surface Albedo over the Arctic Ocean Derived from AVHRR and Its Validation with SHEBA Data[J]. Journal of Applied Meteorology, 2002, 41(4): 413-425.

[158] Perovich D K, Grenfell T C, Light B, et al. Seasonal evolution of the albedo of multiyear Arctic sea ice [J]. journal of geophysical research oceans, 2002, 107(C10).

[159] Pegau W S, Paulson C A. The albedo of Arctic leads in summer[J]. Annals of Glaciology, 2001, 33(1): 221-224.

[160] Nghiem S V, Rigor I G, Perovich D K, et al. Rapid reduction of Arctic perennial sea ice[J]. Geophysical Research Letters, 2007, 34(19).

[161] Barry R G, Serreze M C, Maslanik J A, et al. The Arctic Sea Ice-Climate System: Observations and modeling[J]. Reviews of Geophysics, 1993, 31(4): 397-422.

[162] Holland M M, Bitz C M. Polar amplification of climate change in coupled models[J]. Climate dynamics, 2003, 21(3-4): 221-232.

[163] Fletcher J O. The influence of the arctic pack ice on climate [J]. Meteorological Monographs, 1968, 8(3).

[164] 李培基. 北极海冰与全球气候变化[J]. 冰川冻土, 1996, 18(1): 72-80.

[165] Woodgate R A, Weingartner T, Lindsay R. The 2007 Bering Strait oceanic heat flux and anomalous Arctic sea-ice retreat[J]. Geophysical Research Letters, 2010, 37(1): 30-31.

[166] Rigor I G, Wallace J M. Variations in the age of Arctic sea-ice and summer sea-ice extent[J]. Geophysical Research Letters, 2004, 310(9): 111-142.

[167] Day J J, Hargreaves J C, Annan J D, et al. Sources of multi-decadal variability in Arctic sea ice extent [J]. Environmental Research Letters, 2012, 7(3): 212-229.

[168] Walsh J E, Johnson C M. An Analysis of Arctic Sea Ice Fluctuations, 1953—1977[J]. J. Phys. Oceanogr, 1979, 9(3): 580-591.

[169] Serreze M C. A record minimum arctic sea ice extent and area in 2002[J]. Geophysical Research Letters, 2003, 30(3): 1110.

[170] 谭继强, 詹庆明, 殷福忠, 等. 面向极地海冰变化监测的卫星遥感技术研究进展[J]. 测绘与空间地理信息, 2014, 37 (4): 23-31.

[171] 王蔓蔓, 柯长青, 邵珠德. 基于 CryoSat-2 卫星测高数据的北极海冰体积估算方法[J]. 海洋学报, 2017, 39 (3): 135-144.

[172] Kang D, Im J, Lee M I, et al. The MODIS ice surface temperature product as an indicator of sea ice minimumover the Arctic Ocean[J]. Remote Sensing of Environment, 2014, 152: 99-108.

[173] 李概. 海冰热力学系统解的稳定性及其最优化控制[D]. 大连: 大连理工大学, 2009.

[174] Screen J A, Simmonds I. The central role of diminishing sea ice in recent Arctic temperature amplification [J]. Nature, 2010, 464 (7293): 1334-1337.

[175] 唐述林, 秦大河, 任贾文, 等. 极地海冰的研究及其在气候变化中的作用[J]. 冰川冻土, 2006, V28 (1): 91-100.

[176] Letterly A, Key J, Liu Y H. The influence of winter cloud on summer sea ice in the Arctic, 1983—2013 [J]. Journal of Geophysical Research: Atmospheres, 2016, 121: 2178-2187.

[177] 陆俊元. 北极环境变化对中国的战略影响分析[J]. 人文地理, 2014 (4): 98-103.

[178] Xie J B, Zhang M H, Liu H L. Role of Arctic Sea Ice in the 2014—2015 Eurasian Warm Winter[J]. Geophysical Research Letters, 2019, 46 (1): 337-345.

[179] Lebrun M, Vancoppenolle M, Madec G, et al. Arctic sea-ice-free season projected to extend into autumn [J]. CRYOSPHERE, 2019, 13 (1): 79-96.

[180] Comiso J C. Variability and Trends in Antarctic Surface Temperatures from In Situ and Satellite Infrared Measurements[J]. Journal of Climate, 1998, 13(10): 1674-1696.

[181] Cook A J, Fox A J, Vaughan D C, et al. Retreating Glacier Fronts on the Antarctic Peninsula over the Past Half-Century[J]. Science, 2005, 308(5721): 541-544.

[182] Mare W. Abrupt mid-twentieth-century decline in Antarctic sea-ice extent from whaling records[J]. Nature, 1997, 389(6646): 57-60.

[183] Grenfell T C, Maykut G A. The Optical Properties of Ice and Snow in the Arctic Basin[J]. Journal of

Glaciology, 1977, 18(80): 445-463.

[184] Massom R A, Stammerjohn S E. Antarctic sea ice change and variability - physical and ecological implications[J]. Polar Science, 2010, 4(2): 149-186.

[185] Wang Xingdong, Wu Z K. Temporal and spatial variations of the Arctic sea ice (1997—2016) [J]. Journal of Water and Climate Change, 2018, 9 (2): 347-355.

[186] Jones B M, Arp C D, Jorgenson M T, et al. Increase in the rate and uniformity of coastline erosion in Arctic Alaska[J]. Geophysical Research Letters, 2009, 36(3).

[187] Mcbean G, Alekseev G, Chen D, et al. Chapter 2 of The Arctic Climate Impact Assessment - Future Climate Change: Arctic Climate- Past and Present[J]. 2005.

[188] Francis J A, Chan W, Leathers D J, et al. Winter Northern Hemisphere weather patterns remember summer Arctic sea-ice extent[J]. Geophysical Research Letters, 2009, 36(7).

[189] 秦大河, 周波涛, 效存德. 冰冻圈变化及其对中国气候的影响[J]. 气象学报, 2014(5): 869-879.

[190] 符淙斌. 我国长江流域梅雨变动与南极冰雪状况的可能联系[J]. 科学通报, 1981(8): 38-40.

[191] 卞林根, 林学椿. 南极海冰涛动及其对东亚季风和我国夏季降水的可能影响[J]. 冰川冻土, 2008, 30(2): 196-203.

[192] 陆龙骅, 卞林根, 程彦杰. 中国南极气象考察与全球变化研究[J]. 地学前缘, 2002, 9(2): 255-262.

[193] Budd, W F. Antarctic Sea-Ice Variations from Satellite Sensing in Relation to Climate[J]. Journal of Glaciology, 15(73): 417-427.

[194] Jacka T. A computer data base for Antarctic sea ice extent[M]. Antarctic Division, Department of Science and Technology, 1983.

[195] Allison I, Division A A. The East Antarctic Sea Ice Zone: Ice Characteristics and Drift[J]. Geodourna1, 1989: 103-115.

[196] Massom R A, Comiso J C, Worby A P, et al. Regional Classes of Sea Ice Cover in the East Antarctic Pack Observed from Satellite and In Situ Data during a Winter time Period[J]. Remote Sensing of Environment, 1999, 68(1): 61-76.

[197] Li L, Mcclean J L, Miller A J, et al. Processes driving sea ice variability in the Bering Sea in an eddying ocean/sea ice model: Mean seasonal cycle[J]. Ocean Modellin, 2014(84): 51-66.

[198] Byron R, Parizek, Richard Bet al. Implications of increased Greenland surface Melt under global-warming scenarios: ice-sheet simulations[J]. Quaternary Science Reviews, 2004, 1013-1027.

[199] Eldevik T, Risebrobakken Bune A E, et al. A brief history of climate the northern seas from the Last Glacial Maximum to global warming[J]. QuaternaryScience Reviews, 2014, 225-246.

[200] Parkinson C L, Cavalieri D J, Gloersen P, et al. Arctic sea ice extents, areas, and trends, 1978—1996 [J]. Journal of Geophysical Research, 1999, 104(C9): 20837.

[201] Parkinson C L, Cavalieri D J. Arctic sea ice variability and trends, 1979—2006[J]. Journal of Geophysical Research: Oceans, 2008, 113(C7):

[202] Cavalieri D J, Parkinson C L. Arctic sea ice variability and trends, 1979—2010[J]. Cryosphere, 2012, 6(4): 881-889.

[203] Serreze M C, Meier W N. The Arctic's sea ice cover: trends, variability, predictability, and comparisons to the Antarctic[J]. Annals of the New York Academy of Sciences, 2018: 1-18.

[204] Comiso J C. A rapidly declining perennial sea ice cover in the Arctic[J]. Geopsical Research Letters, 2002, 29(20).

[205] Kwok R, Cunningham G F. Contribution of melt in the Beaufort Sea to the decline in Arctic multiyear sea ice coverage: 1993—2009[J]. Geopsical Research Letters, 2010, 37(20): L20501.

[206] Cavalieri D J, Parkinson C L, Vinnikov K Y. 30-Year satellite record reveals contrasting Arctic and Antarctic decadal sea ice variability[J]. Geophysical Research Letters, 2003, 30(18): CRY 4-1.

[207] Zwally H J, Comiso J C, Parkinson C L, et al. Variability of Antarctic sea ice 1979—1998[J]. Journal of Geophysical Research Oceans, 2002, 107(C5): 9-19.

[208] Parkinson C L, Cavalieri D J. Antarctic sea ice variability and trends, 1979—2010[J]. The Cryosphere, 2012, 6(4): 871-880.

[209] Turner J, Hosking J S, Marshall G J, et al. Antarctic sea ice increase consistent with intrinsic variability of the Amundsen Sea Low[J]. Climate Dynamics, 2016, 46(7-8): 2391-2402.

[210] Warren B. White, Ray G. Peterson. An Antarctic circumpolar wave in surface pressure, wind, temperature and sea-ice extent[J]. Nature, 1996, 380(6576): 699-702.

[211] Schlosser E, Haumann F A, Raphael M N. Atmospheric influences on the anomalous 2016 Antarctic sea ice decay[J]. Cryosphere Discussions, 2017: 1-31.

[212] Gloersen P, Campbell W J. Variations in the Arctic, Antarctic, and global sea ice covers during 1978—1987 as observed with the Nimbus 7 scanning multichannel microwave radiometer [J]. Journal of Geophysical Research: Oceans, 1988, 93(C9), 10666.

[213] Gloersen P, Parkinson C L, Cavalieri D J, et al. Spatial distribution of trends and seasonally in the hemispheric sea ice covers: 1978—1996[J]. Journal of Geophysical Research Oceans, 1999, 104(C9): 20827-20835.

[214] Cavalieri D J. Observed Hemispheric Asymmetry in Global Sea Ice Changes[J]. Science, 1997, 278 (5340): 1104-1106.

[215] Comiso J C, Nishio F. Trends in the sea ice cover using enhanced and compatible AMSR-E, SSM/I, and SMMR data[J]. Journal of Geophysical Research Oceans, 2008, 113(C2): 228-236.

[216] Tareghian R, Rasmussen P. Analysis of Arctic and Antarctic sea ice extent using quantile regression[J]. International Journal of Climatology, 2012, 33(5): 1079-1086.

[217] Simmonds I. Comparing and contrasting the behavior of Arctic and Antarctic sea ice over the 35 year period 1979—2013[J]. Annals of Glaciology, 2015, 56(69): 18-28.

[218] Comiso J C. Global changes in the sea ice cover and associated surface temperature changes[J]. ISPRS-International Archives of the Photogrammetry, Remote Sensing and Spatial Information Sciences, 2016, XLI-B8: 469-479.

[219] Maksym T. Arctic and Antarctic Sea Ice Change: Contrasts, Commonalities, and Causes[J]. Annual Review of Marine Science, 2018, 11(1): 1-27.

[220] 苏洁，郝光华，叶鑫欣，等. 极区海冰密集度 AMSR-E 数据反演算法的试验与验证[J]. 遥感学报，2013，17(3)：495-513.

[221] Lu J, Heygster G, Spreen G. Atmospheric correction of sea ice concentration retrieval for 89 GHz AMSR-E observations[J]. IEEE Journal of Selected Topics in Applied Earth Observations and Remote Sensing, 2018, 11(5): 1442-1457.

[222] 张翔，王振占，谌华. 一种利用 HY-2 卫星扫描微波辐射计数据反演极地海冰密集度的算法[J]. 遥感技术与应用，2012，27(6)：912-918.

[223] 石立坚，王其茂，邹斌，等. 利用海洋(HY-2)卫星微波辐射计数据反演北极区域海冰密集度[J]. 极地研究，2014(4)：410-417.

[224] 宋翔宇，刘婷婷，王泽民，等. 基于改进 FCLS 算法的南极海冰密集度估算及算法比较[J]. 极地研究，2018(1)：67-76.
[225] 罗丽程，张文奇，胡勇，等. 基于 Sentinel-1 卫星的北冰洋海冰信息提取[J]. 上海航天，2018(3)：16-22.
[226] 闻斌，周旋，种劲松，等. 基于 SMAP 卫星雷达资料的海冰密集度反演技术研究[J]. 海洋学报，2018，40(6)：29-39.
[227] 周颖，巩彩兰，胡勇，等. 风云三号 MERSI 数据提取北冰洋海冰信息方法研究[J]. 大气与环境光学学报，2013，8(1)：54-59.
[228] 王欢欢. 利用遥感卫星 AMSR-E 89 GHz 频段的数据反演北极多年冰密集度[D]. 山东青岛：中国海洋大学，2009.
[229] 吴展开，王星东，王成. 利用 FY-3 卫星 MWRI 数据探测海冰分布[J]. 测绘通报，2018(10)：56-60.
[230] Wang X D, Wu Z K, Wang C, et al. Reducing the Impact of Thin Clouds on Arctic Ocean Sea Ice Concentration From FengYun-3 MERSI Data Single Cavity[J]. IEEE Access, 2017, 5: 16341-16348.
[231] 邓娟，柯长青，雷瑞波，等. 2009 年春夏季北极海冰运动及其变化监测[J]. 极地研究，2013，25(1)：96-104.
[232] 杨清华，李春花，邢建勇，等. 2010 年夏季北极海冰数值预报试验[J]. 极地研究，2012，24(1)：90-97.
[233] 韦纪州，赵杰臣，邓霄，等. 基于温度剖面特性的 2016 年南极普里兹湾海冰厚度变化分析[J]. 海洋预报，2019(5)：30-38.
[234] 柯长青，王蔓蔓. 基于 CryoSat-2 数据的 2010—2017 年北极海冰厚度和体积的季节与年际变化特征[J]. 海洋学报，2018，40(11)：3-15.
[235] 张海生. 北极海冰快速变化及气候与生态效应[M]. 北京：海洋出版社，2015.
[236] 张璐，张占海，李群，等. 近 30 年北极海冰异常变化趋势[J]. 极地研究，2009，21(4)：344-352.
[237] 刘艳霞，王泽民，刘婷婷. 1979—2014 年南北极海冰变化特征分析[J]. 遥感信息，2016，31(2)：24-29.
[238] Wu Z, Wang X. Variability of Arctic Sea Ice (1979—2016)[J]. Water, 2018, 11(1): 23.
[239] 邵珠德. 南极春夏季海冰变化及其与气候要素的关系研究[D]. 南京：南京大学，2016.
[240] Dong H, Zou X. Variations of sea ice in the Antarctic and Arctic from 1997-2006[J]. Frontiers of Earth Science, 2014, 8(3): 385-392.
[241] Liu J, Curry J A, Martinson D G. Interpretation of recent Antarctic sea ice variability[J]. Geophysical Research Letters, 2004, 31(31): 2205.
[242] 孔爱婷，刘健，余旭，等. 北极海冰范围时空变化及其与海温气温间的数值分析[J]. 地球信息科学学报，2016(18)：804.
[243] 张雷，徐宾，师春香，等. 基于卫星气候资料的 1989—2015 年南北极海冰面积变化分析[J]. 冰川冻土，2017，39 (6)：1163-1171..
[244] Yu L, Zhong S, Winkler J A, et al. Possible connections of the opposite trends in Arctic and Antarctic sea-ice cover[J]. Scientific Reports, 2017, 7(1).
[245] 吕晓娜，方之芳，黄勇勇. 全球气候变暖中南北半球海冰变化的差异[J]. 气象，2009，35(1)：87-96.
[246] 贾桂德，石午虹. 对新形势下中国参与北极事务的思考[J]. 国际展望，2014(4)：5-28.
[247] 效存德，秦大河. 北极中心海域海冰特征，积雪及变质过程[J]. 地理科学，1997，7(4)：289-296.

[248] 魏立新. 北极海冰变化及其气候效应研究[D]. 青岛：中国海洋大学，2008.
[249] Kwok R, Cunningham G F, Wensnahan M, et al. Thinning and volume loss of the Arctic Ocean sea ice cover: 2003—2008[J]. Journal of Geophysical Research: Oceans, 2009, 114(C7).
[250] 陆龙骅，卞林根. 近 30 年中国极地气象科学研究进展[J]. 极地研究，2011，23(1)：1-10.
[251] Cavalieri D J, Parkinson C L. Arctic sea ice variability and treads, 1979—2010[J]. The Cryosphere, 2012, 6(4): 881-889.
[252] 张青松，于珏. 南极洲自然地理[M]. 北京：商务印书馆，1993.
[253] 陈立奇. 南极和北极地区在全球变化中的作用研究[J]. 地学前缘，2002，9(2)：245-253.
[254] 王星东，李新武，梁雷. 南极冰盖冻融的时空分析[J]. 中国环境科学，2014，34(5)：1303-1309.
[255] 颜其德. 南极——全球气候变暖的“寒暑表”[J]. 自然杂志，2008，30(5)：259-261.
[256] 周秀骥，陆龙骅. 南极与全球气候环境相互作用和影响的研究[M]. 北京：气象出版社，1996.
[257] 王星东，李新武，熊章强，等. 基于改进的交叉极化比率算法的南极冻融探测[J]. 吉林大学学报(地球科学版)，2013，43(1)：306-311.
[258] 程晓. 基于星载微波遥感数据的南极冰盖信息提取与变化监测研究[D]. 北京：中国科学院研究生院(遥感应用研究所)，2004.
[259] 崔祥斌. 基于冰雷达的南极冰盖冰厚和冰下地形探测及其演化研究[D]. 杭州：浙江大学，2010.
[260] Brandt R E, Warren S G, Worby A P, et al. Surface albedo of the Antarctic sea ice zone[J]. Journal of Climate, 2005, 18(17): 3606-3622.
[261] Laine V. Antarctic ice sheet and sea ice regional albedo and temperature change, 1981—2000, from AVHRR Polar Pathfinder data[J]. Remote Sensing of Environment, 2008, 112(3): 646-667.
[262] Shu Q, Qiao F, Song Z, et al. Sea ice trends in the Antarctic and their relationship to surface air temperature during 1979—2009[J]. Climate dynamics, 2012, 38(11-12): 2355-2363.
[263] Jay Z H, Comiso J C, Parkinson C L, et al. Variability of antarctic sea ice 1979—1998[J]. Journal of Geophysical Research Oceans, 2002, 107(C5), 9: 1-19.
[264] Cavalieri D J, Parkinson C L, Gloersen P, et al. Deriving long-term time series of sea ice cover from satellite passive-microwave multisensor data sets[J]. Journal of Geophysical Research, 1999, 104(C7): 15803-15814.
[265] Cavalieri D J, Gloersen P, Campbell W J. Determination of sea ice parameters with the NIMBUS 7 SMMR [J]. Journal of Geophysical Research: Atmospheres, 1984, 89(D4): 5355-5369.
[266] Comiso J C. Characteristics of arctic winter sea ice from satellite multispectral microwave observations[J]. Journal of Geophysical Research: Oceans, 1986, 91(C1): 975-994.
[267] Comiso J C. SSM/I sea ice concentrations using the bootstrap algorithm: NASA RP - 1380 [R]. Washington, D. C.: National Aeronautics and Space Administration, 1995.
[268] Comiso J C. Bootstrap sea ice concentrations from Nimbus-7 SMMR and DMSP SSM/I-SSMIS, version 3. Data Set NSIDC-0079, NASA Natl. Snow Ice Data Cent. Distrib. Act. Arch. Cent., Boulder, CO. Accessed July 2018.
[269] Comiso J C, Gersten R A, Stock L V, et al. Positive Trend in the Antarctic Sea Ice Cover and Associated Changes in Surface Temperature[J]. Journal of Climate, 2017, 30(6): 2251-2267.
[270] 赵杰臣，周翔，孙晓宇，等. 北极遥感海冰密集度数据的比较和评估[J]. 遥感学报，2017，21(3)：351-364.
[271] 刘艳霞，王泽民，刘婷婷. 利用多源数据对海冰密集度反演的算法验证[J]. 测绘科学，2016，41(7)：93-97.